现代数学译丛 5

统计学完全教程

〔美〕L. 沃塞曼 著

张 波 刘中华
魏秋萍 代 金 译

科学出版社
北京

图字：01-2007-3533

内 容 简 介

由美国当代著名统计学家 L·沃塞曼所著的《统计学完全教程》是一本几乎包含了统计学领域全部知识的优秀教材。本书除了介绍传统数理统计学的全部内容以外，还包含了 Bootstrap 方法(自助法)、独立性推断、因果推断、图模型、非参数回归、正交函数光滑法、分类、统计学理论及数据挖掘等统计学领域的新方法和技术。本书不但注重概率论与数理统计基本理论的阐述，同时还强调数据分析能力的培养。本书中含有大量的实例以帮助广大读者快速掌握使用 R 软件进行统计数据分析。

本书适用于统计学、数学、计算机科学、机器学习与数据挖掘等领域的高年级本科生、研究生，对于相关领域的广大科研工作者和实际工作者来说也不失为一本有价值的参考书。

Translation from the English language edition:
All of Statistics by Larry Wasserman
Copyright ©2004 Springer-Verlag New York, Inc.
Springer is a part of Springer Science+Business Media
All Rights Reserved

图书在版编目(CIP)数据

统计学完全教程/(美)沃塞曼 著．张波等译．—北京：科学出版社，2008
(现代数学译丛；5)
ISBN 978-7-03-021705-9

I. 统… II. ①沃…②张… III. 统计学—教材 IV. C8

中国版本图书馆 CIP 数据核字(2008)第 056121 号

责任编辑：陈玉琢 房 阳/责任校对：曾 茹
责任印制：赵 博/封面设计：王 浩

科学出版社 出版
北京东黄城根北街 16 号
邮政编码：100717
http://www.sciencep.com

涿州市殷润文化传播有限公司印刷
科学出版社编务公司排版制作
科学出版社发行 各地新华书店经销

*

2008 年 6 月第 一 版 开本：B5 (720 × 1000)
2022 年 3 月第六次印刷 印张：22 3/4
字数：423 000

定价：136.00 元
(如有印装质量问题，我社负责调换)

译者前言

统计学是一门数据分析科学，它有着漫长的发展历程．值得一提的是，在 20 世纪 20 至 30 年代，数理统计学的基本理论框架形成了，继而得到了快速的发展，数理统计学更加系统化、数学化．但是统计学的主要任务仍然是分析数据．计算机技术的发展和广泛应用改变了统计学的学科结构和研究方法．1979 年斯坦福大学教授 Efron 提出的基于计算机的统计推断技术 Bootstrap 方法就是一个很典型的例子．

21 世纪统计学的教育是一个很值得思考和研究的重大课题．一方面我们继续注重统计学的基本理论素质的培养，另一方面强调提高数据分析的实际能力．这两个方面缺一不可，互相促进．但是，现存的国内统计学教材则无法满足这两个要求．数理统计学方面的教材虽然理论较严谨，但是忽视了统计学的背景和应用．而介绍数据分析的教材则较欠缺理论基础．

由美国当代著名统计学家拉里·沃塞曼所著的这本教材恰恰可以同时满足上述两个要求，也可以解决目前国内统计学教材存在的一些不足．拉里·沃塞曼是美国卡内基-梅隆大学统计学系教授，他还是 1999 年度"考普斯"总统奖获得者．正如书名一样，本书包含了统计学领域几乎全部的知识，除了传统的数理统计教材中的内容外，还包含了诸如非参数回归、自助法、分类等统计学领域的新方法和技术．我们对《统计学完全教程》一书进行了认真的阅读和研究，认为它是一本优秀的教材和参考书，将其翻译成中文介绍给我国的广大读者．

本书的第一个主要特点是其适用面广．作为教材，本书适用于数学、统计学、计算机科学的高年级本科生以及统计学、计算机科学的研究生．它也适用于即将从事统计工作而又需要补充数理统计背景知识的毕业生．读者可以根据自己的时间和需要，有选择地学习相关内容．

本书的第二个主要特点是取材面广．它包含了统计学领域几乎全部的知识．第一部分讲述了概率论的基本知识，而且与通常的概率论教材不同的是，该部分强调在统计学里常用到的概率知识，如随机变量的收敛性中的 Delta 方法．第二部分的统计推断则涵盖了点估计、假设检验、分布函数的估计和统计泛函、Bootstrap(自助法)方法、参数推断及贝叶斯推断和统计决策理论．而第三部分则介绍了统计模型和方法，既有常见的回归和多变量模型，也有因果推断、图模型、非参数模型、光滑方法、分类、模拟技术等统计学的前沿课题．

本书的第三个主要特点是既注重概率统计基本理论的讲述，又强调数据分析能力的培养．本书所有的基本概念和原理的讲述是清晰的，完整的．而同时本书具有大量的实际的例子，这些例子的原始数据可以在作者的个人主页上下载，并且附有相应的 R 程序．R 是统计学家最钟爱的统计分析软件之一，而且是一款免费的开源软件．广大读者通过实际的数据例子不但可以学到数据分析方法，而且还可以加深对统计学基本概念和方法的理解. 如果将统计理论和数据分析能力比作人的两条腿, 那么这本书无疑将教会学生如何用"两条腿走路", 这与我们的统计教育目标是吻合的.

为了保持原书的风格和特色, 在翻译的过程中, 我们保留了原书的所有栏目, 尽可能地忠实于原著, 由于本书内容涵盖面很广, 并涉及很多统计学前沿的内容, 很多统计学词汇还没有严格的中文翻译. 在翻译过程中, 我们尽量参考现存的中文翻译, 对于没有相应中文翻译的专业词汇, 我们请教相关专家, 力求将本书翻译好. 由于时间紧迫, 加上我们水平有限, 译文中一定有不尽如人意之处, 敬请读者不吝指正.

阅读本书只需要具备微积分和线性代数的基本知识, 不需要概率论和数理统计的相关知识. 因此, 对于那些想尽快掌握概率统计基础知识的读者而言, 本书是一本很好的入门教材. 又由于其内容的完备性和前瞻性, 本书可作为统计学、数学、计算机科学、机器学习和数据挖掘领域的高年级本科生、研究生的教材. 对于想了解概率统计方法, 尤其是想了解统计学前沿的实际工作者, 本书也不失为一本有价值的参考书.

本书由代金翻译第 1～4 章, 张波翻译第 5～8 章, 魏秋萍翻译第 9～16 章, 刘中华翻译第 17～24 章, 全书由张波统检并负责校译.

感谢在本书翻译与校对过程中给予我们支持和帮助的同仁吴喜之教授、刘畅副教授、殷红博士和王星博士.

译者
2008 年 3 月
于中国人民大学统计学院

原 书 序

从字面含义上讲，书名"统计学完全教程"有些夸大其词，但从本书的内容上讲，使用此书名也并无不妥，因为它比一般的数理统计介绍书籍涉及的面要广泛的多.

本书是为那些希望快速掌握概率和统计知识的读者而编写的. 它适合计算机科学、数学、统计学和其他相关学科的研究生或优秀本科生. 本书包括许多最新的课题，如非参数曲线估计、自助法、分类等，这些课题通常都有相关的后续课程. 学习本书时，读者需要了解一些有关积分和线性代数的知识，不需要概率和统计的相关知识.

统计、**数据挖掘**和**机器学习**三者都关注收集和分析数据. 曾经一段时间，统计研究在统计部门进行，而数据挖掘和机器学习研究在计算机科学部门设置，统计学家认为计算机科学家是在重复劳动，而计算机科学家认为统计理论没有应用于他们的问题.

事过境迁，时代也发生了变化，现在的统计学家都已经意识到计算机科学家作出了卓越的贡献而计算机科学家也意识到统计理论和方法的普遍性. 适应性强的数据挖掘算法通常比统计学家的思想更具有预见性，而形式化的统计理论又比计算机科学家意识到的更具有普遍性.

从事数据分析的学生或者立志开发新型方法进行数据分析的学生需要掌握良好的基本概率和数理统计基础. 没有理解最基本的统计含义就去使用如神经网络、提升算法、支持向量机等高级的工具就如同在没有学会如何使用邦迪就去做脑部手术一样.

但是学生从哪儿能快速学习最基础的概率和统计知识呢？我的答案是无处不在，至少当我的计算机学同事问我"我要将我的学生送到哪儿去快速掌握现代统计的知识？"的时候我是如此回答的. 典型的数理统计课程在枯燥乏味的内容 (计数方法，二维积分等) 上消耗了很多时间，而真正讲解前沿课题 (自助法、曲线估计，图模型等) 的时间却少之又少，所以我决定重新设计本科生在概率和数理统计上的课程，本书就是以此为宗旨进行编写的. 本书的主要内容如下：

1. 本书适用于计算机科学的研究生和数学、统计学、计算机科学高年级的本科生，它也适用于即将从事统计工作而又需要补充数理统计背景知识的毕业生.

2. 本书包括了初级教程中没有的前沿课题，如非参数回归、自助法、密度估计和图模型.

3. 本书删掉了在统计推断中无足轻重的内容，如计数方法.

4. 本书旨在强调基本概念，力图避免枯燥的计算.

5. 本书在讲述参数统计推断之前先讲述非参数统计推断.

6. 本书摒弃了通常的"第一学期=概率","第二学期=统计"的教育模式. 在以前的教育模式下,一些学生仅仅学习了前半部分有关概率的知识,而不懂得任何统计理论的知识,则可能产生难以弥补的过错. 另外,当学生能够将概率应用到后面的统计中的时候,概率才能真正体现它的内在价值. 本书随机过程是例外,它将在后面的章节里面讲述.

7. 本书前后节奏变化快,包括了很多内容. 我的同事开玩笑说我在本书中几乎包括了所有的统计知识,因此采用了这一书名. 本书学习起来比较费时费力,但我尽力使内容比较直观具体. 尽管节奏变化很快,但仍保证内容有血有肉、易于理解.

8. 严格与清晰并非一个含义,本书内容尽量保证两者的平衡性,使它们达到有机的统一. 为避免在一些细枝末节上陷入困境,很多结果没有给出具体的证明. 每章结尾的文献评述为读者列出其他合适的参考书.

9. 在我的个人主页上有 R 语言编码程序,学生可以用这些程序来完成所有的计算,具体网页是 http://www.stat.cmu.edu/~larry/all-of-statistics

但是,本书并未讲述 R 及其常用的计算机语言.

本书第 I 部分讨论概率理论,它是表示不确定性的正式用语,是统计推断的基础,在概率论中我们研究的基本问题是

给定数据的生成过程,其输出结果具有什么样的性质?

本书第 II 部分包括统计推断及其相关内容、数据挖掘和机器学习,统计推断的基本问题可看成是概率论的反向思维:

给定输出结果,我们能得出关于数据生成过程什么样的性质?

以上思想如图 1 所示.

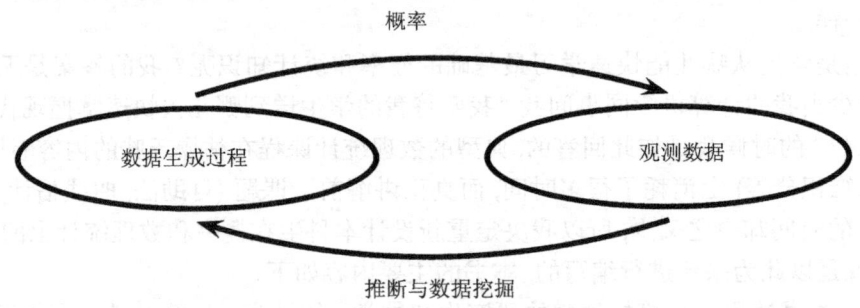

图 1　概率和统计推断的关系

预测、分类、聚类和估计都是统计推断的特殊情形. 数据分析、机器学习和数据挖掘是统计推断在不同实践中的称谓,它依赖于具体使用的环境.

第 III 部分将第 II 部分的结论应用到具体问题中,如回归、图像模型、因果关系、密度估计、平滑、分类和模拟. 第 III 部分也包括多章概率论的内容,具体内容

为随机过程，其中包括马尔可夫链.

本书的很多地方都引用了其他教材的内容，很多章节后面都有文献评述，一是为了向那些文献的作者表示由衷的感谢，其次是为了给读者提供有帮助的其他参考书. 在这里要特别提及的参考书是 (DeGroot and Schervish, 2002; Grimmett and Stirzaker, 1982)，本书从这两本参考书中引用了很多例子和练习.

花几年时间编写一本书，有些想法和课后练习的出处就失去了线索. 本书涉及的问题有一些是我自己构思的，有一些来源于平时的教育工作，还有一些摘自其他参考书. 如果未经作者的许可就擅自引用了他的内容，我希望没有冒犯对方. 就像我的同事 Mark Schervish 在他的书中 (Schervish,1995) 写到：

"…… 每章后面的问题出自很多地方 …… 有些我也不知道具体出自哪儿 …… 如果我未经许可就使用了您的内容，请在此接受我的感谢. "

在这里我要感谢很多朋友，没有他们的帮助我不可能完成此书的编写. 首先要感谢使用本书早期版本并提供了很多反馈的广大学生. 要特别感谢 Liz Prather 和 Jennifer Bakal，他们仔细阅读了这本书；要特别感谢 Rob Reeder，他逐字逐句的阅读了这本书，并提供了无数宝贵的修改意见. 要特别感谢的还有 Chris Genovese，他不仅对本书内容提供了很多创造性想法，还花了很多时间编写 Latex 程序，本书的版面设计归功于他的努力；由于本人所学有限，在一些格式上难免存在不足，请读者谅解. David Hand, Sam Roweis 和 David Scott 仔细阅读了本书并提供了大量改进的意见. John Lafferty 和 Peter Spirtes 也给了我很多启发. John Kimmel 对本书的编写过程作出了很大的贡献. 最后，我的妻子 Isabella Cerdinelli 给予我无限的关爱、支持和鼓励. 在此谨向他们致以深深的谢意.

L. 沃塞曼

宾夕法尼亚州　匹兹堡

2003 年 7 月

第二次印刷得益于下列人员的评价：Beth Ayers, Frederick Eberhardt, Luis Escobar, Warren Ewens, Pat Gray, John Lafferty, Valerie Ventura 和 Indrayana Rustandi.

统计/数据挖掘字典

统计学家和计算机科学家经常对相同的事情使用不同的用语,如下这些术语将贯串整本书的内容:

统计	计算机科学	含义
估计	学习	使用数据估计未知量
分类	有指导学习	由 X 预测离散的 Y
聚类	无指导学习	将数据分组
数据	训练样本	$(X_1, Y_1), \cdots, (X_n, Y_n)$
协变量	特征	X
分类器	假设	协变量到结果的映射
假设	—	参数子集
置信区间	—	以给定频率包括空间 Θ 的未知量的一个区间
有向非循环图	贝叶斯网络	给定条件独立性下的多元分布
贝叶斯推断	贝叶斯推断	利用数据修正信度的统计方法
频率推断	—	保证频率行为的统计方法
大偏差界	PAC 学习	误差概率上的一致有界

目　　录

译者前言
原书序
第 1 章　概率 · 1
  1.1　引言 · 1
  1.2　样本空间和事件 · 1
  1.3　概率 · 3
  1.4　有限样本空间上的概率 · 4
  1.5　独立事件 · 5
  1.6　条件概率 · 7
  1.7　贝叶斯理论 · 8
  1.8　文献注释 · 9
  1.9　附录 · 9
  1.10　习题 · 9
第 2 章　随机变量 · 13
  2.1　引言 · 13
  2.2　分布函数和概率函数 · 14
  2.3　一些重要的离散随机变量 · 18
  2.4　一些重要的连续随机变量 · 20
  2.5　二元分布 · 23
  2.6　边际分布 · 25
  2.7　独立随机变量 · 26
  2.8　条件分布 · 27
  2.9　多元分布与独立同分布 (IID) 样本 · 29
  2.10　两个重要的多元分布 · 30
  2.11　随机变量的变换 · 31
  2.12　多个随机变量的变换 · 33
  2.13　附录 · 34
  2.14　习题 · 34
第 3 章　数学期望 · 37
  3.1　随机变量的期望 · 37
  3.2　期望的性质 · 39
  3.3　方差和协方差 · 40
  3.4　一些重要随机变量的期望和方差 · 41

3.5	条件期望	43
3.6	矩母函数	45
3.7	附录	46
3.8	习题	47

第 4 章　不等式 — 50

4.1	概率不等式	50
4.2	有关期望的不等式	52
4.3	文献注释	52
4.4	附录	53
4.5	习题	54

第 5 章　随机变量的收敛 — 55

5.1	引言	55
5.2	收敛的类型	55
5.3	大数定理	59
5.4	中心极限定理	59
5.5	Delta 方法	62
5.6	文献注释	63
5.7	附录	63
	5.7.1　几乎必然收敛和 L_1 收敛	63
	5.7.2　中心极限定理的证明	64
5.8	习题	65

第 6 章　模型、统计推断与学习 — 67

6.1	引言	67
6.2	参数与非参数模型	67
6.3	统计推断的基本概念	68
	6.3.1　点估计	69
	6.3.2　置信集	70
	6.3.3　假设检验	72
6.4	文献注释	73
6.5	附录	73
6.6	习题	73

第 7 章　CDF 和统计泛函的估计 — 74

7.1	经验分布函数	74
7.2	统计泛函	76
7.3	文献注释	79
7.4	习题	80

第 8 章　Bootstrap 方法 · · · · · · 81

- 8.1 随机模拟 · · · · · · 81
- 8.2 Bootstrap 方差估计 · · · · · · 82
- 8.3 Bootstrap 置信区间 · · · · · · 83
- 8.4 文献注释 · · · · · · 88
- 8.5 附录 · · · · · · 88
  - 8.5.1 刀切法 (Jackknife) · · · · · · 88
  - 8.5.2 刀切法的百分位数置信区间 · · · · · · 88
- 8.6 习题 · · · · · · 89

第 9 章　参数推断 · · · · · · 91

- 9.1 关注参数 · · · · · · 91
- 9.2 矩估计 · · · · · · 92
- 9.3 极大似然估计 · · · · · · 93
- 9.4 极大似然估计的性质 · · · · · · 96
- 9.5 极大似然估计的相合性 · · · · · · 96
- 9.6 极大似然估计的同变性 · · · · · · 98
- 9.7 渐近正态性 · · · · · · 98
- 9.8 最优性 · · · · · · 100
- 9.9 Delta 方法 · · · · · · 101
- 9.10 多参数模型 · · · · · · 102
- 9.11 参数 Bootstrap 方法 · · · · · · 104
- 9.12 检验假设条件 · · · · · · 104
- 9.13 附录 · · · · · · 104
  - 9.13.1 证明 · · · · · · 104
  - 9.13.2 充分性 · · · · · · 106
  - 9.13.3 指数族 · · · · · · 109
  - 9.13.4 计算极大似然估计 · · · · · · 111
- 9.14 习题 · · · · · · 114

第 10 章　假设检验和 p 值 · · · · · · 117

- 10.1 Wald 检验 · · · · · · 119
- 10.2 p 值 · · · · · · 122
- 10.3 χ^2 分布 · · · · · · 125
- 10.4 多项分布数据的 Pearson χ^2 检验 · · · · · · 125
- 10.5 置换检验 · · · · · · 127
- 10.6 似然比检验 · · · · · · 129
- 10.7 多重检验 · · · · · · 130

10.8	拟合优度检验	132
10.9	文献注释	133
10.10	附录	133
	10.10.1 Neyman-Pearson 引理	133
	10.10.2 t 检验	134
10.11	习题	134

第 11 章　贝叶斯推断　138

11.1	贝叶斯理论体系	138
11.2	贝叶斯方法	138
11.3	参数函数	141
11.4	随机模拟	142
11.5	贝叶斯过程的大样本属性	143
11.6	扁平先验、非正常先验和无信息的先验	143
11.7	多参数问题	144
11.8	贝叶斯检验	145
11.9	贝叶斯推断的优点和缺点	146
11.10	文献注释	150
11.11	附录	150
11.12	习题	150

第 12 章　统计决策理论　152

12.1	引言	152
12.2	比较风险函数	152
12.3	贝叶斯估计	155
12.4	最小最大规则	156
12.5	极大似然、最小最大和贝叶斯	158
12.6	容许性	159
12.7	Stein 悖论	161
12.8	文献注释	161
12.9	习题	161

第 13 章　线性回归和 Logistic 回归　163

13.1	简单线性回归	163
13.2	最小二乘和极大似然	166
13.3	最小二乘估计的性质	167
13.4	预测	168
13.5	多元回归	169
13.6	模型选择	171

13.7	Logistic 回归	174
13.8	文献注释	176
13.9	附录	176
13.10	习题	177

第 14 章　多变量模型　180

14.1	随机向量	180
14.2	相关系数的估计	182
14.3	多元正态分布	183
14.4	多项分布	183
14.5	文献注释	185
14.6	附录	185
14.7	习题	186

第 15 章　独立性推断　187

15.1	两个二值型变量	187
15.2	两个离散变量	190
15.3	两个连续变量	191
15.4	连续变量和离散变量	191
15.5	附录	192
15.6	习题	195

第 16 章　因果推断　196

16.1	反事实模型	196
16.2	超二值处理	200
16.3	观察研究和混淆	201
16.4	Simpson 悖论	202
16.5	文献注释	204
16.6	习题	204

第 17 章　有向图与条件独立性　205

17.1	引言	205
17.2	条件独立性	205
17.3	DAGs	206
17.4	概率与 DAGs	207
17.5	更多的独立性关系	208
17.6	DAGs 的估计	211
17.7	文献注释	212
17.8	附录	212
17.9	习题	215

第 18 章　无向图 · 218

18.1　无向图 · 218

18.2　概率与图 · 219

18.3　团与势 · 221

18.4　拟合图模型 · 222

18.5　文献注释 · 222

18.6　习题 · 222

第 19 章　对数线性模型 · 225

19.1　对数线性模型 · 225

19.2　图性对数线性模型 · 227

19.3　分层对数线性模型 · 229

19.4　模型生成元 · 230

19.5　拟合对数线性模型 · 231

19.6　文献注释 · 233

19.7　习题 · 233

第 20 章　非参数曲线估计 · 234

20.1　偏差 – 方差平衡 · 234

20.2　直方图 · 236

20.3　核密度估计 · 241

20.4　非参数回归 · 247

20.5　附录 · 251

20.6　文献注释 · 252

20.7　习题 · 252

第 21 章　正交函数光滑法 · 254

21.1　正交函数与 L_2 空间 · 254

21.2　密度估计 · 257

21.3　回归 · 261

21.4　小波 · 265

21.5　附录 · 270

21.6　文献注释 · 270

21.7　习题 · 270

第 22 章　分类 · 273

22.1　引言 · 273

22.2　错误率与贝叶斯分类器 · 274

22.3　高斯分类器与线性分类器 · 276

22.4　线性回归与 Logistic 回归 · 279

- 22.5 Logistic 回归与 LDA 之间的关系 ·················· 281
- 22.6 密度估计与朴素贝叶斯 ·················· 282
- 22.7 树 ·················· 282
- 22.8 误差率评估与选择好的分类器 ·················· 285
- 22.9 支持向量机 ·················· 290
- 22.10 核方法 ·················· 292
- 22.11 其他分类器 ·················· 295
- 22.12 文献注释 ·················· 297
- 22.13 习题 ·················· 297

第 23 章 重温概率：随机过程 ·················· 299
- 23.1 引言 ·················· 299
- 23.2 马尔可夫链 ·················· 300
- 23.3 泊松过程 ·················· 310
- 23.4 文献注释 ·················· 313
- 23.5 习题 ·················· 313

第 24 章 模拟方法 ·················· 317
- 24.1 贝叶斯推断回顾 ·················· 317
- 24.2 基本蒙特卡罗积分 ·················· 317
- 24.3 重要抽样 ·················· 321
- 24.4 MCMC 第一部分：Metropolis-Hastings 算法 ·················· 324
- 24.5 MCMC 第二部分：其他算法 ·················· 327
- 24.6 文献注释 ·················· 331
- 24.7 习题 ·················· 331

参考文献 ·················· 333
符号列表 ·················· 337
名词索引 ·················· 340

第 1 章 概　　率

1.1 引　　言

概率是描述不确定性的数学语言. 本章将介绍概率论的基本概念. 这里的介绍从样本空间入手, 样本空间指一切可能结果的集合.

1.2 样本空间和事件

样本空间 Ω 是某试验所有可能结果的集合. 样本空间 Ω 中的点 ω 称为**样本点**、**实现**或者**元素**. Ω 的子集称为**事件**.

1.1 例　假如将一枚硬币连续抛两次, 则 $\Omega = \{HH, HT, TH, TT\}$, 在抛第一次出现正面的事件是 $A = \{HH, HT\}$.

1.2 例　令 ω 表示某一物理量的测量结果, 如温度, 则 $\Omega = \mathbb{R} = (-\infty, +\infty)$. 因为温度是有下界的, 也许读者认为 $\Omega = \mathbb{R}$ 并不准确, 但将样本空间考虑得比实际范围大并没有什么坏处. 测量值大于 10 但小于等于 23 这一事件记为 $A = (10, 23]$.

1.3 例　假如永不停止地抛一枚硬币, 则样本空间就是无限集

$$\Omega = \{\omega = (\omega_1, \omega_2, \omega_3, \cdots) : \omega_i \in \{H, T\}\}.$$

令 E 表示第一次正面朝上出现在第 3 次抛硬币这一事件, 则

$$E = \{(\omega_1, \omega_2, \omega_3, \cdots) : \omega_1 = T, \omega_2 = T, \omega_3 = H, \omega_i \in \{H, T\}, i > 3\}.$$

给定事件 A, 令 $A^c = \{\omega \in \Omega : \omega \notin A\}$ 表示集合 A 的余集, 在非正式场合, A^c 可读作 "非 A". Ω 的余集为空集 $\varnothing$.

A 与 B 的并集记为

$$A \bigcup B = \{\omega \in \Omega : \omega \in A \text{ 或 } \omega \in B \text{ 或 } \omega \in A \text{ 和 } B\}.$$

并集可看成 "A 或者 B". 如果 $A_1, A_2, \cdots$ 是一个集合序列, 那么

$$\bigcup_{i=1}^{\infty} = \{\omega \in \Omega : \text{至少存在一个 } i \text{ 使得 } \omega \in A_i\}.$$

A 和 B 的交集定义为

$$A \bigcap B = \{\omega \in \Omega : \omega \in A \text{ 并且 } \omega \in B\}.$$

读作 "A 交 B". 有些时候我们将 $A \bigcap B$ 记为 AB 或者 (A,B). 如果 $A_1, A_2, \cdots$ 表示某一集合序列, 那么

$$\bigcap_{i=1}^{\infty} A_i = \{\omega \in \Omega : \text{对一切 } i \text{ 都有} \omega \in A_i\}.$$

集合的差定义为 $A - B = \{\omega : \omega \in A, \omega \notin B\}$. 如果集合 A 中的元素都包含在集合 B 中, 记为 $A \subset B$ 或者 $B \supset A$. 如果集合 A 是有限集, 则令 $|A|$ 表示集合 A 中的元素个数. 下表对有关集合的概念进行了总结.

有关集合的术语	
Ω	样本空间
ω	试验结果 (点或者元素)
A	事件(Ω的子集)
A^c	集合 A 的余集 (非 A)
$A \bigcup B$	并(A或B)
$A \bigcap B$ 或 AB	交(A和B)
$A - B$	集合差(ω属于A但不属于B)
$A \subset B$	集合包含
$\varnothing$	零事件 (永不为真)
Ω	必然事件 (永远为真)

对于集合序列 $A_1, A_2, \cdots$, 若 $A_i \bigcap A_j = \varnothing (i \neq j)$, 则称 $A_1, A_2, \cdots$ 两两不相交或者互斥. 例如, $A_1 = [0,1), A_2 = [1,2), A_3 = [1,2), \cdots$ 就是两两不相交的集合序列. 对于两两不相交的集合序列 $A_1, A_2, \cdots$, 若 $\bigcup_{i=1}^{\infty} A_i = \Omega$, 则 $A_1, A_2, \cdots$ 为 Ω 的一个**划分**. 给定事件 A, 定义 A 的示性函数为

$$I_A(\omega) = I(\omega \in A) = \begin{cases} 1, & \omega \text{ 属于 } A, \\ 0, & \omega \text{ 不属于 } A. \end{cases}$$

如果集合序列 $A_1, A_2, \cdots$ 满足 $A_1 \subset A_2 \subset \cdots$, 则称该集合序列为单调递增序列, 单调递增序列的极限定义为 $\lim_{n \to \infty} A_n = \bigcup_{i=1}^{\infty} A_i$, 如果集合序列满足 $A_1 \supset A_2 \supset \cdots$, 则称该集合序列为单调递减序列, 单调递减序列的极限定义为 $\lim_{n \to \infty} A_n = \bigcap_{i=1}^{\infty} A_i$, 二者都可记为 $A_n \to A$.

1.4 例 令 $\Omega = \mathbb{R}$ 并且, $A_i = [0, 1/i)$, 其中, $i = 1, 2, \cdots$, 则 $\bigcup_{i=1}^{\infty} A_i = [0,1)$, $\bigcap_{i=1}^{\infty} A_i = \{0\}$. 如果 $A_i = (0, 1/i)$, 则 $\bigcup_{i=1}^{\infty} A_i = (0,1)$, $\bigcap_{i=1}^{\infty} A_i = \varnothing$.

1.3 概　率

事件 A 的**概率**可通过对事件赋予某一实值 $\mathbb{P}(A)$ 来表示[①]，$\mathbb{P}$ 称为**概率分布** 或者**概率测度**. 概率 $\mathbb{P}$ 必须满足下面 3 条公理：

> **1.5 定义**　函数 $\mathbb{P}$ 对每一事件赋值 $\mathbb{P}(A)$，若 $\mathbb{P}$ 满足下面 3 条公理则称 $\mathbb{P}$ 为**概率分布**或**概率测度**.
> **公理 1**　对任意事件 A 有 $\mathbb{P}(A) \geqslant 0$；
> **公理 2**　$\mathbb{P}(\Omega) = 1$；
> **公理 3**　如果 $A_1, A_2, \cdots$ 两两互斥，则
> $$\mathbb{P}\left(\bigcup_{i=1}^{\infty} A_i\right) = \sum_{i=1}^{\infty} \mathbb{P}(A_i).$$

关于 $\mathbb{P}$ 有很多解释，最常见的两种解释就是频率或者可信度. 在频率的解释中，$\mathbb{P}$ 就表示重复实验中事件 A 出现次数的最终比例. 例如，在抛硬币的实验中，出现正面的概率为 1/2 就意味着当抛硬币的次数增加时，出现正面的次数的比例就趋近于 1/2. 在无限次抛硬币过程中，就像几何里面的直线一样，不可预测的抛掷序列之极限比例趋于常数是理想化的. 在可信度的解释中，$\mathbb{P}(A)$ 度量观察者对于 A 为真的信度. 无论是哪一种解释，公理 1 ~ 公理 3 都必须满足. 两种不同的解释在统计推断中会有很大不同. 事实上，两种不同的解释派生出了统计推断中的两个学派：频率学派和贝叶斯学派，本书将在第 11 章详细讨论.

从 3 条公理中很容易推导出有关概率 $\mathbb{P}$ 的一些性质，例如，

$$\mathbb{P}(\varnothing) = 0,$$
$$A \subset B \Rightarrow \mathbb{P}(A) \leqslant \mathbb{P}(B),$$
$$0 \leqslant \mathbb{P}(A) \leqslant 1,$$
$$\mathbb{P}(A^c) = 1 - \mathbb{P}(A),$$
$$A \bigcap B = \varnothing \Rightarrow \mathbb{P}\left(A \bigcup B\right) = \mathbb{P}(A) + \mathbb{P}(B). \tag{1.1}$$

下述引理给出了关于概率的另一个并非显而易见的性质.

1.6 引理　对任意事件 A 和 B，
$$\mathbb{P}\left(A \bigcup B\right) = \mathbb{P}(A) + \mathbb{P}(B) - \mathbb{P}(AB).$$

[①] 如果样本空间很大，如整个实直线，对每一个事件都要给定概率就非常困难了. 因此，只对特定的集类定义概率，该特定的集类称为 σ 代数，详见附录.

证明 记 $A \bigcup B = (AB^c) \bigcup (AB) \bigcup (A^c B)$, 等式右边的三个事件两两不相交. 因此, 利用两两不相交事件的概率可加性可得

$$\mathbb{P}\left(A \bigcup B\right) = \mathbb{P}\left((AB^c) \bigcup (AB) \bigcup (A^c B)\right)$$
$$= \mathbb{P}(AB^c) + \mathbb{P}(AB) + \mathbb{P}(A^c B)$$
$$= \mathbb{P}(AB^c) + \mathbb{P}(AB) + \mathbb{P}(A^c B) + \mathbb{P}(AB) - \mathbb{P}(AB)$$
$$= \mathbb{P}\left((AB^c) \bigcup (AB)\right) + \mathbb{P}\left((A^c B) \bigcup (AB)\right) - \mathbb{P}(AB)$$
$$= \mathbb{P}(A) + \mathbb{P}(B) - \mathbb{P}(AB).$$

1.7 例 在连续抛两次硬币的试验中, 令 H_1 表示在第 1 次出现正面的事件, H_2 表示在第 2 次出现正面的事件. 如果所有结果都是等可能的, 则 $\mathbb{P}(H_1 \bigcup H_2) = \mathbb{P}(H_1) + \mathbb{P}(H_2) - \mathbb{P}(H_1 H_2) = 1/2 + 1/2 - 1/4 = 3/4.$

1.8 定理 (概率的连续性) 如果 $A_n \to A$, 则当 $n \to \infty$ 时,

$$\mathbb{P}(A_n) \to \mathbb{P}(A).$$

证明 假定 A_n 是单调递增序列, 则 $A_1 \subset A_2 \subset \cdots$. 令 $A = \lim_{n \to \infty} A_n = \bigcup_{i=1}^{\infty} A_i$. 定义 $B_1 = A_1$, $B_2 = \{\omega \in \Omega : \omega \in A_2, \omega \notin A_1\}$, $B_3 = \{\omega \in \Omega : \omega \in A_3, \omega \notin A_2, \omega \notin A_1\}, \cdots$. 容易证明 $B_1, B_2, \cdots$ 两两不相交, 对一切 n 有 $A_n = \bigcup_{i=1}^{n} A_i = \bigcup_{i=1}^{n} B_i$ 且 $\bigcup_{i=1}^{\infty} B_i = \bigcup_{i=1}^{\infty} A_i$ (见习题 1). 由公理 3 可得

$$\mathbb{P}(A_n) = \mathbb{P}\left(\bigcup_{i=1}^{n} B_i\right) = \sum_{i=1}^{n} \mathbb{P}(B_i).$$

因此, 再利用公理 3 就可得到

$$\lim_{n \to \infty} \mathbb{P}(A_n) = \lim_{n \to \infty} \sum_{i=1}^{n} \mathbb{P}(B_i) = \sum_{i=1}^{\infty} \mathbb{P}(B_i) = \mathbb{P}\left(\bigcup_{i=1}^{\infty} B_i\right) = \mathbb{P}(A).$$

1.4 有限样本空间上的概率

假定样本空间 $\Omega = \{\omega_1, \cdots, \omega_n\}$ 有限. 例如, 连续将一颗骰子抛两次, Ω 就有 36 个元素: $\Omega = \{(i,j) : i, j \in \{1, \cdots, 6\}\}$, 如果每一个结果是等可能的, 则有 $\mathbb{P}(A) = |A|/36$, 其中 $|A|$ 表示集合 A 中的元素个数. 因为只有两种可能满足骰子点数之和为 11, 所以骰子点数之和为 11 的概率就是 2/36.

如果 Ω 是有限的并且每种结果都是等可能的, 那么

$$\mathbb{P}(A) = \frac{|A|}{|\Omega|},$$

上式称为**均匀概率分布**. 为求得概率, 需要计算事件 A 中包含的样本点. 计算样本点个数的方法称为组合法, 这里无需对组合法进行更深入的讨论. 计数理论在后面将用到, 下面先看一个有关计数理论的例子. 给定 n 个元素, 将这 n 个元素排序共有 $n! = n(n-1)(n-2) \cdots 3 \cdot 2 \cdot 1$ 种. 为方便起见, 定义 $0! = 1$, 同时定义

$$\binom{n}{k} = \frac{n!}{k!(n-k)!}, \tag{1.2}$$

读作"n 选 k", 表示从 n 个元素中选 k 个元素的方法种数. 例如, 某班有 20 个学生, 要从中选 3 个, 则共有

$$\binom{20}{3} = \frac{20!}{3!17!} = \frac{20 \times 19 \times 18}{3 \times 2 \times 1} = 1140$$

种方法. 组合数有如下性质:

$$\binom{n}{0} = \binom{n}{n} = 1, \quad \binom{n}{k} = \binom{n}{n-k}.$$

1.5 独立事件

如果连续两次抛一枚均匀的硬币, 则两次都出现正面的概率是 $1/2 \times 1/2$, 之所以能将二者相乘是因为我们认为这两次抛硬币是独立的, 有关独立的正式定义如下:

> **1.9 定义** 如果下式成立, 则事件 A 和 B 是**独立的**,
>
> $$\mathbb{P}(AB) = \mathbb{P}(A)\mathbb{P}(B), \tag{1.3}$$
>
> 记为 $A \coprod B$. 如果等式
>
> $$\mathbb{P}\left(\bigcap_{i \in J} A_i\right) = \prod_{i \in J} \mathbb{P}(A_i)$$
>
> 对所有 I 的子集 J 都成立, 则事件集 $\{A_i : i \in I\}$ 是独立的. 如果 A 和 B 不独立, 记为
>
> $$A \not\!\!\!\coprod B.$$

独立性可能以两种截然不同的方式出现. 有时, 直接**假设**两个事件是独立的. 例如, 在连续两次抛一枚硬币的试验中, 通常假设每次抛硬币是相互独立的, 这也反映了硬币对抛第一次没有记忆性的事实; 而在另外一些时候, 需要通过证明 $\mathbb{P}(AB) = \mathbb{P}(A)\mathbb{P}(B)$ 来推导两事件的独立性. 例如, 在抛一颗均匀骰子的试验中, 令 $A = \{2, 4, 6\}$, $B = \{1, 2, 3, 4\}$, 则 $A \bigcap B = \{2, 4\}$, $\mathbb{P}(AB) = 2/6 = \mathbb{P}(A)\mathbb{P}(B) = (1/2) \times (2/3)$, 所以

说 A 与 B 是独立的. 在本例中, 并没有假设 A 与 B 是独立的 —— 而是证明它们是独立的.

假定 A 与 B 是互斥事件, 并且每个事件都有正的概率, 它们可能独立吗? 答案是否定的, 因为 $\mathbb{P}(A)\mathbb{P}(B) > 0$ 而 $\mathbb{P}(AB) = \mathbb{P}(\varnothing) = 0$. 除这种情况外, 没有别的办法来判断维恩图中集合的独立性.

1.10 例 抛一枚均匀的硬币 10 次. 令 $A=$ "至少出现一次正面", 令 T_j 表示反面出现在第 j 次的事件. 从而

$$\begin{aligned}
\mathbb{P}(A) &= 1 - \mathbb{P}(A^c) \\
&= 1 - \mathbb{P}(\text{全是反面}) \\
&= 1 - \mathbb{P}(T_1 T_2 \cdots T_{10}) \\
&= 1 - \mathbb{P}(T_1)\mathbb{P}(T_2) \cdots \mathbb{P}(T_{10}) \\
&= 1 - \left(\frac{1}{2}\right)^{10} \approx 0.999.
\end{aligned}$$

1.11 例 两人轮流投篮, 第 1 个人投进的概率为 $1/3$, 第 2 个人投进的概率为 $1/4$. 第 1 个人比第 2 个人先投进的概率是多少? 令 E 表示所关心的事件. 令 A_j 表示在第 j 轮由第 1 个人首次投进这一事件. 注意到 $A_1, A_2, \cdots$ 是两两独立的, 并且 $E = \bigcup_{j=1}^{\infty} A_j$. 因此,

$$\mathbb{P}(E) = \sum_{j=1}^{\infty} \mathbb{P}(A_j).$$

现在有 $\mathbb{P}(A_1) = 1/3$. A_2 表示第 1 轮两人都没投进, 第 2 轮由第 1 个人首次投进. 其概率为 $\mathbb{P}(A_2) = (2/3)(3/4)(1/3) = (1/2)(1/3)$. 以此类推可求得 $\mathbb{P}(A_j) = (1/2)^{j-1}(1/3)$. 从而

$$\mathbb{P}(E) = \sum_{j=1}^{\infty} \frac{1}{3} \left(\frac{1}{2}\right)^{j-1} = \frac{1}{3} \sum_{j=1}^{\infty} \left(\frac{1}{2}\right)^{j-1} = \frac{2}{3}.$$

这里用到公式, 如果 $0 < r < 1$, 那么 $\sum_{j=k}^{\infty} r^j = r^k/(1-r)$.

独立性小结
1. A 和 B 是独立的当且仅当 $\mathbb{P}(AB) = \mathbb{P}(A)\mathbb{P}(B)$.
2. 独立有时用于假设而有时需要推导.
3. 正概率的互斥事件不可能是独立的.

1.6 条件概率

假设 $\mathbb{P}(B) > 0$，定义在 B 发生情况下 A 的条件概率如下：

> **1.12 定义** 如果 $\mathbb{P}(B) > 0$，则 A 在 B 下的条件概率为
> $$\mathbb{P}(A|B) = \frac{\mathbb{P}(AB)}{\mathbb{P}(B)}. \tag{1.4}$$

$\mathbb{P}(A|B)$ 可认为是 A, B 同时发生次数占 B 发生次数的比例. 对任意固定 B 只要 $\mathbb{P}(B) > 0$，$\mathbb{P}(\cdot|B)$ 就是一个概率测度 (即它满足概率的 3 条公理). 也即 $\mathbb{P}(A|B) \geqslant 0, \mathbb{P}(\Omega|B) = 1$. 如果 $A_1, A_2, \cdots$ 互斥，则 $\mathbb{P}(\bigcup_{i=1}^{\infty} A_i|B) = \sum_{i=1}^{\infty} \mathbb{P}(A_i|B)$. 但是，一般 $\mathbb{P}(A|B \bigcup C) = \mathbb{P}(A|B) + \mathbb{P}(A|C)$ 是不成立的. 有关概率的法则只适用于竖杠左边的事件. 一般 $\mathbb{P}(A|B) = \mathbb{P}(B|A)$ 也是不成立的，很多人在这一点上一直很迷惑. 举例来讲，得麻疹时身上有斑点的概率是 1，但身上有斑点时得麻疹的概率并不是 1，在这个例子里，$\mathbb{P}(A|B)$ 和 $\mathbb{P}(B|A)$ 的差异是很显然的，但是在有些情况下却未必能这么显而易见了. 这一错误在法律案件中经常发生，有时将其称为检察官谬论.

1.13 例 疾病 D 的医学检验结果可能为 $+$ 和 $-$，它们的概率如下：

	D	D^c
$+$	0.009	0.099
$-$	0.001	0.891

由条件概率的定义可得

$$\mathbb{P}(+|D) = \frac{\mathbb{P}(+ \bigcap D)}{\mathbb{P}(D)} = \frac{0.009}{0.009 + 0.001} = 0.9$$

$$\mathbb{P}(-|D^c) = \frac{\mathbb{P}(- \bigcap D^c)}{\mathbb{P}(D^c)} = \frac{0.891}{0.891 + 0.099} = 0.9.$$

显然，该检验是相当精确的，对患者的检验结果有 90% 呈阳性，而对健康者检验结果有 90% 呈阴性. 假定去作检查的结果是阳性，患这种病的概率会是多大呢? 很多人认为是 0.90，而正确的结果是

$$\mathbb{P}(D|+) = \frac{\mathbb{P}(+ \bigcap D)}{\mathbb{P}(+)} = \frac{0.009}{0.009 + 0.099} \approx 0.08.$$

这一教训说明要通过计算去获得答案而不要相信你的直觉.

下述引理可直接从条件概率的定义得到.

1.14 引理 如果 A 与 B 是相互独立的事件则 $\mathbb{P}(A|B) = \mathbb{P}(A)$. 对任意两事件 A, B 有

$$\mathbb{P}(AB) = \mathbb{P}(A|B)\mathbb{P}(B) = \mathbb{P}(B|A)\mathbb{P}(A).$$

根据引理, 发现独立性的另一个解释为在知道 B 的情况下不会改变 A 的概率. 公式 $\mathbb{P}(AB) = \mathbb{P}(A)\mathbb{P}(B|A)$ 有些时候对计算概率很有帮助.

1.15 例 从一副扑克中不重复抽取两张牌, 令 A 表示第一次抽取的牌是梅花 A, 令 B 表示第二次抽取的牌是红桃 K. 则 $\mathbb{P}(AB) = \mathbb{P}(A)\mathbb{P}(B|A) = (1/52)(1/51)$.

条件概率小结
1. 如果 $\mathbb{P}(B) > 0$, 则 $$\mathbb{P}(AB) = \mathbb{P}(A\|B)\mathbb{P}(B).$$
2. 对固定的 B, $\mathbb{P}(\cdot\|B)$ 满足概率公理, 但一般地, 对固定的 A, $\mathbb{P}(A\|\cdot)$ 不满足概率公理.
3. 一般地, $\mathbb{P}(A\|B) \neq \mathbb{P}(B\|A)$.
4. A 和 B 独立当且仅当 $\mathbb{P}(A\|B) = \mathbb{P}(A)$.

1.7 贝叶斯理论

贝叶斯理论是"专家系统"和"贝叶斯网络"的基石, 有关"专家系统"和"贝叶斯网络"将在第 17 章详细讨论. 首先来给出一个最基础的结论.

1.16 定理 (全概率法则) 令 $A_1, A_2, \cdots, A_k$ 是 Ω 的一个划分, 则对任意事件 B,

$$\mathbb{P}(B) = \sum_{i=1}^{k} \mathbb{P}(B|A_i)\mathbb{P}(A_i).$$

证明 定义 $C_j = BA_j$ 并注意到 $C_1, \cdots, C_k$ 是互斥的, $B = \bigcup_{j=1}^{k} C_j$. 由条件概率定义知 $\mathbb{P}(BA_j) = \mathbb{P}(B|A_j)\mathbb{P}(A_j)$, 因此,

$$\mathbb{P}(B) = \sum_{j} \mathbb{P}(C_j) = \sum_{j} \mathbb{P}(BA_j) = \sum_{j} \mathbb{P}(B|A_j)\mathbb{P}(A_j).$$

1.17 定理 (贝叶斯定理) 令 $A_1, \cdots, A_k$ 是 Ω 的一个划分, 对每一个 i 有 $\mathbb{P}(A_i) > 0$, 如果 $\mathbb{P}(B) > 0$, 则对 $i = 1, \cdots, k$ 有

$$\mathbb{P}(A_i|B) = \frac{\mathbb{P}(B|A_i)\mathbb{P}(A_i)}{\sum_{j} \mathbb{P}(B|A_j)\mathbb{P}(A_j)}. \tag{1.5}$$

1.18 注 通常称 $\mathbb{P}(A_i)$ 为 A 的**先验概率**, 称 $\mathbb{P}(A_i|B)$ 为 A 的**后验概率**.

证明 由条件概率的定义以及全概率法则可得

$$\mathbb{P}(A_i|B) = \frac{\mathbb{P}(A_iB)}{\mathbb{P}(B)} = \frac{\mathbb{P}(B|A_i)\mathbb{P}(A_i)}{\mathbb{P}(B)} = \frac{\mathbb{P}(B|A_i)\mathbb{P}(A_i)}{\sum_j \mathbb{P}(B|A_j)\mathbb{P}(A_j)}.$$

1.19 例 我将自己的邮件分为三类：$A_1 =$ "垃圾邮件"，$A_2 =$ "低优先级邮件"，$A_3 =$ "高优先级邮件". 由以前的经验发现 $\mathbb{P}(A_1) = 0.7, \mathbb{P}(A_2) = 0.2, \mathbb{P}(A_3) = 0.1$. 当然满足 $0.7 + 0.2 + 0.1 = 1$. 令 B 表示邮件中含有单词 "free" 这一事件，由以前的经验有 $\mathbb{P}(B|A_1) = 0.9, \mathbb{P}(B|A_2) = 0.01, \mathbb{P}(B|A_3) = 0.01$. (注意：$0.9 + 0.01 + 0.01 \neq 1$). 我收到了一封邮件其中含有单词 "free". 这封邮件是垃圾邮件的概率为多少？

由贝叶斯理论可求得

$$\mathbb{P}(A_1|B) = \frac{0.9 \times 0.7}{(0.9 \times 0.7) + (0.01 \times 0.2) + (0.01 \times 0.1)} = 0.995.$$

1.8 文献注释

本章内容是大家熟知的，在许多教科书中都能找到其详细论述. 比较初级的有 (DeGroot and Schervish, 2002)；中等难度的有 (Grimmett and Stirzaker, 1982; Karr, 1993)；高级教程有 (Billingsley, 1979; Breiman, 1992). 笔者从 (DeGroot and Schervish, 2002; Grimmett and Stirzaker, 1982) 两本著作中摘录了很多例子和练习.

1.9 附 录

一般地，对样本空间 Ω 中的所有子集都赋予一个概率是非常困难的. 然而，将注意力集中在称为 σ **代数**或 σ **域**的事件集上，它是一个集类 $\mathcal{A}$, 满足如下性质：

(i) $\emptyset \in \mathcal{A}$.

(ii) 若 $A_1, A_2, \cdots \in \mathcal{A}$, 则 $\bigcup_{i=1}^{\infty} A_i \in \mathcal{A}$ 并且

(iii) 若 $A \in \mathcal{A}$, 则 $A^c \in \mathcal{A}$.

$\mathcal{A}$ 中的集合称为**可测的**，称 $(\Omega, \mathcal{A})$ 为**可测空间**，如果 $\mathbb{P}$ 是定义在 $\mathcal{A}$ 上的概率测度，则 $(\Omega, \mathcal{A}, \mathbb{P})$ 就称为**概率空间**. 当 Ω 是实直线时，设 $\mathcal{A}$ 表示包含所有开集的最小 σ 代数，称它为 **Borel σ 域**.

1.10 习 题

1. 给出定理 1.8 的证明细节并证明单调递减的情形.
2. 证明公式 (1.1).

3. 令 Ω 为样本空间, $A_1, A_2, \cdots$ 为其中的事件. 定义 $B_n = \bigcup_{i=n}^{\infty} A_i, C_n = \bigcap_{i=n}^{\infty} A_i$

   (a) 证明 $B_1 \supset B_2 \supset \cdots, C_1 \subset C_2 \subset \cdots$;

   (b) 证明 $\omega \in \bigcap_{n=1}^{\infty} B_n$ 当且仅当 ω 属于 $A_1, A_2, \cdots$ 中的无穷多个事件;

   (c) 证明 $\omega \in \bigcup_{n=1}^{\infty} C_n$ 当且仅当 ω 至多不属于 $A_1, A_2, \cdots$ 中的有限多个事件.

4. 令 $\{A_i : i \in I\}$ 是一系列事件, 其中 I 是任意指标集. 证明

$$\left(\bigcup_{i \in I} A_i\right)^c = \bigcap_{i \in I} A_i^c \quad \text{和} \quad \left(\bigcap_{i \in I} A_i\right)^c = \bigcup_{i \in I} A_i^c.$$

   提示: 首先证明对指标集 $I = \{1, 2, \cdots, n\}$ 成立.

5. 假设抛一枚均匀的硬币直到出现两次正面为止. 试描述样本空间 S. 求需要抛 k 次的概率.

6. 令 $\Omega = \{0, 1, \cdots\}$. 证明定义在 Ω 下的均匀分布不存在 (即如果当 $|A| = |B|$ 有 $\mathbb{P}(A) = \mathbb{P}(B)$, 则 $\mathbb{P}$ 不满足概率公理).

7. 令 $A_1, A_2, \cdots$ 表示一系列事件. 证明

$$\mathbb{P}\left(\bigcup_{n=1}^{\infty} A_n\right) \leqslant \sum_{n=1}^{\infty} \mathbb{P}(A_n).$$

   提示: 定义 $B_n = A_n - \bigcup_{i=1}^{n-1} A_i$. 然后证明 B_n 两两不相交且 $\bigcup_{n=1}^{\infty} A_n = \bigcup_{n=1}^{\infty} B_n$.

8. 假设对所有 i 有 $\mathbb{P}(A_i) = 1$, 试证明

$$\mathbb{P}\left(\bigcap_{i=1}^{\infty} A_i\right) = 1.$$

9. 对固定 B 满足 $\mathbb{P}(B) > 0$, 试证明 $\mathbb{P}(\cdot|B)$ 满足概率公理.

10. 本题陈述的事件读者以前可能已经听过. 现在请用严谨的推算来解答此问题. 这个著名的问题就是"蒙提霍尔问题": 在三扇门中的某扇门后有一个奖品, 选中这扇门就能拿到门后的奖品. 你选定了其中一扇门. 具体说, 假设你选择了 1 号门. 这时候主持人蒙提霍尔打开其他两扇门中的一扇门, 你看到门后没有奖品. 这时他给你一个机会选择要不要换另外一扇没有打开的门. 你是选择换还是不换呢? 直觉上认为换不换无关紧要. 然而正确答案是你应该选择换, 请证明这一结论. 此问题将有助于你理解样本空间和样本事件. 记 $\Omega = \{(\omega_1, \omega_2) : \omega_i \in \{1, 2, 3\}\}$, 其中 ω_1 表示奖品, ω_2 表示蒙提霍尔打开的门.

11. 假设 A, B 是相互独立的事件, 证明 A^c, B^c 也是相互独立的事件.

12. 有 3 张卡片, 第 1 张两面都是绿色, 第 2 张两面都是红色, 第 3 张一面绿色一面红色. 随机选择一张卡片并随机选择其中一面 (也是随机的选择). 如果这个面

为绿色的，那么另一面也是绿色的概率是多少？很多人会从直觉上认为概率是 1/2. 其正确的结果是 2/3. 请证明此结果.

13. 假设重复抛一枚均匀硬币直到正面和反面都至少出现了一次.
    (a) 请描述样本空间 Ω;
    (b) 需要投掷 3 次的概率为多少.

14. 试证：如果 $\mathbb{P}(A) = 0$ 或者 $\mathbb{P}(A) = 1$, 则 A 和其他事件是独立的; 如果 A 和自身独立, 则 $\mathbb{P}(A)$ 的值为 0 或者 1.

15. 一个孩子的眼睛为蓝色的概率为 1/4, 假设任意两个孩子间之间是相互独立的. 考虑一个有 3 个孩子的家庭.
    (a) 已知至少有一个孩子的眼睛是蓝色, 问至少有两个孩子的眼睛是蓝色的概率是多少?
    (b) 已知年龄最小的孩子的眼睛是蓝色, 则至少有两个孩子的眼睛是蓝色的概率是多少?

16. 证明引理 1.14.

17. 试证
$$\mathbb{P}(ABC) = \mathbb{P}(A|BC)\mathbb{P}(B|C)\mathbb{P}(C).$$

18. 假设 k 个事件构成样本空间 Ω 的一个划分, 即它们两两不相交且 $\bigcup_{i=1}^{k} A_i = \Omega$. 假设 $\mathbb{P}(B) > 0$, 证明如果 $\mathbb{P}(A_1|B) < \mathbb{P}(A_1)$, 则必有 $\mathbb{P}(A_i|B) > \mathbb{P}(A_i)$ 对某 $i \in \{2, \cdots, k\}$ 成立.

19. 假设 30% 的计算机用户使用 Macintosh, 50% 的使用 Windows, 20% 的使用 Linux. 假设 65% 的 Mac 用户感染了某种计算机病毒, 82% 的 Windows 用户感染了这一病毒, 50% 的 Linux 用户感染了这一病毒. 随机选择一个用户, 发现她的系统感染了这种病毒, 她是 Windows 用户的概率为多少?

20. 盒子里面装有 5 枚硬币, 每枚硬币出现正面的概率都不一样, 令 $p_1, \cdots, p_5$ 分别表示每枚硬币出现正面的概率. 假设

$$p_1 = 0, \quad p_2 = \frac{1}{4}, \quad p_3 = \frac{1}{2}, \quad p_4 = \frac{3}{4}, \quad p_5 = 1.$$

令 H 表示事件 "出现正面", C_i 表示第 i 枚硬币被选中这一事件.
(a) 随机选择一枚硬币投掷. 假设正面出现了, 求第 $i(i = 1, \cdots, 5)$ 枚硬币被选中的后验概率为多少? 即, 对 $i = 1, \cdots, 5$ 分别求 $\mathbb{P}(C_i|H)$.
(b) 再一次投掷这枚硬币, 问又出现正面的概率为多少? 即求 $\mathbb{P}(H_2|H_1)$, 其中 $H_j =$ "第 j 次投掷出现正面".
   假定试验按照下述方式进行：随机选取一枚硬币投掷直到出现正面.
(c) 求 $\mathbb{P}(C_i|B_4)$, 其中 $B_4 =$ "在第 4 次首次出现正面".

21. (计算机试验) 假设一枚硬币正面朝上的概率为 p, 如果投掷硬币多次, 则希望出现正面次数的比例很接近 p. 假设 $p=0.3, n=1000$, 如果将硬币抛掷 1000 次, 画出硬币正面朝上的概率的散点图 (概率是 n 的倍数). 重复 $p=0.03$ 的情况.

22. (计算机试验) 假设抛一枚硬币 n 次, p 表示正面朝上的概率, 令 X 为出现正面的次数, 称 X 为二项随机变量, 将在下一章讨论. 直觉上判断 X 将接近 np, 为验证这是否正确, 可以重复该实验多次并取 X 的均值, 进行一次模拟并比较 X 的均值与 np 的差别, 对 $p=0.3$ 和 $n=10, n=100, n=1000$ 分别作上述练习.

23. (计算机试验) 这里介绍模拟条件概率的试验, 考虑投掷一枚均匀的骰子, 令 $A=\{2,4,6\}, B=\{1,2,3,4\}$, 从而 $\mathbb{P}(A)=1/2, \mathbb{P}(B)=2/3, \mathbb{P}(AB)=1/3$, 因为 $\mathbb{P}(AB)=\mathbb{P}(A)\mathbb{P}(B)$, 所以事件 A 和 B 是独立的. 模拟该试验并验证 $\hat{\mathbb{P}}(AB)=\hat{\mathbb{P}}(A)\hat{\mathbb{P}}(B)$, 其中 $\hat{\mathbb{P}}(A)$ 表示模拟中 A 发生的比例, $\hat{\mathbb{P}}(AB)$ 和 $\hat{\mathbb{P}}(B)$ 的含义以此类推. 现在再找两个不独立的事件 A 和 B, 计算 $\hat{\mathbb{P}}(A), \hat{\mathbb{P}}(A), \hat{\mathbb{P}}(AB)$, 将其值与理论值比较. 给出结论并解释.

第 2 章 随机变量

2.1 引 言

统计学和数据挖掘都跟数据有关. 怎么将样本空间和事件同数据联系起来呢? 这条联系的纽带就是随机变量.

2.1 定义 随机变量即映射[①]
$$X : \Omega \to \mathbb{R},$$
该映射对每一个输出 ω 赋予实值 $X(\omega)$.

在绝大多数概率课程里面, 样本空间很少被提及, 而直接从随机变量着手. 但读者应该清楚样本空间是确实存在的, 它位于事件的背后.

2.2 例 抛一枚硬币 10 次, 令 $X(\omega)$ 表示序列中正面出现的次数. 例如, 如果 $\omega = HHTHHTHHTT$, 则 $X(\omega) = 6$.

2.3 例 令 $\Omega = \{(x,y) : x^2 + y^2 \leqslant 1\}$ 表示单位圆盘. 考虑在 Ω 中随便选取一点. (在后面将精确化这一思想), 选取的结果具有形式 $\omega = (x,y)$. 随机变量的例子如 $X(\omega) = x, Y(\omega) = y, Z(\omega) = x+y$ 以及 $W(\omega) = \sqrt{x^2 + y^2}$.

给定随机变量 X 和实直线的子集 A, 定义 $X^{-1}(A) = \{\omega \in \Omega : X(\omega) \in A\}$ 并令

$$\mathbb{P}(X \in A) = \mathbb{P}(X^{-1}(A)) = \mathbb{P}(\{\omega \in \Omega : X(\omega) \in A\}),$$
$$\mathbb{P}(X = x) = \mathbb{P}(X^{-1}(x)) = \mathbb{P}(\{\omega \in \Omega : X(\omega) = x\}).$$

注意其中的 X 表示随机变量而 x 表示 X 的某一特定的值.

2.4 例 抛一枚硬币两次, 令 X 表示出现正面的次数. 则 $\mathbb{P}(X=0) = \mathbb{P}(\{TT\}) = 1/4, \mathbb{P}(X=1) = \mathbb{P}(\{HT, TH\}) = 1/2, \mathbb{P}(X=2) = \mathbb{P}(\{HH\}) = 1/4$. 该随机变量及其分布可概括如下:

ω	$\mathbb{P}(\{\omega\})$	$X(\omega)$
TT	1/4	0
TH	1/4	1
HT	1/4	1
HH	1/4	2

x	$\mathbb{P}(X=x)$
0	1/4
1	1/2
2	1/4

请读者完成投掷 n 次的情形.

[①] 从专业角度讲, 随机变量必须可测, 详见附录.

2.2 分布函数和概率函数

给定随机变量 X, 定义它的累积分布函数 (分布函数) 如下:

2.5 定义 **累积分布函数**, 或 CDF, 表示函数 $F_X : \mathbb{R} \to [0,1]$, 其定义为

$$F_X(x) = \mathbb{P}(X \leqslant x). \tag{2.1}$$

在后面将看到 CDF 包括了随机变量的所有信息, 有时用 F 代替 F_X 来表示 CDF.

2.6 例 抛一枚均匀的硬币两次, 令 X 表示出现正面的次数. 则 $\mathbb{P}(X = 0) = \mathbb{P}(X = 2) = 1/4, \mathbb{P}(X = 1) = 1/2$. 其分布函数为

$$F_X(x) = \begin{cases} 0, & x < 0, \\ 1/4, & 0 \leqslant x < 1, \\ 3/4, & 1 \leqslant x < 2, \\ 1, & x \geqslant 2. \end{cases}$$

虽然这个例子很简单, 但仍有必要认真的研究它. CDF 是很有迷惑性的. 注意, 即使随机变量仅仅取值为 0, 1, 2. 但对所有的 x 该函数都满足右连续, 非减. 读者是否明白为什么 $F_X(1.4) = 0.75$ 呢? CDF 如图 2.1 所示.

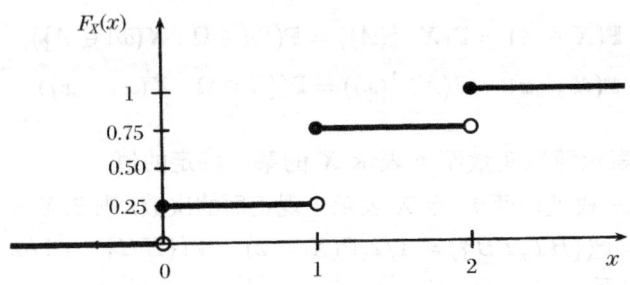

图 2.1 连续两次抛硬币的 CDF(例 2.6)

如下结论表明 CDF 完全决定了随机变量的分布.

2.7 定理 令 X 的 CDF 为 F, Y 的 CDF 为 G, 如果对所有 x 有 $F(x) = G(x)$, 则对所有 A 都有 $\mathbb{P}(X \in A) = \mathbb{P}(Y \in A)$ [①].

2.8 定理 从实直线映射到 $[0,1]$ 的函数 F 是某个概率 P 的 CDF 当且仅当 F 满足下列 3 个条件:

[①] 严格意义上讲, 仅指对所有可测集 A 有 $\mathbb{P}(X \in A) = \mathbb{P}(Y \in A)$.

(i)F 是非降的：$x_1 < x_2$ 意味着 $F(x_1) \leqslant F(x_2)$.

(ii)F 是规范的：
$$\lim_{x \to -\infty} F(x) = 0,$$
且
$$\lim_{x \to \infty} F(x) = 1.$$

(iii)F 是右连续的：$F(x) = F(x^+)$ 对所有 x 成立，其中，
$$F(x^+) = \lim_{\substack{y \to x \\ y > x}} F(y).$$

证明 假设 F 是 CDF. 首先证明 (iii) 满足. 令 x 为一实数，$y_1, y_2, \cdots$ 为一系列实数满足 $y_1 > y_2 > \cdots$，并且 $\lim_i y_i = x$. 令 $A_i = (-\infty, y_i]$, $A = (-\infty, x]$. 注意到 $A = \bigcap_{i=1}^{\infty} A_i$ 并且 $A_1 \supset A_2 \supset \cdots$，即事件是单调的，所以 $\lim_i \mathbb{P}(A_i) = \mathbb{P}(\bigcap_i A_i)$. 于是
$$F(x) = \mathbb{P}(A) = \mathbb{P}\left(\bigcap_i A_i\right) = \lim_i \mathbb{P}(A_i) = \lim_i F(y_i) = F(x^+).$$

(i) 和 (ii) 的证明类似. 反方向的证明 —— 若 F 满足 (i),(ii) 和 (iii)，则它是某个随机变量的 CDF—— 在分析中需借助先进的理论工具.

2.9 定义 *如果 X 取值为可数的值*[①] *$\{x_1, x_2, \cdots\}$，则 X 是**离散的**，定义 X 的**概率函数**或**概率密度函数** 为 $f_X(x) = \mathbb{P}(X = x)$.*

因此，对 $x \in \mathbb{R}$ 有 $f_X(x) \geqslant 0$ 并且 $\sum_i f_X(x_i) = 1$. 有时用 f 代替 f_X. X 的 CDF 和 f_X 的关系如下：
$$F_X(x) = \mathbb{P}(X \leqslant x) = \sum_{x_i \leqslant x} f_X(x_i).$$

2.10 例 例 2.6 中的概率函数是
$$f_X(x) = \begin{cases} 1/4, & x = 0, \\ 1/2, & x = 1, \\ 1/4, & x = 2, \\ 0, & \text{其他}, \end{cases}$$

见图 2.2.

[①] 如果集合有限或者能与整数建立一对一的关系，则集合是可数的. 偶数、奇数和有理数都是可数的；在 0 到 1 之间的实数就是不可数的.

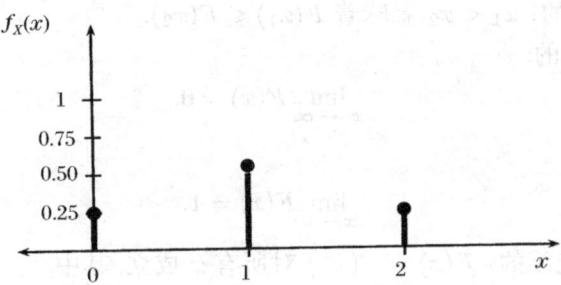

图 2.2 连续两次抛硬币实验的概率函数 (例 2.6)

2.11 定义 如果存在某个函数 f_X 对所有 x 有 $f_X(x) \geqslant 0$, $\int_{-\infty}^{\infty} f_X(x)\mathrm{d}x = 1$ 并且对任意 $a \leqslant b$ 有

$$\mathbb{P}(a < X < b) = \int_a^b f_X(x)\mathrm{d}x, \tag{2.2}$$

则随机变量 X 是连续型随机变量. 函数 f_X 称为**概率密度函数**(PDF). 且有

$$F_X(x) = \int_{-\infty}^{x} f_X(t)\mathrm{d}t,$$

以及 $f_X(x) = F'_X(x)$ 在 F_X 可微的点均成立.

有时用 $\int f(x)\mathrm{d}x$ 或者 $\int f$ 表示 $\int_{-\infty}^{\infty} f(x)\mathrm{d}x$.

2.12 例 假设 X 的 PDF 为

$$f_X(x) = \begin{cases} 1, & 0 \leqslant x \leqslant 1, \\ 0, & \text{其他}. \end{cases}$$

显然, $f_X(x) \geqslant 0$ 且 $\int f_X(x)\mathrm{d}x = 1$. 具有这种密度的随机变量称它服从 (0,1) 均匀分布. 其含义就是从 0 到 1 之间随机选取一点. CDF 为

$$F_X(x) = \begin{cases} 0, & x < 0, \\ x, & 0 \leqslant x \leqslant 1, \\ 1, & x > 1, \end{cases}$$

见图 2.3.

2.2 分布函数和概率函数

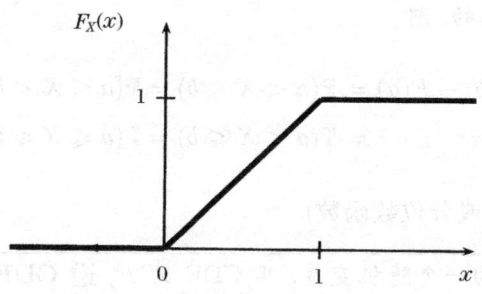

图 2.3 (0,1) 均匀分布的 CDF

2.13 例 假设 X 的 PDF 为

$$f(x) = \begin{cases} 0, & x < 0, \\ \dfrac{1}{(1+x)^2}, & \text{其他}. \end{cases}$$

因为 $\int f(x)\mathrm{d}x = 1$, 所以 $f(x)$ 确实是一个 PDF.

注意！ 连续型随机变量可能产生迷惑. 首先, 如果 X 是连续的则对任意 x 有 $\mathbb{P}(X = x) = 0$. 不要将 $f(x)$ 看成是 $\mathbb{P}(X = x)$, 这仅对离散随机变量成立. 在连续情形下通过求 PDF 的积分得到概率. PDF 可以大于 1（而离散型随机变量的概率密度函数不会）. 例如, 如果 $f(x) = 5, x \in [0, 1/5]$, 其他情形下 $f(x)$ 为 0, 则 $f(x) \geqslant 0$ 并且 $\int f(x)\mathrm{d}x = 1$, 所以即使在某些点 $f(x) = 5$, 它仍然是一个 PDF. 事实上, PDF 可以是无界的. 例如, 如果当 $0 < x < 1$ 时, $f(x) = (2/3)x^{-1/3}$, 在其他点 $f(x) = 0$, 则 f 是无界的但仍满足 $\int f(x)\mathrm{d}x = 1$.

2.14 例 令

$$f(x) = \begin{cases} 0, & x < 0, \\ \dfrac{1}{1+x}, & \text{其他}. \end{cases}$$

该函数不是 PDF, 因为 $\int f(x)\mathrm{d}x = \int_0^\infty \mathrm{d}x/(1+x) = \int_1^\infty \mathrm{d}u/u = \ln(\infty) = \infty$.

2.15 引理 令 F 为随机变量 X 的 CDF, 则

1. $\mathbb{P}(X = x) = F(x) - F(x^-)$, 其中, $F(x^-) = \lim\limits_{y \uparrow x} F(y)$.
2. $\mathbb{P}(x < X \leqslant y) = F(y) - F(x)$.
3. $\mathbb{P}(X > x) = 1 - F(x)$.

4. 如果 X 是连续的, 则

$$F(b) - F(a) = \mathbb{P}(a < X < b) = \mathbb{P}(a \leqslant X < b)$$
$$= \mathbb{P}(a < X \leqslant b) = \mathbb{P}(a \leqslant X \leqslant b).$$

下面定义 CDF 的逆 (或分位数函数).

> **2.16 定义** 令 X 为一个随机变量, 其 CDF 为 F, **逆 CDF**或**分位数函数**定义为[①]
> $$F^{-1}(q) = \inf\{x : F(x) > q\},$$
> 其中, $q \in [0,1]$. 如果 F 严格递增并且连续则 $F^{-1}(q)$ 是满足 $F(x) = q$ 的唯一实数 x.

称 $F^{-1}(1/4)$ 为**第一分位数**, $F^{-1}(1/2)$ 为**中位数**, $F^{-1}(3/4)$ 为**第三分位数**.

如果 $F_X(x) = F_Y(x)$ 对所有 x 成立, 则两个随机变量 X 和 Y 是**同分布的**, 记为 $X \stackrel{d}{=} Y$. 这并不是表示 X 和 Y 是相等的, 它表示所有关于 X 和 Y 的概率陈述是相同的. 例如, 假设 $\mathbb{P}(x=1) = \mathbb{P}(x=-1) = 1/2$, 令 $Y = -X$, 则 $\mathbb{P}(Y=1) = \mathbb{P}(Y=-1) = 1/2$, 所以 $X \stackrel{d}{=} Y$, 但是 X 和 Y 并不相等, 事实上, $\mathbb{P}(X=Y) = 0$.

2.3 一些重要的离散随机变量

注意符号! 通常用 $X \sim F$ 表示 X 服从分布 F. 因为符号 $\sim$ 常用来表示近似, 所以用该符号表示分布并不合适, 但符号 $X \sim F$ 已被大家接受. $X \sim F$ 读作 "X 服从分布 F" 而并不是 "X 与 F 近似".

单点分布 仅在一个点 a 上有概率密度, 记为 $X \sim \delta_a$, 即 $\mathbb{P}(X=a) = 1$, 那么

$$F(x) = \begin{cases} 0, & x < a, \\ 1, & x \geqslant a. \end{cases}$$

概率密度函数在 $x = a$ 处 $f(x) = 1$, 其他情形下为 0.

离散均匀分布 令 $k > 1$ 为给定的整数, 假设 X 具有如下概率密度函数:

$$f(x) = \begin{cases} 1/k, & x = 1, \cdots, k, \\ 0, & \text{其他}. \end{cases}$$

则称 X 在 $\{1, \cdots, k\}$ 上服从均匀分布.

[①] 如果读者对 "inf" 不熟悉, 可把它看成是求最小, 即 min.

2.3 一些重要的离散随机变量

伯努利分布 令 X 表示抛硬币的结果, 结果用 0,1 表示. 则 $\mathbb{P}(X=1)=p$, $\mathbb{P}(X=0)=1-p$, 其中 $p\in[0,1]$, 称 X 服从伯努利分布, 记为 $X\sim\text{Bernoulli}(p)$. 概率函数为 $f(x)=p^x(1-p)^{1-x}$, 其中 $x\in\{0,1\}$.

二项式分布 假设抛一枚硬币出现正面的概率为 p, 其中 $0\leqslant p\leqslant 1$. 将这枚硬币抛 n 次, 令 X 表示出现正面的次数, 假设每次抛是相互独立的, 令 $f(x)=\mathbb{P}(X=x)$ 为概率密度函数, 易得

$$f(x)=\begin{cases}\begin{pmatrix}n\\x\end{pmatrix}p^x(1-p)^{1-x}, & x=0,\cdots,n,\\ 0, & \text{其他.}\end{cases}$$

具有上述概率密度函数的随机变量称为伯努利随机变量, 记为 $X\sim\text{Binomial}(n,p)$. 若 $X_1\sim\text{Binomial}(n_1,p)$, $X_2\sim\text{Binomial}(n_2,p)$ 并且独立, 则 $X_1+X_2\sim\text{Binomial}(n_1+n_2,p)$.

注意! 现在来排除一些疑惑. X 是随机变量; x 表示随机变量一个特定的值; n 和 p 是**参数**, 也即是固定实数. 参数 p 通常未知, 需要根据数据去估计, 这就是统计推断要完成的事情. 在多数统计模型中, 既有随机变量, 又有参数. 不要把它们混淆了.

几何分布 如果

$$\mathbb{P}(X=k)=p(1-p)^{k-1}, \quad k=1,2,3,\cdots,$$

则 X 服从参数为 $p\in(0,1)$ 的几何分布, 记为 $X\sim\text{Geom}(p)$. 对于几何分布

$$\sum_{k=1}^{\infty}\mathbb{P}(X=k)=p\sum_{k=1}^{\infty}(1-p)^k=\frac{p}{1-(1-p)}=1,$$

X 可看成是抛一枚硬币直到出现一次正面为止所需要抛的次数.

泊松分布 如果

$$f(x)=e^{-\lambda}\frac{\lambda^x}{x!}, \quad x\geqslant 0,$$

则 X 服从参数为 λ 的泊松分布, 记为 $X\sim\text{Poisson}(\lambda)$. 易见

$$\sum_{x=0}^{\infty}f(x)=e^{-\lambda}\sum_{x=0}^{\infty}\frac{\lambda^x}{x!}=e^{-\lambda}e^{\lambda}=1.$$

泊松分布常用于罕见事件的计数, 如放射性元素的衰变和交通事故. 如果 $X_1\sim\text{Poisson}(\lambda_1)$, $X_2\sim\text{Poisson}(\lambda_2)$ 且独立, 则 $X_1+X_2\sim\text{Poisson}(\lambda_1+\lambda_2)$.

注意! 定义随机变量为样本空间 Ω 到 $\mathbb{R}$ 的映射, 但在上面的分布中并未提及样本空间. 正如之前提到的那样, 样本空间经常"消失", 但它却实实在在地

存在于背后. 下面对伯努利分布构造一个样本空间, 令 $\Omega = [0,1]$ 并定义 $\mathbb{P}$ 满足 $\mathbb{P}([a,b]) = b - a$, 其中, $0 \leqslant a \leqslant b \leqslant 1$. 固定 $p \in [0,1]$ 并定义

$$X(\omega) = \begin{cases} 1, & \omega \leqslant p, \\ 0, & \omega > p. \end{cases}$$

从而 $\mathbb{P}(X = 1) = \mathbb{P}(\omega \leqslant p) = \mathbb{P}([0,p]) = p$ 且 $\mathbb{P}(X = 0) = 1 - p$. 也就意味着 $X \sim$ Bernoulli(p). 对所有的分布都可以通过上述方式进行定义. 在实际中, 将随机变量看成是一个随机数, 但从严格意义上讲, 它是定义在样本空间上的一个映射.

2.4 一些重要的连续随机变量

均匀分布 如果

$$f(x) = \begin{cases} \dfrac{1}{b-a}, & x \in [a,b], \\ 0, & \text{其他}, \end{cases}$$

则 X 服从 (a,b) 上的均匀分布, 记为 $X \sim$ Uniform(a,b), 其中, $a < b$. 均匀分布的分布函数为

$$F(x) = \begin{cases} 0, & x < a, \\ \dfrac{x-a}{b-a}, & x \in [a,b], \\ 1, & x > b. \end{cases}$$

正态(高斯)分布 如果

$$f(x) = \frac{1}{\sigma\sqrt{2\pi}} \exp\left\{-\frac{1}{2\sigma^2}(x-\mu)^2\right\}, \quad x \in \mathbb{R}, \tag{2.3}$$

则 X 服从参数为 μ 和 σ 的正态 (高斯) 分布, 记为 $X \sim N(\mu, \sigma^2)$, 其中 $\mu \in \mathbb{R}, \sigma > 0$. 参数 μ 是分布的"中心"(均值), σ 是分布的散布程度 (标准差), (均值和标准差将在下一章正式定义). 正态分布在概率和统计中扮演着重要的角色, 许多自然现象可以用正态分布来近似. 后面, 将研究中心极限定理, 它表明随机变量和的分布可以用正态分布来近似.

如果 $\mu = 0, \sigma = 1$, 则称 X 服从**标准正态分布**, 标准正态分布随机变量常用 Z 表示, 标准正态分布的 PDF 和 CDF 分别记为 $\phi(z)$ 和 $\Phi(z)$, PDF 见图 2.4, Φ 不存在近似表达式. 下面是正态分布的一些性质.

(i) 如果 $X \sim N(\mu, \sigma^2)$, 则 $Z = (X - \mu)/\sigma \sim N(0,1)$.

(ii) 如果 $Z \sim N(0,1)$, 则 $X = \mu + \sigma Z \sim N(\mu, \sigma^2)$.

(iii) 如果 $X_i \sim N(\mu_i, \sigma_i^2), i = 1, \cdots, n$ 且相互独立, 则

2.4 一些重要的连续随机变量

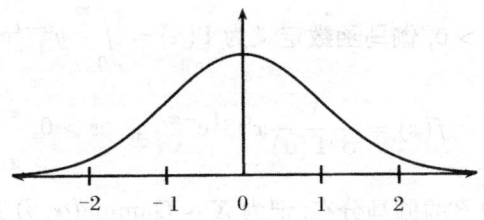

图 2.4 标准正态分布的密度函数

$$\sum_{i=1}^{n} X_i \sim N\left(\sum_i^n \mu_i, \sum_i^n \sigma_i^2\right).$$

根据 (i) 得, 如果 $X \sim N(\mu, \sigma^2)$, 则

$$\mathbb{P}(a < X < b) = \mathbb{P}\left(\frac{a-\mu}{\sigma} < Z < \frac{b-\mu}{\sigma}\right)$$
$$= \Phi\left(\frac{b-\mu}{\sigma}\right) - \Phi\left(\frac{a-\mu}{\sigma}\right).$$

从而, 只要能够计算标准正态分布得 CDF $\Phi(z)$, 就可以计算任何概率. 所有的统计计算包都能计算 $\Phi(z)$ 和 $\Phi^{-1}(q)$. 以前的统计教科书有 $\Phi(z)$ 的数值表 (本书没有).

2.17 例 假设 $X \sim N(3,5)$, 求 $\mathbb{P}(X > 1)$ 的值.

$$\mathbb{P}(X > 1) = 1 - \mathbb{P}(X < 1) = 1 - \mathbb{P}\left(Z < \frac{1-3}{\sqrt{5}}\right) = 1 - \Phi(-0.8944) = 0.81,$$

再求 $q = \Phi^{-1}(0.2)$, 这就意味着要求 q 使得 $\mathbb{P}(X < q) = 0.2$, 即

$$0.2 = \mathbb{P}(X < q) = \mathbb{P}\left(Z < \frac{q-\mu}{\sigma}\right) = \Phi\left(\frac{q-\mu}{\sigma}\right),$$

通过查正态表得 $\Phi(-0.8416) = 0.2$, 因此,

$$-0.8416 = \frac{q-\mu}{\sigma} = \frac{q-3}{\sqrt{5}},$$

易得 $q = 3 - 0.8416\sqrt{5} = 1.1181$.

指数分布 如果

$$f(x) = \frac{1}{\beta} e^{-x/\beta}, \quad x > 0,$$

则 X 服从参数为 β 的指数分布, 记为 $X \sim \text{Exp}(\beta)$, 其中, $\beta > 0$. 指数分布用于电子元件的寿命和两次罕见事件之间的等待时间.

伽马分布 对 $\alpha > 0$,**伽马函数**定义为 $\Gamma(\alpha) = \int_0^\infty y^{\alpha-1}\mathrm{e}^{-y}\mathrm{d}y$. 如果

$$f(x) = \frac{1}{\beta^\alpha \Gamma(\alpha)} x^{\alpha-1}\mathrm{e}^{-x/\beta}, \quad x > 0,$$

则 X 服从参数为 α 和 β 的伽马分布,记为 $X \sim \mathrm{Gamma}(\alpha, \beta)$ 其中, $\alpha, \beta > 0$. 指数分布函数即为 $\mathrm{Gamma}(1, \beta)$ 分布. 如果 $X_i \sim \mathrm{Gamma}(\alpha_i, \beta)$ 且相互独立,则 $\sum_{i=1}^n X_i \sim \mathrm{Gamma}(\sum_{i=1}^n \alpha_i, \beta)$

贝塔分布 如果

$$f(x) = \frac{\Gamma(\alpha+\beta)}{\Gamma(\alpha)\Gamma(\beta)} x^{\alpha-1}(1-x)^{\beta-1}, \quad 0 < x < 1,$$

则 X 服从参数 $\alpha > 0$ 和 $\beta > 0$ 的贝塔分布,记为 $X \sim \mathrm{Beta}(\alpha, \beta)$.

t分布和柯西分布 如果

$$f(x) = \frac{\Gamma\left(\dfrac{\nu+1}{2}\right)}{\Gamma\left(\dfrac{\nu}{2}\right)} \frac{1}{(1+x^2/\nu)^{(\nu+1)/2}},$$

则 X 服从自由度为 ν 的 t 分布,记为 $X \sim t_\nu$, t 分布的概率密度函数图形与正态分布的概率密度函数图形类似,但前者尾部较重. 事实上, 正态分布相当于 $\nu = \infty$ 的 t 分布. 柯西分布是 t 分布的一种特殊情形,它相当于自由度 $\nu = 1$ 的 t 分布. 柯西分布的密度函数为

$$f(x) = \frac{1}{\pi(1+x^2)},$$

可以验证上述函数的确是一密度函数

$$\begin{aligned}\int_{-\infty}^\infty f(x)\mathrm{d}x &= \frac{1}{\pi}\int_{-\infty}^\infty \frac{\mathrm{d}x}{1+x^2} = \frac{1}{\pi}\int_{-\infty}^\infty \frac{\mathrm{d}\arctan(x)}{\mathrm{d}x} \\ &= \frac{1}{\pi}[\arctan(\infty) - \arctan(-\infty)] = \frac{1}{\pi}\left[\frac{\pi}{2} - \left(-\frac{\pi}{2}\right)\right] = 1.\end{aligned}$$

χ^2分布 如果

$$f(x) = \frac{1}{\Gamma(p/2)2^{p/2}} x^{(p/2)-1}\mathrm{e}^{-x/2}, \quad x > 0,$$

则 X 服从自由度为 p 的 χ^2 分布,记为 $X \sim \chi_p^2$. 如果 $Z_1, \cdots, Z_p$ 是独立标准正态随机变量,则 $\sum_{i=1}^p Z_i^2 \sim \chi_p^2$.

2.5 二元分布

给定两个离散随机变量 X 和 Y,定义其**联合密度函数**为 $f(x,y) = \mathbb{P}(X = x 和 Y = y)$. 从现在起,将 $\mathbb{P}(X = x 和 Y = y)$ 记为 $\mathbb{P}(X = x, Y = y)$;当想表述得更加清楚时,将 f 记为 $f_{X,Y}$.

2.18 例 如下是取值为 $0, 1$ 的两个随机变量 X, Y 的二元分布:很明显,$f(1,1) = \mathbb{P}(X = 1, Y = 1) = 4/9$.

	$Y = 0$	$Y = 1$	
$X = 0$	1/9	2/9	1/3
$X = 1$	2/9	4/9	2/3
	1/3	2/3	1

2.19 定义 在连续情形下,称 $f(x,y)$ 为随机变量 (X,Y) 的 PDF,如果
(i) 对于所有的 (x,y) 有 $f(x,y) \geqslant 0$.
(ii) $\int_{-\infty}^{\infty} \int_{-\infty}^{\infty} f(x,y) \mathrm{d}x \mathrm{d}y = 1$.
(iii) 对任意集合 $A \subset \mathbb{R} \times \mathbb{R}$, $\mathbb{P}((X,Y) \in A) = \iint_A f(x,y) \mathrm{d}x \mathrm{d}y$.

在离散或连续情形下,定义联合 CDF 为 $F_{X,Y}(x,y) = \mathbb{P}(X \leqslant x, Y \leqslant y)$.

2.20 例 令 (X,Y) 为单位正方形上的均匀分布,则
$$f(x,y) = \begin{cases} 1, & 0 \leqslant x \leqslant 1, 0 \leqslant y \leqslant 1, \\ 0, & 其他. \end{cases}$$
计算 $\mathbb{P}(X < 1/2, Y < 1/2)$. 集合 $A = \{X < 1/2, Y < 1/2\}$ 是单位正方形的一个子集,通过对 f 在子集上求积分可得 A 的面积是 $1/4$,从而,$\mathbb{P}(X < 1/2, Y < 1/2) = 1/4$.

2.21 例 令 (X,Y) 具有密度函数
$$f(x,y) = \begin{cases} x + y, & 0 \leqslant x \leqslant 1, 0 \leqslant y \leqslant 1, \\ 0, & 其他, \end{cases}$$
则
$$\int_0^1 \int_0^1 (x+y) \mathrm{d}x \mathrm{d}y = \int_0^1 \left(\int_0^1 x \mathrm{d}x\right) \mathrm{d}y + \int_0^1 \left(\int_0^1 y \mathrm{d}x\right) \mathrm{d}y$$
$$= \int_0^1 \frac{1}{2} \mathrm{d}y + \int_0^1 y \mathrm{d}y = \frac{1}{2} + \frac{1}{2} = 1.$$

2.22 例 如果分布定义在非矩形区域,则以上的计算就会有点儿复杂. 这里借用了 (DeGroot and Schervish, 2002) 中的一个例子,令 (X,Y) 具有密度函数
$$f(x,y) = \begin{cases} cx^2 y, & x^2 \leqslant y \leqslant 1, \\ 0, & 其他. \end{cases}$$

首先注意其中 $-1 \leqslant x \leqslant 1$. 现在计算 c 的值, 这里需要特别关注的就是积分的范围, 选定一个变量, 如 x, 让 x 在其取值范围内变动, 对于每个固定的 x, 令 y 在它的范围内变动, 即 $x^2 \leqslant y \leqslant 1$, 图 2.5 有助于读者理解.

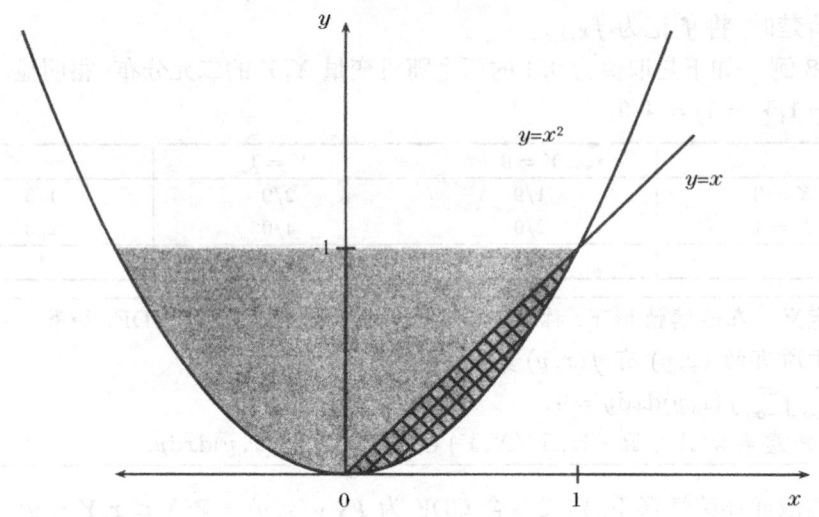

图 2.5

灰色部分是区域 $x^2 \leqslant y \leqslant 1$, 该区域内密度是正的. 其中网格线区域是事件 $X \geqslant Y$, 与 $x^2 \leqslant y \leqslant 1$ 的交集

于是,
$$1 = \int\int f(x,y)\mathrm{d}y\mathrm{d}x = c\int_{-1}^{1}\int_{x^2}^{1} x^2 y \mathrm{d}y\mathrm{d}x$$
$$= c\int_{-1}^{1} x^2 \left(\int_{x^2}^{1} y\mathrm{d}y\right)\mathrm{d}x = c\int_{-1}^{1} x^2 \frac{1-x^4}{2}\mathrm{d}x = \frac{4c}{21}.$$

因此, $c = 21/4$. 现在来计算 $\mathbb{P}(X \geqslant Y)$, 相应的集合为 $A = \{(x,y) : 0 \leqslant x \leqslant 1, x^2 \leqslant y \leqslant x\}$(读者可以通过图示来理解), 所以

$$\mathbb{P}(X \geqslant Y) = \frac{21}{4}\int_{0}^{1}\int_{x^2}^{x} x^2 y \mathrm{d}y\mathrm{d}x = \frac{21}{4}\int_{0}^{1} x^2 \left(\int_{x^2}^{x} y\mathrm{d}y\right)\mathrm{d}x$$
$$= \frac{21}{4}\int_{0}^{1} x^2 \left(\frac{x^2 - x^4}{2}\right)\mathrm{d}x = \frac{3}{20}.$$

2.6 边际分布

2.23 定义 如果 (X,Y) 具有联合密度函数 $f_{X,Y}$，则 X 的**边际概率密度函数**定义为

$$f_X(x) = \mathbb{P}(X=x) = \sum_y \mathbb{P}(X=x, Y=y) = \sum_y f(x,y), \tag{2.4}$$

Y 的**边际概率密度函数**定义为

$$f_Y(y) = \mathbb{P}(Y=y) = \sum_x \mathbb{P}(X=x, Y=y) = \sum_x f(x,y). \tag{2.5}$$

2.24 例 假设 $f_{X,Y}$ 如下表：

	$Y=0$	$Y=1$	
$X=0$	1/10	2/10	3/10
$X=1$	3/10	4/10	7/10
	4/10	6/10	1

则 X 的边际分布就是对应行的总和，Y 的边际分布就是对应列的总和. 例如，$f_X(0) = 3/10, f_X(1) = 7/10$.

2.25 定义 对于连续随机变量，边际概率密度函数为

$$f_X(x) = \int f(x,y)\mathrm{d}y, \quad f_Y(y) = \int f(x,y)\mathrm{d}x. \tag{2.6}$$

相应的边际分布函数记为 F_X 和 F_Y.

2.26 例 假设

$$f_{X,Y} = \mathrm{e}^{-(x+y)},$$

其中，$x, y \geqslant 0$，则 $f_X(x) = \mathrm{e}^{-x} \int_0^\infty \mathrm{e}^{-y}\mathrm{d}y = \mathrm{e}^{-x}$.

2.27 例 假设

$$f(x,y) = \begin{cases} x+y, & 0 \leqslant x \leqslant 1, 0 \leqslant y \leqslant 1, \\ 0, & \text{其他}. \end{cases}$$

则

$$f_Y(y) = \int_0^1 (x+y)\mathrm{d}x = \int_0^1 x\mathrm{d}x + \int_0^1 y\mathrm{d}x = \frac{1}{2} + y.$$

2.28 例 令 (X,Y) 具有密度

$$f(x,y) = \begin{cases} \dfrac{21}{4}x^2 y, & x^2 \leqslant y \leqslant 1, \\ 0, & \text{其他}. \end{cases}$$

则

$$f_X(x) = \int f(x,y)\mathrm{d}y = \frac{21}{4}x^2 \int_{x^2}^{1} y\mathrm{d}y = \frac{21}{8}x^2(1-x^4),$$

其中，$-1 \leqslant x \leqslant 1$，其他情况下 $f_X(x) = 0$.

2.7 独立随机变量

2.29 定义 如果对于任意 A 和 B 有

$$\mathbb{P}(X \in A, Y \in B) = \mathbb{P}(X \in A)\mathbb{P}(Y \in B), \tag{2.7}$$

则称随机变量 X 和 Y 是**独立的**，记为 $X \amalg Y$，否则称 X 和 Y 是**相依的**，记为 $X \not\amalg Y$.

原则上，为检验两个随机变量 X 和 Y 是否独立，需要对所有子集 A 和 B 验证等式 (2.7). 值得庆幸的是，对于连续随机变量有如下结论. 事实上，该结论对离散随机变量也是成立的.

2.30 定理 令 X 和 Y 具有联合 PDF $f_{X,Y}$，则 $X \amalg Y$ 当且仅当 $f_{X,Y}(x,y) = f_X(x)f_Y(y)$ 对所有 x 和 y 成立[①].

2.31 例 令 X 和 Y 具有如下分布：

	$Y=0$	$Y=1$	
$X=0$	1/4	1/4	1/2
$X=1$	1/4	1/4	1/2
	1/2	1/2	1

则 $f_X(0) = f_X(1) = 1/2, f_Y(0) = f_Y(1) = 1/2$，因 $f_X(0)f_Y(0) = f(0,0), f_X(0)f_Y(1) = f(0,1), f_X(1)f_Y(0) = f(1,0), f_X(1)f_Y(1) = f(1,1)$，所以 X 和 Y 是独立的，假设 X 和 Y 具有如下联合分布函数：

	$Y=0$	$Y=1$	
$X=0$	1/2	0	1/2
$X=1$	0	1/2	1/2
	1/2	1/2	1

[①] 该陈述并不严格，因为密度函数可以在零测度集上无定义.

2.8 条件分布

则 X 和 Y 不独立, 因为 $f_X(0)f_Y(1) = (1/2)(1/2) = 1/4$, 而 $f(0,1) = 0$.

2.32 例 假设 X 和 Y 独立并具有相同的密度函数

$$f(x) = \begin{cases} 2x, & 0 \leqslant x \leqslant 1, \\ 0, & \text{其他}. \end{cases}$$

试计算 $\mathbb{P}(X+Y \leqslant 1)$ 的值. 根据独立的性质, 容易求得联合密度函数为

$$f(x,y) = f_X(x)f_Y(y) = \begin{cases} 4xy, & 0 \leqslant x \leqslant 1, 0 \leqslant y \leqslant 1, \\ 0, & \text{其他}, \end{cases}$$

从而

$$\begin{aligned} \mathbb{P}(X+Y \leqslant 1) &= \iint_{x+y \leqslant 1} f(x,y) \mathrm{d}y \mathrm{d}x \\ &= 4 \int_0^1 x \left(\int_0^{1-x} y \mathrm{d}y \right) \mathrm{d}x \\ &= 4 \int_0^1 x \frac{(1-x)^2}{2} \mathrm{d}x = \frac{1}{6}. \end{aligned}$$

2.33 定理 假设 X 和 Y 的范围是矩形 (可能无穷), 如果对函数 g 和 h(不一定是概率密度函数) 有 $f(x,y) = g(x)h(y)$ 成立, 则 X 和 Y 是独立的.

2.34 例 令 X 和 Y 具有密度函数

$$f(x,y) = \begin{cases} 2\mathrm{e}^{-(x+2y)}, & x > 0, y > 0, \\ 0, & \text{其他}. \end{cases}$$

X 和 Y 的范围是矩形 $(0,\infty) \times (0,\infty)$, 可以将 $f(x,y)$ 写成 $f(x,y) = g(x)h(y)$ 的形式, 其中, $g(x) = 2\mathrm{e}^{-x}, h(y) = \mathrm{e}^{-2y}$, 从而 $X \amalg Y$.

2.8 条件分布

如果 X 和 Y 是离散的, 则可以计算假设已观察到 $Y = y$ 情况下 X 的条件分布. 特别地, $\mathbb{P}(X = x | Y = y) = \mathbb{P}(X = x, Y = y)/\mathbb{P}(Y = y)$. 从而有如下条件概率密度函数的定义.

2.35 定义 如果 $f_Y(y) > 0$, 则**条件概率密度函数**为

$$f_{X|Y}(x|y) = \mathbb{P}(X = x | Y = y) = \frac{\mathbb{P}(X = x, Y = y)}{\mathbb{P}(Y = y)} = \frac{f_{X,Y}(x,y)}{f_Y(y)}.$$

对于连续型随机变量,采用相同的概念[①].但解释不同.在离散情形下,$f_{X|Y}(x|y)$ 表示 $\mathbb{P}(X=x|Y=y)$,而在连续情形下,必须通过积分求得概率.

2.36 定义 对连续情形,假设 $f_Y(y) > 0$,则**条件概率密度函数**为
$$f_{X|Y}(x|y) = \frac{f_{X,Y}(x,y)}{f_Y(y)},$$
从而
$$\mathbb{P}(X \in A | Y = y) = \int_A f_{X|Y}(x,y)\mathrm{d}x.$$

2.37 例 令 X 和 Y 服从单位正方形上的联合均匀分布,从而当 $0 \leqslant x \leqslant 1$ 时 $f_{X,Y}(x,y) = 1$,其他情形下 $f_{X,Y}(x,y) = 0$,即给定 $Y = y$,X 服从 Uniform(0,1).记为 $X|Y = y \sim$ Uniform(0,1).

从条件密度函数的定义看出,$f_{X,Y}(x,y) = f_{X|Y}(x|y)f_Y(y) = f_{Y|X}(y|x)f_X(x)$,该等式在有些情况下会用到,如例 2.39.

2.38 例 令
$$f(x,y) = \begin{cases} x+y & 0 \leqslant x \leqslant 1, 0 \leqslant y \leqslant 1, \\ 0, & \text{其他}. \end{cases}$$
试求 $\mathbb{P}(X < 1/4 | Y = 1/3)$ 的值.从例 2.27 知,$f_Y(y) = y + (1/2)$,因此,
$$f_{X|Y}(x|y) = \frac{f_{X,Y}(x,y)}{f_Y(y)} = \frac{x+y}{y+1/2}.$$
所以,
$$\mathbb{P}\left(X < \frac{1}{4} \middle| Y = \frac{1}{3}\right) = \int_0^{\frac{1}{4}} f_{X|Y}\left(x \middle| \frac{1}{3}\right) \mathrm{d}x$$
$$= \int_0^{\frac{1}{4}} \frac{x+1/3}{1/3+1/2} \mathrm{d}x = \frac{1/32+1/12}{1/3+1/2} = \frac{11}{80}.$$

2.39 例 假定 $X \sim$ Uniform(0,1),当随机变量 X 取某值 x 时,得出 $Y|X = x \sim$ Uniform$(x,1)$,试问 Y 的边际分布是什么?首先从已知易得
$$f_X(x) = \begin{cases} 1, & 0 \leqslant x \leqslant 1, \\ 0, & \text{其他} \end{cases}$$
和
$$f_{Y|X}(y|x) = \begin{cases} \dfrac{1}{1-x}, & 0 < x < y < 1, \\ 0, & \text{其他}. \end{cases}$$

---

① 这里陷入了困境,当计算连续情形下 $\mathbb{P}(X \in A|Y = y)$ 时,基于概率为 0 的事件 $\{Y = y\}$,这里可以使用 PDF 来避免这一问题,事实上,在高等课程里面,对这种情形有明确的定义,这里,只简单将其看成是一个定义.

所以有
$$f_{X,Y}(x,y) = f_{Y|X}(y|x)f_X(x) = \begin{cases} \dfrac{1}{1-x}, & 0 < x < y < 1, \\ 0, & 其他. \end{cases}$$

从而得 Y 的边际分布函数为
$$f_Y(y) = \int_0^y f_{X,Y}(x,y)\mathrm{d}x = \int_0^y \frac{\mathrm{d}x}{1-x} = -\int_1^{1-y} \frac{\mathrm{d}u}{u} = -\ln(1-y), \quad 0 < y < 1.$$

2.40 例 考察例 2.28 的密度函数，求 $f_{Y|X}(y|x)$. 当 $X = x$ 时，y 必须满足 $x^2 \leqslant y \leqslant 1$. 从前面的计算也发现 $f_X(x) = (21/8)x^2(1-x^4)$，因此，当 $x^2 \leqslant y \leqslant 1$ 时
$$f_{Y|X}(y|x) = \frac{f(x,y)}{f_X(x)} = \frac{(21/4)x^2 y}{(21/8)x^2(1-x^4)} = \frac{2y}{1-x^4}.$$

再求 $\mathbb{P}(Y > 3/4 | X = 1/2)$ 的值，首先求出 $f_{Y|X}(y|1/2) = 32y/15$，从而，
$$\mathbb{P}\left(Y > \frac{3}{4} \Big| X = \frac{1}{2}\right) = \int_{\frac{3}{4}}^1 f\left(y\Big|\frac{1}{2}\right)\mathrm{d}y = \int_{\frac{3}{4}}^1 \frac{32y}{15}\mathrm{d}y = \frac{7}{15}.$$

2.9 多元分布与独立同分布 (IID) 样本

令 $X = (X_1, \cdots, X_n)$，其中，$X_1, \cdots, X_n$ 为随机变量，则称 X 为**随机向量**. 令 $f(x_1, \cdots, x_n)$ 表示 PDF. 同二维情形一样，可以定义边际分布，条件分布等. 称 $X_1, \cdots, X_n$ 是独立的，如果对任意集合 $A_1, \cdots, A_n$ 有
$$\mathbb{P}(X_1 \in A_1, \cdots, X_n \in A_n) = \prod_{i=1}^n \mathbb{P}(X_i \in A_i). \tag{2.8}$$

很容易检验 $f(x_1, \cdots, x_n) = \prod_{i=1}^n f_{X_i}(x_i)$ 成立.

2.41 定义 如果 $X_1, \cdots, X_n$ 独立并且都有相同的关于 CDF F 的边际分布函数，则称 $X_1, \cdots, X_n$ 是IID(独立同分布)，记为
$$X_1, \cdots, X_n \sim F.$$
如果 F 的密度函数为 f，也可记为 $X_1, \cdots, X_n \sim f$，有时也称 $X_1, \cdots, X_n$ 是来自F **样本量为** n **的随机样本**.

许多统计理论和实践都建立在 IID 观测的基础上，当讨论统计量的时候将对它作详细研究.

2.10 两个重要的多元分布

多项分布 二项分布的多元形式称为多项分布. 假设一个坛子里装有 k 种颜色的球, 编号为 "颜色 1, 颜色 2, ……, 颜色 k", 随机从坛子中抽取一个球. 令 $p = (p_1, \cdots, p_k)$, 其中 $p_j \geqslant 0$ 且 $\sum_{j=1}^{k} p_j = 1$, 假设 p_j 表示选取的球的颜色为颜色 j 的概率. 抽取 n 次 (独立重复抽取) 并令 $X = (X_1, \cdots, X_k)$, 其中, X_j 表示颜色 j 出现的次数. 因此, $n = \sum_{j=1}^{k} X_j$, 则 X 服从多元分布 (n,p), 记为 $X \sim \text{Multinomial}(n,p)$, 其概率函数为

$$f(x) = \binom{n}{x_1, \cdots, x_n} p_1^{x_1} \cdots p_k^{x_k}, \tag{2.9}$$

其中

$$\binom{n}{x_1, \cdots, x_n} = \frac{n!}{x_1! \cdots x_k!}.$$

2.42 引理 假设 $X \sim \text{Multinomial}(n,p)$, 其中, $X = (X_1, \cdots, X_k), p = (p_1, \cdots, p_k)$, 则 X_j 的边际分布为二项分布 $\text{Binomial}(n, p_j)$.

多元正态分布 一元正态分布有两个参数, μ 和 σ, 在多元情形下, μ 是一个向量, σ 被矩阵 Σ 取代, 首先令

$$Z = \begin{pmatrix} Z_1 \\ \vdots \\ Z_k \end{pmatrix},$$

其中 $Z_1, \cdots, Z_k \sim N(0,1)$ 且独立, 则 Z 的密度函数为[1]

$$\begin{aligned} f(z) &= \prod_{i=1}^{k} f(z_i) = \frac{1}{(2\pi)^{k/2}} \exp\left\{-\frac{1}{2} \sum_{j=1}^{k} z_j^2\right\} \\ &= \frac{1}{(2\pi)^{k/2}} \exp\left\{-\frac{1}{2} z^{\mathrm{T}} z\right\}, \end{aligned}$$

称 Z 服从标准多元正态分布, 记为 $Z \sim N(0, I)$, 其中, 0 表示有 k 个 0 元素的向量, I 为 $k \times k$ 的单位矩阵.

更一般地, 如果 X 具有密度函数[2]

$$f(x; \mu, \Sigma) = \frac{1}{(2\pi)^{k/2} |\Sigma|^{1/2}} \exp\left\{-\frac{1}{2}(x-\mu)^{\mathrm{T}} \Sigma^{-1}(x-\mu)\right\}, \tag{2.10}$$

---

[1] 如果 a 和 b 是向量, 则 $a^{\mathrm{T}} b = \sum_{i=1}^{k} a_i b_i$.
[2] Σ^{-1} 表示矩阵 Σ 的逆.

则向量 X 服从多元正态分布,记为 $X \sim N(\mu, \Sigma)$,其中,$|\Sigma|$ 表示 Σ 的行列式值,μ 为长度为 k 的向量,Σ 为 $k \times k$ 的正定对称矩阵[①]。当 $\mu = 0, \Sigma = I$ 时就是标准正态分布的情形.

由于 Σ 是对称的正定矩阵,可证明存在矩阵 $\Sigma^{1/2}$——称为 Σ 的平方根——具有如下性质:(i) $\Sigma^{1/2}$ 是对称的,(ii) $\Sigma = \Sigma^{1/2}\Sigma^{1/2}$,(iii) $\Sigma^{1/2}\Sigma^{-1/2} = \Sigma^{-1/2}\Sigma^{1/2} = I$,其中 $\Sigma^{-1/2} = (\Sigma^{1/2})^{-1}$.

2.43 定理　如果 $Z \sim N(0, I)$ 且 $X = \mu + \Sigma^{1/2}Z$,则 $X \sim N(\mu, \Sigma)$,相反地,如果 $X \sim N(\mu, \Sigma)$,则 $\Sigma^{-1/2}(X - \mu) \sim N(0, I)$.

假设将随机向量 X 划分为 $X = (X_a, X_b)$,则类似的有 $\mu = (\mu_a, \mu_b)$ 和

$$\Sigma = \begin{pmatrix} \Sigma_{aa} & \Sigma_{ab} \\ \Sigma_{ba} & \Sigma_{bb} \end{pmatrix}.$$

2.44 定理　令 $X \sim N(\mu, \Sigma)$,则
(1) X_a 的边际分布为 $X_a \sim N(\mu_a, \Sigma_{aa})$.
(2) 给定 $X_a = x_a$ 的条件下 X_b 的条件分布为

$$X_b | X_a = x_a \sim N(\mu_b + \Sigma_{ba}\Sigma_{aa}^{-1}(x_a - \mu_a), \Sigma_{bb} - \Sigma_{ba}\Sigma_{aa}^{-1}\Sigma_{ab}).$$

(3) 如果 a 是向量,则 $a^T X \sim N(a^T \mu, a^T \Sigma a)$.
(4) $V = (X - \mu)^T \Sigma^{-1} (X - \mu) \sim \chi_k^2$.

2.11　随机变量的变换

假设随机变量 X 有 PDF f_X 和 CDF F_X,令 $Y = r(X)$ 为 X 的函数,例如,$Y = X^2, Y = e^X$,称 $Y = r(X)$ 为 X 的变换. 怎么去求 Y 的 PDF 和 CDF 呢? 在离散情形下,很容易求得,Y 的密度函数如下:

$$\begin{aligned} f_Y(y) &= \mathbb{P}(Y = y) = \mathbb{P}(r(X) = Y) \\ &= \mathbb{P}(\{x : r(x) = y\}) = \mathbb{P}(X \in r^{-1}(y)). \end{aligned}$$

2.45 例　假设 $\mathbb{P}(X = -1) = \mathbb{P}(X = 1) = 1/4$, $\mathbb{P}(X = 0) = 1/2$,令 $Y = X^2$,则 $\mathbb{P}(Y = 0) = \mathbb{P}(X = 0) = 1/2$, $\mathbb{P}(Y = 1) = \mathbb{P}(X = 1) + \mathbb{P}(X = -1) = 1/2$,即

x	$f_X(x)$
-1	$1/4$
0	$1/2$
1	$1/4$

y	$f_Y(y)$
0	$1/2$
1	$1/2$

[①] 如果对所有非零向量 x 有 $x^T \Sigma x > 0$,则 Σ 是正定矩阵.

Y 的取值比 X 少, 因为该变换不是一对一的变换.

连续情形下求 Y 的分布要难一些, 主要有 3 步:

求变换的分布的 3 个步骤

1. 对每个 y, 求集合 $A_y = \{x : r(x) \leqslant y\}$.
2. 求 CDF

$$\begin{aligned} F_Y(y) = \mathbb{P}(Y \leqslant y) &= \mathbb{P}(r(X) \leqslant y) \\ &= \mathbb{P}(\{x : r(x) \leqslant y\}) \\ &= \int_{A_y} f_X(x) \mathrm{d}x. \end{aligned} \qquad (2.11)$$

3. PDF 为 $f_Y(y) = F_Y'(y)$.

2.46 例 令 $f_X(x) = \mathrm{e}^{-x}, x > 0$, 从而 $F_X(x) = \int_0^x f_X(s)\mathrm{d}s = 1 - \mathrm{e}^{-x}$. 令 $Y = r(X) = \ln X$, 则 $A_y = \{x : x \leqslant \mathrm{e}^y\}$ 且

$$\begin{aligned} F_Y(y) = \mathbb{P}(Y \leqslant y) &= \mathbb{P}(\ln X \leqslant y) \\ &= \mathbb{P}(X \leqslant \mathrm{e}^y) = F_X(\mathrm{e}^y) = 1 - \mathrm{e}^{-\mathrm{e}^y}. \end{aligned}$$

因此, $f_Y(y) = \mathrm{e}^y \mathrm{e}^{-\mathrm{e}^y}$, 其中, $y \in \mathbb{R}$.

2.47 例 令 $X \sim \mathrm{Uniform}(-1,3)$, 求 $Y = X^2$ 的 PDF. X 的密度函数为

$$f_X(x) = \begin{cases} \dfrac{1}{4}, & -1 < x < 3, \\ 0, & 其他. \end{cases}$$

Y 的取值范围为 $(0,9)$. 考虑两种情形: (i)$0 < y < 1$,(ii)$1 \leqslant y < 9$. 对情形 (i), $A_y = [-\sqrt{y}, \sqrt{y}]$ 且 $F_Y(y) = \int_{A_y} f_X(x)\mathrm{d}x = (1/2)\sqrt{y}$; 对情形 (ii), $A_y = [-1, \sqrt{y}]$ 且 $F_Y(y) = \int_{A_y} f_X(x)\mathrm{d}x = (1/4)(\sqrt{y} + 1)$, 对 F 微分得

$$f_Y(y) = \begin{cases} \dfrac{1}{4\sqrt{y}}, & 0 < y < 1, \\ \dfrac{1}{8\sqrt{y}}, & 1 < y < 9, \\ 0, & 其他. \end{cases}$$

当 r 是严格增函数或者严格减函数时, r 具有反函数 $s = r^{-1}$, 这种情况下, 可以证明

$$f_Y(y) = f_X(s(y)) \left| \frac{\mathrm{d}s(y)}{\mathrm{d}y} \right|. \qquad (2.12)$$

2.12 多个随机变量的变换

有些情况下,更关心多个随机变量的变换. 例如,如果 X 和 Y 为给定的随机变量, 可能想知道 X/Y, $X+Y$, $\max\{X,Y\}$ 或 $\min\{X,Y\}$ 的分布. 令 $Z = r(X,Y)$ 为所关注的函数, 求 f_Z 的步骤与上一节相同.

求变换的分布的 3 个步骤

1. 对每个 z, 求集合 $A_z = \{(x,y) : r(x,y) \leqslant z\}$.
2. 求 CDF

$$F_Y(y) = \mathbb{P}(Z \leqslant z) = \mathbb{P}(r(X,Y) \leqslant z)$$
$$= \mathbb{P}(\{(x,y) : r(x,y) \leqslant z\}) = \iint_{A_z} f_{X,Y}(x,y) \mathrm{d}x \mathrm{d}y.$$

3. PDF 为 $f_Z(z) = F'_Z(z)$.

2.48 例 令 $X_1, X_2 \sim \text{Uniform}(0,1)$ 且独立, 求 $Y = X_1 + X_2$ 的分布函数. (X_1, X_2) 的联合密度函数为

$$f(x_1, x_2) = \begin{cases} 1, & 0 < x_1 < 1, 0 < x_2 < 1, \\ 0, & \text{其他}. \end{cases}$$

令 $r(x_1, x_2) = x_1 + x_2$, 则有

$$F_Y(y) = \mathbb{P}(Y \leqslant y) = \mathbb{P}(r(X_1, X_2) \leqslant y)$$
$$= \mathbb{P}(\{(x_1, x_2) : r(x_1, x_2) \leqslant y\}) = \iint_{A_y} f(x_1, x_2) \mathrm{d}x_1 \mathrm{d}x_2.$$

接下来求 A_y 是一个困难的环节, 首先假设 $0 < y \leqslant 1$, 则 A_y 为由顶点 $(0,0), (y,0), (0,y)$ 组成的三角形区域, 见图 2.6.

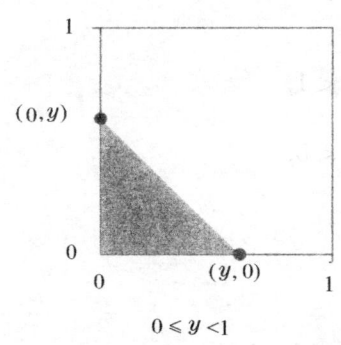
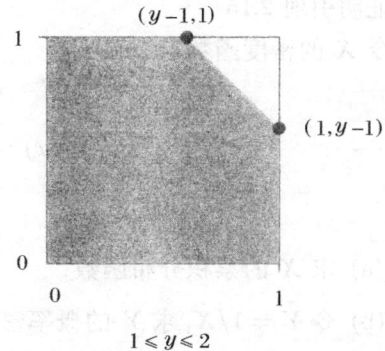

图 2.6 例 2.48 的集合 A_y, A_y 包括正方形下方位于直线 $x_2 = y - x_1$ 下的所有点 (x_1, x_2)

在这种情况下，$\iint_{A_y} f(x_1, x_2)\mathrm{d}x_1\mathrm{d}x_2$ 为该区域的面积即 $y^2/2$. 如果 $1 < y < 2$，则 A_y 为单位正方形区域排除由顶点 $(1, y-1), (1,1), (y-1,1)$ 组成的三角形. 该区域的面积为 $1 - (2-y)^2/2$，因此，

$$F_Y(y) = \begin{cases} 0, & y < 0, \\ \dfrac{y^2}{2}, & 0 \leqslant y \leqslant 1, \\ 1 - \dfrac{(2-y)^2}{2}, & 1 \leqslant y < 2, \\ 1, & y \geqslant 2. \end{cases}$$

微分得 PDF 为

$$F_Y(y) = \begin{cases} y, & 0 \leqslant y \leqslant 1, \\ 2 - y, & 1 \leqslant y \leqslant 2, \\ 0, & 其他. \end{cases}$$

2.13 附 录

请读者回想一下前面有关概率测度的介绍，概率测度 $\mathbb{P}$ 是基于样本空间 Ω 的 σ 域 $\mathcal{A}$ 上的函数，随机变量 $X: \Omega \to \mathbb{R}$ 为**可测**映射，可测的含义为，对任意 $x, \{\omega : X(\omega) \leqslant x\} \in \mathcal{A}$.

2.14 习 题

1. 试证明

$$\mathbb{P}(X = x) = F(x^+) - F(x^-).$$

2. 令随机变量 X 满足 $\mathbb{P}(X = 2) = \mathbb{P}(X = 3) = 1/10$, $\mathbb{P}(X = 5) = 8/10$. 绘出 CDF 函数 F 的图形. 利用 F 求 $\mathbb{P}(2 < X \leqslant 4.8)$ 和 $\mathbb{P}(2 \leqslant X \leqslant 4.8)$ 的值.

3. 证明引理 2.15.

4. 令 X 的密度函数为

$$f_X(x) = \begin{cases} \dfrac{1}{4}, & 0 < x < 1, \\ \dfrac{3}{8}, & 3 < x < 5, \\ 0, & 其他. \end{cases}$$

  (a) 求 X 的累积分布函数；

  (b) 令 $Y = 1/X$，求 Y 的概率密度函数 $f_Y(y)$.

  提示：分 3 种情形考虑：$1/5 \leqslant y \leqslant 1/3, 1/3 \leqslant y \leqslant 1, y \geqslant 1$.

5. 令 X 和 Y 为离散随机变量，证明 X 和 Y 独立当且仅当 $f_{X,Y}(x,y) = f_X(x)f_Y(y)$.

2.14 习题

6. 令 X 的分布函数和密度函数分别为 F 和 f,令 A 为实直线的一个子集,令 $I_A(x)$ 为 A 的示性函数:

$$I_A(x) = \begin{cases} 1, & x \in A, \\ 0, & x \notin A. \end{cases}$$

令 $Y = I_A(x)$,求 Y 的累积分布函数的表达式。(提示:首先求 Y 的概率密度函数。)

7. 令 X 和 Y 独立并服从 Uniform(0,1) 分布,令 $Z = \min\{X,Y\}$. 求 Z 的密度函数 $f_Z(z)$. (提示:首先求 $\mathbb{P}(Z > z)$.)

8. 令 X 的 CDF 为 F,求 $X^+ = \max\{0, X\}$ 的 CDF.

9. 令 $X \sim \text{Exp}(\beta)$,求 $F(x)$ 和 $F^{-1}(q)$.

10. 令 X 和 Y 独立,证明 $g(X)$ 和 $h(Y)$ 独立,其中,g, h 为函数。

11. 假设抛一枚硬币出现正面的概率为 p,令 X 表示出现正面的次数,Y 表示出现背面的次数。

    (a) 证明 X 和 Y 独立;

    (b) 令 $N \sim \text{Poisson}(\lambda)$ 且假设将硬币抛 N 次,令 X 和 Y 表示出现正面和反面的次数,证明 X 和 Y 独立。

12. 证明定理 2.33.

13. 令 $X \sim N(0,1), Y = e^X$.

    (a) 求 Y 的 PDF,并绘出图形;

    (b) (计算机试验) 随机生成 10000 个由标准正态分布产生的随机数,它们组成的向量 $x = (x_1, \cdots, x_{10000})$. 令 $y = (y_1, \cdots, y_{10000})$,其中,$y_i = e^{x_i}$. 绘出 Y 的柱状图并与 (a) 求出的 PDF 比较。

14. 令 (X, Y) 服从单位圆 $\{(x,y) : x^2 + y^2 \leqslant 1\}$ 上的均匀随机分布,且令 $R = \sqrt{x^2 + y^2}$,求 R 的 CDF 和 PDF.

15. (万能随机数生成器) 令 X 具有连续、严格递增的 CDF 函数 F,令 $Y = F(x)$. 求 Y 的密度。该变换称为概率积分变换,现在令 $U \sim \text{Uniform}(0,1)$ 且 $X = F^{-1}(U)$,证明 $X \sim F$. 请读者编写程序产生来自 Uniform(0,1) 的随机数,并根绝结论生成源于 $\text{Exp}(\beta)$ 分布的随机数。

16. 令 $X \sim \text{Poisson}(\lambda)$ 且 $Y \sim \text{Poisson}(\mu)$,假设 X 和 Y 独立,证明在给定 $X + Y = n$ 的情况下,X 服从 $\text{Binomial}(n, \pi)$,其中,$\pi = \lambda/(\lambda + \mu)$.

    提示 1:读者可使用如下结论,如果 $X \sim \text{Poisson}(\lambda), Y \sim \text{Poisson}(\mu)$,则 X 和 Y 独立,且 $X + Y \sim \text{Poisson}(\mu + \lambda)$;

    提示 2:注意到 $\{X = x, X + Y = n\} = \{X = x, Y = n - x\}$.

17. 令
$$f_{X,Y}(x,y) = \begin{cases} c(x+y^2), & 0 \leqslant x \leqslant 1, 0 \leqslant y \leqslant 1, \\ 0, & \text{其他}. \end{cases}$$
求 $\mathbb{P}(X < \frac{1}{2} | Y = \frac{1}{2})$.

18. 令 $X \sim N(3, 16)$, 使用正态分布表和计算包计算下式:

   (a) 求 $\mathbb{P}(X < 7)$;

   (b) 求 $\mathbb{P}(X > -2)$;

   (c) 求 x 使得 $\mathbb{P}(X > x) = 0.05$;

   (d) 求 $\mathbb{P}(0 \leqslant X < 4)$;

   (e) 求 x 使得 $\mathbb{P}(|X| > |x|) = 0.05$.

19. 证明公式 (2.12).

20. 令 $X, Y \sim \text{Uniform}(0,1)$ 且独立, 求 $X - Y$ 和 X/Y 的 PDF.

21. 令 $X_1, \cdots, X_n$ 独立同分布于 $\text{Exp}(\beta)$, 令 $Y = \max\{X_1, \cdots, X_n\}$, 求 Y 的 PDF.
    提示: $Y \leqslant y$ 当且仅当 $X_i \leqslant y$ 对 $i = 1, \cdots, n$ 都成立.

第 3 章 数学期望

3.1 随机变量的期望

随机变量 X 的均值或者期望表示 X 的平均值.

3.1 定义 X 的**期望值**或**均值**或**一阶矩**定义为

$$\mathbb{E}(X) = \int x \mathrm{d}F(x) = \begin{cases} \sum_x xf(x), & X \text{ 为离散随机变量}, \\ \int_x xf(x)\mathrm{d}x, & X \text{ 为连续随机变量}. \end{cases} \tag{3.1}$$

加入以上求和（或积分）定义明确，也可使用如下符号表示 X 的期望：

$$\mathbb{E}(X) = \mathbb{E}X = \int x \mathrm{d}F(x) = \mu = \mu_X. \tag{3.2}$$

期望是分布的单值概括，可以将 $\mathbb{E}(X)$ 看成是 IID 随机样本 $X_1, \cdots, X_n$ 的平均 $\sum_{i=1}^n X_i/n$. 事实上 $\mathbb{E}(X) \approx \sum_{i=1}^n X_i/n$ 是正确的而不是直观推断；它被称为大数定律，将在第 5 章讨论.

符号 $\int x\mathrm{d}F(x)$ 值得一提，这里仅仅用它来统一符号，而不用将离散形式写成 $\sum_x xf(x)$，将连续形式写成 $\int xf(x)\mathrm{d}x$，但是应该知道，$\int x\mathrm{d}F(x)$ 在实分析课程里面具有明确的定义.

为保证 $\mathbb{E}(X)$ 定义明确，如果 $\int_x |x| \mathrm{d}F_X(x) < \infty$，则称 $\mathbb{E}(X)$ 存在. 否则称期望不存在.

3.2 例 令 $X \sim \text{Bernoulli}(p)$，则 $\mathbb{E}(X) = \sum_{x=0}^1 xf(x) = (0 \times (1-p)) + (1 \times p) = p.$

3.3 例 抛一枚均匀的硬币两次，令 X 表示出现正面的次数，则

$$\begin{aligned}\mathbb{E}(X) &= \int x \mathrm{d}F_X(x) = \sum_x xf_X(x) \\ &= (0 \times f(0)) + (1 \times f(1)) + (2 \times f(2)) \\ &= (0 \times (1/4)) + (1 \times (1/2)) + (2 \times (1/4)) = 1.\end{aligned}$$

3.4 例 令 $X \sim \text{Uniform}(-1,3)$，则

$$\mathbb{E}(X) = \int x \mathrm{d}F_X(x) = \int xf_X(x)\mathrm{d}x = \frac{1}{4}\int_{-1}^3 x\mathrm{d}x = 1.$$

3.5 例 前面已经讨论过如果随机变量的密度函数为 $f_X(x) = \{\pi(1+x^2)\}^{-1}$,

则该随机变量服从柯西分布,使用分部积分 (令 $u = x, v = \arctan x$) 得

$$\int |x| \mathrm{d}F(x) = \frac{2}{\pi} \int_0^\infty \frac{x \mathrm{d}x}{1+x^2} = [x\arctan(x)]_0^\infty - \int_0^\infty \arctan x \mathrm{d}x = \infty,$$

所以均值不存在. 如果读者对柯西分布多次模拟并取其均值, 会发现均值不会稳定. 这是因为柯西分布的尾部较厚, 很容易出现尾部的观察值.

在以上对期望的讨论中, 都假设期望是存在的.

令 $Y = r(X)$, 怎么去计算 $\mathbb{E}(Y)$ 呢? 一种方法就是求出 $f_Y(y)$, 然后计算 $\mathbb{E}(Y) = \int y f_Y(y) \mathrm{d}y$, 下面介绍另外一种更简捷的方法.

3.6 定理 (懒惰统计学家法则)　　令 $Y = r(X)$, 则

$$\mathbb{E}(Y) = \mathbb{E}(r(X)) = \int r(x) \mathrm{d}F_X(x). \tag{3.3}$$

该结论可从直觉上来判断, 假想一个游戏, X 为随机变量, 我付给你 $Y = r(X)$, 你的平均收入为 $r(x)$ 乘以 $X = x$ 的概率, 且将 x 的所有值进行求和 (或积分) 即得. 有一种特殊情况, 令 A 为一事件并令 $r(x) = I_A(x)$, 其中, $I_A(x) = 1, x \in A$; $I_A(x) = 0, x \notin A$, 从而

$$\mathbb{E}(I_A(X)) = \int I_A(x) f_X(x) \mathrm{d}x = \int_A f_X(x) \mathrm{d}x = \mathbb{P}(X \in A).$$

换句话说, 概率是期望的特殊情况.

3.7 例　　令 $X \sim \mathrm{Uniform}(0,1)$, $Y = r(X) = \mathrm{e}^X$, 则

$$\mathbb{E}(Y) = \int_0^1 \mathrm{e}^x f(x) \mathrm{d}x = \int_0^1 \mathrm{e}^x \mathrm{d}x = \mathrm{e} - 1.$$

另外一种方法就是先求 $f_Y(y)$, 结果为 $f_Y(y) = 1/y$, 其中, $1 < y < \mathrm{e}$, 从而, $\mathbb{E}(Y) = \int_1^\mathrm{e} y f(y) \mathrm{d}y = \mathrm{e} - 1$.

3.8 例　　将一根单位长度的棍子从中间某一点折断, 令 Y 为较长一段的长度, Y 的均值为多少? 如果 X 为折断点, 则 $X \sim \mathrm{Uniform}(0,1)$ 且 $Y = r(X) = \max\{X, 1-X\}$, 从而, 当 $0 < x < 1/2$ 时 $r(x) = 1-x$, 当 $1/2 \leqslant x < 1$ 时 $r(x) = x$, 因此,

$$\mathbb{E}(Y) = \int r(x) \mathrm{d}F(x) = \int_0^{1/2} (1-x) \mathrm{d}x + \int_{1/2}^1 x \mathrm{d}x = \frac{3}{4}.$$

多个变量的函数处理同单变量一样, 如果 $Z = r(X, Y)$, 则

$$\mathbb{E}(Z) = \mathbb{E}(r(X, Y)) = \int\int r(x, y) \mathrm{d}F(x, y). \tag{3.4}$$

3.9 例 令 (X,Y) 为单位正方形上的联合均匀分布, 令 $Z = r(X,Y) = X^2+Y^2$, 从而

$$\mathbb{E}(Z) = \int\int r(x,y)\mathrm{d}F(x,y) = \int_0^1\int_0^1 (x^2+y^2)\mathrm{d}x\mathrm{d}y$$
$$= \int_0^1 x^2\mathrm{d}x + \int_0^1 y^2\mathrm{d}y = \frac{2}{3}.$$

假设 $\mathbb{E}(|X|^k) < \infty$, 则 X 的 k 阶**矩**定义为 $\mathbb{E}(X^k)$.

3.10 定理 如果 k 阶矩存在且 $j < k$, 则 j 阶矩存在.

证明 根据定义有

$$\mathbb{E}|X|^j = \int_{-\infty}^{\infty} |x|^j f_X(x)\mathrm{d}x$$
$$= \int_{|x|\leqslant 1} |x|^j f_X(x)\mathrm{d}x + \int_{|x|>1} |x|^j f_X(x)\mathrm{d}x$$
$$\leqslant \int_{|x|\leqslant 1} f_X(x)\mathrm{d}x + \int_{|x|>1} |x|^k f_X(x)\mathrm{d}x$$
$$\leqslant 1 + \mathbb{E}(|X|^k) < \infty.$$

k 阶中心矩定义为 $\mathbb{E}((X-\mu)^k)$.

3.2 期望的性质

3.11 定理 如果 $X_1,\cdots,X_n$ 为随机变量, $a_1,\cdots,a_n$ 为常数, 则

$$\mathbb{E}\left(\sum_i a_i X_i\right) = \sum_i a_i \mathbb{E}(X_i). \tag{3.5}$$

3.12 例 令 $X \sim \mathrm{Binomial}(n,p)$, X 的均值为多少? 根据定义

$$\mathbb{E}(X) = \int x\mathrm{d}F_X(x) = \sum_x xf_X(x) = \sum_{x=0}^{n} \binom{n}{x} p^x(1-p)^{n-x},$$

但上述求和的结果并不容易求得, 换一种思路来考虑, 注意到 $X = \sum\limits_{i=1}^{n} X_i$, 如果第 i 次出现的是正面则 $X_i = 1$, 否则 $X_i = 0$, 从而 $\mathbb{E}(X_i) = (p\times 1) + ((1-p)\times 0) = p$, 故 $\mathbb{E}(X) = \mathbb{E}(\sum\limits_i X_i) = \sum\limits_i \mathbb{E}(X_i) = np$.

3.13 定理 令 $X_1,\cdots,X_n$ 为独立随机变量, 则

$$\mathbb{E}\left(\prod_{i=1}^{n} X_i\right) = \prod_i \mathbb{E}(X_i). \tag{3.6}$$

注意加法定理中不需要独立的条件, 但乘法定理中需要独立的条件.

3.3 方差和协方差

方差度量分布的散布程度[①]

3.14 定义 令 X 是均值为 μ 的随机变量, X 的方差 —— 记为 σ^2 或 $\mathbb{V}(X)$ 或 $\mathbb{V}X$ —— 定义为

$$\sigma^2 = \mathbb{E}(X-\mu)^2 = \int (x-\mu)^2 \mathrm{d}F(X). \tag{3.7}$$

其中假设期望存在. **标准差**定义为 $\mathrm{sd}(X) = \sqrt{\mathbb{V}(X)}$, 也记为 σ 或 σ_X.

3.15 定理 假设方差存在, 则它具有如下性质:
1. $\mathbb{V}(X) = \mathbb{E}(X^2) - \mu^2$.
2. 如果 a 和 b 为常数, 则 $\mathbb{V}(aX+b) = a^2\mathbb{V}(X)$.
3. 如果 $X_1, \cdots, X_n$ 为独立随机变量, $a_1, \cdots, a_n$ 为常数, 则

$$\mathbb{V}\left(\sum_{i=1}^n a_i X_i\right) = \sum_{i=1}^n a_i^2 \mathbb{V}(X_i). \tag{3.8}$$

3.16 例 令 $X \sim \mathrm{Binomial}(n,p)$, 其中, 如果第 i 次出现正面记 $X_i = 1$, 否则 $X_i = 0$. 从而 $X = \sum_i X_i$ 且 X_i 之间独立, $\mathbb{P}(X_i=1) = p, \mathbb{P}(X_i=0) = 1-p$, 回忆前面的计算

$$\mathbb{E}(X_i) = (p \times 1) + ((1-p) \times 0) = p,$$

且

$$\mathbb{E}(X_i^2) = (p \times 1^2) + ((1-p) \times 0^2) = p.$$

因此, $\mathbb{V}(X_i) = \mathbb{E}(X_i^2) - p^2 = p - p^2 = p(1-p)$, 进而求得 $\mathbb{V}(X) = \mathbb{V}(\sum_i X_i) = \sum_i \mathbb{V}(X_i) = \sum_i p(1-p) = np(1-p)$. 注意到如果 $p=1$ 或 $p=0$ 时 $\mathbb{V}(X) = 0$, 从直觉上想想为什么是这样?

如果 $X_1, \cdots, X_n$ 为随机变量, 则定义**样本均值**为

$$\overline{X}_n = \frac{1}{n} \sum_{i=1}^n X_i, \tag{3.9}$$

样本方差为

$$S_n^2 = \frac{1}{n-1} \sum_{i=1}^n (X_i - \overline{X}_n)^2. \tag{3.10}$$

---

① 不能用 $\mathbb{E}(X-\mu)$ 来度量散布程度, 因为 $\mathbb{E}(X-\mu) = \mathbb{E}(X) - \mu = \mu - \mu = 0$, 有时用 $\mathbb{E}|X-\mu|$ 来度量散布程度, 但通常都使用方差来度量.

3.17 定理 令 $X_1,\cdots,X_n$ 为 IID 随机变量且 $\mu = \mathbb{E}(X_i), \sigma^2 = \mathbb{V}(X_i)$，则

$$\mathbb{E}(\overline{X}_n) = \mu, \quad \mathbb{V}(\overline{X}_n) = \frac{\sigma^2}{n}, \quad \mathbb{E}(S_n^2) = \sigma^2.$$

如果 X 和 Y 为独立随机变量，则 X 和 Y 的协方差和相关系数可以用来度量 X 和 Y 之间线性关系的强弱。

3.18 定义 令 X 和 Y 是均值分别为 μ_X 和 μ_Y，标准差分别为 σ_X 和 σ_Y 的随机变量，定义 X 和 Y 的**协方差**为

$$\mathrm{Cov}(X,Y) = \mathbb{E}\left((X - \mu_X)(Y - \mu_Y)\right), \tag{3.11}$$

相关系数为

$$\rho = \rho_{X,Y} = \rho(X,Y) = \frac{\mathrm{Cov}(X,Y)}{\sigma_X \sigma_Y}. \tag{3.12}$$

3.19 定理 协方差满足

$$\mathrm{Cov}(X,Y) = \mathbb{E}(XY) - \mathbb{E}(X)\mathbb{E}(Y),$$

相关系数满足

$$-1 \leqslant \rho(X,Y) \leqslant 1,$$

如果 $Y = aX + b$，其中，a 和 b 为常数，则当 $a > 0$ 时 $\rho(X,Y) = 1$，当 $a < 0$ 时 $\rho(X,Y) = -1$；如果 X 和 Y 独立，则 $\mathrm{Cov}(X,Y) = \rho = 0$，反过来通常不成立。

3.20 定理 $\mathbb{V}(X+Y) = \mathbb{V}(X) + \mathbb{V}(Y) + 2\mathrm{Cov}(X,Y)$，$\mathbb{V}(X-Y) = \mathbb{V}(X) + \mathbb{V}(Y) - 2\mathrm{Cov}(X,Y)$。更一般地，对于随机变量 $X_1,\cdots,X_n$，

$$\mathbb{V}\left(\sum_i a_i X_i\right) = \sum_i a_i^2 \mathbb{V}(X_i) + 2\sum_{i<j}\sum a_i a_j \mathrm{Cov}(X_i, X_j).$$

3.4 一些重要随机变量的期望和方差

下表总结了一些重要随机变量的期望和方差：

分布	均值	方差
在 a 处的点分布	a	0
Bernoulli(p)	p	$p(1-p)$
Binomial(n,p)	np	$np(1-p)$
Geometric(p)	$1/p$	$(1-p)/p^2$
Possion(λ)	λ	λ
Uniform(a,b)	$(a+b)/2$	$(b-a)^2/12$
Normal(μ,σ^2)	μ	σ^2
Exponential(β)	β	β^2
Gamma(α,β)	$\alpha\beta$	$\alpha\beta^2$
Beta(α,β)	$\alpha/(\alpha+\beta)$	$\alpha\beta/((\alpha+\beta)^2(\alpha+\beta+1))$
t_ν	0(如果 $\nu>1$)	$\nu/(\nu-1)$(如果 $\nu>2$)
χ_p^2	p	$2p$
Multinomial(n,p)	np	见下文
Multivariate Normal(μ,Σ)	μ	Σ

上一节推导了二项式分布的 $\mathbb{E}(X)$ 和 $\mathbb{V}(X)$, 其他一些分布的期望和方差将在练习中涉及.

上表最后两行是多元分布的情形, 它涉及随机向量 X, 形如

$$X = \begin{pmatrix} X_1 \\ \vdots \\ X_k \end{pmatrix}.$$

随机向量的 X 的均值定义为

$$\mu = \begin{pmatrix} \mu_1 \\ \vdots \\ \mu_k \end{pmatrix} = \begin{pmatrix} \mathbb{E}(X_1) \\ \vdots \\ \mathbb{E}(X_k) \end{pmatrix}.$$

方差 - 协方差矩阵 Σ 定义为

$$\mathbb{V}(X) = \begin{pmatrix} \mathbb{V}(X_1) & \mathrm{Cov}(X_1,X_2) & \cdots & \mathrm{Cov}(X_1,X_k) \\ \mathrm{Cov}(X_2,X_1) & \mathbb{V}(X_2) & \cdots & \mathrm{Cov}(X_2,X_k) \\ \vdots & \vdots & & \vdots \\ \mathrm{Cov}(X_k,X_1) & \mathrm{Cov}(X_k,X_2) & \cdots & \mathbb{V}(X_k) \end{pmatrix}$$

如果 $X \sim \text{Multinomial}(n,p)$,则 $\mathbb{E}(X) = np = n(p_1, \cdots, p_k)$,且

$$\mathbb{V}(X) = \begin{pmatrix} np_1(1-p_1) & -np_1p_2 & \cdots & -np_1p_k \\ -np_2p_1 & np_2(1-p_2) & \cdots & -np_2p_k \\ \vdots & \vdots & & \vdots \\ -np_kp_1 & -np_kp_2 & \cdots & np_k(1-p_k) \end{pmatrix}.$$

为进一步理解,注意到向量中任何一个元素的边际分布为 $X_i \sim \text{Binomial}(n,p_i)$,从而有 $\mathbb{E}(X_i) = np_i$,$\mathbb{V}(X_i) = np_i(1-p_i)$,另外,注意到 $X_i + X_j \sim \text{Binomial}(n, p_i+p_j)$,从而有 $\mathbb{V}(X_i+X_j) = n(p_i+p_j)(1-[p_i+p_j])$.另一方面,利用变量和的方差公式有 $\mathbb{V}(X_i+X_j) = \mathbb{V}(X_i)+\mathbb{V}(X_j)+2\text{Cov}(X_i,X_j) = np_i(1-p_i)+np_j(1-p_j)+2\text{Cov}(X_i,X_j)$,令该等式与 $n(p_i+p_j)(1-[p_i+p_j])$ 相等并求解得 $\text{Cov}(X_i,X_j) = -np_ip_j$.

最后介绍一个引理,该引理有助于求多元随机向量线性组合的期望和方差.

3.21 引理 如果 a 为一向量,X 是均值为 μ,方差为 Σ 的随机向量,则 $\mathbb{E}(a^{\text{T}}X) = a^{\text{T}}\mu$,$\mathbb{V}(a^{\text{T}}X) = a^{\text{T}}\Sigma a$,如果 A 为一矩阵,则 $\mathbb{E}(AX) = A\mu$,$\mathbb{V}(AX) = A\Sigma A^{\text{T}}$.

3.5 条件期望

假设 X 和 Y 为随机变量,当 $Y=y$ 时 X 的均值为多少?方法跟前面计算 X 的均值一样,只不过将期望定义中的 $f_X(x)$ 用 $f_{X|Y}(x|y)$ 代替就可以了.

> **3.22 定义** 给定 $Y=y$ 情况下 X 的条件期望为
>
> $$\mathbb{E}(X|Y=y) = \begin{cases} \sum x f_{X|Y}(x|y), & \text{离散情形}, \\ \int x f_{X|Y}(x|y)\mathrm{d}x, & \text{连续情形}. \end{cases} \quad (3.13)$$
>
> 如果 $r(x,y)$ 为 x 和 y 的函数,则
>
> $$\mathbb{E}(r(X,Y)|Y=y) = \begin{cases} \sum r(x,y) f_{X|Y}(x|y), & \text{离散情形}, \\ \int r(x,y) f_{X|Y}(x|y)\mathrm{d}x, & \text{连续情形}. \end{cases} \quad (3.14)$$

注意! 条件期望跟期望有一些区别,期望 $\mathbb{E}(X)$ 是一个数值,而 $\mathbb{E}(X|Y=y)$ 是 y 的函数.在观察 Y 之前,并不知道 $\mathbb{E}(X|Y=y)$ 的值,所以它是一个随机变量,记为 $\mathbb{E}(X|Y)$.换句话说,$\mathbb{E}(X|Y)$ 是随机变量,当 $Y=y$ 时,其值为 $\mathbb{E}(X|Y=y)$.类似地,$\mathbb{E}(r(X,Y)|Y)$ 是随机变量,当 $Y=y$ 时,其值为 $\mathbb{E}(r(X,Y)|Y=y)$.这一点很容易引起混淆,下面举一个例子来说明.

3.23 例 假设 $X \sim \text{Uniform}(0,1)$,当观察到 $X=x$ 后,假设 $Y|X=x \sim \text{Uniform}(x,1)$,凭直觉 $\mathbb{E}(Y|X=x) = (1+x)/2$,事实上,$f_{Y|X}(y|x=1) =$

$1/(1-x)$,其中,$x < y < 1$,故

$$\mathbb{E}(Y|X=x) = \int_x^1 y f_{Y|X}(y|x) \mathrm{d}y = \frac{1}{1-x}\int_x^1 y \mathrm{d}y = \frac{1+x}{2}.$$

因此,$\mathbb{E}(Y|X) = (1+X)/2$,它是一个随机变量,当观察到 $X = x$ 后,其值为 $\mathbb{E}(Y|X = x) = (1+x)/2$.

3.24 定理 (迭代期望法则) 对随机变量 X 和 Y,假设期望均存在,则有

$$\mathbb{E}[\mathbb{E}(Y|X)] = \mathbb{E}(Y), \quad \mathbb{E}[\mathbb{E}(X|Y)] = \mathbb{E}(X). \tag{3.15}$$

更一般地,对任意函数 $r(x,y)$ 有

$$\mathbb{E}[\mathbb{E}(r(X,Y)|X)] = \mathbb{E}(r(X,Y)). \tag{3.16}$$

证明 下面证明第一个等式,利用条件期望的定义和 $f(x,y) = f(x)f(y|x)$,

$$\mathbb{E}[\mathbb{E}(Y|X)] = \int \mathbb{E}(Y|X=x) f_X(x) \mathrm{d}x = \int\int y f(y|x) \mathrm{d}y f(x) \mathrm{d}x$$
$$= \int\int y f(y|x) f(x) \mathrm{d}x \mathrm{d}y = \int\int y f(x,y) \mathrm{d}x \mathrm{d}y = \mathbb{E}(Y).$$

3.25 例 回到例 3.23 中,试问怎么计算 $\mathbb{E}(Y)$? 一种方法是求出联合密度函数 $f(x,y)$,然后计算 $\mathbb{E}(Y) = \int\int y f(x,y) \mathrm{d}x \mathrm{d}y$. 令一种更简单的方法可以分两步来实现,首先已经知道 $\mathbb{E}(Y|X) = (1+X)/2$,从而

$$\mathbb{E}(Y) = \mathbb{E}[\mathbb{E}(Y|X)] = \mathbb{E}\left(\frac{1+X}{2}\right)$$
$$= \frac{(1+\mathbb{E}(X))}{2} = \frac{(1+(1/2))}{2} = \frac{3}{4}.$$

3.26 定义 条件方差定义为

$$\mathbb{V}(Y|X=x) = \int (y - \mu(x))^2 f(y|x) \mathrm{d}y, \tag{3.17}$$

其中, $\mu(x) = \mathbb{E}(Y|X=x)$.

3.27 定理 对于随机变量 X 和 Y 有

$$\mathbb{V}(Y) = \mathbb{E}\mathbb{V}(Y|X) + \mathbb{V}\mathbb{E}(Y|X).$$

3.28 例 从美国任意挑选一个县出来,然后在这个县里面任意挑选 n 个人,令 X 表示这些人中患有某种疾病的人数. 如果 Q 表示该县城患有该疾病的人数所占的比例,因为县与县之间比例不同,所以 Q 也是一个随机变量. 给定 $Q = q$,则

$X \sim$Binomial(n,q), 从而, $\mathbb{E}(X|Q=q) = nq$, $\mathbb{V}(X|Q=q) = nq(1-q)$. 假设随机变量 Q 服从均匀分布 Uniform(0,1), 通过以上方式建立的分布称为**分层模型**, 记为

$$Q \sim \text{Uniform}(0,1),$$

$$X|Q=q \sim \text{Binomial}(n,q).$$

X 的期望为 $\mathbb{E}(X) = \mathbb{E}\mathbb{E}(X|Q) = \mathbb{E}(nQ) = n\mathbb{E}(Q) = n/2$, 现在来求 X 的方差, $\mathbb{V}(X) = \mathbb{E}\mathbb{V}(X|Q) + \mathbb{V}\mathbb{E}(X|Q)$, 分别来求式子中的两项, 第一项 $\mathbb{E}\mathbb{V}(X|Q) = \mathbb{E}[nQ(1-Q)] = n\mathbb{E}[Q(1-Q)] = n\int q(1-q)f(q)\mathrm{d}q = n\int_0^1 q(1-q)\mathrm{d}q = n/6$, 第二项 $\mathbb{V}\mathbb{E}(X|Q) = \mathbb{V}(nQ) = n^2\mathbb{V}(Q) = n^2\int(q-(1/2))^2\mathrm{d}q = n^2/12$, 从而, $\mathbb{V}(X) = (n/6) + (n^2/12)$.

3.6 矩母函数

本节介绍矩母函数的相关内容, 矩母函数可用来求随机变量的矩、随机变量和的分布以及用于证明一些定理.

> **3.29 定义** X 的**矩母函数**(MGF), 或 X 的**拉普拉斯变换**定义为
>
> $$\phi_X(t) = \mathbb{E}(\mathrm{e}^{tX}) = \int \mathrm{e}^{tx}\mathrm{d}F(x),$$
>
> 其中, t 为实数.

在下文中, 假设 MGF 对于在 $t=0$ 的某个开区间中的任意 t 都存在[①].

当 MGF 存在时, 可以证明积分和 "求期望" 算子可以互换, 从而有

$$\phi'(0) = \left[\frac{\mathrm{d}}{\mathrm{d}t}\mathbb{E}\mathrm{e}^{tX}\right]_{t=0} = \mathbb{E}\left[\frac{\mathrm{d}}{\mathrm{d}t}\mathrm{e}^{tX}\right]_{t=0} = \mathbb{E}[X\mathrm{e}^{tX}]|_{t=0} = \mathbb{E}(X).$$

进行 k 阶微分计算可得 $\phi^{(k)}(0) = \mathbb{E}(X^k)$, 这提供了一种求分布矩的方法.

3.30 例 令 $X \sim$ Exp(1), 对任意 $t < 1$,

$$\phi_X(t) = \mathbb{E}\mathrm{e}^{tX} = \int_0^\infty \mathrm{e}^{tx}\mathrm{e}^{-x}\mathrm{d}x = \int_0^\infty \mathrm{e}^{(t-1)x}\mathrm{d}x = \frac{1}{1-t}.$$

对于 $t \geqslant 1$, 该积分是发散的. 所以对所有 $t < 1$, $\phi_X(t) = 1/(1-t)$. 根据该矩母函数有 $\phi'(0) = 1, \phi''(0) = 2$, 所以 $\mathbb{E}(X) = 1, \mathbb{V}(X) = \mathbb{E}(X^2) - \mu^2 = 2 - 1 = 1$.

3.31 引理 MGF 的性质

(1) 如果 $Y = aX + b$, 则 $\phi_Y(t) = \mathrm{e}^{bt}\phi_X(at)$.

(2) 如果 $X_1, \cdots, X_n$ 独立且 $Y = \sum_i X_i$, 则 $\phi_Y(t) = \prod_i \phi_i(t)$, 其中, ϕ_i 为 X_i 的 MGF.

[①] 另一个相关的函数为特征函数, 定义为 $\mathbb{E}(\mathrm{e}^{\mathrm{i}tX})$, 其中, $\mathrm{i} = \sqrt{-1}$, 该函数对所有 t 通常都存在.

3.32 例 令 $X \sim \text{Binomial}(n,p)$, 已知 $X = \sum_{i=1}^{n} X_i$, 其中, $\mathbb{P}(X_i = 1) = p, \mathbb{P}(X_i = 0) = 1 - p$, 则有 $\phi_i(t) = \mathbb{E}e^{X_i t} = (p \times e^t) + (1-p) = pe^t + q$, 其中, $q = 1 - p$, 从而, $\phi_X(t) = \prod_i \phi_i(t) = (pe^t + q)^n$.

回忆前面的介绍,如果 X 和 Y 具有相同的分布则称它们同分布,记为 $X \stackrel{d}{=} Y$.

3.33 定理 令 X 和 Y 为随机变量,如果对以 0 为中心的某个开区间里所存有的 t 有 $\phi_X(t) = \phi_Y(t)$, 则 $X \stackrel{d}{=} Y$.

3.34 例 令 $X_1 \sim \text{Binomial}(n_1, p)$, $X_2 \sim \text{Binomial}(n_2, p)$ 且相互独立,令 $Y = X_1 + X_2$, 从而,

$$\phi_Y(t) = \phi_1(t)\phi_2(t) = (pe^t + q)^{n_1}(pe^t + q)^{n_2} = (pe^t + q)^{n_1+n_2}.$$

可以看出上式右边为 $\text{Binomial}(n_1+n_2, p)$ 的矩母函数 MGF. 因为矩母函数唯一确定分布的形式 (即两个不同的随机变量不可能有相同的 MGF),所以有 $Y \sim \text{Binomial}(n_1 + n_2, p)$.

常见分布函数的矩母函数	
分布	MGF$\phi(t)$
Bernoulli(p)	$pe^t + (1-p)$
Binomial(n, p)	$(pe^t + (1-p))^n$
Poisson(λ)	$e^{\lambda(e^t - 1)}$
Normal(μ, σ)	$\exp\{\mu t + \dfrac{\sigma^2 t^2}{2}\}$
Gamma(α, β)	$\left(\dfrac{1}{1-\beta t}\right)^{\alpha}$, 其中, $t < 1/\beta$

3.35 例 令 $Y_1 \sim \text{Poisson}(\lambda_1)$, $Y_2 \sim \text{Poisson}(\lambda_2)$, 且两者独立. $Y = Y_1 + Y_2$ 的矩母函数为 $\phi_Y(t) = \phi_{Y_1}(t)\phi_{Y_2}(t) = e^{\lambda_1(e^t-1)}e^{\lambda_2(e^t-1)} = e^{(\lambda_1+\lambda_2)(e^t-1)}$, 这是 $\text{Poisson}(\lambda_1 + \lambda_2)$ 的矩母函数,这就证明了两个独立泊松分布变量之和服从泊松分布.

3.7 附 录

有关期望的积分 一个可测函数 $r(x)$ 的积分定义如下. 首先假设 r 是简单函数,即在一个划分 $A_1, \cdots, A_k$ 中取有限的值 $a_1, \cdots, a_k$, 然后定义

$$\int r(x) \mathrm{d}F(x) = \sum_{i=1}^{k} a_i \mathbb{P}(r(X) \in A_i).$$

正测度函数 r 的积分的定义为 $\int r(x)\mathrm{d}F(x) = \lim_i \int r_i(x)\mathrm{d}F(x)$, 其中, r_i 是简单函数序列, 满足 $r_i(x) \leqslant r(x)$ 且当 $i \to \infty$ 时 $r_i(x) \to r(x)$, 它并不依赖于特殊的序列. 可测函数 r 的积分定义为 $\int r(x)\mathrm{d}F(x) = \int r^+(x)\mathrm{d}F(x) - \int r^-(x)\mathrm{d}F(x)$, 其中, 假设两个积分都是有限的, $r^+(x) = \max\{r(x), 0\}, r^-(x) = -\min\{r(x), 0\}$.

3.8 习　　题

1. 假设玩一个游戏, 开始的金额为 c 美元, 每一次游戏后要么你的钱翻倍, 要么你的钱减半, 二者概率相等, n 次游戏后你期望的金额是多少?
2. 证明 $\mathbb{V}(X) = 0$ 当且仅当存在常数 c 使得 $\mathbb{P}(X = c) = 1$ 成立.
3. 令 $X_1, \cdots, X_n \sim \text{Uniform}(0,1), Y_n = \max\{X_1, \cdots, X_n\}$, 求 $\mathbb{E}(Y_n)$.
4. 假设一个质点从实轴的原点开始向两边游动, 每次移动一单位, 向左移动一单位的概率为 p, 向右移动一单位的概率为 $1-p$, 令 X_n 表示移动 n 个单位后质点的位置, 求 $\mathbb{E}(X_n)$ 和 $\mathbb{V}(X_n)$(这就是著名的**随机游走**).
5. 投掷一枚均匀的硬币直到第一次正面出现, 求期望抛掷的次数至少是多少?
6. 证明定理 3.6 的离散随机变量情形.
7. 令 X 为 CDF 为 F 的连续随机变量, 假设 $\mathbb{P}(X > 0) = 1$ 且 $\mathbb{E}(X)$ 存在, 证明 $\mathbb{E}(X) = \int_0^\infty \mathbb{P}(X > x)\mathrm{d}x$.
   提示: 考虑分部积分并使用事实: 如果 $\mathbb{E}(X)$ 存在, 则 $\lim_{x \to \infty} x[1 - F(x)] = 0$.
8. 证明定理 3.17.
9. (计算机试验) 令 $X_1, X_2, \cdots, X_n$ 为来自 $N(0,1)$ 随机变量, $\overline{X}_n = n^{-1}\sum_{i=1}^n X_i$, 绘出 $\overline{X}_n$ 对于 $n = 1, \cdots, 10\,000$ 的图形, 如果 $X_1, X_2, \cdots, X_n$ 服从柯西分布重复以上步骤, 并解释为什么两者存在差异.
10. 令 $X \sim N(0,1)$ 且 $Y = \mathrm{e}^X$, 求 $\mathbb{E}(Y)$ 和 $\mathbb{V}(Y)$.
11. (计算机试验: 模拟股票市场)　令 $Y_1, Y_2, \cdots, Y_n$ 为独立随机变量且满足 $\mathbb{P}(Y_i = 1) = \mathbb{P}(Y_i = -1) = 1/2$, 令 $X_n = \sum_{i=1}^n Y_i$. 将 $Y_i = 1$ 视为"股票价格上涨 1 美元", 将 $Y_i = -1$ 视为"股票价格下降 1 美元", X_n 视为第 n 天股票的价格.
    (a) 求 $\mathbb{E}(X_n)$ 和 $\mathbb{V}(X_n)$;
    (b) 模拟 X_n 并绘出 X_n 对于 $n = 1, 2, \cdots, 10\,000$ 的图形, 重复模拟几次, 注意两点, 第一点, 即使序列是随机的, 但很容易看出序列呈现的趋势, 第二点, 你会发现虽然图形产生方式是一开始给出的, 但仍会出现一些差别. 利用 (a) 的结论如何解释第二点.
12. 证明 3.4 节表中关于伯努利分布、泊松分布、均匀分布、指数分布、伽马分布和贝塔分布的结果. 这里给出一些提示: 对于泊松分布的均值, 使用等式 $\mathrm{e}^a = \sum_{x=0}^\infty a^x/x!$, 计算其方差, 先计算 $\mathbb{E}(X(X-1))$; 对于伽马分布的均值, 先乘

以因子 $\Gamma(\alpha+1)/\beta^{\alpha+1}$ 然后利用伽马密度函数积分为 1 的事实; 对于贝塔分布, 乘以因子 $\Gamma(\alpha+1)\Gamma(\beta)/\Gamma(\alpha+\beta+1)$.

13. 假设按如下方式生成随机变量 X, 首先抛一枚均匀的硬币, 如果出现正面, 令 X 服从 $(0,1)$ 均匀分布, 如果出现背面, 令 X 服从 $(3,4)$ 均匀分布.

    (a) 求 X 的均值;

    (b) 求 X 的标准差.

14. 令 $X_1,\cdots,X_m,Y_1,\cdots,Y_n$ 为随机变量, $a_1,\cdots,a_m,b_1,\cdots,b_n$ 为常数, 证明

$$\mathrm{Cov}\left(\sum_{i=1}^m a_i X_i, \sum_{j=1}^n b_j Y_j\right) = \sum_{i=1}^m \sum_{j=1}^n a_i b_j \mathrm{Cov}(X_i, Y_j).$$

15. 令

$$f_{X,Y}(x,y) = \begin{cases} \dfrac{1}{3}(x+y), & 0 \leqslant x \leqslant 1, 0 \leqslant y \leqslant 2, \\ 0, & \text{其他.} \end{cases}$$

求 $\mathbb{V}(2X-3Y+8)$.

16. 令 $r(x)$ 为 x 的函数, 令 $s(y)$ 为 y 的函数, 证明

$$\mathbb{E}(r(X)s(Y)|X) = r(X)\mathbb{E}(s(Y)|X),$$

然后证明 $\mathbb{E}(r(X)|X) = r(X)$.

17. 证明

$$\mathbb{V}(Y) = \mathbb{E}\mathbb{V}(Y|X) + \mathbb{V}\mathbb{E}(Y|X).$$

提示: 令 $m = \mathbb{E}(Y)$, $b(x) = \mathbb{E}(Y|X=x)$, 注意到 $\mathbb{E}(b(X)) = \mathbb{E}\mathbb{E}(Y|X) = \mathbb{E}(Y) = m$, 要记住 b 是 x 的函数, 现在将 $\mathbb{V}(Y)$ 写成 $\mathbb{V}(Y) = \mathbb{E}(Y-m)^2 = \mathbb{E}((Y-b(X)) + (b(X)-m))^2$, 平方展开并求期望, 需要对 3 项求期望, 在每一项中, 使用期望迭代原理 $\mathbb{E}(Y) = \mathbb{E}(\mathbb{E}(Y|X))$.

18. 证明: 如果 $\mathbb{E}(X|Y=y) = c$, 其中, c 为常数, 则 X 和 Y 不相关.

19. 该问题有助于理解**抽样分布**的思想, 令 $X_1,\cdots,X_n$ 是均值为 μ, 方差为 σ^2 的 IID 随机变量, 令 $\overline{X}_n = n^{-1}\sum_{i=1}^n X_i$, 从而, $\overline{X}_n$ 为一统计量, 即数据的函数. 既然 $\overline{X}_n$ 是随机变量, 则它具有分布函数, 该分布函数就称为统计量的抽样分布函数. 回想定理 3.17 的结论, $\mathbb{E}(\overline{X}_n) = \mu$, $\mathbb{V}(\overline{X}_n) = \sigma^2/n$, 不要将数据的分布 f_X 和统计量的分布 $f_{\overline{X}_n}$ 的分布搞混淆了, 为了使读者更加清晰的理解, 令 $X_1,\cdots,X_n$ 服从 $(0,1)$ 均匀分布, 令 f_X 为 $(0,1)$ 均匀分布的密度函数, 绘出 f_X 的图形, 令 $\overline{X}_n = n^{-1}\sum_{i=1}^n X_i$, 求出 $\mathbb{E}(\overline{X}_n)$ 和 $\mathbb{V}(\overline{X}_n)$, 将它看作 n 的函数作出图形并进行解释, 对 $n = 1, 5, 25, 100$, 模拟 $\overline{X}_n$ 的分布. 检查 $\mathbb{E}(\overline{X}_n)$ 和 $\mathbb{V}(\overline{X}_n)$ 的模拟值是否符合理论推算, 当 n 增大时 $\overline{X}_n$ 的分布如何变化?

3.8 习 题

20. 证明引理 3.21.

21. 令 X 和 Y 为随机变量，假设 $\mathbb{E}(Y|X) = X$，证明 $\text{Cov}(X,Y) = \mathbb{V}(X)$.

22. 令 X 服从 $(0,1)$ 均匀分布，令 $0 < a < b < 1$，令

$$Y = \begin{cases} 1, & 0 < x < b, \\ 0, & 其他. \end{cases}$$

$$Z = \begin{cases} 1, & a < x < 1, \\ 0, & 其他. \end{cases}$$

(a) Y 与 Z 是否独立？为什么？

(b) 求 $\mathbb{E}(Y|Z)$，提示：Z 可以取哪些值 z？求 $\mathbb{E}(Y|Z=z)$.

23. 求泊松分布、正态分布和伽马分布的矩母函数.

24. 令 $X_1, \cdots, X_n$ 服从参数为 β 的指数分布，求 X_i 的矩母函数，证明 $\sum_{i=1}^{n} X_i$ 服从参数为 α, β 的伽马分布.

第 4 章 不 等 式

4.1 概率不等式

不等式对于一些很难计算的量非常有用,它也常用于收敛定理,有关收敛定理将在下一章具体讨论,这里首先介绍的不等式是马尔可夫不等式.

4.1 定理 (马尔可夫 (Markov) 不等式) 令 X 为一非负随机变量,假设 $\mathbb{E}(X)$ 存在,对任意 $t > 0$ 有

$$\mathbb{P}(X > t) \leqslant \frac{\mathbb{E}(X)}{t}. \tag{4.1}$$

证明 因为 $X > 0$,所以

$$\mathbb{E}(X) = \int_0^\infty x f(x) \mathrm{d}x = \int_0^t x f(x) \mathrm{d}x + \int_t^\infty x f(x) \mathrm{d}x$$
$$\geqslant \int_t^\infty x f(x) \mathrm{d}x \geqslant t \int_t^\infty f(x) \mathrm{d}x = t \mathbb{P}(X > t).$$

4.2 定理 (切比雪夫 (Chebyshev) 不等式) 令 $\mu = \mathbb{E}(X), \sigma^2 = \mathbb{V}(X)$,则

$$\mathbb{P}(|X - \mu| \geqslant t) \leqslant \frac{\sigma^2}{t^2}, \quad \mathbb{P}(|Z| \geqslant k) \leqslant \frac{1}{k^2}, \tag{4.2}$$

其中, $Z = (x - \mu)/\sigma$,特别地, $\mathbb{P}(|Z| > 2) \leqslant 1/4, \mathbb{P}(|Z| > 3) \leqslant 1/9$.

证明 利用马尔可夫不等式可得

$$\mathbb{P}(|X - \mu| \geqslant t) = \mathbb{P}(|X - \mu|^2 \geqslant t^2) \leqslant \frac{\mathbb{E}(X - \mu)^2}{t^2} = \frac{\sigma^2}{t^2},$$

第二部分令 $t = k\sigma$ 即得.

4.3 例 假设检验一种预测方法,涉及 n 中检验情形,以神经网络为例. 如果预测错误则令 $X_i = 1$,反之则令 $X_i = 0$. 从而 $\overline{X}_n = n^{-1} \sum_{i=1}^{n} X_i$ 是观察到的误差率. 每个 X_i 可认为服从未知均值 p 的伯努利分布. 要想知道 —— 但是不知道 —— 真实误差率 p. 从直觉上判断, $\overline{X}_n$ 应与 p 非常接近, $\overline{X}_n$ 不在 p 附近 ε 的范围内的概率为多少? 已知 $\mathbb{V}(\overline{X}_n) = \mathbb{V}(X_1)/n = p(1-p)/n$,从而,

$$\mathbb{P}(|\overline{X}_n - p| > \varepsilon) \leqslant \frac{\mathbb{V}(\overline{X}_n)}{\varepsilon^2} = \frac{p(1-p)}{n\varepsilon^2} \leqslant \frac{1}{4n\varepsilon^2}.$$

上式利用了不等式 $p(1-p) \leqslant 1/4$, 对于 $\varepsilon = 0.2$ 和 $n = 100$,所求的界为 0.0625.

4.1 概率不等式

4.4 定理 (霍夫丁 (Hoeffding) 不等式)　令 $Y_1, \cdots, Y_n$ 为独立观察值,满足 $\mathbb{E}(Y_i) = 0$, 且 $a_i \leqslant Y_i \leqslant b_i$. 令 $\varepsilon > 0$, 则对于任意 $t > 0$ 有

$$\mathbb{P}\left(\sum_{i=1}^{n} Y_i \geqslant \varepsilon\right) \leqslant e^{-t\varepsilon} \prod_{i=1}^{n} e^{t^2(b_i - a_i)^2/8}. \tag{4.3}$$

4.5 定理　令 $X_1, \cdots, X_n$ 服从参数为 p 的伯努利分布,则对于任意 $\varepsilon > 0$ 有

$$\mathbb{P}(|\overline{X}_n - p| > \varepsilon) \leqslant 2e^{-2n\varepsilon^2}, \tag{4.4}$$

其中, $\overline{X}_n = n^{-1} \sum_{i=1}^{n} X_i$.

4.6 例　令 $X_1, \cdots, X_n$ 服从参数为 p 的伯努利分布,令 $n = 100, \varepsilon = 0.2$, 由切比雪夫不等式可得

$$\mathbb{P}(|\overline{X}_n - p| > \varepsilon) \leqslant 0.0625.$$

由霍夫丁不等式得

$$\mathbb{P}(|\overline{X}_n - p| \leqslant 0.2) \leqslant 2e^{-2(100)(0.2)^2} = 0.00067.$$

这比 0.0625 要小很多.

霍夫丁不等式提供了一种建立在参数为 p 的二项式分布**置信区间**的简单方法. 有关置信区间的内容将在后面 (见第 6 章) 详细讨论, 这里给出简单的思想, 固定 $\alpha > 0$ 并令

$$\varepsilon_n = \sqrt{\frac{1}{2n} \log\left(\frac{2}{\alpha}\right)}.$$

由霍夫丁不等式可知

$$\mathbb{P}(|\overline{X}_n - p| > \varepsilon_n) \leqslant 2e^{-2n\varepsilon_n^2} = \alpha.$$

令 $C = (\overline{X}_n - \varepsilon_n, \overline{X}_n + \varepsilon_n)$, 则 $\mathbb{P}(p \notin C) = \mathbb{P}(|\overline{X}_n - p| > \varepsilon_n) \leqslant \alpha$. 因此, $\mathbb{P}(p \in C) \geqslant 1 - \alpha$, 也即随机区间 C 包括真实参数 p 的概率为 $1 - \alpha$; 称 C 为 $1 - \alpha$ 置信区间, 更多细节见后面的讲解.

下面的不等式对于正态分布随机变量的概率范围确定非常有用.

4.7 定理 (c (Mill) 不等式)　令 $Z \sim N(0, 1)$, 则

$$\mathbb{P}(|Z| > t) \leqslant \sqrt{\frac{2}{\pi}} \frac{e^{-t^2/2}}{t}.$$

4.2 有关期望的不等式

本节介绍有关期望的两个不等式.

4.8 定理（柯西 - 施瓦茨 (Cauchy-Schwartz) 不等式） 如果 X 和 Y 具有有限方差，则

$$\mathbb{E}|XY| \leqslant \sqrt{\mathbb{E}(X^2)\mathbb{E}(Y^2)}. \tag{4.5}$$

以前曾经学过，如果对任意 x, y 以及 $\alpha \in [0,1]$，函数 g 满足

$$g(\alpha x + (1-\alpha)y) \leqslant \alpha g(x) + (1-\alpha)g(y),$$

则函数 g 是**凸函数**. 如果对于所有 x, 函数 g 二阶可导，且 $g''(x) \geqslant 0$, 则可证明 g 是凸的，g 位于与其相切于任一点的直线的上方，该直线称为切线. 如果 $-g$ 是凸函数，则 g 是**凹函数**. 凸函数的例子如 $g(x) = x^2, g(x) = e^x$；凹函数的例子如 $g(x) = -x^2, g(x) = \log x$.

4.9 定理（詹森 (Jensen) 不等式） 如果 g 为凸函数，则

$$\mathbb{E}g(X) \geqslant g(\mathbb{E}X). \tag{4.6}$$

如果 g 为凹函数，则

$$\mathbb{E}g(X) \leqslant g(\mathbb{E}X). \tag{4.7}$$

证明 令直线 $L(x) = a + bx$ 与 $g(x)$ 相切于点 $\mathbb{E}(X)$，因为 g 是凸函数，它位于直线 $L(x)$ 的上方，所以

$$\mathbb{E}g(X) \geqslant \mathbb{E}L(X) = \mathbb{E}(a + bX) = a + b\mathbb{E}(X) = L(\mathbb{E}(X)) = g(\mathbb{E}X).$$

由詹森不等式可知 $\mathbb{E}(X^2) \geqslant (\mathbb{E}X)^2$；如果 X 为正，则 $\mathbb{E}(1/X) \geqslant 1/\mathbb{E}(X)$；因为对数函数是凹函数，所以 $\mathbb{E}(\log X) \leqslant \log \mathbb{E}(X)$.

4.3 文献注释

(Devroye et al., 1996) 是一本很好的参考书，它的主要内容涉及概率不等式、概率不等式在统计中的应用及图像识别. 下面有关霍夫丁不等式的证明出自这本教材.

4.4 附 录

霍夫丁不等式的证明 如下证明将用到泰勒定理：如果 g 为光滑函数，则存在数值 $\xi \in (0, \mu)$ 使得 $g(u) = g(0) + ug'(0) + (u^2/2)g''(\xi)$。

定理 4.4 的证明 对任意 $t > 0$，由马尔可夫不等式得

$$\mathbb{P}\left(\sum_{i=1}^n Y_i \geqslant \varepsilon\right) = \mathbb{P}\left(t\sum_{i=1}^n Y_i \geqslant t\varepsilon\right) = \mathbb{P}\left(e^{t\sum_{i=1}^n Y_i} \geqslant e^{t\varepsilon}\right)$$

$$\leqslant e^{-t\varepsilon}\mathbb{E}\left(e^{t\sum_{i=1}^n Y_i}\right) = e^{-t\varepsilon}\prod_i \mathbb{E}(e^{tY_i}). \tag{4.8}$$

因为 $a_i \leqslant Y_i \leqslant b_i$，可将 Y_i 写成 a_i, b_i 的凸组合，即 $Y_i = \alpha b_i + (1-\alpha)a_i$，其中，$\alpha = (Y_i - a_i)/(b_i - a_i)$，所以根据 e^{ty} 的凸性得到

$$e^{tY_i} \leqslant \frac{Y_i - a_i}{b_i - a_i}e^{tb_i} + \frac{b_i - Y_i}{b_i - a_i}e^{ta_i},$$

两边取期望并利用 $\mathbb{E}(Y_i) = 0$ 得

$$\mathbb{E}(e^{tY_i}) \leqslant -\frac{a_i}{b_i - a_i}e^{tb_i} + \frac{b_i}{b_i - a_i}e^{ta_i} = e^{g(u)}, \tag{4.9}$$

其中，$u = t(b_i - a_i), g(u) = -\gamma u + \log(1 - \gamma + \gamma e^u), \gamma = -a_i/(b_i - a_i)$。

注意到 $g(0) = g'(0) = 0$ 且对所有 $u > 0, g''(u) \leqslant 1/4$，根据泰勒定理，存在 $\xi \in (0, u)$ 满足

$$g(u) = g(0) + ug'(0) + \frac{u^2}{2}g''(\xi)$$

$$= \frac{u^2}{2}g''(\xi) \leqslant \frac{u^2}{8} = \frac{t^2(b_i - a_i)^2}{8},$$

因此

$$\mathbb{E}e^{tY_i} \leqslant e^{g(u)} \leqslant e^{t^2(b_i - a_i)^2/8},$$

结合 (4.8) 即证.

定理 4.5 的证明 令 $Y_i = (1/n)(X_i - p)$，则 $\mathbb{E}(Y_i) = 0$，令 $a = -p/n, b = (1-p)/n$，则 $a \leqslant Y_i \leqslant b$ 且 $(b-a)^2 = 1/n^2$，根据定理 4.4 得

$$\mathbb{P}(\overline{X}_n - p > \varepsilon) = \mathbb{P}\left(\sum_i Y_i > \varepsilon\right) \leqslant e^{-t\varepsilon}e^{t^2/(8n)}.$$

上式对于任意 $t > 0$ 均满足，取 $t = 4n\varepsilon$ 得 $\mathbb{P}(\overline{X}_n - p > \varepsilon) \leqslant e^{-2n\varepsilon^2}$，类似地，可证明 $\mathbb{P}(\overline{X}_n - p < -\varepsilon) \leqslant e^{-2n\varepsilon^2}$，合并即得 $\mathbb{P}(|\overline{X}_n - p| > \varepsilon) \leqslant 2e^{-2n\varepsilon^2}$.

4.5 习　　题

1. 令 X 服从参数为 p 的指数分布,求 $\mathbb{P}(|X-\mu_X|\geqslant k\sigma_X)$,其中,$k>1$,将得到的结果与切比雪夫不等式比较.

2. 令 X 服从参数为 λ 的泊松分布,利用切比雪夫不等式证明 $\mathbb{P}(X\geqslant 2\lambda)\leqslant 1/\lambda$.

3. 令 $X_1,\cdots,X_n$ 服从参数为 p 的伯努利分布,且 $\overline{X}_n = n^{-1}\sum_{i=1}^{n} X_i$,分别利用切比雪夫不等式和霍夫丁不等式确定 $\mathbb{P}(|\overline{X}_n - p| > \varepsilon)$ 的界,并证明当 n 很大时,由霍夫丁不等式得到的界要比切比雪夫不等式得到的界小.

4. 令 $X_1,\cdots,X_n$ 服从参数为 p 的伯努利分布,
   (a) 令 $\alpha > 0$ 为固定常数,定义
   $$\varepsilon_n = \sqrt{\frac{1}{2n}\log\left(\frac{2}{\alpha}\right)},$$
   令 $\hat{p}_n = n^{-1}\sum_{i=1}^{n} X_i$,定义 $C_n = (\hat{p}_n - \varepsilon_n, \hat{p}_n + \varepsilon_n)$,利用霍夫丁不等式证明
   $$\mathbb{P}(C_n\text{包含}p)\geqslant 1-\alpha.$$
   实际运用中,应缩短该区间使其不会低于 0 或者超过 1.

   (b) (计算机试验) 用来检验置信区间的性质,令 $\alpha = 0.05, p = 0.4$,进行模拟研究,看该区间包括 p 的几率有多少 (称为覆盖率)?对 n 从 $1 \sim 10\,000$ 重复以上步骤,画出覆盖率相对于 n 的图示.

   (c) 绘出区间长度相对于 n 的图示,假设希望区间长度至多为 0.05,n 至少为多大?

5. 证明定理 4.7 的米尔不等式,提示:注意 $\mathbb{P}(|Z|>t) = 2\mathbb{P}(Z>t)$,关注一下 $\mathbb{P}(Z>t)$ 的含义且注意到当 $x>t$ 时有 $x/t>1$.

6. 令 $X \sim N(0,1)$,求 $\mathbb{P}(|Z|>t)$,将它视为 t 的函数绘出其图形,由马尔可夫不等式知,对于任意 $k>0$ 有 $\mathbb{P}(|Z|>t)\leqslant \mathbb{E}|Z|^k/t^k$,绘出该上界对于 $k=1,2,3,4,5$ 时的图形,并将它与 $\mathbb{P}(|Z|>t)$ 真实值比较. 最后,绘出由米尔不等式求出的界.

7. 令 $X_1,\cdots,X_n \sim N(0,1)$,使用米尔不等式求 $\mathbb{P}(|\overline{X}_n|>t)$ 的界,其中,$\overline{X}_n = n^{-1}\sum_{i=1}^{n} X_i$,并与切比雪夫界作比较.

第 5 章 随机变量的收敛

5.1 引 言

概率论最重要的一方面就是关注随机变量序列的趋势，这部分内容称为**大样本理论**或**极限理论**或**渐近理论**. 最基本的问题是：关于随机变量序列 $X_1, X_2, \cdots$ 的极限性质可以作何论断？因为统计与数据挖掘涉及大量数据，自然而然地，也会关心当收集到越来越多的数据时会发生什么样的情况.

在积分理论中，如果对任意 $\varepsilon > 0$，$|x_n - x| < \varepsilon$ 对充分大的 n 都成立，则称实数序列 x_n 收敛于极限 x. 在概率论中，极限的概念更加深奥，回忆积分理论中的介绍，假设对所有 n 有 $x_n = x$，则 $\lim_{n\to\infty} = x$. 考虑该例子的概率模型，假设 $X_1, X_2, \cdots$ 为独立同分布随机序列，服从 $N(0,1)$ 分布，因为所有变量具有相同的分布，所以可以尝试着称 X_n "收敛于" $X \sim N(0,1)$，但这种描述并不十分精确，因为对所有 n，$\mathbb{P}(X_n = X) = 0$（两个连续随机变量相同的概率为 0）.

还有另外一个例子，假设 $X_1, X_2, \cdots \sim N(0, 1/n)$，从直觉上判断，当 n 很大时，X_n 集中在 0 附近，所以很希望称 X_n 收敛于 0，但是对所有 n，$\mathbb{P}(X_n = 0) = 0$. 很明显，需要其他工具来讨论更严格意义下的随机变量的收敛，本章着重介绍相关的方法.

本章将主要介绍两种思想：
1. **大数定律**说明样本均值 $\overline{X}_n = n^{-1} \sum_{i=1}^{n} X_i$ **依概率收敛**于期望 $\mu = \mathbb{E}(X_i)$，意味着 $\overline{X}_n$ 以很高的概率趋于 μ.
2. **中心极限定理**说明 $\sqrt{n}(\overline{X}_n - \mu)$ **依分布收敛**于正态分布，意味着对很大的 n，样本均值渐进服从正态分布.

5.2 收敛的类型

两种主要的收敛类型定义如下：

5.1 定义 令 $X_1, X_2, \cdots$，为随机变量序列，X 为另一随机变量，令 F_n 表示 X_n 的 CDF，F 表示 X 的 CDF.

1. 如果对任意 $\varepsilon > 0$，当 $n \to \infty$ 时有

$$\mathbb{P}(|X_n - X| > \varepsilon) \to 0, \tag{5.1}$$

则称 X_n**依概率收敛**于X，记为 $X_n \xrightarrow{P} X$.

2. 如果对 F 的所有连续的点 t, 有

$$\lim_{n \to \infty} F_n(t) = F(t), \tag{5.2}$$

则称 X_n **依分布收敛于** X, 记为 $X_n \rightsquigarrow X$.

当求 X 服从点分布时, 需要改变一下符号, 如果 $\mathbb{P}(X = c) = 1$ 且 $X_n \xrightarrow{P} X$, 则记 $X_n \xrightarrow{P} c$, 类似地, 如果 $X_n \rightsquigarrow X$, 则记为 $X_n \rightsquigarrow c$.

这里再介绍另外一种形式的收敛, 这种收敛对证明概率中的收敛很有用.

5.2 定义 如果当 $n \to \infty$ 时有

$$\mathbb{E}(X_n - X)^2 \to 0, \tag{5.3}$$

则称 X_n **均方意义下收敛于** X(也称 L_2 收敛), 记为 $X_n \xrightarrow{\text{qm}} X$.

同上面类似, 如果 X 服从在 c 点的点分布, 则用 $X_n \xrightarrow{\text{qm}} c$ 代替 $X_n \xrightarrow{\text{qm}} X$.

5.3 例 令 $X_n \sim N(0, 1/n)$, 从直觉上判断, 当 n 很大时, X_n 集中在 0 附近, 所以就希望称 X_n 依概率收敛于 0, 那么来看一下是否正确. 令 F 为在 0 点的点分布的分布函数, 注意到 $\sqrt{n}X_n \sim N(0,1)$, 令 Z 表示标准正态随机变量, 对于 $t < 0$, 因为 $\sqrt{n}t \to -\infty$, 所以 $F_n(t) = \mathbb{P}(X_n < t) = \mathbb{P}(\sqrt{n}X_n < \sqrt{n}t) = \mathbb{P}(Z < \sqrt{n}t) \to 0$; 对于 $t > 0$, 因为 $\sqrt{n}t \to \infty$, 所以 $F_n(t) = \mathbb{P}(X_n < t) = \mathbb{P}(\sqrt{n}X_n < \sqrt{n}t) = \mathbb{P}(Z < \sqrt{n}t) \to 1$. 因此, 对所有 $t \neq 0$ 有 $F_n(t) \to F(t)$, 所以 $X_n \rightsquigarrow 0$. 注意 $F_n(0) = 1/2 \neq F(1/2) = 1$, 所以在 $t = 0$ 处收敛不成立. 这并不影响结果, 因为 $t = 0$ 不是 F 的连续点, 而分布收敛的定义仅需在连续的点收敛即可, 见图 5.1.

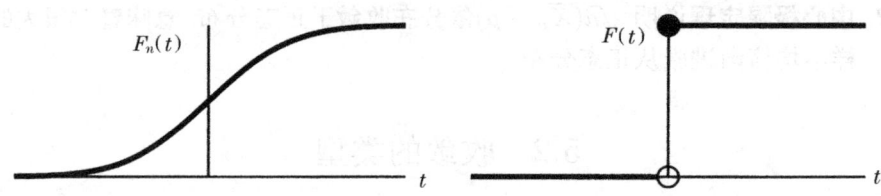

图 5.1 例 5.3

因为除 $t = 0$ 外 $F_n(t)$ 收敛于 $F(t)$, 所以 X_n 依分布收敛于 X, 收敛性不需要在 $t = 0$ 满足, 因为它不是 F 的连续点

现在再考察概率收敛, 对任意 $\varepsilon > 0$, 使用马尔可夫不等式, 当 $n \to \infty$ 时有

$$\mathbb{P}(|X_n| > \varepsilon) = \mathbb{P}(|X_n|^2 > \varepsilon^2) \leqslant \frac{\mathbb{E}(X_n^2)}{\varepsilon^2} = \frac{1/n}{\varepsilon^2} \to 0,$$

因此, $X_n \xrightarrow{P} 0$.

5.2 收敛的类型

下面的定理给出了各种收敛类型之间的关系, 见图 5.2.

图 5.2 各种收敛之间的关系

5.4 定理 *如下关系成立*:
(a) $X_n \xrightarrow{\text{qm}} X$ 意味着 $X_n \xrightarrow{\text{P}} X$.
(b) $X_n \xrightarrow{\text{P}} X$ 意味着 $X_n \rightsquigarrow X$.
(c) 如果 $X_n \rightsquigarrow X$ 且对于实数 c 有 $\mathbb{P}(X = c) = 1$, 则 $X_n \xrightarrow{\text{P}} X$.

通常情况下, 除特殊情况 (c) 外, 反方向并不成立.

证明 从证明 (a) 开始, 假设 $X_n \xrightarrow{\text{qm}} X$ 成立, 对固定 $\varepsilon > 0$, 利用马尔可夫不等式

$$\mathbb{P}(|X_n - X| > \varepsilon) = \mathbb{P}(|X_n - X|^2 > \varepsilon^2) \leqslant \frac{\mathbb{E}|X_n - X|^2}{\varepsilon^2} \to 0.$$

(b) 的证明. 这部分证明有些复杂, 读者可以跳过这一段. 对固定 $\varepsilon > 0$ 并令 x 为 F 的连续点, 则

$$\begin{aligned} F_n(x) &= \mathbb{P}(X_n \leqslant x) = \mathbb{P}(X_n \leqslant x, X \leqslant x + \varepsilon) + \mathbb{P}(X_n \leqslant x, X > x + \varepsilon) \\ &\leqslant \mathbb{P}(X \leqslant x + \varepsilon) + \mathbb{P}(|X_n - x| > \varepsilon) \\ &= F(x + \varepsilon) + \mathbb{P}(|X_n - X| > \varepsilon). \end{aligned}$$

另外,

$$\begin{aligned} F(x - \varepsilon) &= \mathbb{P}(X \leqslant x - \varepsilon) = \mathbb{P}(X \leqslant x - \varepsilon, X_n \leqslant x) + \mathbb{P}(X \leqslant x - \varepsilon, X_n > x) \\ &\leqslant F_n(x) + \mathbb{P}(|X_n - X| > \varepsilon), \end{aligned}$$

从而

$$F(x - \varepsilon) - \mathbb{P}(|X_n - X| > \varepsilon) \leqslant F_n(x) \leqslant F(x + \varepsilon) + \mathbb{P}(|X_n - X| > \varepsilon),$$

对 $n \to \infty$ 取极限得

$$F(x - \varepsilon) \leqslant \lim_{n \to \infty} \inf F_n(x) \leqslant \lim_{n \to \infty} \sup F_n(x) \leqslant F(x + \varepsilon).$$

上式对所有 $\varepsilon > 0$ 都成立, 在上式中对 $\varepsilon \to 0$ 求极限并利用 F 在 x 处连续可得 $\lim_n F_n(x) = F(x)$.

(c) 的证明, 对固定 $\varepsilon > 0$

$$\begin{aligned}\mathbb{P}(|X_n - c| > \varepsilon) &= \mathbb{P}(X_n < c - \varepsilon) + \mathbb{P}(X_n > c + \varepsilon) \\ &\leqslant \mathbb{P}(X_n \leqslant c - \varepsilon) + \mathbb{P}(X_n > c + \varepsilon) \\ &= F_n(c - \varepsilon) + 1 - F_n(c + \varepsilon) \\ &\to F(c - \varepsilon) + 1 - F(c + \varepsilon) \\ &= 0 + 1 - 1 = 0.\end{aligned}$$

下面来说明反向并不成立.

依概率收敛不能推出均方意义下收敛 令 $U \sim \text{Uniform}(0, 1)$, $X_n = \sqrt{n} I_{(0,1/n)}(U)$, 则 $\mathbb{P}(|X_n| > \varepsilon) = \mathbb{P}(\sqrt{n} I_{(0,1/n)}(U) > \varepsilon) = \mathbb{P}(0 \leqslant U < 1/n) = 1/n \to 0$. 因此, $X_n \xrightarrow{P} 0$, 但是对所有 n 有 $\mathbb{E}(X_n^2) = n \int_0^{\frac{1}{n}} du = 1$, 所以 X_n 在均方意义下不收敛.

依分布收敛不能推出依概率收敛 令 $X \sim N(0,1), X_n = -X$, 其中 $n = 1, 2, 3, \cdots$; 因此, $X_n \sim N(0,1)$, 即对所有 n, X_n 与 X 同分布, 所以对所有 x, $\lim_n F_n(x) = F(x)$, 也就是说, $X_n \rightsquigarrow X$, 但是 $\mathbb{P}(|X_n - X| > \varepsilon) = \mathbb{P}(|2X| > \varepsilon) = \mathbb{P}(|X| > \varepsilon/2) \neq 0$, 也即 X_n 不依概率收敛于 X.

注意 有人也许认为如果 $X_n \xrightarrow{P} b$, 则 $\mathbb{E}(X_n) \to b$, 这是不正确的 ①. 令 X_n 为随机变量, 定义为 $\mathbb{P}(X_n = n^2) = 1/n$ 且 $\mathbb{P}(X_n = 0) = 1 - (1/n)$, 则 $\mathbb{P}(|X_n| < \varepsilon) = \mathbb{P}(X_n = 0) = 1 - (1/n) \to 1$, 因此 $X_n \xrightarrow{P} 0$, 而 $\mathbb{E}(X_n) = [n^2 \times (1/n)] + [0 \times (1 - (1/n))]$, 因此 $\mathbb{E}(X_n) \to \infty$.

总结 仔细观察图 5.2.

某些收敛性质在变换规则下也成立.

5.5 定理 令 X_n, X, Y_n, Y 为随机变量, g 为连续函数.
(a) 如果 $X_n \xrightarrow{P} X$ 且 $Y_n \xrightarrow{P} Y$, 则 $X_n + Y_n \xrightarrow{P} X + Y$;
(b) 如果 $X_n \xrightarrow{\text{qm}} X$ 且 $Y_n \xrightarrow{\text{qm}} Y$, 则 $X_n + Y_n \xrightarrow{\text{qm}} X + Y$;
(c) 如果 $X_n \rightsquigarrow X$ 且 $Y_n \rightsquigarrow c$, 则 $X_n + Y_n \rightsquigarrow X + c$;
(d) 如果 $X_n \xrightarrow{P} X$ 且 $Y_n \xrightarrow{P} Y$, 则 $X_n Y_n \xrightarrow{P} XY$;
(e) 如果 $X_n \rightsquigarrow X$ 且 $Y_n \rightsquigarrow c$, 则 $X_n Y_n \rightsquigarrow cX$;
(f) 如果 $X_n \xrightarrow{P} X$ 则 $g(X_n) \xrightarrow{P} g(X)$;
(g) 如果 $X_n \rightsquigarrow X$ 则 $g(X_n) \rightsquigarrow g(X)$;

(c) 和 (e) 就是 **Slutzky 理论**, $X_n \rightsquigarrow X$ 且 $Y_n \rightsquigarrow Y$ 通常都不能得出 $X_n + Y_n \rightsquigarrow X + Y$.

---

① 如果 X_n 一致可积, 则能推知 $\mathbb{E}(X_n) \to b$, 详见附录.

5.3 大数定理

接下来讨论的议题可以称为是概率论中最伟大的成果,它就是大数定律.大数定律指出大量样本的均值近似于分布的均值,例如,无数次投掷硬币出现正面的概率趋近于 1/2,下面对该定理简要描述.

令 $X_1, X_2, \cdots$ 为 IID 样本, 令 $\mu = \mathbb{E}(X_1)$ 且[1]$\sigma^2 = \mathbb{V}(X_1)$. 回忆前面已经讨论过的内容: 样本均值定义为 $\overline{X}_n = n^{-1} \sum_{i=1}^{n} X_i$, $\mathbb{E}(\overline{X}_n) = \mu$, $\mathbb{V}(\overline{X}_n) = \sigma^2/n$.

5.6 定理(弱大数定律)(the weak law of large numbers(WLLN))[2] 如果 $X_1, \cdots, X_n$ 为 IID 样本, 则 $\overline{X}_n \xrightarrow{P} \mu$.

WLLN 的含义: 当 n 逐渐变大时, $\overline{X}_n$ 的分布越靠近 μ.

证明 假设 $\sigma < \infty$, 该假设并不是必需的, 但有利于简化证明, 利用切比雪夫不等式可得,

$$\mathbb{P}(|\overline{X}_n - \mu| > \varepsilon) \leqslant \frac{\mathbb{V}(\overline{X}_n)}{\varepsilon^2} = \frac{\sigma^2}{n\varepsilon}.$$

当 $n \to \infty$ 时, 上式趋于 0.

5.7 例 假定抛一枚硬币, 出现正面的概率为 p, 令 X_i 表示每次的结果 (0 或 1), 因此, $p = \mathbb{P}(X_i = 1) = \mathbb{E}(X_i)$, 当抛 n 次后正面次数所占比例为 $\overline{X}_n$, 根据大数定律, $\overline{X}_n$ 依概率收敛于 p, 它意味着当 n 很大时, $\overline{X}_n$ 的分布会紧密围绕在 p 的附近. 假设 $p = 1/2$, 需要多大的 n 才能使得 $\mathbb{P}(0.4 \leqslant \overline{X}_n \leqslant 0.6) = 0.7$ 呢? 首先, $\mathbb{E}(\overline{X}_n) = p = 1/2$ 且 $\mathbb{V}(\overline{X}_n) = \sigma^2/n = p(1-p)/n = 1/(4n)$, 由切比雪夫不等式

$$\begin{aligned}\mathbb{P}(0.4 \leqslant \overline{X}_n \leqslant 0.6) &= \mathbb{P}(|\overline{X}_n - \mu| \leqslant 0.1) \\ &= 1 - \mathbb{P}(|\overline{X}_n - \mu| \geqslant 0.1) \\ &\geqslant 1 - \frac{1}{4n(0.1)^2} = 1 - \frac{25}{n},\end{aligned}$$

当 $n = 84$ 时就能保证上式大于 0.7.

5.4 中心极限定理

大数定律指出 $\overline{X}_n$ 的分布会聚集在 μ 附近, 这还不能描述 $\overline{X}_n$ 的概率性质, 为此, 还需要中心极限定理.

---

[1] 注意, 对所有 i, $\mu = \mathbb{E}(X_i)$ 事实上是相同的, 所以可以定义 $\mu = \mathbb{E}(X_i)$, 为了方便起见通常定义 $\mu = \mathbb{E}(X_1)$.

[2] 比它更强的定理称为强大数定律, 见附录.

假设 $X_1,\cdots,X_n$ 为均值为 μ 方差为 σ^2 的 IID 序列,中心极限定理 (CLT) 指出 $\overline{X}_n = n^{-1} \sum_i X_i$ 近似服从均值为 μ 方差为 σ^2/n 的正态分布,这一结论是非常卓越的,因为除了 X_i 的分布的均值和方差需要存在的条件外,没有其他别的条件.

> **5.8 定理**(中心极限定理 (CLT)) 令 $X_1,\cdots,X_n$ 为均值为 μ 方差为 σ^2 的 IID 序列,令 $\overline{X}_n = n^{-1} \sum_{i=1}^n X_i$,则
> $$Z_n \equiv \frac{\overline{X}_n - \mu}{\sqrt{\mathbb{V}(\overline{X}_n)}} = \frac{\sqrt{n}(\overline{X}_n - \mu)}{\sigma} \rightsquigarrow Z,$$
> 其中,$Z \sim N(0,1)$,换句话说,下式成立:
> $$\lim_{n \to \infty} \mathbb{P}(Z_n \leqslant z) = \Phi(z) = \int_{-\infty}^z \frac{1}{\sqrt{2\pi}} e^{-x^2/2} dx.$$

含义:有关 $\overline{X}_n$ 概率陈述可以利用正态分布来近似,注意这仅仅是概率陈述上的近似,而并不是随机变量本身.

除了 $Z_n \rightsquigarrow N(0,1)$ 外,还有其他几个符号可以表示 Z_n 的分布收敛于正态分布,他们表达的含义本质上是一样的,具体形式如下:

$$Z_n \approx N(0,1),$$
$$\overline{X}_n \approx N\left(\mu, \frac{\sigma^2}{n}\right),$$
$$\overline{X}_n - \mu \approx \left(0, \frac{\sigma^2}{n}\right),$$
$$\sqrt{n}(\overline{X}_n - \mu) \approx N(0, \sigma^2),$$
$$\frac{\sqrt{n}(\overline{X}_n - \mu)}{\sigma} \approx N(0,1).$$

5.9 例 假设每个计算机程序产生误差的数量服从均值为 5 的泊松分布,有 125 个程序,令 $X_1,\cdots,X_{125}$ 分别表示程序中的误差数量,求 $\mathbb{P}(\overline{X}_n < 5.5)$,令 $\mu = \mathbb{E}(X_1) = \lambda = 5$,$\sigma^2 = \mathbb{V}(X_1) = \lambda = 5$,则

$$\mathbb{P}(\overline{X}_n < 5.5) = \mathbb{P}\left(\frac{\sqrt{n}(\overline{X}_n - \mu)}{\sigma} < \frac{\sqrt{n}(5.5 - \mu)}{\sigma}\right)$$
$$\approx \mathbb{P}(Z < 2.5) = 0.9938.$$

中心极限定理说明 $Z_n = \sqrt{n}(\overline{X}_n - \mu)/\sigma$ 近似服从 $N(0,1)$,然而,却很少知道

σ, 后面将介绍可以用 $X_1, \cdots, X_n$ 的函数

$$S_n^2 = \frac{1}{n-1} \sum_{i=1}^{n} (X_i - \overline{X}_n)^2$$

去估计 σ^2. 这又产生了另外一个问题：如果用 S_n 去代替 σ, 中心极限定理还成立吗? 答案是肯定的.

5.10 定理 假设跟 CLT 相同的条件, 则

$$\frac{\sqrt{n}(\overline{X}_n - \mu)}{S_n} \rightsquigarrow N(0,1).$$

读者或许要问, 正态近似的精度有多大呢? 答案将在 Berry-Essèen 定理中给出.

5.11 定理(Berry-Essèen 定理) 假设 $\mathbb{E}|X_1|^3 < \infty$, 则

$$\sup_z |\mathbb{P}(Z_n \leqslant z) - \Phi(z)| \leqslant \frac{33}{4} \frac{\mathbb{E}|X_1 - \mu|^3}{\sqrt{n}\sigma^3}. \tag{5.4}$$

中心极限定理也存在多元的情形.

5.12 定理(多元中心极限定理) 令 $X_1, \cdots, X_n$ 为 IID 随机向量, 其中,

$$X_i = \begin{pmatrix} X_{1i} \\ X_{2i} \\ \vdots \\ X_{ki} \end{pmatrix},$$

其均值为

$$\mu = \begin{pmatrix} \mu_1 \\ \mu_2 \\ \vdots \\ \mu_k \end{pmatrix} = \begin{pmatrix} \mathbb{E}(X_{1i}) \\ \mathbb{E}(X_{2i}) \\ \vdots \\ \mathbb{E}(X_{ki}) \end{pmatrix},$$

方差矩阵为 Σ, 令

$$\overline{X} = \begin{pmatrix} \overline{X}_1 \\ \overline{X} \\ \vdots \\ \overline{X}_k \end{pmatrix},$$

其中, $\overline{X}_j = n^{-1} \sum_{i=1}^{n} X_{ji}$, 则

$$\sqrt{n}(\overline{X} - \mu) \rightsquigarrow N(0, \Sigma).$$

5.5 Delta 方法

如果 Y_n 的极限分布为正态分布，则 Delta 方法提供了求 $g(Y_n)$ 极限分布的方法，其中，g 为任意光滑函数．

> **5.13 定理** (Delta 方法)　假设
> $$\frac{\sqrt{n}(Y_n - \mu)}{\sigma} \rightsquigarrow N(0,1),$$
> g 为可微函数满足 $g'(\mu) \neq 0$，则
> $$\frac{\sqrt{n}(g(Y_n) - g(\mu))}{|g'(\mu)|\sigma} \rightsquigarrow N(0,1).$$
> 换言之，
> $$Y_n \approx N\left(\mu, \frac{\sigma^2}{n}\right) \Rightarrow g(Y_n) \approx N\left(g(\mu), (g'(\mu))^2 \frac{\sigma^2}{n}\right).$$

5.14 例　令 $X_1, \cdots, X_n$ 为具有有限均值和有限方差的 IID 序列，根据中心极限定理，$\sqrt{n}(\overline{X}_n - \mu)/\sigma \rightsquigarrow N(0,1)$，令 $W_n = e^{\overline{X}_n}$，即 $W_n = g(\overline{X}_n)$，其中，$g(s) = e^s$，因为 $g'(s) = e^s$，由 Delta 方法得 $W_n \approx N(e^\mu, e^{2\mu}\sigma^2/n)$．

Delta 法也存在多元的形式．

5.15 定理 (多元 Delta 方法)　假设 $Y_n = (Y_{n1}, \cdots, Y_{nk})$ 为随机向量序列满足
$$\sqrt{n}(Y_n - \mu) \rightsquigarrow N(0, \Sigma).$$
令 $g: \mathbb{R}^k \to \mathbb{R}$ 且
$$\nabla g(y) = \begin{pmatrix} \frac{\partial g}{\partial y_1} \\ \vdots \\ \frac{\partial g}{\partial y_k} \end{pmatrix}.$$
令 ∇_μ 表示 $\nabla g(y)$ 在 $y = \mu$ 处的值并假设 ∇_μ 的元素均是非零的，则有
$$\sqrt{n}(g(Y_n) - g(\mu)) \rightsquigarrow N(0, \nabla_\mu^{\mathrm{T}} \Sigma \nabla_\mu).$$

5.16 例　令
$$\begin{pmatrix} X_{11} \\ X_{21} \end{pmatrix}, \quad \begin{pmatrix} X_{12} \\ X_{22} \end{pmatrix}, \quad \cdots, \quad \begin{pmatrix} X_{1n} \\ X_{2n} \end{pmatrix}$$
是均值为 $\mu = (\mu_1, \mu_2)^{\mathrm{T}}$，方差为 Σ 的随机向量，令
$$\overline{X}_1 = \frac{1}{n}\sum_{i=1}^n X_{1i}, \quad \overline{X}_2 = \frac{1}{n}\sum_{i=1}^n X_{2i},$$

并定义 $Y_n = \overline{X}_1\overline{X}_2$, 则 $Y_n = g(\overline{X}_1, \overline{X}_2)$, 其中, $g(s_1, s_2) = s_1 s_2$, 根据中心极限定理

$$\sqrt{n}\left(\begin{array}{c}\overline{X}_1 - \mu_1 \\ \overline{X}_2 - \mu_2\end{array}\right) \rightsquigarrow N(0, \Sigma),$$

并且

$$\nabla g(s) = \left(\begin{array}{c}\frac{\partial g}{\partial s_1} \\ \frac{\partial g}{\partial s_2}\end{array}\right) = \left(\begin{array}{c}s_2 \\ s_1\end{array}\right),$$

所以有

$$\nabla_\mu^T \Sigma \nabla_\mu = (\mu_2, \quad \mu_1)\left(\begin{array}{cc}\sigma_{11} & \sigma_{12} \\ \sigma_{21} & \sigma_{22}\end{array}\right)\left(\begin{array}{c}\mu_2 \\ \mu_1\end{array}\right) = \mu_2^2\sigma_{11} + 2\mu_1\mu_2\sigma_{12} + \mu_1^2\sigma_{22},$$

因此

$$\sqrt{n}(\overline{X}_1\overline{X}_2 - \mu_1\mu_2) \rightsquigarrow N\left(0, \mu_2^2\sigma_{11} + 2\mu_1\mu_2\sigma_{12} + \mu_1^2\sigma_{22}\right).$$

5.6 文献注释

收敛性在现代概率理论中扮演了重要的角色, 更详细的讨论见 (Grimmett and Stirzaker, 1982; Karr, 1993; Billingsley, 1979). 高等收敛理论在 (van der Vaart and Wellner, 1996; van der Vaart, 1998) 中有更详细的解释.

5.7 附 录

5.7.1 几乎必然收敛和 L_1 收敛

如果

$$\mathbb{P}(\{\omega : X_n(\omega) \to X(\omega)\}) = 1,$$

则称 X_n 几乎必然收敛于X, 记为 $X_n \xrightarrow{as} X$.

如果当 $n \to \infty$ 时,

$$\mathbb{E}|X_n - X| \to 0,$$

则称 X_n 依L_1 收敛于X, 记为 $X_n \xrightarrow{L_1} X$.

5.17 定理 令 X_n 和 X 为随机变量, 则
(a) $X_n \xrightarrow{as} X$ 推出 $X_n \xrightarrow{P} X$.
(b) $X_n \xrightarrow{qm} X$ 推出 $X_n \xrightarrow{L_1} X$.
(c) $X_n \xrightarrow{L_1} X$ 推出 $X_n \xrightarrow{P} X$.

弱大数定律指出 $\overline{X}_n$ 依概率收敛于 $\mathbb{E}(X_1)$, 强大数定律还指出 $\overline{X}_n$ 几乎处处收敛于 $E(X_1)$.

5.18 定理(强大数定律) 令 $X_1, X_2, \cdots$ 为 IID 序列, 如果 $\mu = \mathbb{E}|X_1| < \infty$, 则 $\overline{X}_n \overset{as}{\to} \mu$.

如果序列 X_n 满足

$$\lim_{M \to \infty} \limsup_{n \to \infty} \mathbb{E}(|X_n|I(|X_n| > M)) = 0,$$

则序列 X_n 是**渐近一致可积的**.

5.19 定理 如果 $\overline{X}_n \overset{P}{\to} b$ 且 X_n 是渐近一致可积的, 则 $\mathbb{E}(X_n) \to b$.

5.7.2 中心极限定理的证明

回忆前面的介绍, 如果 X 是随机变量, 则它的矩母函数 (MGF) 为 $\phi_X(t) = \mathbb{E}e^{tX}$, 在下文中假设 MGF 在 $t=0$ 附近是有限的.

5.20 引理 令 $Z_1, Z_2, \cdots$ 为随机变量序列, ψ_n 为 Z_n 的 MGF, 令 Z 为另一个随机变量并定义其 MGF 为 ψ, 如果对 0 周围的某个开区间里的所有 t 有 $\psi_n(t) \to \psi(t)$, 则 $Z_n \to Z$.

中心极限定理的证明 令 $Y_i = (X_i - \mu)/\sigma$, 则 $Z_n = n^{-1/2}\sum_i Y_i$, 令 $\phi(t)$ 为 Y_i 的 MGF, 则 $\sum_i Y_i$ 的 MGF 为 $(\phi(t))^n$, Z_n 的 MGF 为 $[\phi(t/\sqrt{n})]^n \equiv \xi_n(t)$, 根据 $\phi'(0) = \mathbb{E}(Y_1) = 0$, $\phi''(0) = \mathbb{E}(Y_1^2) = \mathbb{V}(Y_1) = 1$ 可得

$$\begin{aligned}\phi(t) &= \phi(0) + t\phi'(0) + \frac{t^2}{2!}\phi''(0) + \frac{t^3}{3!}\phi'''(0) + \cdots \\ &= 1 + 0 + \frac{t^2}{2} + \frac{t^3}{3!}\phi'''(0) + \cdots \\ &= 1 + \frac{t^2}{2} + \frac{t^3}{3!}\phi'''(0) + \cdots,\end{aligned}$$

而

$$\begin{aligned}\xi_n(t) &= \left[\phi\left(\frac{t}{\sqrt{n}}\right)\right]^n \\ &= \left[1 + \frac{t^2}{2n} + \frac{t^3}{3!n^{3/2}}\phi'''(0) + \cdots\right]^n \\ &= \left[1 + \frac{t^2/2 + t^3/3!n^{1/2}\phi'''(0) + \cdots}{n}\right]^n \\ &\to e^{t^2/2}.\end{aligned}$$

它是 $N(0,1)$ 的 MGF, 根据前面的定理即得所要的结论. 在上面的证明中, 最后一步用到了如下事实: 如果 $a_n \to a$, 则

$$\left(1 + \frac{a_n}{n}\right)^n \to e^a.$$

5.8 习 题

1. 令 $X_1, \cdots, X_n$ 是具有有限均值 $\mu = \mathbb{E}(X_1)$ 和有限方差 $\sigma^2 = \mathbb{V}(X_1)$ 的 IID 序列. 令 $\overline{X}_n$ 为样本均值, S_n^2 为样本方差.
   (a) 证明 $\mathbb{E}(S_n^2) = \sigma^2$;
   (b) 证明 $S_n^2 \xrightarrow{P} \sigma^2$.

   提示：证明 $S_n^2 = c_n n^{-1} \sum_{i=1}^n X_i^2 - d_n \overline{X}_n^2$, 其中, $c_n \to 1, d_n \to 1$. 对 $n^{-1}\sum_{i=1}^n X_i^2$ 和 $\overline{X}_n$ 运用大数定律, 然后使用定理 5.5 的 (e)

2. 令 $X_1, X_2, \cdots$ 为随机变量序列, 证明 $X_n \xrightarrow{qm} b$ 当且仅当
$$\lim_{n \to \infty} \mathbb{E}(X_n) = b \text{ 且 } \lim_{n \to \infty} \mathbb{V}(X_n) = 0.$$

3. 令 $X_1, \cdots, X_n$ 为 IID 序列, 令 $\mu = \mathbb{E}(X_1)$, 假设方差有限, 证明 $\overline{X}_n \xrightarrow{qm} \mu$.

4. 令 $X_1, X_2, \cdots$ 为随机变量序列满足
$$\mathbb{P}\left(X_n = \frac{1}{n}\right) = 1 - \frac{1}{n^2} \text{ 和 } \mathbb{P}(X_n = n) = \frac{1}{n^2}$$

   试问：X_n 依概率收敛吗？X_n 在均方意义下收敛吗？

5. 令 $X_1, \cdots, X_n \sim \text{Bernoulli}(p)$, 证明
$$\frac{1}{n}\sum_{i=1}^n X_i^2 \xrightarrow{P} p \text{ 且 } \frac{1}{n}\sum_{i=1}^n X_i^2 \xrightarrow{qm} p.$$

6. 假设人的身高的均值为 68 英寸, 标准差为 2.6 英寸, 随机抽取 100 个人, 求这些人的平均身高至少为 68 英寸的概率 (近似).

7. 令 $\lambda_n = 1/n$, $n = 1, 2, \cdots$, 令 $X_n \sim \text{Possion}(\lambda_n)$
   (a) 证明 $X_n \xrightarrow{P} 0$.
   (b) 令 $Y_n = nX_n$, 证明 $Y_n \xrightarrow{P} 0$.

8. 假设某计算机程序共有 $n = 100$ 页代码, 令 X_i 为第 i 页上的错误数, 假设 X_i 独立且服从于均值为 1 的泊松分布, 令 $Y = \sum_{i=1}^n X_i$ 为总错误数, 利用中心极限定理求 $\mathbb{P}(Y < 90)$ 的近似值.

9. 假设 $\mathbb{P}(X = 1) = \mathbb{P}(X = -1) = 1/2$, 定义
$$X_n = \begin{cases} X, & \text{概率为} 1 - \frac{1}{n}, \\ e^n, & \text{概率为} \frac{1}{n}, \end{cases}$$

试问 X_n 依概率收敛于 X 吗？X_n 依分布收敛于 X 吗？$\mathbb{E}(X - X_n)^2$ 收敛于 0 吗？

10. 令 $Z \sim N(0,1)$, $t > 0$, 试证：对任意 $k > 0$

$$\mathbb{P}(|Z| > t) \leqslant \frac{\mathbb{E}|Z|^k}{t^k}.$$

将它与第 4 章的米尔不等式比较.

11. 假设 $X_n \sim N(0, 1/n)$, X 为随机变量, 其分布为

$$F(x) = \begin{cases} 0, & X < 0, \\ 1, & X \geqslant 0. \end{cases}$$

试问 X_n 依概率收敛于 X 吗? (证明它成立或者不成立), X_n 依分布收敛于 X 吗? (证明它成立或者不成立)

12. 令 $X, X_1, X_2, X_3, \cdots$ 为取值为正整数的随机变量, 证明 $X_n \rightsquigarrow X$ 当且仅当

$$\lim_{n \to \infty} \mathbb{P}(X_n = k) = \mathbb{P}(X = k)$$

对所有整数 k 成立.

13. 令 $Z_1, Z_2, \cdots$ 为 IID 随机变量, 其密度函数为 f, 假设 $\mathbb{P}(Z_i > 0) = 1$ 且 $\lambda = \lim_{x \downarrow 0} f(x) > 0$, 令

$$X_n = n \min\{Z_1, \cdots, Z_n\},$$

证明 $X_n \rightsquigarrow Z$, 其中, Z 服从均值为 $1/\lambda$ 的指数分布.

14. 令 $X_1, \cdots, X_n \sim \text{Uniform}(0,1)$, 令 $Y_n = \overline{X}_n^2$, 求 Y_n 的极限分布.

15. 令

$$\begin{pmatrix} X_{11} \\ X_{21} \end{pmatrix}, \begin{pmatrix} X_{12} \\ X_{22} \end{pmatrix}, \cdots, \begin{pmatrix} X_{1n} \\ X_{2n} \end{pmatrix}$$

为 IID 随机向量, 其均值为 $\mu = (\mu_1, \mu_2)$, 方差为 Σ, 令

$$\overline{X}_1 = \frac{1}{n} \sum_{i=1}^n X_{1i}, \quad \overline{X}_2 = \frac{1}{n} \sum_{i=1}^n X_{2i}.$$

定义 $Y_n = \overline{X}_1 / \overline{X}_2$, 求 Y_n 的极限分布.

16. 试构造一个例子, 其中, $X_n \rightsquigarrow X$, $Y_n \rightsquigarrow Y$, 但 $X_n + Y_n$ 不依分布收敛于 $X + Y$.

第 6 章 模型、统计推断与学习

6.1 引言

统计推断，或者在计算机科学中称为"学习"是指利用数据推断产生这些数据分布的过程，一个典型的统计推断问题是：

给定样本 $X_1,\cdots,X_n \sim F$，怎样去推断 F？

某些情况下，只需推断 F 的某种性质，如均值.

6.2 参数与非参数模型

统计模型 $\mathfrak{F}$ 指一系列分布（或密度或回归函数），**参数模型**指一系列可用有限个参数表示的 $\mathfrak{F}$. 例如，如果假设数据来源于正态分布，则该模型是

$$\mathfrak{F} = \left\{ f(x;\mu,\sigma) = \frac{1}{\sigma\sqrt{2\pi}} \exp\left\{-\frac{1}{2\sigma^2}(x-\mu)^2\right\}, \mu \in \mathbb{R}, \sigma > 0 \right\}, \tag{6.1}$$

该模型是双参数模型. 上面将密度函数记为 $f(x;\mu,\sigma)$，表示 x 是随机变量的一个取值，而 μ 和 σ 是参数. 一般地，参数模型具有如下形式：

$$\mathfrak{F} = \{f(x;\theta) : \theta \in \Theta\}, \tag{6.2}$$

其中，θ 表示在**参数空间** Θ 中取值的未知参数（或参数向量）. 如果 θ 是向量，但仅关心其中的一个元素的时候，则称其他参数为**冗余参数**. **非参数模型**指一些不能用有限个参数表示的 $\mathfrak{F}$，例如 $\mathfrak{F}_{所有}$ = {所有 CDF} 就是非参数模型①.

6.1 例（一维参数估计）令 $X_1,\cdots,X_n$ 为相互独立的 Bernoulli(p) 观察值，问题是如何估计参数 p.

6.2 例（二维参数估计）假设 $X_1,\cdots,X_n \sim F$ 并假设 PDF $f \in \mathfrak{F}$，其中，$\mathfrak{F}$ 在 (6.1) 式中给出. 这种情况下就有两个参数 μ 和 σ，目标是根据数据去估计这两个参数，如果仅关心估计 μ 的值，则 μ 就是感兴趣的参数而 σ 就是冗余参数.

6.3 例 (CDF 的非参数估计) 令 $X_1,\cdots,X_n$ 是来源于 CDF 为 F 的独立观察值，问题是在假设 $F \in \mathfrak{F}_{所有}$ = {所有 CDF} 的前提下如何去估计 F.

6.4 例（非参数密度估计）令 $X_1,\cdots,X_n$ 是来源于 CDF 为 F 的独立观察值，令 $f = F'$ 为 PDF. 假设要估计 PDF f. 如果仅假设 $F \in \mathfrak{F}_{所有}$ 是不可能估计 f 的，需要假设 f 的光滑性，例如，假设 $f \in \mathfrak{F} = \mathfrak{F}_{\text{DENS}} \bigcap \mathfrak{F}_{\text{SOB}}$，其中，$\mathfrak{F}_{\text{DENS}}$ 表示所

---

① 参数模型和非参数模型的区别远比这复杂，但在这里并不需要严格的定义.

有密度函数的集合

$$\mathfrak{F}_{\text{SOB}} = \left\{ f : \int (f''(x))^2 \mathrm{d}x < \infty \right\}.$$

集合 $\mathfrak{F}_{\text{SOB}}$ 称为**索伯列夫空间**（Sobolev space），它表示一系列"波动不大"的函数的集合.

6.5 例（函数的非参数估计） 令 $X_1, \cdots, X_n \sim F$. 假定要在仅假设 μ 存在的条件下去估计 $\mu = \mathbb{E}(X_1) = \int x \mathrm{d}F(x)$, 均值 μ 可以看成是 F 的一个函数：记为 $\mu = T(F) = \int x \mathrm{d}F(x)$, 通常情况下, 任何 F 的函数称为**统计泛函**, 其他一些统计泛函的例子有方差 $T(F) = \int x^2 \mathrm{d}F(X) - (\int x \mathrm{d}F(x))^2$, 中位数 $T(F) = F^{-1}(1/2)$.

6.6 例（回归, 预测与分类） 假设有成对的观察值 $(X_1, Y_1), \cdots, (X_n, Y_n)$, 如 X_i 表示第 i 个患者的血压, Y_i 表示该患者能活多久. X 称为**预测变量**或**回归变量**或**特征变量**或**自变量**, Y 称为**输出变量**或**响应变量**或**相应变量**. 称 $r(x) = \mathbb{E}(Y|X = x)$ 为**回归函数**. 如果假设 $r \in \mathfrak{F}$, 其中, $\mathfrak{F}$ 是有限维的, 如直线集, 则称模型为**参数回归模型**, 如果假设 $r \in \mathfrak{F}$, 其中, $\mathfrak{F}$ 不是有限维的, 则称模型为**非参数回归模型**. 对一个新的病人, 根据他的 X 值去预测 Y 称为**预测**, 如果 Y 是离散的（例如, 生或死）, 则称为**分类**, 如果目标是估计函数 r, 则称为**回归估计** 或**曲线估计**, 有时回归模型也记为

$$Y = r(X) + \varepsilon, \tag{6.3}$$

其中, $\mathbb{E}(\varepsilon) = 0$, 通常也用这种方式来描述回归模型, 为进一步理解, 定义 $\varepsilon = Y - r(X)$, 则 $Y = Y + r(X) - r(X) = r(X) + \varepsilon$. 此外, $\mathbb{E}(\varepsilon) = \mathbb{E}\mathbb{E}(\varepsilon|X) = \mathbb{E}(\mathbb{E}(Y - r(X))|X) = \mathbb{E}(\mathbb{E}(Y|X) - r(X)) = \mathbb{E}(r(X) - r(X)) = 0$.

接下来从什么问题入手呢？ 在多数以介绍性为主的教材中通常从参数的统计推断入手, 在本书中, 从非参数的统计推断入手, 然后再进入参数统计推断的内容. 在有些情况下, 非参数统计推断比参数统计推断更容易理解并且更有应用价值.

频率学派和贝叶斯学派 有多种方法研究统计推断, 两种主要的方法就是**古典的频率统计推断**和**贝叶斯推断**, 在后面将对这两种方法的优缺点分别作讨论.

基本符号 如果 $\mathfrak{F} = \{f(x;\theta) : \theta \in \Theta\}$ 是一个参数模型, 记 $\mathbb{P}_\theta(X \in A) = \int_A f(x;\theta) \mathrm{d}x$, $\mathbb{E}_\theta(r(X)) = \int r(x) f(x;\theta) \mathrm{d}x$, 下标 θ 表示概率和期望是关于 $f(x;\theta)$ 的；它并不表示对 θ 求平均, 类似地, 记 $\mathbb{V}_\theta$ 为方差.

6.3 统计推断的基本概念

许多统计推断问题都可以归入以下三类：估计, 置信集和假设检验. 在本书的余下章节将对这三类问题详细讨论, 这里给出这些思想的简单介绍.

6.3 统计推断的基本概念

6.3.1 点估计

点估计指对感兴趣的某一单点提供"最优估计". 感兴趣的点可以是参数模型、分布函数 F、概率密度函数 f 和回归函数 r 等中的某一参数, 或者可以是对某些随机变量的未来值 Y 的预测.

为简化起见, 记 θ 的点估计为 $\hat{\theta}$ 或 $\hat{\theta}_n$, 记住 θ 是固定且未知的, 而估计 $\hat{\theta}$ 依赖于数据, 所以它是随机的.

一般地, 令 $X_1, \cdots, X_n$ 为从某分布得来的 n 个 IID 数据点, 参数 θ 的点估计 $\hat{\theta}_n$ 是 $X_1, \cdots, X_n$ 的函数:

$$\hat{\theta}_n = g(X_1, \cdots, X_n),$$

估计量的偏差定义为

$$\text{bias}(\hat{\theta}_n) = \mathbb{E}_\theta(\hat{\theta}_n) - \theta. \tag{6.4}$$

如果 $\mathbb{E}_\theta(\hat{\theta}_n) = \theta$, 则称 $\hat{\theta}_n$ 是**无偏的**, 无偏性在以前备受关注, 但如今无偏性已经不被看重了; 许多估计量都是有偏的. 对估计量的一个合理要求是当收集的数据越来越多的时候, 它将收敛于真实的参数值, 这一要求见如下定义:

> **6.7 定义** 如果 $\hat{\theta}_n \xrightarrow{P} \theta$, 则参数 θ 的点估计 $\hat{\theta}_n$ 是**相合的**.

$\hat{\theta}_n$ 的分布称为**抽样分布**, $\hat{\theta}_n$ 的标准差称为**标准误差**, 记为 se,

$$\text{se} = \text{se}(\hat{\theta}_n) = \sqrt{\mathbb{V}(\hat{\theta}_n)}. \tag{6.5}$$

通常, 标准误差依赖于未知分布 F, 在另外一些情况下, se 是未知量, 但通常去估计它, 估计的标准误记为 $\hat{\text{se}}$.

6.8 例 令 $X_1, \cdots, X_n \sim \text{Bernoulli}(p), \hat{p}_n = n^{-1}\sum_i X_i$, 则 $\mathbb{E}(\hat{p}_n) = n^{-1}\sum_i \mathbb{E}(X_i)$ $= p$, 所以 $\hat{p}_n$ 是无偏的, 标准误差为 $\text{se} = \sqrt{\mathbb{V}(\hat{p}_n)} = \sqrt{p(1-p)/n}$, 估计的标准误差为 $\hat{\text{se}} = \sqrt{\hat{p}(1-\hat{p})/n}$.

点估计的质量好坏有时用**均方误差**或 MSE 来评价, 均方误差定义为

$$\text{MSE} = \mathbb{E}_\theta(\hat{\theta}_n - \theta)^2. \tag{6.6}$$

要注意 $\mathbb{E}_\theta(\cdot)$ 是关于如下分布的期望而不是关于 θ 分布的平均, 该分布由数据得来, 具体见下

$$f(x_1, \cdots, x_n; \theta) = \prod_{i=1}^n f(x_i; \theta).$$

> **6.9 定理** MSE 可写成如下形式:
>
> $$\text{MSE} = \text{bias}^2(\hat{\theta}_n) + \mathbb{V}_\theta(\hat{\theta}_n). \tag{6.7}$$

证明 令 $\bar{\theta}_n = \mathbb{E}_\theta(\hat{\theta}_n)$，则

$$\begin{aligned}
\mathbb{E}_\theta(\hat{\theta}_n - \theta)^2 &= \mathbb{E}_\theta(\hat{\theta}_n - \bar{\theta}_n + \bar{\theta}_n - \theta)^2 \\
&= \mathbb{E}_\theta(\hat{\theta}_n - \bar{\theta}_n)^2 + 2(\bar{\theta}_n - \theta)\mathbb{E}_\theta(\hat{\theta}_n - \bar{\theta}_n) + \mathbb{E}_\theta(\bar{\theta}_n - \theta)^2 \\
&= (\bar{\theta}_n - \theta)^2 + \mathbb{E}_\theta(\hat{\theta}_n - \bar{\theta}_n)^2 \\
&= \text{bias}^2(\hat{\theta}_n) + \mathbb{V}_\theta(\hat{\theta}_n).
\end{aligned}$$

推导过程中用到了如下事实：$\mathbb{E}_\theta(\hat{\theta}_n - \bar{\theta}_n) = \bar{\theta}_n - \bar{\theta}_n = 0$.

6.10 定理 如果 bias $\to 0$ 且当 $n \to \infty$ 时 se $\to 0$，则 $\hat{\theta}_n$ 是相合的，即 $\hat{\theta}_n \xrightarrow{P} \theta$.

证明 如果 bias $\to 0$ 且 se $\to 0$，则根据定理 6.9 有 MSE$\to 0$，推出 $\hat{\theta}_n \xrightarrow{\text{qm}} \theta$(定义 5.2)，再根据定理 5.4 的 (a) 即得证.

6.11 例 回到抛硬币的例子中，因为 $\mathbb{E}_p(\hat{p}_n) = p$，所以 bias$= p - p = 0$，se$= \sqrt{p(1-p)/n} \to 0$，因此 $\hat{p}_n \xrightarrow{P} p$，即 $\hat{p}_n$ 是一致估计量.

今后将要遇到的许多估计量都近似服从正态分布.

6.12 定义 如果

$$\frac{\hat{\theta}_n - \theta}{\text{se}} \rightsquigarrow N(0, 1), \tag{6.8}$$

则称估计量 $\hat{\theta}_n$ 是渐近正态的.

6.3.2 置信集

参数 θ 的 $1 - \alpha$**置信区间**为区间 $C_n = (a, b)$，其中，$a = a(X_1, \cdots, X_n), b = b(X_1, \cdots, X_n)$ 是数据的函数，满足

$$\mathbb{P}_\theta(\theta \in C_n) \geqslant 1 - \alpha, \quad \theta \in \Theta. \tag{6.9}$$

其含义为 (a, b) 覆盖参数的概率为 $1 - \alpha$，称 $1 - \alpha$ 为置信区间的**覆盖**.

注意！ C_n 是随机的而 θ 是固定的.

通常，人们喜欢用 95% 的置信区间，相应的 $\alpha = 0.05$，如果 θ 是向量则用**置信集**（例如，球面或者椭圆面）代替置信区间.

注意！ 关于如何解释置信区间很容易让人迷惑，置信区间不是对 θ 的概率陈述，因为 θ 是固定的而不是随机变量. 一些教科书将置信区间解释如下：如果反复的重复试验，置信区间将有 95% 的机会可以包括参数. 该解释并没错误，但用处不大，因为人们很少反复地多次重复相同的试验，更好的解释如下：

第 1 次，对于参数 θ_1，收集到数据并建立了 95% 的置信区间；第 2 次，对于参数 θ_2，收集到数据并建立了 95% 的置信区间；第 3 次，对于参数 θ_3，收集到数据并建立了 95% 的置信区间. 继续这一过程，对一系列不相关参数 $\theta_1, \theta_2, \cdots$ 建立置信

区间, 则这些置信区间有 95% 的概率覆盖真实的参数值, 这一解释不需要反复地重复同一试验.

6.13 例 报纸每天都会报道民意调查的结果. 例如, 报道称 "有 83% 的公众对飞行员随身配备真枪飞行的做法表示赞同", 通常你还会看到诸如这样的陈述 "该调查有 95% 的概率在 4 个百分点的范围内变动". 意思就是赞同飞行员随身配备真枪飞行的做法的人数所占的比例 p 的 95% 的置信区间是 83%± 4%, 如果以后都按这种方式建立置信区间, 则有 95% 的区间将包括真实的参数值, 即使每天估计的量不同 (不同的民意测验), 这一结论也是正确的.

6.14 例 置信区间不是参数 θ 的概率陈述容易让人迷惑, 考察 (Berger and Wolpert, 1984) 中的一个例子, 令 θ 为一固定且已知的实数, X_1, X_2 为独立随机变量, 满足 $\mathbb{P}(X_i = 1) = \mathbb{P}(X_i = -1) = 1/2$, 定义 $Y_i = \theta + X_i$ 并假设只观察到了 Y_1 和 Y_2, 定义如下 "置信区间" (该区间其实只包括了一个点):

$$C = \begin{cases} \{Y_1 - 1\}, & Y_1 = Y_2, \\ \{(Y_1 + Y_2)/2\}, & Y_1 \neq Y_2. \end{cases}$$

可以验证不管 θ 为多少都有 $\mathbb{P}_\theta(\theta \in C) = 3/4$, 所以这是一个 75% 的置信区间, 假设重做试验得到 $Y_1 = 15, Y_2 = 17$, 则以上的 75% 的置信区间为 $\{16\}$, 然而可以确信 $\theta = 16$, 如果希望对 θ 进行概率陈述, 可能有 $\mathbb{P}(\theta \in C|Y_1, Y_2) = 1$, 这与称 $\{16\}$ 是 75% 的置信区间并没有什么矛盾, 但它并不是关于 θ 的置信区间.

第 11 章将介绍当 θ 为随机变量时的贝叶斯方法以及关于 θ 的概率陈述, 特别地, 将做这样的陈述 "在给定数据的情况下, θ 在 C_n 中的概率为 95%", 然而, 贝叶斯区间指的是可信度的可能性, 一般来讲, 贝叶斯区间不满足有 95% 的概率会覆盖参数.

6.15 例 在抛硬币的试验中, 令 $C_n = (\hat{p}_n - \varepsilon, \hat{p}_n + \varepsilon)$, 其中 $\varepsilon^2 = \log(2/\alpha)/(2n)$, 由霍夫丁不等式 (4.4) 得, 对任意 p

$$\mathbb{P}(p \in C_n) \geqslant 1 - \alpha.$$

因此, C_n 是 $1 - \alpha$ 置信区间.

就像前面提到的那样, 点估计通常具有极限正态分布的, 这意味着 (6.8) 式成立, 即 $\hat{\theta}_n \approx N(\theta, \hat{\mathrm{se}}^2)$, 在这种情况下, 可以通过如下方式建立 (近似) 置信区间.

6.16 定理 (基于正态的置信区间) 假设 $\hat{\theta}_n \approx N(\theta, \hat{\mathrm{se}}^2)$, 令 Φ 为标准正态分布的 CDF, $z_{\alpha/2} = \Phi^{-1}(1-(\alpha/2))$, 即 $\mathbb{P}(Z > z_{\alpha/2}) = \alpha/2, \mathbb{P}(-z_{\alpha/2} < Z < z_{\alpha/2}) = 1-\alpha$, 其中 $Z \sim N(0,1)$, 令

$$C_n = (\hat{\theta}_n - z_{\alpha/2}\hat{\mathrm{se}}, \hat{\theta}_n + z_{\alpha/2}\hat{\mathrm{se}}), \tag{6.10}$$

则
$$\mathbb{P}_\theta(\theta \in C_n) \to 1 - \alpha. \tag{6.11}$$

证明 令 $Z_n = (\hat{\theta}_n - \theta)/\hat{\text{se}}$,根据假设有 $Z_n \rightsquigarrow Z$,其中, $Z \sim N(0,1)$,因此
$$\begin{aligned}
\mathbb{P}_\theta(\theta \in C_n) &= \mathbb{P}_\theta(\hat{\theta}_n - z_{\alpha/2}\hat{\text{se}} < \theta < \hat{\theta}_n + z_{\alpha/2}\hat{\text{se}}) \\
&= \mathbb{P}_\theta\left(-z_{\alpha/2} < \frac{\hat{\theta}_n - \theta}{\hat{\text{se}}} < z_{\alpha/2}\right) \\
&\to \mathbb{P}(-z_{\alpha/2} < Z < z_{\alpha/2}) \\
&= 1 - \alpha.
\end{aligned}$$

对于 95% 的置信区间, $\alpha = 0.05$, $z_{\alpha/2} = 1.96 \approx 2$,可以得到 95% 的置信区间为 $\hat{\theta}_n \pm 2\hat{\text{se}}$.

6.17 例 令 $X_1, \cdots, X_n \sim \text{Bernoulli}(p)$, $\hat{p}_n = n^{-1}\sum_{i=1}^n X_i$,则 $\mathbb{V}(\hat{p}_n) = n^{-2}\sum_{i=1}^n \mathbb{V}(X_i) = n^{-2}\sum_{i=1}^n p(1-p) = n^{-2}np(1-p)/n = p(1-p)/n$,因此 $\text{se} = \sqrt{p(1-p)/n}$, $\hat{\text{se}} = \sqrt{\hat{p}_n(1-\hat{p}_n)/n}$,根据中心极限定理有 $\hat{p}_n \approx N(p, \hat{\text{se}}^2)$,从而,近似的 $1-\alpha$ 置信区间为
$$\hat{p}_n \pm z_{\alpha/2}\hat{\text{se}} = \hat{p}_n \pm z_{\alpha/2}\sqrt{\frac{\hat{p}_n(1-\hat{p}_n)}{n}},$$

与例 6.15 比较可知,基于正态的区间较短,它仅有近似的(大样本)正确覆盖.

6.3.3 假设检验

在**假设检验**中,从缺省理论,即**原假设**开始,通过数据是否提供显著性证据来支持拒绝该假设,如果不能拒绝,则保留原假设 [①].

6.18 例(检验硬币是否均匀) 令
$$X_1, \cdots, X_n \sim \text{Bernoulli}(p)$$

为 n 次独立的硬币投掷结果,假设要检验硬币是否均匀,令 H_0 表示硬币是均匀的假设, H_1 表示硬币不是均匀的假设, H_0 称为**原假设**, H_1 称为**备择假设**,可以将假设写成
$$H_0: p = 1/2 \quad 对比 \quad H_1: p \neq 1/2.$$

如果 $T = |\hat{p}_n - (1/2)|$ 的值很大,则有理由拒绝 H_0,当详细讨论假设检验的时候,将会确定出拒绝 H_0 的精确 T 值.

---
① 术语"保留原假设"由 Chris Genovese 发明,其他说法有"接受原假设"或者"不能拒绝原假设".

6.4 文献注释

统计推断内容在很多书中都有涉及,初等的参考书包括 (DeGroot and Schervish, 2000; Larsen and Marx, 1986), 中等水平的参考书推荐读者参考 (Casella and Berger, 2002; Bickel and Doksum, 2000; Rice, 1995), 高级教程包括 (Cox and Hinkley, 2000; Lehmann and Casella, 1998; Lehmann, 1986; van der Vaart, 1998).

6.5 附 录

前面置信区间的定义需要 $\mathbb{P}_\theta(\theta \in C_n) \geqslant 1-\alpha$ 对所有 $\theta \in \Theta$ 都满足, **点态渐近置信区间**需要 $\liminf\limits_{n\to\infty} \mathbb{P}_\theta(\theta \in C_n) \geqslant 1-\alpha$ 对所有 $\theta \in \Theta$ 都满足, **一致渐近置信区间**需要 $\liminf\limits_{n\to\infty} \inf_{\theta\in\Theta} \mathbb{P}_\theta(\theta \in C_n) \geqslant 1-\alpha$ 对所有 $\theta \in \Theta$ 都满足, 基于正态的渐近置信区间是逐点渐近置信区间.

6.6 习 题

1. 令 $X_1,\cdots,X_n \sim \text{Possion}(\lambda)$, $\hat{\lambda} = n^{-1}\sum\limits_{i=1}^{n} X_i$, 求估计量的 bias, se 和 MSE.
2. 令 $X_1,\cdots,X_n \sim \text{Uniform}(0,\theta)$, $\hat{\theta} = \max\{X_1,\cdots,X_n\}$, 求估计量的 bias, se 和 MSE.
3. 令 $X_1,\cdots,X_n \sim \text{Uniform}(0,\theta)$, $\hat{\theta} = 2\overline{X}_n$, 求估计量的 bias, se 和 MSE.

第 7 章 CDF 和统计泛函的估计

即将讨论的第一个推断问题是 CDF F 的非参数估计,然后估计统计泛函(即 CDF 的函数). 例如,均值、方差和相关性. 估计函数的非参数方法称为嵌入式方法.

7.1 经验分布函数

令 $X_1,\cdots,X_n \sim F$ 为 IID 样本,其中,F 为实直线上的分布函数,将用经验分布函数估计 F,定义如下:

7.1 定义 经验分布函数 $\hat{F}_n$ 指在每一个数据点 X_i 上的概率密度为 $\dfrac{1}{n}$ 的 CDF,用公式表示为

$$\hat{F}_n(x) = \frac{\sum_{i=1}^{n} I(X_i \leqslant x)}{n}, \tag{7.1}$$

其中,

$$I(X_i \leqslant x) = \begin{cases} 1, & X_i \leqslant x, \\ 0, & X_i > x. \end{cases}$$

7.2 例(神经数据) Cox 和 Lewis(1966)报告了一种神经两次起搏之间的等待时间,共有 799 个数据. 图 7.1 为经验的 CDF $\hat{F}_n$,数据点以垂直直线体现在图的底部. 假设要估计等待时间在 0.4 到 0.6 秒之间的概率,估计值为 $\hat{F}(0.6) - \hat{F}(0.4) = 0.93 - 0.84 = 0.09$.

7.3 定理 在任意固定点 x 有

$$\mathbb{E}\left(\hat{F}_n(x)\right) = F(x),$$
$$\mathbb{V}\left(\hat{F}_n(x)\right) = \frac{F(x)(1-F(x))}{n},$$
$$\text{MSE} = \frac{F(x)(1-F(x))}{n} \to 0,$$
$$\hat{F}_n(x) \xrightarrow{P} F(x).$$

7.4 定理 (Glivenko-Cantelli 定理) 令 $X_1,\cdots,X_n \sim F$,则[①]

$$\sup_x |\hat{F}_n(x) - F(x)| \xrightarrow{p} 0.$$

---

① 更简单地,$\sup_x |\hat{F}_n(x) - F(x)|$ 几乎必然收敛于 0.

7.1 经验分布函数

下面将给出一个不等式,它将用于置信界的建立.

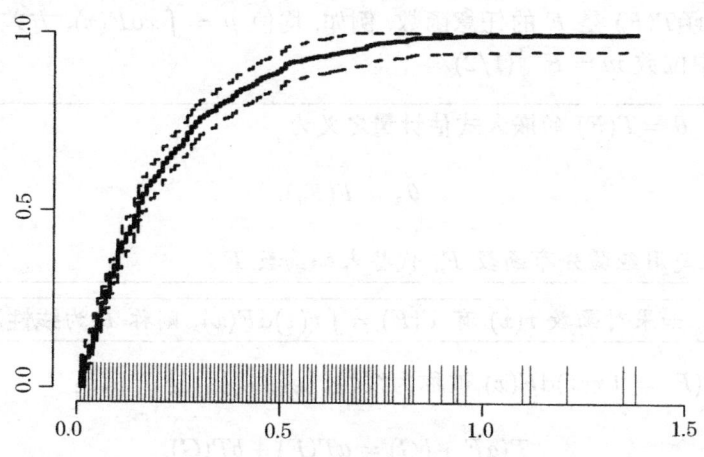

图 7.1 神经数据

每一根垂直的直线表示一个数据点, 实线是经验分布函数, 实线上下的虚线是 95% 置信界.

7.5 定理 (Dvoretzky-Kiefer-Wolfowitz(DKW) 不等式) 令 $X_1, \cdots, X_n \sim F$, 则对任意 $\epsilon > 0$ 有

$$\mathbb{P}\left(\sup_x |F(x) - \hat{F}_n(x)| > \epsilon\right) \leqslant 2e^{-2n\epsilon^2} \tag{7.2}$$

通过 DKW 不等式, 可以按如下方式建立置信集:

F 的非参数 $1-\alpha$ 置信带

定义
$$L(x) = \max\{\hat{F}_n(x) - \epsilon_n, 0\},$$
$$U(x) = \min\{\hat{F}_n(x) + \epsilon_n, 1\},$$

其中,
$$\epsilon = \sqrt{\frac{1}{2n}\log(\frac{2}{\alpha})}.$$

对任意 F, 由 (7.2) 得

$$\mathbb{P}\Big(\text{对所有}\, x, L(x) \leqslant F(x) \leqslant U(x)\Big) \geqslant 1 - \alpha. \tag{7.3}$$

7.6 例 图 7.1 的虚线给出了 95% 置信带, 其中, $\epsilon_n = \sqrt{\frac{1}{2n}\log(\frac{2}{0.05})} = 0.048$.

7.2 统计泛函

统计泛函 $T(F)$ 是 F 的任意函数，例如，均值 $\mu = \int x \mathrm{d}F(x)$，方差 $\sigma^2 = \int (x-\mu)^2 \mathrm{d}F(x)$，中位数 $m = F^{-1}(1/2)$。

7.7 定义 $\theta = T(F)$ 的**嵌入式估计量**定义为
$$\hat{\theta}_n = T(\hat{F}_n).$$
换言之，就是用经验分布函数 $\hat{F}_n$ 代替未知函数 F。

7.8 定义 如果对函数 $r(x)$ 有 $T(F) = \int r(x)\mathrm{d}F(x)$，则称 T 为**线性泛函**。

函数 $T(F) = \int r(x)\mathrm{d}F(x)$ 被称为线性泛函的理由是 T 满足
$$T(aF + bG) = aT(F) + bT(G).$$

因此 T 在它的自变量范围内是线性的。回忆前面的介绍，在连续情形下，$\int r(x)\mathrm{d}F(x)$ 定义为 $\int r(x)f(x)\mathrm{d}x$，在离散情形下，$\int r(x)\mathrm{d}F(x)$ 定义为 $\sum_j r(x_j)f(x_j)$。经验 CDF $\hat{F}_n$ 是离散的，在每一个数据点 X_i 的概率密度为 $\dfrac{1}{n}$，因此，如果 $T(F) = \int r(x)\mathrm{d}F(x)$ 为线性泛函，则有

7.9 定理 线性泛函 $T(F) = \int r(x)\mathrm{d}F(x)$ 的嵌入式估计量为
$$T(\hat{F}_n) = \int r(x)\mathrm{d}\hat{F}_n(x) = \frac{1}{n}\sum_{i=1}^n r(X_i). \tag{7.4}$$

有时可以通过计算求得 $T(\hat{F}_n)$ 的估计标准误差 se。然而，在有些情况下，标准误差的估计并不是很显而易见的，下一章将讨论求 $\hat{\mathrm{se}}$ 的一般方法，本章，假设可以求得 $\hat{\mathrm{se}}$。

很多情况下，如下结论成立：
$$T(\hat{F}_n) \approx N(T(F), \hat{\mathrm{se}}^2). \tag{7.5}$$

由 (6.11) 式很容易得到 $T(F)$ 的近似 $1-\alpha$ 的置信区间为
$$T(\hat{F}_n) \pm z_{\alpha/2}\hat{\mathrm{se}}. \tag{7.6}$$

称该区间为**基于正态的置信区间**，对于 95% 的置信区间，$z_{\alpha/2} = z_{0.05/2} = 1.96 \approx 2$，所以区间为
$$T(\hat{F}_n) \pm 2\hat{\mathrm{se}}.$$

7.2 统计泛函

7.10 例（均值） 令 $\mu = T(F) = \int x \mathrm{d}F(x)$，则均值的嵌入式估计量为 $\hat{\mu} = \int x \mathrm{d}\hat{F}_n(x) = \overline{X}_n$，标准误差 $\mathrm{se} = \sqrt{\mathbb{V}(\overline{X}_n)} = \sigma/\sqrt{n}$，如果 $\hat{\sigma}$ 表示 σ 的估计，则估计的标准误差为 $\hat{\sigma}/\sqrt{n}$（在下一个例子中，将讨论如何去估计 σ），μ 的基于正态的置信区间为 $\overline{X}_n \pm z_{\alpha/2}\hat{\mathrm{se}}$。

7.11 例（方差） 令 $\sigma^2 = T(F) = \mathbb{V}(X) = \int x^2 \mathrm{d}F(x) - (\int x \mathrm{d}F(x))^2$，则方差的嵌入式估计量为

$$\begin{aligned}
\hat{\sigma}^2 &= \int x^2 \mathrm{d}\hat{F}_n(x) - \left(\int x \mathrm{d}\hat{F}_n(x)\right)^2 \\
&= \frac{1}{n}\sum_{i=1}^{n} X_i^2 - \left(\frac{1}{n}\sum_{i=1}^{n} X_i\right)^2 \\
&= \frac{1}{n}\sum_{i=1}^{n}(X_i - \overline{X}_n)^2.
\end{aligned}$$

σ^2 的另一个合理的估计量为样本方差

$$S_n^2 = \frac{1}{n-1}\sum_{i=1}^{n}(X_i - \overline{X}_n)^2.$$

实践中，$\hat{\sigma}^2$ 和 S_n^2 差别不大，读者可以任意选择一个使用，回到上一个例子，均值估计对应的标准误差为 $\hat{\mathrm{se}} = \hat{\sigma}/\sqrt{n}$。

7.12 例（偏度） 令 μ 和 σ^2 表示随机变量 X 的均值和方差，偏度定义为

$$\kappa = \frac{\mathbb{E}(X-\mu)^3}{\sigma^3} = \frac{\int(x-\mu)^3 \mathrm{d}F(x)}{[\int(x-\mu)^2 \mathrm{d}F(x)]^{3/2}}.$$

偏度度量了分布的偏离对称的程度，为求其嵌入式估计量，首先记得 $\hat{\mu} = n^{-1}\sum_i X_i$ 且 $\hat{\sigma}^2 = n^{-1}\sum_i (X_i - \hat{\mu})^2$，$\kappa$ 的嵌入式估计量为

$$\hat{\kappa} = \frac{\int(x-\mu)^3 \mathrm{d}\hat{F}_n(x)}{[\int(x-\mu)^2 \mathrm{d}\hat{F}_n(x)]^{3/2}} = \frac{1/n\sum_i (X_i - \hat{\mu})^3}{\hat{\sigma}^3}.$$

7.13 例（相关系数） 令 $Z = (X, Y)$，$\rho = T(F) = \mathbb{E}(X - \mu_X)(Y - \mu_Y)/(\sigma_X \sigma_Y)$ 表示 X 和 Y 的相关系数，其中，$F(x, y)$ 是二元函数，可记为

$$T(F) = a(T_1(F), T_2(F), T_3(F), T_4(F), T_5(F)),$$

其中，

$$T_1(F) = \int x \mathrm{d}F(z), \quad T_2(F) = \int y \mathrm{d}F(z), \quad T_3(F) = \int xy \mathrm{d}F(z),$$
$$T_4(F) = \int x^2 \mathrm{d}F(z), \quad T_5(F) = \int y^2 \mathrm{d}F(z),$$

并且
$$a(t_1,\cdots,t_5) = \frac{t_3 - t_1 t_2}{\sqrt{(t_4 - t_1^2)(t_5 - t_2^2)}}.$$

用 $\hat{F}_n$ 代替 F 并带入 $T_1(F),\cdots,T_5(F)$ 得
$$\hat{\rho} = a(T_1(\hat{F}_N), T_2(\hat{F}_N), T_3(\hat{F}_N), T_4(\hat{F}_N), T_5(\hat{F}_N)).$$

从而得到
$$\hat{\rho} = \frac{\sum_i (X_i - \overline{X}_n)(Y_i - \overline{Y}_n)}{\sqrt{\sum_i (X_i - \overline{X}_n)^2}\sqrt{\sum_i (Y_i - \overline{Y}_n)^2}},$$

它称为**样本相关系数**.

7.14 例（分位数） 令 F 严格递增, 密度函数为 f, 对于 $0 < p < 1$, p 分位数定义为 $T(F) = F^{-1}(p)$, $T(F)$ 的估计为 $\hat{F}_n^{-1}(p)$, 这里要注意 $\hat{F}_n$ 是不可逆的, 为避免歧义, 定义
$$\hat{F}_n^{-1}(p) = \inf\{x : \hat{F}_n(x) \geqslant p\},$$
称 $T(\hat{F}_n) = \hat{F}_n^{-1}(p)$ 为第 p 样本分位数.

这里仅仅在第一个例子中计算了标准误差, 建立了置信区间. 其他的例子该如何处理呢? 当讨论参数方法的时候, 将推导标准误差和置信区间的公式. 但在非参数情形中需要借助其它工具, 下一章将介绍计算标准误和置信区间的自助法.

7.15 例（血浆胆固醇） 图 7.2 是 371 个胸痛病人的血浆胆固醇含量 (mg/dl) 柱状图 (Scott et al., 1978). 柱状图表示病人的百分比, 步长为 10 个单位. 第一张图为 51 个没有明显心脏病的病人的血浆胆固醇含量柱状图, 而第二张图为 320 个有明显心脏病的病人的血浆胆固醇含量柱状图. 两组病人的胆固醇平均含量有显著不同吗? 可以将数据看成是来自两个分布 F_1 和 F_2, 令 $\mu_1 = \int x dF_1(x)$, $\mu_2 = \int x dF_2(x)$ 分别表示两个总体的均值, 嵌入式估计量分别为 $\hat{\mu}_1 = \int x d\hat{F}_{n,1}(x) = \overline{X}_{n,1} = 195.27$, $\hat{\mu}_2 = \int x d\hat{F}_{n,2}(x) = \overline{X}_{n,2} = 216.19$, 由前面的介绍知, 样本均值 $\hat{\mu} = \frac{1}{n}\sum_{i=1}^n X_i$ 的标准误差为
$$\text{se}(\hat{\mu}) = \sqrt{\mathbb{V}\left(\frac{1}{n}\sum_{i=1}^n X_i\right)} = \sqrt{\frac{1}{n^2}\sum_{i=1}^n \mathbb{V}(X_i)} = \sqrt{\frac{n\sigma^2}{n^2}} = \frac{\sigma}{\sqrt{n}}.$$

通过下式来估计:
$$\widehat{\text{se}}(\hat{\mu}) = \frac{\hat{\sigma}}{\sqrt{n}},$$

其中,
$$\hat{\sigma} = \sqrt{\frac{1}{n}\sum_{i=1}^n (X_i - \overline{X})^2}.$$

对以上的两个组, 分别得到 $\widehat{se}(\hat{\mu}_1) = 5.0$, $\widehat{se}(\hat{\mu}_2) = 2.4$, μ_1 和 μ_2 的近似 95% 的置信区间分别为 $\hat{\mu}_1 \pm 2\widehat{se}(\hat{\mu}_1) = (185, 205)$ 和 $\hat{\mu}_2 \pm 2\widehat{se}(\hat{\mu}_2) = (211, 221)$.

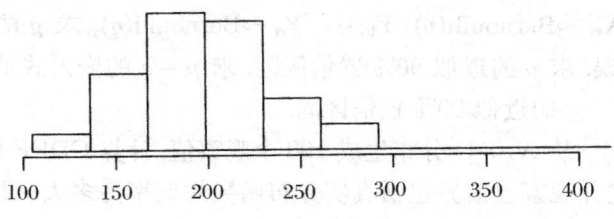

没有明显心脏病的病人的血浆胆固醇含量

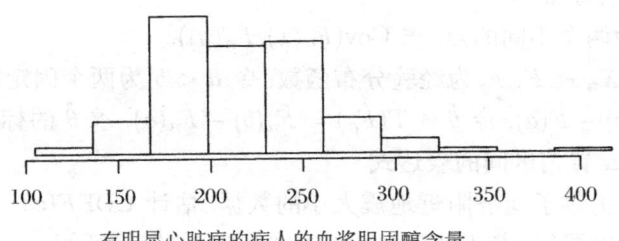

有明显心脏病的病人的血浆胆固醇含量

图 7.2

第一张图为 51 个没有明显心脏病的病人的血浆胆固醇含量柱状图, 第二张图为 320 个有明显心脏病的病人的血浆胆固醇含量柱状图.

现在来考察函数 $\theta = T(F_2) - T(F_1)$, 它的嵌入式估计为 $\hat{\theta} = \hat{\mu}_2 - \hat{\mu}_1 = 216.19 - 195.27 = 20.92$, $\hat{\theta}$ 的标准误差为

$$se = \sqrt{\mathbb{V}(\hat{\mu}_2 - \hat{\mu}_1)} = \sqrt{\mathbb{V}(\hat{\mu}_2) + \mathbb{V}(\hat{\mu}_1)} = \sqrt{(se(\hat{\mu}_1))^2 + (se(\hat{\mu}_2))^2},$$

其估计值为

$$\widehat{se} = \sqrt{(\widehat{se}(\hat{\mu}_1))^2 + (\widehat{se}(\hat{\mu}_2))^2} = 5.55.$$

θ 的近似 95% 置信区间为 $\hat{\theta} \pm 2\widehat{se}(\hat{\theta}_n) = (9.8, 32.0)$, 这表明有心脏病的病人的胆固醇含量要高一些. 仅凭这些数据还不能得出胆固醇含量高引起心脏疾病. 从统计显著性到结论是非常严密的, 这一点将在第 16 章讨论.

7.3 文献注释

Glivenko–Cantelli 定理只是冰山一角, 分布函数理论是经验过程的特殊情况, 经验过程是现代统计理论的基石, 有关经验过程的参考书见 (Shorack and Wellner, 1986; van der Vaart and Wellner, 1996).

7.4 习　题

1. 证明定理 7.3.

2. 令 $X_1,\cdots,X_n \sim \text{Bernoulli}(p)$, $Y_1,\cdots,Y_n \sim \text{Bernoulli}(q)$, 求 p 的嵌入式估计量和估计标准误, 求 p 的近似 90% 置信区间, 求 $p-q$ 的嵌入式估计量和估计标准误差, 求 $p-q$ 的近似 90% 置信区间.

3. (计算机试验)　从 $N(0,1)$ 分布生成 100 个观察值, 计算 CDF F 的 95% 置信界, 重复 1000 次并观察置信界包括真实分布函数的概率为多大. 用柯西分布的数据重复上述试验.

4. 令 $X_1,\cdots,X_n \sim F$, $\hat{F}_n(x)$ 为经验分布函数. 对给定的 x, 利用中心极限定理求 $\hat{F}_n(x)$ 的极限分布.

5. 令 x 和 y 为两个不同的点, 求 $\text{Cov}(\hat{F}_n(x),\hat{F}_n(y))$.

6. 令 $X_1,\cdots,X_n \sim F$, $\hat{F}$ 为经验分布函数, 令 $a<b$ 为两个固定数值, 定义 $\theta = T(F) = F(b) - F(a)$, 令 $\hat{\theta} = T(\hat{F}_n) = \hat{F}_n(b) - \hat{F}_n(a)$, 求 $\hat{\theta}$ 的标准误差, 并求 θ 的近似 $1-\alpha$ 置信区间的表达式.

7. 本书网页上提供了斐济附近地震大小的数据, 估计 CDF $F(x)$, 计算 F 的 95% 置信域并绘出图形. 求 $F(4.9) - F(4.3)$ 的 95% 的置信区间.

8. 从互联网上查找 (加州) 老忠实喷泉的爆发时间和等待时间数据. 估计其平均等待时间并给出该估计的标准误. 给出平均等待时间的 90% 的置信区间. 估计等待时间的中位数. 下章将看到如何得到中位数的标准误.

9. 100 个人被给标准抗生素治疗传染而另外 100 人被给新抗生素. 在第一小组中, 90 个人恢复; 在第二小组中, 85 个人恢复. 令 p_1 为在标准治疗方法下被治愈的概率, p_2 为在新治疗方法下被治愈的概率. 感兴趣的是估计 $\theta = p_1 - p_2$. 给出 θ 的一个估计及其标准误; 并分别给出 θ 的 80% 和 90% 的置信区间.

10. 1975 年, 进行了一项针对云彩喷洒是否会导致降雨的试验. 26 块云彩喷洒了硝酸银而另外 26 块不喷. 是否喷洒则是随机确定的. 数据可以在网页 http:lib.stat.cmu.edu/DASL/Stories/CloudSeeding.html 获得.

    令 θ 为这两个组平均降水量之差. 估计 θ 并估计其标准误, 构造其 95% 的置信区间.

第 8 章 Bootstrap 方法

Bootstrap 方法是一种估计标准误差和计算置信区间的方法. 令 $T_n = g(X_1, \cdots, X_n)$ 为一个统计量, 即, T_n 是样本数据的任意一个函数. 假设希望知道 T_n 的方差 $\mathbb{V}_F(T_n)$, 采用记号 $\mathbb{V}_F$ 是为了强调方差取决于未知的分布函数 F. 例如, 如果 $T_n = \overline{X}_n$, 则 $\mathbb{V}_F(T_n) = \sigma^2/n$, 这里 $\sigma^2 = \int (x-\mu)^2 \mathrm{d}F(x)$, $\mu = \int x \mathrm{d}F(x)$. 因此, T_n 的方差是 F 的函数. Bootstrap 方法的思想有两个步骤.

步骤 1: 用 $\mathbb{V}_{\widehat{F}_n}(T_n)$ 估计 $\mathbb{V}_F(T_n)$.

步骤 2: 用随机模拟方法近似求出 $\mathbb{V}_{\widehat{F}_n}(T_n)$.

对于 $T_n = \overline{X}_n$, 在步骤 1 中可以求出 $\mathbb{V}_{\widehat{F}_n}(T_n) = \widehat{\sigma}^2/n$, 这里 $\widehat{\sigma}^2 = n^{-1}\sum_{i=1}^{n}(X_i - \overline{X}_n)$. 在这个例子中, 步骤 1 就足够了. 但是, 在许多更加复杂的例子中, 无法写出 $\mathbb{V}_{\widehat{F}_n}(T_n)$ 的简单公式, 这就是为什么还需要步骤 2. 在继续介绍之前, 首先讨论一下随机模拟的思想.

8.1 随机模拟

假设从分布 G 中抽取了独立同分布的样本 $Y_1, \cdots, Y_B$. 由大数定律, 当 $B \to \infty$ 时,

$$\overline{Y}_B = \frac{1}{B}\sum_{i=1}^{B} Y_j \xrightarrow{P} \int y \mathrm{d}G(y) = \mathbb{E}(Y).$$

因此, 如果从 G 中抽取一个大样本时, 可以用样本均值 $\overline{Y}_B$ 来近似估计 $\mathbb{E}(Y)$. 在随机模拟中, 可以使得 B 尽可能的大, 这种情况下, $\overline{Y}_B$ 和 $\mathbb{E}(Y)$ 的差可以忽略. 更一般地, 如果 h 是期望有限的任一函数, 则当 $B \to \infty$ 时,

$$\frac{1}{B}\sum_{i=1}^{B} h(Y_j) \xrightarrow{P} \int h(y) \mathrm{d}G(y) = \mathbb{E}(h(Y)).$$

特别地,

$$\frac{1}{B}\sum_{i=1}^{B}(Y_j - \overline{Y})^2 = \frac{1}{B}\sum_{i=1}^{B} Y_j^2 - \left(\frac{1}{B}\sum_{i=1}^{B} Y_j\right)^2$$

$$\xrightarrow{P} \int y^2 \mathrm{d}F(y) - \left(\int y \mathrm{d}F(y)\right)^2 = \mathbb{V}(Y).$$

因此, 可以用随机模拟值的样本方差来近似估计 $\mathbb{V}(Y)$.

8.2 Bootstrap 方差估计

根据上述方法, 可以通过随机模拟近似求出 $\mathbb{V}_{\widehat{F}_n}(T_n)$. 这里 $\mathbb{V}_{\widehat{F}_n}(T_n)$ 是数据服从 $\widehat{F}_n$ 分布时 T_n 的方差. 假设数据服从 $\widehat{F}_n$ 分布时, 如何随机模拟 T_n 的分布? 解决方法是, 根据 $\widehat{F}_n$ 随机模拟 $X_1^*, \cdots, X_n^*$, 然后计算 $T_n^* = g(X_1^*, \cdots, X_n^*)$. 这等同于从 T_n 的分布中抽取. 这一思想可以用下面的图表说明:

$$\begin{array}{llll}\text{实际情况} & F \Rightarrow & X_1, \cdots, X_n & \Rightarrow T_n = g(X_1, \cdots, X_n) \\ \text{Bootstrap 方法} & \widehat{F}_n \Rightarrow & X_1^*, \cdots, X_n^* & \Rightarrow T_n^* = g(X_1^*, \cdots, X_n^*)\end{array}$$

如何从 $\widehat{F}_n$ 模拟 $X_1^*, \cdots, X_n^*$ 呢? 注意到 $\widehat{F}_n$ 是每个点 $X_1, \cdots, X_n$ 的概率密度为 $1/n$. 因此, 从 $\widehat{F}_n$ 中抽取一个观测等同于从原来的数据集中随机抽取一个观测. 因此, 随机模拟 $X_1^*, \cdots, X_n^* \sim \widehat{F}_n$ 相当于从 $X_1, \cdots, X_n$ 中有放回的抽取 n 个观测. 下面是小结:

Bootstrap 方差估计

1. 从 $\widehat{F}_n$ 分布中抽取 $X_1^*, \cdots, X_n^*$.
2. 计算 $T_n^* = g(X_1^*, \cdots, X_n^*)$.
3. 重复第 1 步和第 2 步 B 次, 得到 $T_{n,1}^*, \cdots, T_{n,B}^*$.
4. 令

$$v_{\text{boot}} = \frac{1}{B}\sum_{b=1}^{B}\left(T_{n,b}^* - \frac{1}{B}\sum_{r=1}^{B}T_{n,r}^*\right)^2. \tag{8.1}$$

8.1 例 下面的代码说明了如何使用 Bootstrap 方法来估计中位数的标准差.

中位数的 Bootstrap 方法

给定数据 X=(X(1), ⋯, X(n)):

```
T <- median(X)
Tboot <- vector of length B
for(i in 1:B){
    Xstar <- sample of size n from (with replacement)
    Tboot[i] <- median(Xstar)
    }
se <- sqrt(variance(Tboot))
```

8.3 Bootstrap 置信区间

下面的概要图提示要用到两个近似,

$$\mathbb{V}_F(T_n) \underset{\text{not so small}}{\approx} \mathbb{V}_{\widehat{F}_n}(T_n) \underset{\text{small}}{\approx} v_{\text{boot}}.$$

8.2 例 考虑神经元的数据. 令 $\theta = T(F) = \int (x-\mu)^3 \mathrm{d}F(x)/\sigma^3$ 为偏度. 偏度是不对称程度的度量. 例如, 正态分布的偏度为 0. 偏度的嵌入式估计为

$$\hat{\theta} = T(\widehat{F}_n) = \frac{\int (x-\mu)^3 \mathrm{d}\widehat{F}_n(x)}{\hat{\sigma}^3} = \frac{\frac{1}{n}\sum_{i=1}^{n}(X_i - \bar{X}_n)^3}{\hat{\sigma}^3} = 1.76.$$

用 Bootstrap 方法估计标准差可以遵循中位数例子中同样的步骤, 只是要计算每个 Bootstrap 样本的偏度. 用 $B = 1000$ 个重复的样本, 把 Bootstrap 方法应用到神经元数据, 得到偏度的标准差为 0.16.

8.3 Bootstrap 置信区间

有几种方法可以构建 Bootstrap 置信区间. 这里讨论 3 种方法.

方法 1 正态区间法 最简单的方法是正态置信区间

$$T_n \pm z_{\alpha/2}\widehat{\mathrm{se}}_{\text{boot}}, \tag{8.2}$$

其中, $\widehat{\mathrm{se}}_{\text{boot}} = \sqrt{v_{\text{boot}}}$ 是标准差的 Bootstrap 估计. 这个区间并不很精确, 除非 T_n 的分布接近正态分布.

方法 2 枢轴量法置信区间 令 $\theta = T(F)$ 和 $\hat{\theta}_n = T(\widehat{F}_n)$, 并且定义枢轴量为 $R_n = \hat{\theta}_n - \theta$. 用 $\hat{\theta}_{n,1}^*, \cdots, \hat{\theta}_{n,B}^*$ 表示 $\hat{\theta}_n$ 的 Bootstrap 复本. 令 $H(r)$ 为枢轴量的分布函数:

$$H(r) = \mathbb{P}_F(R_n \leqslant r). \tag{8.3}$$

定义 $C_n^* = (a, b)$, 其中,

$$a = \hat{\theta}_n - H^{-1}\left(1 - \frac{\alpha}{2}\right), \quad b = \hat{\theta}_n - H^{-1}\left(\frac{\alpha}{2}\right). \tag{8.4}$$

于是得到

$$\begin{aligned}
\mathbb{P}(a \leqslant \theta \leqslant b) &= \mathbb{P}(a - \hat{\theta}_n \leqslant \theta - \hat{\theta}_n \leqslant b - \hat{\theta}_n) \\
&= \mathbb{P}(\hat{\theta}_n - b \leqslant \hat{\theta}_n - \theta \leqslant \hat{\theta}_n - a) \\
&= \mathbb{P}(\hat{\theta}_n - b \leqslant R_n \leqslant \hat{\theta}_n - a) \\
&= H(\hat{\theta}_n - a) - H(\hat{\theta}_n - b) \\
&= H\left(H^{-1}(1 - \frac{\alpha}{2})\right) - H\left(H^{-1}\left(\frac{\alpha}{2}\right)\right) \\
&= 1 - \frac{\alpha}{2} - \frac{\alpha}{2} = 1 - \alpha.
\end{aligned}$$

因此, C_n^* 是 θ 的 $1-\alpha$ 的精确置信区间. 虽然这里的 a 和 b 依赖于未知的分布 H, 但是仍可给出 H 的 Bootstrap 估计

$$\widehat{H}(r) = \frac{1}{B}\sum_{b=1}^{B} I(R_{n,b}^* \leqslant r), \tag{8.5}$$

其中, $R_{n,b}^* = \widehat{\theta}_{n,b}^* - \widehat{\theta}_n$. 令 r_β^* 表示 $(R_{n,1}^*, \cdots, R_{n,B}^*)$ 的 β 百分位数, 令 θ_β^* 表示 $(\theta_{n,1}^*, \cdots, \theta_{n,B}^*)$ 的 β 百分位数, 所以 $r_\beta^* = \theta_\beta^* - \widehat{\theta}_n$. 因此, $1-\alpha$ 的近似置信区间为 $C_n = (\widehat{a}, \widehat{b})$, 其中,

$$\widehat{a} = \widehat{\theta}_n - \widehat{H}^{-1}\left(1-\frac{\alpha}{2}\right) = \widehat{\theta}_n - r_{1-\alpha/2}^* = 2\widehat{\theta}_n - \theta_{1-\alpha/2}^*,$$
$$\widehat{b} = \widehat{\theta}_n - \widehat{H}^{-1}\left(\frac{\alpha}{2}\right) = \widehat{\theta}_n - r_{\alpha/2}^* = 2\widehat{\theta}_n - \theta_{\alpha/2}^*.$$

因此, $1-\alpha$ 的 Bootstrap 枢轴置信区间为

$$C_n = (2\widehat{\theta}_n - \theta_{1-\alpha/2}^*, 2\widehat{\theta}_n - \widehat{\theta_{\alpha/2}^*}). \tag{8.6}$$

8.3 定理 当 $T(F)$ 满足一定的条件, 且当 $n \to \infty$ 时,

$$\mathbb{P}_F(T(F) \in C_n) \to 1-\alpha,$$

其中, C_n 由 (8.6) 给出.

方法 3 分位区间法 Bootstrap 百分位数区间定义为

$$C_n = (\theta_{\alpha/2}^*, \theta_{1-\alpha/2}^*).$$

这个区间的证明在附录中给出.

8.4 例 估计神经元数据的偏度估计, 可以有各种不同的置信区间.

方法	95% 的置信区间
正态	(1.44, 2.09)
枢轴	(1.48, 2.11)
分位数	(1.42, 2.03)

这些置信区间都是近似的. $T(F)$ 在这些置信区间内的概率并不恰好是 $1-\alpha$. 这三个置信区间的精度相同. 还有一些其他的更精确的 Bootstrap 置信区间, 但比较复杂, 在这里就不作讨论了.

8.5 例 血浆胆固醇数据. 回到血浆胆固醇的数据. 假设感兴趣的是研究中位数的差异. Bootstrap 的程序代码如下:

```
x1 <- first sample
x2 <- second sample
```

8.3 Bootstrap 置信区间

```
n1 <- length(x1)
n2 <- length(x2)
th.hat <- median(x2)-median(x1)
B <- 1000
Tboot <- vector of length B
for(i in 1:B){
    xx1 <- sample of size n1 with replacement from x1
    xx2 <- sample of size n2 with replacement from x2
    Tboot[i] <- median(xx2)-median(xx1)
    }
se <- sqrt(variance(Tboot))
Normal <- (th.hat-2*se, th.hat+2*se)
Percentile <- (quantile(Tboot, 0.025), quantile(Tboot, 0.975))
Pivotal <- (2*th.hat-quantile(Tboot, 0.975), 2*th.hat-quantile(Tboot, 0.025))
```

点估计为 18.5, Bootstrap 标准差为 7.42, 所以 95% 的置信区间大约为由于这些置信区间不包含 0, 第二组的胆固醇要高一点, 但是高多少不能由置信区间的宽度反应出来.

方法	95% 的置信区间
正态	(3.7, 33.3)
枢轴	(5.0, 34.0)
分位数	(5.0, 33.3)

下面两个例子是基于小样本的, 在实际中, 基于非常小的样本统计方法很少. 把这些例子放到本书中就是为了引起大家注意, 要带着怀疑的态度解释这些结果.

8.6 例 作为 Bootstrap 方法的发明者, Bradley Efron 给出了一个用于解释 Bootstrap 方法的例子. 这些数据是 LSAT 分数 (法学院的入学考分) 和 GPA.

```
LSAT   576   635   558   578   666   580   555   661
       651   605   653   575   545   572   594
GPA    3.39  3.30  2.81  3.03  3.44  3.07  3.00  3.43
       3.36  3.13  3.12  2.74  2.76  2.88  3.96
```

每个数据点的形式为 $X_i = (Y_i, Z_i)$, 这里 $Y_i = \text{LSAT}_i$, $Z_i = \text{GPA}_i$. 法学院关心的是相关系数

$$\theta = \frac{\iint (y-\mu_Y)(z-\mu_Z) \mathrm{d}F(y,z)}{\sqrt{\int (y-\mu_Y)^2 \mathrm{d}F(y) \int (z-\mu_Z)^2 \mathrm{d}F(z)}}.$$

它的嵌入式估计是样本相关系数

$$\widehat{\theta} = \frac{\sum_i (Y_i - \bar{Y})(Z_i - \bar{Z})}{\sqrt{\sum_i (Y_i - \bar{Y})^2 \sum_i (Z_i - \bar{Z})^2}},$$

相关系数的估计值为 $\widehat{\theta} = 0.776$. 基于 $B = 1000$ 的 Bootstrap 可以得到 $\widehat{se} = 0.137$. 图 8.1 给出了原始数据和复本 $\widehat{\theta}_1^*, \cdots, \widehat{\theta}_B^*$ 的直方图. 这个直方图是样本分布 $\widehat{\theta}$ 的近似. 95% 的正态置信区间为 $0.78 \pm 2\widehat{se} = (0.51, 1.00)$,而百分位置信区间为 $(0.46, 0.96)$. 当样本量很大的时候,这两个置信区间的值会非常接近.

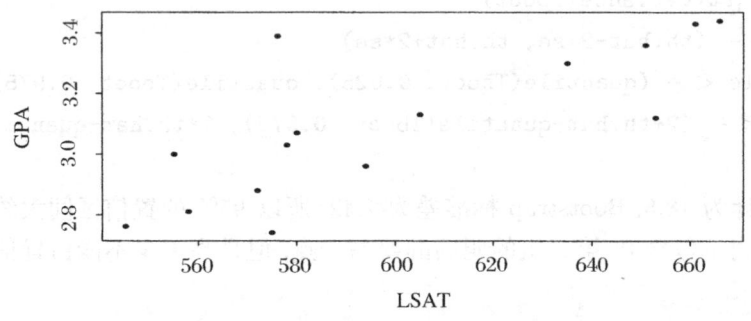

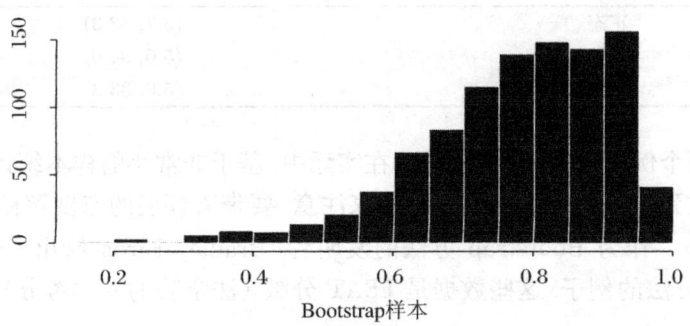

图 8.1 法学院数据

上图说明了原始数据. 下图是根据 Bootstrap 样本计算的相关系数的直方图

8.7 例 这个例子来自 (Efron and Tibshirani, 1993). 当药剂公司推出新药时,有时会要求出示新药的生物等效性. 这表示新药不是完全区别于当前的治疗方式. 有一个数据来自向血液中注入荷尔蒙的八类药片. 每一类有 3 种治疗方法:安慰剂、老配方和新配方.

令 Z = 老配方 − 安慰剂,Y = 新配方 − 老配方. 美国食品药物管理局(FDA)

8.3 Bootstrap 置信区间

对生物等效性的要求为 $|\theta| \leqslant 0.20$, 其中,

$$\theta = \frac{\mathbb{E}_F(Y)}{E_F(Z)}.$$

类别	安慰剂	老配方	新配方	老配方 − 安慰剂	新配方 − 旧配方
1	9243	17649	16449	8406	−1200
2	9671	12013	14614	2342	2601
3	11792	19979	17274	8187	−2705
4	13357	21816	23798	8459	1982
5	9055	13850	12560	4795	−1290
6	6290	9806	10157	3516	351
7	12412	17208	16570	4796	−638
8	18806	29044	26325	10238	−2791

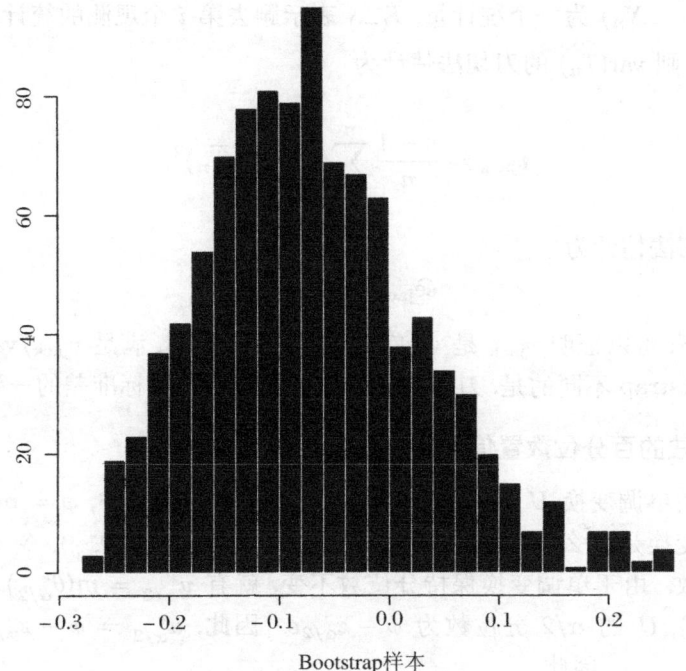

图 8.2 批处理数据

θ 的嵌入估计为

$$\widehat{\theta} = \frac{\bar{Y}}{\bar{Z}} = \frac{-452.3}{6342} = -0.0713.$$

Bootstrap 标准差为 $\hat{se} = 0.0105$. 为了回答生物等效性的问题, 计算置信区间. 从 $B = 1000$ 个 Bootstrap 复本, 可以得到 95% 的百分位区间 $(-0.24, 0.15)$. 这并不是完全包含在区间 $(-0.20, 0.20)$ 中, 所以在 95% 的水平下, 不能证明生物等效性. 图 8.2 表明了 Bootstrap 值的直方图.

8.4 文献注释

Bootstrap 方法是 Efron(1979) 发明的. 到目前为止, 已经有一些书是关于这个论题的, 包括 (Efron and Tibshirani, 1993; Davision and Hinkley, 1997; Hall, 1992; Shao and Tu, 1995). 同时, 见 3.6 节的 (van der Vaart and Wellner, 1996).

8.5 附 录

8.5.1 刀切法(Jackknife)

还有一种计算标准差的方法, 称为刀切法 (the Jackknife), 由 Quenouille 在 1949 年提出. 他的计算量小于 Bootstrap 方法, 但是不如 Bootstrap 方法常用. 令 $T_n = T(X_1, \cdots, X_n)$ 为一个统计量, $T_{(-i)}$ 表示删去第 i 个观测的统计量. 令 $\overline{T}_n = n^{-1} \sum_{i=1}^{n} T_{(-i)}$, 则 $\mathrm{var}(T_n)$ 的刀切法估计为

$$v_{\mathrm{jack}} = \frac{n-1}{n} \sum_{i=1}^{n} (T_{(-i)} - \overline{T}_n)^2.$$

标准差的刀切法估计为

$$\widehat{\mathrm{se}}_{\mathrm{jack}} = \sqrt{v_{\mathrm{jack}}}.$$

在适当条件下, 可以证明 v_{jack} 是 $\mathrm{var}(T_n)$ 的一致估计, 即, 满足 $v_{\mathrm{jack}}/\mathrm{var}(T_n) \xrightarrow{P} 1$. 但是, 和 Bootstrap 不同的是, 刀切法得不出样本分位数的标准差的一致估计.

8.5.2 刀切法的百分位数置信区间

假设存在单调变换 $U = m(T)$, 使得 $U \sim N(\phi, c^2)$, 其中, $\phi = m(\theta)$. 这里并不假定已知变换是什么, 只是知道该变换存在. 令 $U_b^* = m(\theta_{n,b}^*)$, 令 u_β^* 是 U_b^* 的 β 样本分位数. 由于单调变换保持分位数不变, 就有 $u_{\alpha/2}^* = m(\theta_{\alpha/2}^*)$. 同时, 由于 $U \sim N(\phi, c^2)$, U 的 $\alpha/2$ 分位数为 $\phi - z_{\alpha/2} c$. 因此, $u_{\alpha/2}^* = \phi - z_{\alpha/2} c$. 类似地, $u_{1-\alpha/2}^* = \phi + z_{\alpha/2} c$. 因此,

$$\begin{aligned}
\mathbb{P}(\theta_{\alpha/2}^* \leqslant \theta \leqslant \theta_{1-\alpha/2}^*) &= \mathbb{P}(m(\theta_{\alpha/2}^*) \leqslant m(\theta) \leqslant m(\theta_{1-\alpha/2}^*)) \\
&= \mathbb{P}(u_{\alpha/2}^* \leqslant \phi \leqslant u_{1-\alpha/2}^*) \\
&= \mathbb{P}(U - c z_{\alpha/2} \leqslant \phi \leqslant U + c z_{\alpha/2}) \\
&= \mathbb{P}\left(-z_{\alpha/2} \leqslant \frac{U - \phi}{c} \leqslant z_{\alpha/2}\right) \\
&= 1 - \alpha.
\end{aligned}$$

完全精确的正态变换很少存在, 但是可能存在近似的正态变换.

8.6 习 题

1. 考虑例 8.6 中的数据. 求出相关系数的嵌入估计. 用 Bootstrap 方法估计标准误差. 用正态、枢轴和分位数法求出 95% 的置信区间.

2. （计算机试验）用随机模拟比较不同的 Bootstrap 置信区间方法. 令 $n = 50$, 并令 $T(F) = \int (x-\mu)^3 dF(x)/\sigma^3$ 为偏度. 抽取随机样本使得 $Y_1, \cdots, Y_n \sim N(0,1)$, 令 $X_i = e^{Y_i}, i = 1, \cdots, n$. 根据数据 $X_1, \cdots, X_n$, 为 $T(F)$ 构造三种类型的 95% 的 Bootstrap 置信区间. 重复整个过程若干次, 估计这三个区间的真实值.

3. 令
$$X_1, \cdots, X_n \sim t_3,$$
其中 $n = 25$. 令 $\theta = T(F) = (q_{0.75} - q_{0.25})/1.34$, 其中 q_p 表示第 p 百分位数. 做模拟, 比较下面关于 θ 的置信区间的及其长度. (i) Bootstrap 方法的标准差的正态置信区间. (ii) Bootstrap 方法的分位数置信区间和 (iii) Bootstrap 方法的枢轴置信区间.

4. $X_1, \cdots, X_n$ 是独立的观测（没有关联）. 证明可抽出
$$\binom{2n-1}{n}$$
个不同的 Bootstrap 样本.

   提示：想象把 n 个球放进 n 个篮子里.

5. $X_1, \cdots, X_n$ 是独立的观测（没有关联）. $X_1^*, \cdots, X_n^*$ 表示 Bootstrap 样本, 且 $\overline{X}_n^* = n^{-1} \sum_{i=1}^{n} X_i^*$. 求出 $\mathbb{E}(\overline{X}_n^* | X_1, \cdots, X_n), \mathbb{V}(\overline{X}_n^* | X_1, \cdots, X_n), \mathbb{E}(\overline{X}_n^*), \mathbb{V}(\overline{X}_n^*)$.

6. （计算机试验）令 $X_1, \cdots, X_n \sim \text{Normal}(\mu, 1)$. 令 $\theta = e^\mu$ 和 $\widehat{\theta} = e^{\overline{X}}$. 创建一个包含 100 个观测的数据集（用 $\mu = 5$）.

   (a) 用 Bootstrap 方法求出 se 和 θ 的 95% 的置信区间.

   (b) 画出 Bootstrap 复本的直方图. 这是 $\widehat{\theta}$ 分布的一个估计. 并与 $\widehat{\theta}$ 的真实样本分布进行比较.

7. 令 $X_1, \cdots, X_n \sim \text{Uniform}(0, \theta)$. 令 $\widehat{\theta} = X_{\max} = \max\{X_1, \cdots, X_n\}$. 用 $\theta = 1$ 创建样本量为 50 的一个数据集.

   (a) 找出 $\widehat{\theta}$ 的分布. 把 $\widehat{\theta}$ 的真实分布与 Bootstrap 得出的直方图进行比较.

   (b) 这是 Bootstrap 方法效果不好的一个例子. 事实上, 可以证明事实正是如此. 证明尽管 $P(\widehat{\theta}^* = \widehat{\theta}) \approx 0.632$, 但是 $P(\theta = \widehat{\theta}) = 0$.
   提示：证明 $P(\widehat{\theta}^* = \widehat{\theta}) = 1 - (1 - (1/n))^n$, 然后当 n 很大时取极限.

8. 令 $T_n = \overline{X}_n^2, \mu = E(X_1), \alpha_k = \int |x-\mu|^k \mathrm{d}F(x)$ 和 $\widehat{\alpha}_k = n^{-1}\sum_{i=1}^{n}|X_i - \overline{X}_n|^k$. 证明

$$v_{\text{boot}} = \frac{4\overline{X}_n^2 \widehat{\alpha}_2}{n} + \frac{4\overline{X}_n \widehat{\alpha}_3}{n^2} + \frac{\widehat{\alpha}_4}{n^3}.$$

第 9 章 参 数 推 断

现在来关注参数模型,模型的形式为

$$\mathfrak{F} = \{f(x;\theta) : \theta \in \Theta\}, \tag{9.1}$$

其中,$\Theta \subset \mathbb{R}^k$ 是参数空间,$\theta = (\theta_1, \cdots, \theta_k)$ 为参数. 因此, 推断问题简化为 θ 的参数估计问题.

学生在学习统计时经常会问:怎样能确定生成数据的分布是某种参数模型呢?这是非常好的一个问题. 实际上, 很难知道这一点, 这也是为什么非参数方法要更好的原因. 但是, 学习参数模型的方法仍然非常有用, 有两点原因. 首先, 根据有些案例的背景知识可以假定数据近似服从某种参数模型. 例如, 根据先验可以知道交通事故发生的次数近似服从泊松分布. 其次, 参数模型的推断概念为理解非参方法提供了背景知识.

在下一节中将会简单讨论一下关注参数和冗余参数. 同时, 会讨论两种 θ 的参数估计方法, 矩估计方法和极大似然估计法.

9.1 关 注 参 数

人们常常只是关心某一函数 $T(\theta)$. 例如, 如果 $X \sim N(\mu, \sigma^2)$, 那么参数就是 $\theta = (\mu, \sigma)$. 如果目标是估计 μ, 那么 $\mu = T(\theta)$ 就称为关注参数, 而 σ 称为冗余参数. 关注参数可能是 θ 的一个复杂函数, 就如下面的例子中的一样.

9.1 例 令 $X_1, \cdots, X_n \sim N(\mu, \sigma^2)$. 参数为 $\theta = (\mu, \sigma)$, 参数空间为 $\Theta = \{(\mu, \sigma) : \mu \in \mathbb{R}, \sigma > 0\}$. 假设 X_i 是血液检验的结果, 感兴趣的是 τ, 是检验值超过 1 的人数的比例. 令 Z 表示标准正态随机变量, 则

$$\tau = \mathbb{P}(X > 1) = 1 - \mathbb{P}(X < 1) = 1 - \mathbb{P}\left(\frac{X-\mu}{\sigma} < \frac{1-\mu}{\sigma}\right)$$
$$= 1 - \mathbb{P}\left(Z < \frac{1-\mu}{\sigma}\right) = 1 - \Phi\left(\frac{1-\mu}{\sigma}\right).$$

关注参数为 $\tau = T(\mu, \sigma) = 1 - \Phi((1-\mu)/\sigma)$.

9.2 例 如果 X 服从 Gamma(α, β) 分布, 则

$$f(x; \alpha, \beta) = \frac{1}{\beta^\alpha \Gamma(\alpha)} x^{\alpha-1} e^{-x/\beta}, \quad x > 0,$$

其中,$\alpha, \beta > 0$ 且

$$\Gamma(\alpha) = \int_0^\infty y^{\alpha-1} e^{-y} dy$$

为 Gamma 函数. 参数为 $\theta = (\alpha, \beta)$. Gamma 分布经常用于对人、动物和电器设备的寿命进行建模. 假设想要估计平均寿命, 则

$$\text{Gamma}(\alpha, \beta) = \mathbb{E}_\theta(X_1) = \alpha\beta.$$

9.2 矩 估 计

讨论的第一种参数估计方法为矩估计法. 可以看出这些估计并不是最优的, 但是最容易计算. 它们也可以作为其他需要循环几次的算法的初始值.

假设参数 $\theta = (\theta_1, \cdots, \theta_k)$ 有 k 个元素. 对于 $1 \leqslant j \leqslant k$, 定义 j 阶矩为

$$\alpha_j \equiv \alpha_j(\theta) = \mathbb{E}_\theta(X^j) = \int x^j \mathrm{d}F_\theta(x). \tag{9.2}$$

而 j 阶样本矩为

$$\widehat{\alpha_j} = \frac{1}{n} \sum_{i=1}^n X_i^j. \tag{9.3}$$

> **9.3 定义** θ 的矩估计定义为 $\widehat{\theta}_n$, 使得
>
> $$\begin{aligned} \alpha_1(\widehat{\theta}_n) &= \widehat{\alpha}_1, \\ \alpha_2(\widehat{\theta}_n) &= \widehat{\alpha}_2, \\ &\vdots \\ \alpha_k(\widehat{\theta}_n) &= \widehat{\alpha}_k. \end{aligned} \tag{9.4}$$

公式 (9.4) 定义了带有 k 个未知参数的 k 个方程的方程组.

9.4 例 令 $X_1, \cdots, X_n \sim \text{Bernoulli}(p)$. 则 $\alpha_1 = \mathbb{E}_p(X) = p$ 且 $\widehat{\alpha}_1 = n^{-1} \sum_{i=1}^n X_i$. 让它们相等可以得到估计值

$$\widehat{p}_n = \frac{1}{n} \sum_{i=1}^n X_i.$$

9.5 例 令 $X_1, \cdots, X_n \sim \text{Normal}(\mu, \sigma^2)$, 则 $\alpha_1 = \mathbb{E}_\theta(X) = \mu$, $\alpha_2 = \mathbb{E}_\theta(X_1^2) = \mathbb{V}_\theta(X_1) + (\mathbb{E}_\theta(X))^2 = \sigma^2 + \mu^2$. 现在需要解下述方程[①]:

$$\widehat{\mu} = \frac{1}{n} \sum_{i=1}^n X_i,$$

$$\widehat{\sigma}^2 + \widehat{\mu}^2 = \frac{1}{n} \sum_{i=1}^n X_i^2.$$

[①] 回忆起 $\mathbb{V}(X) = \mathbb{E}(X^2) - (\mathbb{E}(X))^2$, 因此 $\mathbb{E}(X^2) = \mathbb{V}(X) + (\mathbb{E}(X))^2$.

9.3 极大似然估计

这是由两个方程组成含有两个未知参数的方程组. 它的解为

$$\widehat{\mu} = \overline{X},$$
$$\widehat{\sigma}^2 = \frac{1}{n}\sum_{i=1}^{n}(X_i - \overline{X}_n)^2.$$

9.6 定理 令 $\widehat{\theta}_n$ 表示矩估计. 在适当的条件下, 下述成立:
1. 矩估计 $\widehat{\theta}_n$ 以接近概率 1 存在.
2. 这个估计是相合的: $\widehat{\theta}_n \xrightarrow{P} \theta$.
3. 这个估计是渐进正态的:

$$\sqrt{n}(\widehat{\theta}_n - \theta) \rightsquigarrow N(0, \Sigma),$$

其中,

$$\Sigma = g\mathbb{E}_\theta(YY^{\mathrm{T}})g^{\mathrm{T}},$$

$Y = (X, X^2, \cdots, X^k)^{\mathrm{T}}$, $g = (g_1, \cdots, g_k)$, $g_j = \partial \alpha_j^{-1}(\theta)/\partial \theta$.

定理最后一条可以用于求标准差和置信区间. 然而, 有比这更加简单的方法: Bootstrap 方法. 本章结尾再来讨论这种方法.

9.3 极大似然估计

在参数模型中, 最常用的参数估计方法是极大似然估计法. 令 $X_1, \cdots, X_n$ 独立同分布于概率密度函数 $f(x; \theta)$.

9.7 定义 似然函数定义为

$$\mathcal{L}_n(\theta) = \prod_{i=1}^{n} f(X_i; \theta). \tag{9.5}$$

对数似然函数为 $\ell_n(\theta) = \log \mathcal{L}_n(\theta)$

对数似然函数是数据的联合密度函数, 只是把它看作是参数 θ 的一个函数. 因此, $\mathcal{L}_n : \Theta \longrightarrow [0, \infty]$. 但是似然函数并不是一个密度函数. 一般来说, 对 $\mathcal{L}_n(\theta)$ 关于 θ 的积分并不等于 1.

9.8 定义 极大似然估计 MLE, 记为 $\widehat{\theta}_n$, 是使得 $\mathcal{L}_n(\theta)$ 最大的 θ 的值.

$\ell_n(\theta)$ 和 $\mathcal{L}_n(\theta)$ 在同一个点取得最大值, 因此, 最大化对数似然函数就可以最大化似然函数. 通常, 对数似然函数求解要容易一点.

9.9 注 将 $\mathcal{L}_n(\theta)$ 乘以一个正常数 c (它并不依赖于 θ), 并不会改变极大似然估计 MLE. 因此, 经常去掉似然函数的常数.

9.10 例 假设 $X_1,\cdots,X_n \sim \text{Bernoulli}(p)$. 概率密度函数为 $f(x;p) = p^x(1-p)^{1-x}$, 其中, $x=0,1$. 未知参数为 p, 则

$$\mathcal{L}_n(p) = \prod_{i=1}^n f(X_i;p) = \prod_{i=1}^n p^{X_i}(1-p)^{1-X_i} = p^S(1-p)^{n-S}.$$

其中, $S = \sum_i X_i$. 因此,

$$\ell_n(p) = S\log p + (n-S)\log(1-p).$$

对 $\ell_n(p)$ 求导, 并令其等于 0, 求出极大似然估计 $\widehat{p}_n = S/n$, 见图 9.1.

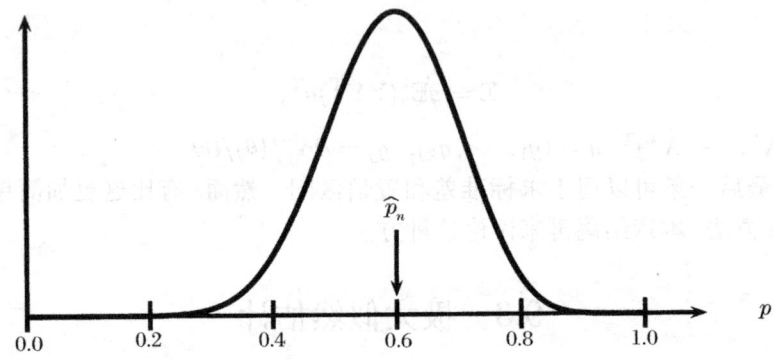

图 9.1 伯努利分布的似然函数

$n=20, \sum_{i=1}^n = 12$, 极大似然估计为 $\widehat{p}_n = 12/20 = 0.6$

9.11 例 假设 $X_1,\cdots,X_n \sim N(\mu,\sigma^2)$. 参数为 $\theta = (\mu,\sigma)$, 似然函数（忽略常数项）为

$$\mathcal{L}_n(\mu,\sigma) = \prod_i \frac{1}{\sigma}\exp-\frac{1}{2\sigma^2}(X_i-\mu)^2$$

$$= \sigma^{-n}\exp\left\{-\frac{1}{2\sigma^2}\sum_i(X_i-\mu)^2\right\}$$

$$= \sigma^{-n}\exp\left\{-\frac{nS^2}{2\sigma^2}\right\}\exp\left\{-\frac{n(\overline{X}-\mu)^2}{2\sigma^2}\right\},$$

其中, $\overline{X} = n^{-1}\sum_i X_i$ 是样本均值, $S^2 = n^{-1}\sum_i(X_i-\overline{X})^2$. 最后一个等式成立是因为 $\sum_i(X_i-\mu)^2 = nS^2 + n(\overline{X}-\mu)^2$, 而它可以通过 $\sum_i(X_i-\mu)^2 = \sum_i(X_i-\overline{X}+\overline{X}-\mu)^2$

9.3 极大似然估计

展开得到. 对数似然函数为

$$\ell_n(\mu,\sigma) = -n\log\sigma - \frac{nS^2}{2\sigma^2} - \frac{n(\overline{X}-\mu)^2}{2\sigma^2}.$$

解方程

$$\frac{\partial \ell(\mu,\sigma)}{\partial \mu}=0, \quad \frac{\partial \ell(\mu,\sigma)}{\partial \sigma}=0$$

可以得到 $\hat{\mu}=\overline{X}, \hat{\sigma}=S$. 可以证明它们是全局极大似然值.

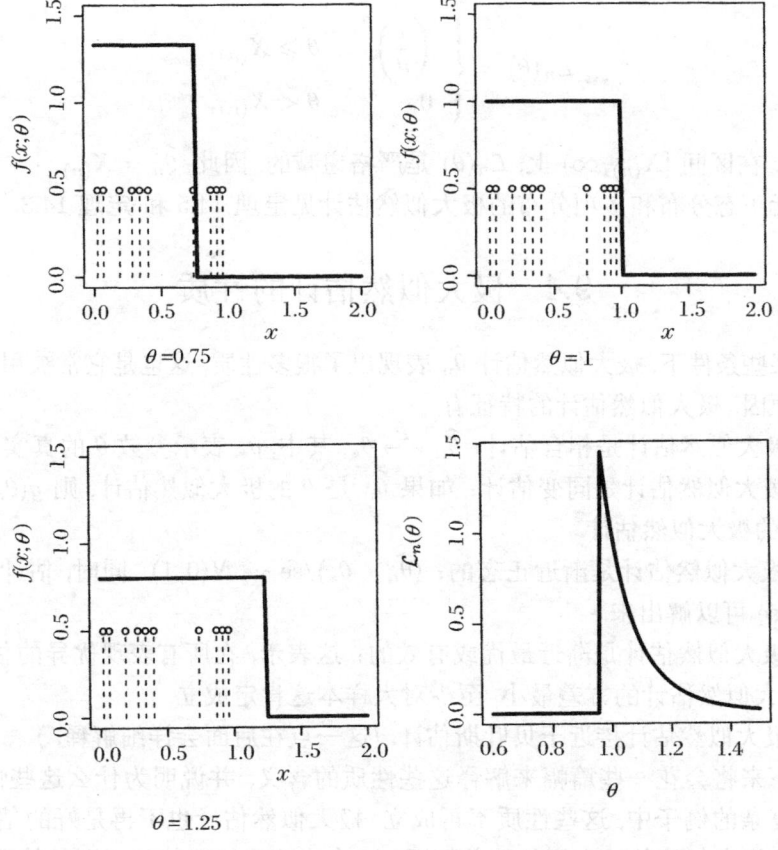

图 9.2 均匀分布 $(0,\theta)$ 的似然函数

纵轴表示观测到的数据. 前三张图给出了三个不同 θ 值的 $f(x;\theta)$. 当 $\theta < x_{(n)} = \max\{X_1,\cdots,X_n\}$, 正如第一张图, $f(X_{(n)};\theta)=0$, 因此 $\mathcal{L}_n(\theta)=\prod_{i=1}^n f(X_i;\theta)=0$. 否则, 对于每个 i, 有 $f(X_i;\theta)=1/\theta$, 因此, $\mathcal{L}_n(\theta)=\prod_{i=1}^n f(X_i;\theta)=(1/\theta)^n$. 最后一张图表示似然函数

9.12 例 (一个难题)   这个例子很多人都容易混淆. 令 $X_1,\cdots,X_n \sim \text{Uniform}(0,\theta)$. 均匀分布的概率密度函数为

$$f(x;\theta) = \begin{cases} 1/\theta, & 0 \leqslant x \leqslant \theta, \\ 0, & \text{其他}. \end{cases}$$

考虑一个固定的 θ 值. 假设对于某一个 i, 有 $\theta < X_i$. 则 $f(X_i;\theta) = 0$, 因此 $\mathcal{L}_n(\theta) = \prod_i f(X_i;\theta) = 0$. 对任意的 $X_i > \theta$, 则 $\mathcal{L}_n(\theta) = 0$. 因此, 如果 $\theta < X_{(n)}$, 就有 $\mathcal{L}_n(\theta) = 0$, 这里 $X_{(n)} = \max\{X_1,\cdots,X_n\}$. 现在考虑任意 $\theta \geqslant X_{(n)}$. 对每一个 X_i, 有 $f(X_i;\theta) = 1/\theta$, 所以 $\mathcal{L}_n(\theta) = \prod_i f(X_i;\theta) = \theta^{-n}$. 总之,

$$\mathcal{L}_n(\theta) = \begin{cases} \left(\dfrac{1}{\theta}\right)^n, & \theta \geqslant X_{(n)}, \\ 0, & \theta < X_{(n)}, \end{cases}$$

见图 9.2. 在区间 $[X_{(n)},\infty)$ 上, $\mathcal{L}_n(\theta)$ 是严格递减的. 因此, $\widehat{\theta}_n = X_{(n)}$.

多元正态分布和多项分布的极大似然估计见定理 14.5 和定理 14.3.

9.4   极大似然估计的性质

在某些条件下, 极大似然估计 $\widehat{\theta}_n$ 表现出了很多性质, 这也是它常被用来做参数估计的原因. 极大似然估计的特征有

1. 极大似然估计是相合估计: $\widehat{\theta}_n \xrightarrow{P} \theta_*$, 其中, θ_* 表示参数 θ 的真实值.
2. 极大似然估计是同变估计: 如果 $\widehat{\theta}_n$ 是 θ 的极大似然估计, 则 $g(\widehat{\theta}_n)$ 是 $g(\theta)$ 的极大似然估计.
3. 极大似然估计是渐近正态的: $(\widehat{\theta}_n - \theta_*)/\widehat{\text{se}} \rightsquigarrow N(0,1)$. 同时, 估计的标准差 $\widehat{\text{se}}$ 可以解出来.
4. 极大似然估计是渐近最优或有效的: 这表示, 在所有表现优异的估计中, 极大似然估计的方差最小, 至少对大样本这肯定成立.
5. 极大似然估计接近于贝叶斯估计. (这一点在后面会详细解释.)

接下来将会花一些篇幅来解释这些性质的含义, 并说明为什么这些性质很好. 在足够复杂的例子中, 这些性质不再成立, 极大似然估计也不再是好的估计. 现在, 重点关注极大似然估计有用的简单情况. 讨论的性质仅在某些正则条件下成立. 特别重要的是 $f(x;\theta)$ 的光滑性条件. 除非特别陈述, 假定这些条件成立.

9.5   极大似然估计的相合性

相合性意味着极大似然估计以概率收敛于真实值. 首先需要给出定义. 如果

9.5 极大似然估计的相合性

f, g 为概率密度函数, 定义 f 和 g 间的 Kullback-Leibler 距离[①] 为

$$D(f,g) = \int f(x) \log\left(\frac{f(x)}{g(x)}\right) dx. \tag{9.6}$$

可以证明 $D(f,g) \geqslant 0$ 且 $D(f,f) = 0$. 对于任意 $\theta, \psi \in \Theta$, 令 $D(\theta, \psi)$ 表示 $D(f(x;\theta), D(f(x;\psi))$.

如果 $\theta \neq \psi$ 可以推导出 $D(\theta, \psi) > 0$, 则模型 $\mathfrak{F}$ 是可以识别的. 这意味着参数值不同对应着不同的分布. 从现在开始, 假定模型是可以识别的.

令 θ_* 表示 θ 的真实值. 最大化 $\ell_n(\theta)$ 等价于最大化

$$M_n(\theta) = \frac{1}{n} \sum_i \log \frac{f(X_i; \theta)}{f(X_i; \theta_*)}.$$

这是由于 $M_n(\theta) = n^{-1}(\ell_n(\theta) - \ell_n(\theta_*))$, 且 $\ell_n(\theta_*)$ 为常数 (相对于 θ). 由大数定律可知, $M_n(\theta)$ 收敛于

$$\mathbb{E}_{\theta_*}\left(\log \frac{f(X_i;\theta)}{f(X_i;\theta_*)}\right) = \int \log\left(\frac{f(X_i;\theta)}{f(X_i;\theta_*)}\right) f(x;\theta_*) dx$$

$$= -\int \log\left(\frac{f(X_i;\theta_*)}{f(X_i;\theta)}\right) f(x;\theta_*) dx$$

$$= -D(\theta_*, \theta).$$

因此, $M_n(\theta) \approx -D(\theta_*, \theta)$, 这在 θ_* 取得最大值. 这是由于 $-D(\theta_*, \theta_*) = 0$ 且当 $\theta \neq \theta_*$ 时 $-D(\theta_*, \theta) < 0$. 因此, 取得最大值的点会接近于 θ_*. 正式的证明, 需要的不只是证明 $M_n(\theta) \xrightarrow{P} -D(\theta_*, \theta)$, 还需要证明这个收敛对于 θ 是一致的, 同时还必须确认函数 $D(\theta_*, \theta)$ 是有良好表现的. 下面是正式的证明.

9.13 定理 令 θ_* 表示 θ 的真实值. 定义

$$M_n(\theta) = \frac{1}{n} \sum_i \log \frac{f(X_i;\theta)}{f(X_i;\theta_*)},$$

且 $M_n(\theta) = -D(\theta_*, \theta)$. 假设

$$\sup_{\theta \in \Theta} |M_n(\theta) - M(\theta)| \xrightarrow{P} 0, \tag{9.7}$$

并且对任意 $\epsilon > 0$,

$$\sup_{\theta: |\theta - \theta_*| \geqslant \epsilon} M(\theta) < M(\theta_*). \tag{9.8}$$

令 $\widehat{\theta}_n$ 表示极大似然估计, 则 $\widehat{\theta}_n \xrightarrow{P} \theta_*$.

证明见附录.

[①] 这不是传统意义上的距离, 因为 $D(f,g)$ 不对称.

9.6 极大似然估计的同变性

9.14 定理 令 $\tau = g(\theta)$ 是 θ 的函数. $\widehat{\theta}_n$ 是 θ 的极大似然估计, 则 $\widehat{\tau}_n = g(\widehat{\theta}_n)$ 是 τ 的极大似然估计.

证明 令 $h = g^{-1}$ 表示 g 的逆函数, 则 $\widehat{\theta}_n = h(\widehat{\tau}_n)$. 对任意 τ, $\mathcal{L}(\tau) = \prod_i f(x_i; h(\tau)) = \prod_i f(x_i; \theta) = \mathcal{L}(\theta)$, 其中, $\theta = h(\tau)$. 因此, 对任意 τ, $\mathcal{L}_n(\tau) = \mathcal{L}(\theta) \leqslant \mathcal{L}(\widehat{\theta}) = \mathcal{L}_n(\widehat{\tau})$.

9.15 例 令 $X_1, \cdots, X_n \sim N(\theta, 1)$, 则 θ 的极大似然估计为 $\widehat{\theta}_n = \overline{X}_n$. 令 $\tau = \mathrm{e}^\theta$, 则 τ 的极大似然估计为 $\widehat{\tau} = \mathrm{e}^{\widehat{\theta}} = \mathrm{e}^{\overline{X}}$.

9.7 渐近正态性

可以证明 $\widehat{\theta}$ 的分布式渐近正态, 可以给出渐近的方差. 为了探究这一点, 首先需要一些定义.

9.16 定义 记分函数定义为

$$s(X; \theta) = \frac{\partial \log f(X; \theta)}{\partial \theta}. \tag{9.9}$$

Fisher 信息量定义为

$$I_n(\theta) = \mathbb{V}_\theta \left(\sum_{i=1}^n s(X_i; \theta) \right)$$

$$= \sum_{i=1}^n \mathbb{V}_\theta(s(X_i; \theta)). \tag{9.10}$$

对于 $n=1$, 有时记为 $I(\theta)$ 而不是 $I_1(\theta)$. 可以证明 $\mathbb{E}_\theta(s(X; \theta)) = 0$. 所以可以得到 $\mathbb{V}_\theta(s(X; \theta)) = \mathbb{E}_\theta(s^2(X; \theta))$. 事实上, $I_n(\theta)$ 的更简化的形式在下面的结论中给出.

9.17 定理 $I_n(\theta) = nI(\theta)$. 同时,

$$I(\theta) = -\mathbb{E}_\theta \left(\frac{\partial^2 \log f(X; \theta)}{\partial \theta^2} \right)$$

$$= -\int \left(\frac{\partial^2 \log f(x; \theta)}{\partial \theta^2} \right) f(x; \theta) \mathrm{d}x. \tag{9.11}$$

9.7 渐近正态性

9.18 定理 (极大似然估计的渐近正态性) 令 $\text{se} = \sqrt{\mathbb{V}(\widehat{\theta}_n)}$. 在适当的正则条件下, 下述等式成立:

1. $\text{se} \approx \sqrt{1/I_n(\theta)}$ 且

$$\frac{\widehat{\theta}_n - \theta}{\text{se}} \rightsquigarrow N(0,1) \tag{9.12}$$

2. 令 $\widehat{\text{se}} = \sqrt{1/I_n(\widehat{\theta})}$, 则

$$\frac{\widehat{\theta}_n - \theta}{\widehat{\text{se}}} \rightsquigarrow N(0,1). \tag{9.13}$$

证明见附录. 第 1 式是指 $\widehat{\theta}_n \approx N(\theta, \text{se})$, 其中, $\widehat{\theta}_n$ 的近似标准差为 $\text{se} = \sqrt{1/I_n(\theta)}$. 第 2 式是指即使把标准差用其估计值 $\widehat{\text{se}} = \sqrt{1/I_n(\widehat{\theta})}$ 替代, 结论仍然成立.

这个定理说明极大似然估计的分布可以用 $N(\theta, \widehat{\text{se}}^2)$ 近似表示. 据此, 可以构建 (近似的) 置信区间.

9.19 定理 令

$$C_n = \left(\widehat{\theta} - z_{\alpha/2}\widehat{\text{se}}, \widehat{\theta} + z_{\alpha/2}\widehat{\text{se}}\right),$$

则当 $n \to \infty$ 时, $\mathbb{P}_\theta(\theta \in C_n) \to 1 - \alpha$.

证明 令 Z 表示服从标准正态分布的随机变量. 则

$$\begin{aligned}\mathbb{P}_\theta(\theta \in C_n) &= \mathbb{P}_\theta\left(\widehat{\theta} - z_{\alpha/2}\widehat{\text{se}} \leqslant \theta \leqslant \widehat{\theta} + z_{\alpha/2}\widehat{\text{se}}\right) \\ &= \mathbb{P}_\theta\left(-z_{\alpha/2} \leqslant \frac{\widehat{\theta} - \theta}{\widehat{\text{se}}} \leqslant z_{\alpha/2}\right) \\ &\to \mathbb{P}(-z_{\alpha/2} < Z < z_{\alpha/2}) = 1 - \alpha.\end{aligned}$$

对于 $\alpha = 0.05, z_{\alpha/2} = 1.96 \approx 2$, 所以

$$\widehat{\theta}_n \pm 2\widehat{\text{se}} \tag{9.14}$$

是渐近的 95% 的置信区间.

当你在报纸上读到民意测验时, 经常会看到类似的评论: 该民意测验精确度为一个百分点, 百分之九十五正确的. 他们简单给出了 95% 的置信区间 $\widehat{\theta}_n \pm 2\widehat{\text{se}}$.

9.20 例 令 $X_1, \cdots, X_n \sim \text{Bernoulli}(p)$. 极大似然估计为 $\widehat{p}_n = \sum_i X_i/n$, 且 $f(x;p) = p^x(1-p)^{1-x}, \log f(x;p) = x\log p + (1-x)\log(1-p)$,

$$s(X;p) = \frac{X}{p} - \frac{1-X}{1-p}$$

和
$$-s'(X;p) = \frac{X}{p^2} + \frac{1-X}{(1-p)^2}.$$

因此,
$$I(p) = \mathbb{E}_p(-s'(X;p)) = \frac{p}{p^2} + \frac{1-p}{(1-p)^2} = \frac{1}{p(1-p)},$$

所以
$$\widehat{\operatorname{se}} = \frac{1}{\sqrt{I_n(\widehat{p}_n)}} = \frac{1}{\sqrt{nI(\widehat{p}_n)}} = \left\{\frac{\widehat{p}(1-\widehat{p})}{n}\right\}^{1/2}.$$

95% 的渐近置信区间为
$$\widehat{p}_n \pm 2\left\{\frac{\widehat{p}_n(1-\widehat{p}_n)}{n}\right\}^{1/2}.$$

9.21 例 令 $X_1,\cdots,X_n \sim N(\theta,\sigma^2)$, 其中, σ^2 已知. 记分函数为 $s(X;\theta) = (X-\theta)/\sigma^2$ 且 $s'(X;\theta) = -1/\sigma^2$ 所以 $I_1(\theta) = 1/\sigma^2$. 极大似然估计为 $\widehat{\theta} = \overline{X}_n$. 根据定理 9.18, $\overline{X}_n \approx N(\theta,\sigma^2/n)$. 在这个例子中, 正态近似是完全正确的.

9.22 例 令 $X_1,\cdots,X_n \sim \text{Poisson}(\lambda)$, 则 $\widehat{\lambda}_n = \overline{X}_n$, 经计算可知 $I_1(\lambda) = 1/\lambda$, 所以
$$\widehat{\operatorname{se}} = \frac{1}{\sqrt{nI(\widehat{\lambda}_n)}} = \sqrt{\frac{\widehat{\lambda}_n}{n}}.$$

因此, λ 的 $1-\alpha$ 的近似置信区间为 $\widehat{\lambda}_n \pm z_{\alpha/2}\sqrt{\widehat{\lambda}_n/n}$.

9.8 最 优 性

假设 $X_1,\cdots,X_n \sim N(\theta,\sigma^2)$, 极大似然估计为 $\widehat{\theta}_n = \overline{X}_n$. θ 的另外一个合理的估计为样本中位数 $\widetilde{\theta}_n$. 极大似然估计满足
$$\sqrt{n}(\widehat{\theta}_n - \theta) \rightsquigarrow N(0,\sigma^2).$$

也可以证明
$$\sqrt{n}(\widetilde{\theta}_n - \theta) \rightsquigarrow N\left(0,\sigma^2\frac{\pi}{2}\right).$$

这意味着中位数收敛于真参数值, 但它的方差比极大似然估计的方差大.

更一般地, 考虑两个估计量 T_n 和 U_n, 并假设
$$\sqrt{n}(T_n - \theta) \rightsquigarrow N(0,t^2),$$

且
$$\sqrt{n}(U_n - \theta) \rightsquigarrow N(0,u^2)$$

定义 U 对于 T 的**渐近相对效**为 $\mathrm{ARE}(U,T) = t^2/u^2$. 在上面正态分布的例子中, $\mathrm{ARE}(\widetilde{\theta}_n,\widehat{\theta}_n) = 2/\pi = 0.63$. 这表示如果使用中位数估计, 只是有效的利用了一部分数据.

9.23 定理 如果 $\widehat{\theta}_n$ 是极大似然估计, $\widetilde{\theta}_n$ 是其他任意估计, 则[1]
$$\mathrm{ARE}(\widetilde{\theta}_n,\widehat{\theta}_n) \leqslant 1.$$

因此, 极大似然估计具有最小 (渐近) 方差, 称极大似然估计是有效的或渐近最优的.

这个结论是基于模型正确的假设的. 如果模型有误, 极大似然估计就不再是最优的. 在讨论第 12 章的决策理论时, 会更一般地讨论最优性.

9.9 Delta 方法

令 $\tau = g(\theta)$, 这里 g 是光滑函数. τ 的极大似然估计为 $\widehat{\tau} = g(\widehat{\theta})$. 现在来考虑下面的问题: $\widehat{\tau}$ 的分布是什么?

9.24 定理 (Delta 方法) 如果 $\tau = g(\theta)$, 其中, g 可微, 且 $g'(\theta) \neq 0$, 则
$$\frac{(\widehat{\tau}_n - \tau)}{\widehat{\mathrm{se}}(\widehat{\tau})} \rightsquigarrow N(0,1). \tag{9.15}$$

其中, $\widehat{\tau}_n = g(\widehat{\theta}_n)$ 且
$$\widehat{\mathrm{se}}(\widehat{\tau}_n) = |g'(\widehat{\theta})|\widehat{\mathrm{se}}(\widehat{\theta}_n). \tag{9.16}$$

因此, 如果
$$C_n = \left(\widehat{\tau}_n - z_{\alpha/2}\widehat{\mathrm{se}}(\widehat{\tau}_n), \widehat{\tau}_n + z_{\alpha/2}\widehat{\mathrm{se}}(\widehat{\tau}_n)\right), \tag{9.17}$$

则当 $n \to \infty$ 时, $\mathbb{P}_\theta(\tau \in C_n) \to 1 - \alpha$.

9.25 例 令 $X_1, \cdots, X_n \sim \mathrm{Bernoulli}(p)$, 且令 $\psi = g(p) = \log(p/(1-p))$. Fisher 信息量为 $I(p) = 1/(p(1-p))$. 所以极大似然估计 $\widehat{p}_n$ 的标准误差为
$$\widehat{\mathrm{se}} = \sqrt{\frac{\widehat{p}_n(1-\widehat{p}_n)}{n}}.$$

ψ 的极大似然估计为 $\widehat{\psi} = \log \widehat{p}/(1-\widehat{p})$. 由于 $g'(p) = 1/(p(1-p))$, 根据 Delta 方法
$$\widehat{\mathrm{se}}(\widehat{\psi}_n) = |g'(\widehat{p}_n)|\widehat{\mathrm{se}}(\widehat{p}_n) = \frac{1}{\sqrt{n\widehat{p}_n(1-\widehat{p}_n)}}.$$

95% 的渐近置信区间为
$$\widehat{\psi}_n \pm \frac{2}{\sqrt{n\widehat{p}_n(1-\widehat{p}_n)}}.$$

---

[1] 这个结果实际上应更敏感, 但在这儿考虑细节有点过于复杂.

9.26 例 令 $X_1,\cdots,X_n \sim N(\mu,\sigma^2)$. 假设 μ 已知, σ 未知, 希望估计 $\psi = \log \sigma$. 对数似然函数为 $\ell(\sigma) = -n\log\sigma - \dfrac{1}{2\sigma^2}\sum_i (x_i-\mu)^2$. 对其求导数并令其等于 0, 可以得到

$$\widehat{\sigma}_n = \sqrt{\dfrac{\sum_i (X_i-\mu)^2}{n}}.$$

为了得到标准误差, 需要计算 Fisher 信息量. 首先,

$$\log f(X;\sigma) = -\log\sigma - \dfrac{(X-\mu)^2}{2\sigma^2}$$

有二阶导数

$$\dfrac{1}{\sigma^2} - \dfrac{3(X-\mu)^2}{\sigma^4},$$

因此,

$$I(\sigma) = -\dfrac{1}{\sigma^2} + \dfrac{3\sigma^2}{\sigma^4} = \dfrac{2}{\sigma^2}.$$

因此, $\widehat{\text{se}} = \widehat{\sigma}_n/\sqrt{2n}$. 令 $\psi = g(\sigma) = \log\sigma$, 则 $\widehat{\psi} = \log\widehat{\sigma}$. 由于 $g' = 1/\sigma$,

$$\widehat{\text{se}}(\widehat{\psi}_n) = \dfrac{1}{\widehat{\sigma}_n}\dfrac{\widehat{\sigma}_n}{\sqrt{2n}} = \dfrac{1}{\sqrt{2n}},$$

95% 的渐近置信区间为 $\widehat{\psi}_n \pm 2/\sqrt{2n}$.

9.10 多参数模型

这些思想可以直接扩展到有多个参数的模型. 令 $\theta = (\theta_1,\cdots,\theta_k)$, 且令 $\widehat{\theta} = (\widehat{\theta}_1,\cdots,\widehat{\theta}_k)$ 为极大似然估计. 令 $\ell_n = \sum_{i=1}^n \log f(X_i;\theta)$,

$$H_{jj} = \dfrac{\partial^2 \ell_n}{\partial \theta_j^2}, \quad H_{jk} = \dfrac{\partial^2 \ell_n}{\partial \theta_j \partial \theta_k}.$$

定义 Fisher 信息矩阵为

$$I_n(\theta) = \begin{pmatrix} \mathbb{E}_\theta(H_{11}) & \mathbb{E}_\theta(H_{12}) & \cdots & \mathbb{E}_\theta(H_{1k}) \\ \mathbb{E}_\theta(H_{21}) & \mathbb{E}_\theta(H_{22}) & \cdots & \mathbb{E}_\theta(H_{2k}) \\ \vdots & \vdots & & \vdots \\ \mathbb{E}_\theta(H_{k1}) & \mathbb{E}_\theta(H_{k2}) & \cdots & \mathbb{E}_\theta(H_{kk}) \end{pmatrix}. \qquad (9.18)$$

令 $J_n(\theta) = I_n^{-1}(\theta)$ 是 I_n 的逆矩阵.

9.10 多参数模型

9.27 定理 在适当的正则条件下,
$$(\widehat{\theta} - \theta) \approx N(0, J_n).$$

同样, 如果 $\widehat{\theta}_j$ 是 $\widehat{\theta}$ 的第 j 个元素, 则
$$\frac{(\widehat{\theta}_j - \widehat{\theta})}{\widehat{\se}_j} \rightsquigarrow N(0,1) \tag{9.19}$$

其中, $\widehat{\se}_j^2 = J_n(j,j)$ 是 J_n 的第 j 个对角线元素, $\widehat{\se}_j$ 和 $\widehat{\se}_k$ 的渐近方差为 $\text{Cov}(\widehat{\se}_j, \widehat{\se}_k) \approx J_n(j,k)$.

同样也是多参数的 Delta 方法. 令 $\tau = g(\theta_1, \cdots, \theta_k)$ 为一个函数, 令
$$\nabla g = \begin{pmatrix} \dfrac{\partial g}{\partial \theta_1} \\ \vdots \\ \dfrac{\partial g}{\partial \theta_k} \end{pmatrix}$$

是 g 的梯度.

9.28 定理 (多参数 Delta 方法) 假设 ∇g 在 $\widehat{\theta}$ 处不等于 0. 令 $\widehat{\tau} = g(\widehat{\theta})$, 则
$$\frac{(\widehat{\tau} - \tau)}{\widehat{\se}(\widehat{\tau})} \rightsquigarrow N(0,1),$$

其中,
$$\widehat{\se}(\widehat{\tau}) = \sqrt{(\widehat{\nabla} g)^{\text{T}} \widehat{J}_n (\widehat{\nabla} g)}, \tag{9.20}$$

$\widehat{J}_n = J_n(\widehat{\theta}_n)$, 当 $\theta = \widehat{\theta}$ 时 $\widehat{\nabla} g$ 等于 ∇g.

9.29 例 令 $X_1, \cdots, X_n \sim N(\mu, \sigma^2)$. 令 $\tau = g(\mu, \sigma) = \sigma/\mu$. 在 9.14 习题中的第 8 题中要求证明
$$I_n(\mu, \sigma) = \begin{pmatrix} \dfrac{n}{\sigma^2} & 0 \\ 0 & \dfrac{2n}{\sigma^2} \end{pmatrix}.$$

因此,
$$J_n = I_n^{-1}(\mu, \sigma) = \frac{1}{n} \begin{pmatrix} \sigma^2 & 0 \\ 0 & \dfrac{\sigma^2}{2} \end{pmatrix}.$$

g 的梯度为
$$\nabla g = \begin{pmatrix} -\dfrac{\sigma}{\mu^2} \\ \dfrac{1}{\mu} \end{pmatrix},$$

因此,
$$\widehat{\mathrm{se}}(\widehat{\tau}) = \sqrt{(\widehat{\nabla}g)^{\mathrm{T}} \widehat{J}_n(\widehat{\nabla}g)} = \frac{1}{\sqrt{n}}\sqrt{\frac{1}{\widehat{\mu}^4} + \frac{\widehat{\sigma}^2}{2\widehat{\mu}^2}}.$$

9.11 参数 Bootstrap 方法

对于参数模型,标准差和置信区间可以使用 Bootstrap 方法来估计. 在这里只有一个变化. 在非参 Bootstrap 中,从经验分布中抽出样本 $X_1^*,\cdots,X_n^*$. 在参数 Bootstrap 方法中,从 $f(x;\widehat{\theta}_n)$ 中抽样. 因此, $\widehat{\theta}_n$ 可以是极大似然估计或者矩估计.

9.30 例 考虑例 9.29. 为了得到标准差,随机模拟 $X_1^*,\cdots,X_n^* \sim N(\widehat{\mu}, \widehat{\sigma}^2)$,计算 $\widehat{\mu}^* = n^{-1}\sum_i X_i^*$ 和 $\widehat{\sigma}^2 = n^{-1}\sum_i (X_i^* - \widehat{\mu}^*)^2$. 然后计算 $\widehat{\tau}^* = g(\widehat{\mu}^*, \widehat{\sigma}^*) = \widehat{\sigma}^*/\widehat{\mu}^*$. 重复上述过程 B 次,得到 Bootstrap 复本

$$\widehat{\tau}_1^*,\cdots,\widehat{\tau}_B^*.$$

标准误差的估计值为

$$\widehat{\mathrm{se}}_{\mathrm{boot}} = \sqrt{\frac{\sum_{b=1}^{B}(\widehat{\tau}_b^* - \widehat{\tau})^2}{B}}.$$

Bootstrap 方法要比 Delta 方法简单很多. 另一方面, Delta 方法也有优点,它可以给出标准差更近似的估计式.

9.12 检验假设条件

如果假设数据来自一个参数模型,那么最好应该检验这个假设. 一种方法是通过检查数据的图形来非正式地检验这个假设条件. 比方说,如果数据的直方图看起来是双峰的,那么正态性的假设就值得质疑了. 检验参数模型的正式方法是使用拟合优度检验. 见 10.8 节.

9.13 附 录

9.13.1 证明

定理 9.13 的证明 由于 $\widehat{\theta}_n$ 使得 $M_n(\theta)$ 最大,有 $M_n(\widehat{\theta}_n) \geqslant M_n(\theta_*)$. 因此,

$$M(\theta_*) - M(\widehat{\theta}_n) = M_n(\theta_*) - M(\widehat{\theta}_n) + M(\theta_*) - M_n(\theta_*)$$
$$\leqslant M_n(\widehat{\theta}_n) - M(\widehat{\theta}_n) + M(\theta_*) - M_n(\theta_*)$$

9.13 附　录

$$\leqslant \sup_\theta |M_n(\theta) - M(\theta)| + M(\theta_*) - M_n(\theta_*)$$
$$\xrightarrow{P} 0.$$

最后一行根据 (9.7) 得来. 所以对于任意 $\delta > 0$, 有

$$\mathbb{P}(M(\widehat{\theta}_n) < M(\theta_*) - \delta) \to 0.$$

任意取 $\epsilon > 0$, 根据 (9.8), 存在 $\delta > 0$ 使得 $|\theta - \theta_*| \geqslant \epsilon$ 蕴涵着 $M(\theta) < M(\theta_*) - \delta$. 因此,

$$\mathbb{P}(|\widehat{\theta}_n - \theta_*| > \epsilon) \leqslant \mathbb{P}(M(\widehat{\theta}_n) < M(\theta_*) - \delta) \to 0.$$

接下来, 证明定理 9.18. 首先需要一个引理.

9.31 引理　记分函数满足

$$\mathbb{E}_\theta[s(X;\theta)] = 0.$$

证明　注意到 $1 = \int f(x;\theta)\mathrm{d}x$. 对等式两边取微分, 得到

$$0 = \frac{\partial}{\partial \theta}\int f(x;\theta)\mathrm{d}x = \int \frac{\partial}{\partial \theta} f(x;\theta)\mathrm{d}x$$

$$= \int \frac{\frac{\partial f(x;\theta)}{\partial \theta}}{f(x;\theta)} f(x;\theta)\mathrm{d}x = \int \frac{\partial \log f(x;\theta)}{\partial \theta} f(x;\theta)\mathrm{d}x$$

$$= \int s(x;\theta) f(x;\theta)\mathrm{d}x = \mathbb{E}_\theta[s(X;\theta)].$$

定理 9.18 的证明　令 $\ell(\theta) = \log \mathcal{L}(\theta)$, 则

$$0 = \ell'(\widehat{\theta}) \approx \ell'(\theta) + (\widehat{\theta} - \theta)\ell''(\theta),$$

把上面的等式移项, 可以得到 $\widehat{\theta} - \theta = -\ell'(\theta)/\ell''(\theta)$. 或者, 换句话说,

$$\sqrt{n}(\widehat{\theta} - \theta) = \frac{1/\sqrt{n}\,\ell'(\theta)}{-1/n\,\ell''(\theta)} \equiv \frac{\text{TOP}}{\text{BOTTOM}}.$$

令 $Y_i = \partial \log f(X;\theta)/\partial \theta$. 根据前面的引理可得 $\mathbb{E}(Y_i) = 0$, 同时 $\mathbb{V}(Y_i) = I(\theta)$. 因此, 由中心极限定理可知

$$\text{TOP} = n^{-1/2}\sum_i Y_i = \sqrt{n}\,\overline{Y} = \sqrt{n}(\overline{Y} - 0) \rightsquigarrow W \sim N(0, I(\theta)).$$

令 $A_i = -\partial^2 \log f(X;\theta)/\partial \theta^2$, 则 $\mathbb{E}(A_i) = I(\theta)$. 由大数定律可知

$$\text{BOTTOM} = \overline{A} \xrightarrow{P} I(\theta).$$

应用定理 5.5 的 (e) 部分, 可以得到

$$\sqrt{n}(\widehat{\theta} - \theta) \rightsquigarrow \frac{W}{I(\theta)} \stackrel{d}{=} N\left(0, \frac{1}{I(\theta)}\right).$$

假设 $I(\theta)$ 是 θ 的连续函数, 所以 $I(\widehat{\theta}_n) \stackrel{P}{\longrightarrow} I(\theta)$. 然而

$$\frac{\widehat{\theta_n - \theta}}{\widehat{\text{se}}} = \sqrt{n}I^{1/2}(\widehat{\theta}_n)(\widehat{\theta}_n - \theta)$$

$$= \{\sqrt{n}I^{1/2}(\widehat{\theta}_n)(\widehat{\theta}_n - \theta)\}\sqrt{\frac{I(\widehat{\theta}_n)}{I(\theta)}}.$$

第一项依分布趋向于 $N(0,1)$, 第二项依概率趋向于 1. 该结果依据定理 5.5 的 (e) 部分.

定理 9.24 的证明思路 记

$$\widehat{\tau}_n = g(\widehat{\theta}_n) \approx g(\theta) + (\widehat{\theta}_n - \theta)g'(\theta) = \tau + (\widehat{\theta}_n - \theta)g'(\theta).$$

因此,

$$\sqrt{n}(\widehat{\tau}_n - \tau) \approx \sqrt{n}(\widehat{\theta}_n - \theta)g'(\theta),$$

因此,

$$\frac{\sqrt{nI(\theta)}(\widehat{\tau}_n - \tau)}{g'(\theta)} \approx \sqrt{nI(\theta)}(\widehat{\theta}_n - \theta).$$

定理 9.18 说明上式的右边依分布趋向于 $N(0,1)$. 因此,

$$\frac{\sqrt{nI(\theta)}(\widehat{\tau}_n - \tau)}{g'(\theta)} \approx N(0,1).$$

或者, 换句话说,

$$\widehat{\tau}_n \approx N(\tau, \text{se}^2(\widehat{\tau}_n)).$$

其中,

$$\text{se}^2(\widehat{\tau}_n)) = \frac{(g'(\theta))^2}{nI(\theta)}.$$

依据定理 5.5 的 (e) 部分可知, 如果用 $\widehat{\theta}_n$ 代替 θ, 这个结论仍然成立.

9.13.2 充分性

统计量是数据 $X^n = (X_1, \cdots, X_n)$ 的函数 $T(X^n)$. 充分统计量是指包含数据所有信息的统计量. 为了把它表达的更加正式一点, 需要一些定义 (假设每个 $f(x;\theta)$ 定义在同一个空间 $\mathcal{X}$ 上.)

9.13 附录

9.32 定义 如果 $f(x^n;\theta) = cf(y^n;\theta)$，记 $x^n \leftrightarrow y^n$，其中，c 为常数（可能依赖于 x^n 和 y^n，但是不依赖于 θ）. 如果 $T(x^n) = T(y^n)$ 蕴涵着 $x^n \leftrightarrow y^n$，则 $T(x^n)$ 是 θ 的充分统计量.

注意到，如果 $x^n \leftrightarrow y^n$，则基于 x^n 的似然函数和基于 y^n 的似然函数有相同的形状. 粗略地讲，如果已知 $T(x^n)$ 就可以计算似然函数，则该统计量是充分的.

9.33 例 令 $X_1,\cdots,X_n \sim \text{Bernoulli}(p)$，则 $\mathcal{L}(p) = p^S(1-p)^{n-S}$，其中，$S = \sum_i X_i$，所以 S 是充分的.

9.34 例 令 $X_1,\cdots,X_n \sim N(\mu,\sigma)$，且令 $T = (\overline{X},S)$. 则

$$f(X^n;\mu,\sigma) = \left(\frac{1}{\sigma\sqrt{2\pi}}\right)^n \exp\left\{-\frac{nS^2}{2\sigma^2}\right\} \exp\left\{-\frac{n(\overline{X}-\mu)^2}{2\sigma^2}\right\},$$

其中，S^2 是样本方差. 最后一个表达式通过 T 仅依赖于数据，因此 $T = (\overline{X},S)$ 是充分统计量. 注意到 $U = (17\overline{X},S)$ 也是充分统计量. 如果知道 U 的值，就可以构造 T，并且计算似然函数值. 充分统计量远不是唯一的. 考虑下面的统计量：

$$T_1(X^n) = (X_1,\cdots,X_n),$$
$$T_2(X^n) = (\overline{X},S),$$
$$T_3(X^n) = \overline{X},$$
$$T_4(X^n) = (\overline{X},S,X_3).$$

第一个统计量是整个数据集，是充分统计量. 第二个也是充分统计量，在前面已经证明过. 第三个不是充分统计量，因为仅已知 $\overline{X}$ 的时候不能计算出 $\mathcal{L}(\mu,\sigma)$. 第四个统计量 T_4 是充分的. 统计量 T_1 和 T_4 是充分的，但是它们包含冗余的信息. 从直观上就能感觉 T_2 是比 T_1 或 T_4 更简洁的充分统计量. 可以认为 T_2 是 T_1 的一个函数，类似地，T_2 是 T_4 的一个函数. 例如，$T_2 = g(T_4)$，这里 $g(a_1,a_2,a_3) = (a_1,a_2)$.

9.35 定义 如果统计量 T 满足 (i) 它是充分的以及 (ii) 它是其他每个充分统计量的函数，则统计量 T 是最小充分统计量.

9.36 定理 如果下面的条件成立：

$$T(x^n) = T(y^n) \quad \text{当且仅当} \quad x^n \leftrightarrow y^n,$$

则 T 是最小充分统计量.

统计量用来将试验结果集分类. 可以根据这些分类考虑充分性.

9.37 例 令 $X_1,\cdots,X_n \sim \text{Bernoulli}(\theta)$. 令 $V = X_1, T = \sum_i X_i$ 和 $U = (T,X_1)$. 下面是结果集和统计量：

X_1	X_2	V	T	U
0	0	0	0	(0,0)
0	1	0	1	(1,0)
1	0	1	1	(1,1)
1	1	1	2	(2,1)

不同的分类由下面的统计量生成:

$$V \to \{(0,0),(0,1)\},\{(1,0),(1,1)\},$$
$$T \to \{(0,0)\},\{(0,1),(1,0)\},\{(1,1)\},$$
$$U \to \{(0,0)\},\{(0,1)\},\{(1,0)\},\{(1,1)\},$$

则 V 是不充分的, 但是 T 和 U 是充分的. T 是最小充分的, U 不是最小充分的. 这是因为如果 $x^n = (1,0)$ 和 $y^n = (0,1)$, 则 $x^n \leftrightarrow y^n$, 但是 $U(x^n) \neq U(y^n)$. 统计量 $W = 17T$ 产生的分类和 T 一样, 它同样是最小充分统计量.

9.38 例 对于正态模型 $N(\mu,\sigma^2)$, $T = (\overline{X},S)$ 是最小充分统计量. 对于 Bernoulli 模型, $T = \sum_i X_i$ 是最小充分统计量. 对于泊松模型, $T = \sum_i X_i$ 是最小充分统计量. 验证 $T = (\sum_i X_i, X_1)$ 是充分的, 但不是最小充分统计量, $T = X_1$ 不是充分统计量.

本书给出的定义并不是通常所说的充分统计量的定义. 通常的定义为: 如果给定 $T(x^n) = t$, X^n 的分布不依赖于 θ, 则 T 是充分的. 换言之, 如果 $f(x_1,\cdots,x_n|t;\theta) = h(x_1,\cdots,x_n,t)$, 则 T 是充分的. 这里, h 是不依赖于 θ 的一个函数.

9.39 例 抛两枚硬币. 令 $X = (X_1,X_2) \sim \text{Bernoulli}(p)$, 则 $T = X_1 + X_2$ 是充分的. 为了证明这一点, 需要给定 $T = t$ 时 (X_1,X_2) 的分布. 由于 T 有三个可能的取值, 就有三个条件分布需验证. 它们是

(i) 给定 $T = 0$ 时, (X_1,X_2) 的分布:

$$P(X_1 = 0, X_2 = 0|t = 0) = 1, \quad P(X_1 = 0, X_2 = 1|t = 0) = 0,$$
$$P(X_1 = 1, X_2 = 0|t = 0) = 0, \quad P(X_1 = 1, X_2 = 1|t = 0) = 0.$$

(ii) 给定 $T = 1$ 时, (X_1,X_2) 的分布:

$$P(X_1 = 0, X_2 = 0|t = 1) = 0, \quad P(X_1 = 0, X_2 = 1|t = 1) = \frac{1}{2},$$
$$P(X_1 = 1, X_2 = 0|t = 1) = \frac{1}{2}, \quad P(X_1 = 1, X_2 = 1|t = 1) = 0.$$

(iii) 给定 $T = 2$ 时, (X_1,X_2) 的分布:

$$P(X_1 = 0, X_2 = 0|t = 2) = 0, \quad P(X_1 = 0, X_2 = 1|t = 2) = 0,$$
$$P(X_1 = 1, X_2 = 0|t = 2) = 0, \quad P(X_1 = 1, X_2 = 1|t = 2) = 1.$$

上面没有一个分布依赖于参数 p. 因此, 条件分布 $X_1, X_2|T$ 不依赖于 p, 所以 T 是充分的.

9.40 定理 (因子分解定理) T 是充分统计量当且仅当存在函数 $g(t,\theta)$ 和 $h(x)$ 使得 $f(x^n;\theta) = g(t(x^n),\theta)h(x^n)$.

9.41 例 回到抛两枚硬币的例子. 令 $t = x_1 + x_2$, 则

$$\begin{aligned} f(x_1,x_2;\theta) &= f(x_1;\theta)f(x_2;\theta) \\ &= \theta^{x_1}(1-\theta)^{1-x_1}\theta^{x_2}(1-\theta)^{1-x_2} \\ &= g(t,\theta)h(x_1,x_2). \end{aligned}$$

其中, $g(t,\theta) = \theta^t(1-\theta)^{2-t}$ 和 $h(x_1,x_2) = 1$. 因此, $T = X_1 + X_2$ 是充分的.

现在来讨论在点估计中充分性的含义. 令 $\widehat{\theta}$ 是 θ 的点估计. 下述 Rao-Blackwell 定理说明一个估计应该只依赖于充分统计量, 否则它可以被改进. 令 $R(\theta,\widehat{\theta}) = \mathbb{E}_\theta(\theta - \widehat{\theta})^2$ 表示估计量的均方误差 MSE.

9.42 定理 (Rao-Blackwell) 令 $\widehat{\theta}$ 为估计, T 为充分统计量. 定义一个新的估计

$$\widetilde{\theta} = \mathbb{E}(\widehat{\theta}|T),$$

则对任意 θ, 有 $R(\theta,\widetilde{\theta}) \leqslant R(\theta,\widehat{\theta})$.

9.43 例 考虑连续抛一个硬币两次. 令 $\widehat{\theta} = X_1$. 这是一个无偏估计. 但它不是充分统计量 $T = X_1 + X_2$ 的函数. 然而, 可以知道 $\widetilde{\theta} = \mathbb{E}(X_1|T) = (X_1 + X_2)/2$. 根据 Rao-Blackwell 定理, $\widetilde{\theta}$ 的均方误差至少与 $\widehat{\theta} = X_1$ 的一样小. 这也可以应用到抛 n 次硬币. 再次定义 $\widehat{\theta} = X_1$ 和 $T = \sum_i X_i$. 则 $\widetilde{\theta} = \mathbb{E}(X_1|T) = n^{-1}\sum_i X_i$ 改进了均方误差.

9.13.3 指数族

这里所研究的参数模型绝大多数是称为指数族的一类模型的特例. 如果存在函数 $\eta(\theta), B(\theta), T(x)$ 和 $h(x)$ 使得

$$f(x;\theta) = h(x)e^{\eta(\theta)T(x) - B(\theta)},$$

则称 $\{f(x;\theta) : \theta \in \Theta\}$ 为**单参数指数族**. 易见 $T(X)$ 是充分的, 称之为**自然充分统计量**.

9.44 例 令 $X \sim$ Poisson (θ), 则

$$f(x;\theta) = \frac{\theta^x e^{-\theta}}{x!} = \frac{1}{x!}e^{x\log\theta - \theta}.$$

因此, 这是一个指数族, 其中, $\eta(\theta) = \log\theta, B(\theta) = \theta, T(x) = x$ 和 $h(x) = 1/x!$.

9.45 例   令 $X \sim$ Binomial (n, θ)，则

$$f(x;\theta) = \binom{n}{x} \theta^x (1-\theta)^{n-x} = \binom{n}{x} \exp\left\{x \log\left(\frac{\theta}{1-\theta}\right) + n\log(1-\theta)\right\}.$$

在这个例子中，

$$\eta(\theta) = \log\left(\frac{\theta}{1-\theta}\right), \quad B(\theta) = -n\log(1-\theta),$$

并且

$$T(x) = x, \quad h(x) = \binom{n}{x}.$$

可以把指数族改写为

$$f(x;\eta) = h(x) e^{\eta T(x) - A(\eta)}.$$

其中，$\eta = \eta(\theta)$ 称为自然参数，而

$$A(\eta) = \log \int h(x) e^{\eta T(x)} dx.$$

例如，泊松分布可以改写成 $f(x;\eta) = e^{\eta x - e^\eta}/x!$，这里自然参数为 $\eta = \log \theta$。

令 $X_1, \cdots, X_n$ 为独立同分布的指数族，则 $f(x^n;\theta)$ 为一指数族

$$f(x^n;\theta) = h_n(x^n) e^{\eta(\theta) T_n(x^n) - B_n(\theta)}.$$

其中，$h_n(x^n) = \prod_i h(x_i), T_n(x^n) = \sum_i T(x_i), B_n(\theta) = nB(\theta)$。这意味着 $\sum_i T(X_i)$ 是充分的。

9.46 例   令 $X_1, \cdots, X_n \sim$ Uniform $(0, \theta)$，则

$$f(x^n;\theta) = \frac{1}{\theta^n} I(x_{(n)} \leqslant \theta),$$

其中，I 为示性函数，即如果括号里的项为真，则 I 的值为 1，否则为 0。$x_{(n)} = \max\{x_1, \cdots, x_n\}$。因此，$T(X^n) = \max\{X_1, \cdots, X_n\}$ 是充分的。但是，由于 $T(X^n) \neq \sum_i T(X_i)$，这不可能是指数族。

9.47 定理   令 X 的密度是指数族的，则

$$\mathbb{E}(T(X)) = A'(\eta), \quad \mathbb{V}(T(X)) = A''(\eta).$$

如果 $\theta = (\theta_1, \cdots, \theta_k)$ 是一个向量，且

$$f(x;\theta) = h(x) \exp\left\{\sum_{j=1}^k \eta_j(\theta) T_j(x) - B(\theta)\right\},$$

则称 $f(x;\theta)$ 具有指数族的形态. 同时 $T = (T_1, \cdots, T_k)$ 是充分的. 样本量为 n 的独立同分布样本也具有指数族的形态, 其充分统计量为 $(\sum_i T_1(X_i), \cdots, \sum_i T_k(X_i))$.

9.48 例 考虑 $\theta = (\mu, \sigma)$ 的正态族. 此时

$$f(x;\theta) = \exp\left\{\frac{\mu}{\sigma^2}x - \frac{x^2}{2\sigma^2} - \frac{1}{2}\left(\frac{\mu^2}{\sigma^2} + \log(2\pi\sigma^2)\right)\right\}.$$

这是指数族, 其中,

$$\eta_1(\theta) = \frac{\mu}{\sigma^2}, \quad T_1(x) = x,$$
$$\eta_2(\theta) = -\frac{1}{2\sigma^2}, \quad T_2(x) = x^2.$$
$$B(\theta) = \frac{1}{2}\left(\frac{\mu^2}{\sigma^2} + \log(2\pi\sigma^2)\right), \quad h(x) = 1.$$

因此, 对于 n 个独立同分布样本, $(\sum_i X_i, \sum_i X_i^2)$ 是充分的.

和以前一样, 可以把指数族写成

$$f(x;\eta) = h(x)\exp\{T^T(x)\eta - A(\eta)\}.$$

这里, $A(\eta) = \log \int h(x) e^{T^T(x)\eta} dx$. 可以证明

$$\mathbb{E}(T(X)) = \dot{A}(\eta), \quad \mathbb{V}(T(X)) = \ddot{A}(\eta).$$

这里第一个表达式是偏导数向量, 第二个是二阶导数矩阵.

9.13.4 计算极大似然估计

在某些情形下, 可以找到极大似然估计的解析式. 更常见的是, 需要通过数值方法寻找极大似然估计. 在这里, 只简单讨论两种常用的方法: (i)Newton-Raphson 法和 (ii)EM 算法. 这两种都是循环迭代的方法, 会生成一个序列 $\theta^0, \theta^1, \cdots$, 它们在理想的条件下会收敛于极大似然估计 $\widehat{\theta}$. 在这种情况下, 一个好的初始值 θ^0 非常有用. 矩估计经常是一个很好的初始值.

NEWTON-RAPHSON 为了讲述 Newton-Raphson, 在 θ^j 点把对数似然函数的微分展开, 即

$$0 = \ell'(\theta) \approx \ell'(\theta^j) + (\widehat{\theta} - \theta^j)\ell''(\theta^j).$$

解 $\widehat{\theta}$ 得到

$$\widehat{\theta} \approx \theta^j - \frac{\ell'(\theta^j)}{\ell''(\theta^j)}.$$

这表明了接下来的迭代步骤:

$$\widehat{\theta}^{j+1} = \theta^j - \frac{\ell'(\theta^j)}{\ell''(\theta^j)}.$$

在多参数情形下, 极大似然估计 $\widehat{\theta} = (\widehat{\theta}_1, \cdots, \widehat{\theta}_k)$ 是一个向量, 迭代方法就变为

$$\widehat{\theta}^{j+1} = \theta^j - H^{-1}\ell'(\theta^j),$$

其中, $\ell'(\theta^j)$ 是一阶导数向量, H 是对数似然函数的二阶导数矩阵.

EM 算法 字母 EM 表示期望最大化 (expectation-maximization). 这个思想是取期望值之间迭代, 直到取到最大值. 假设有数据 Y, 由它的密度函数 $f(y;\theta)$ 生成的对数似然函数很难最大化. 但是, 假设可以找到另一个随机变量 Z 满足 $f(y;\theta) = \int f(y,z;\theta)dz$, 而基于 $f(y,z;\theta)$ 的似然函数很容易最大化. 换言之, 要研究的模型是一个有简单似然函数的模型的边际模型. 在这种情形下, 称 Y 为观察数据, Z 为隐藏数据 (或潜数据或缺失数据). 如果能够填充缺失值, 那么就简化了问题. 从概念上来讲, EM 算法通过填充缺失数据, 使对数似然函数最大化, 循环这个过程.

9.49 例 (混合正态) 有时可以假设数据的分布是两个正态分布的混合. 考虑人的身高, 就是男人身高和女人身高的混合. 令 $\phi(y;\mu,\sigma)$ 表示均值为 μ 标准差为 σ 的正态概率密度函数. 两个正态分布的混合密度函数为

$$f(y;\theta) = (1-p)\phi(y;\mu_0,\sigma_0) + p\phi(y;\mu_1,\sigma_1).$$

其思想就是某一个观测来自第一个正态分布的概率为 p, 来自第二个正态分布的概率为 $1-p$. 然而, 不知道这个观测是从哪个分布中抽取的. 参数为 $\theta = (\mu_0, \sigma_0, \mu_1, \sigma_1, p)$. 似然函数为

$$\mathcal{L}(\theta) = \prod_{i=1}^{n}[(1-p)\phi(y_i;\mu_0,\sigma_0) + p\phi(y_i;\mu_1,\sigma_1)].$$

通过求 5 个参数使得这个函数最大化很难. 想象一下如果已知一些额外信息, 知道每个观测分别来自哪个正态分布. 这些"完整"数据的形态为 $(Y_1, Z_1), \cdots, (Y_n, Z_n)$. 这里 $Z_i = 0$ 表示来自第一个正态分布, $Z_i = 1$ 表示来自第二个正态分布. 注意到 $\mathbb{P}(Z_i = 1) = p$. 很快就能看出完整数据 $(Y_1, Z_1), \cdots, (Y_n, Z_n)$ 的似然函数要比观察数据 $Y_1, \cdots, Y_n$ 的似然函数简单得多.

下面来描述 EM 算法.

EM 算法
(0) 选择初始值 θ^0. 对于 $j = 1, 2, \cdots$, 重复下面的步骤 (1) 和步骤 (2).
(1) 第 (E 步) 计算

9.13 附 录

$$J(\theta|\theta^j) = \mathbb{E}_{\theta^j}\left(\log\frac{f(Y^n, Z^n;\theta)}{f(Y^n, Z^n;\theta^j)}\Big|Y^n = y^n\right).$$

这里的期望是对于缺失数据求的 θ^j 的期望, 而观察数据 Y_n 看作常数.
(2) 找出使得 $J(\theta|\theta^j)$ 最大的 θ^{j+1}.

现在证明 EM 算法总是能增加似然值, 也就是 $\mathcal{L}(\theta^{j+1}) \geqslant \mathcal{L}(\theta^j)$. 注意到

$$\begin{aligned}
J(\theta^{j+1}|\theta^j) &= \mathbb{E}_{\theta^j}\left(\log\frac{f(Y^n, Z^n;\theta^{j+1})}{f(Y^n, Z^n;\theta^j)}\Big|Y^n = y^n\right) \\
&= \log\frac{f(y^n;\theta^{j+1})}{f(y^n;\theta^j)} + \mathbb{E}_{\theta^j}\left(\log\frac{f(Z^n|Y^n;\theta^{j+1})}{f(Z^n|Y^n;\theta^j)}\Big|Y^n = y^n\right).
\end{aligned}$$

因此,

$$\begin{aligned}
\frac{\mathcal{L}(\theta^{j+1})}{\mathcal{L}(\theta^j)} &= \log\frac{f(y^n;\theta^{j+1})}{f(y^n;\theta^j)} \\
&= J(\theta^{j+1}|\theta^j) - \mathbb{E}_{\theta^j}\left(\log\frac{f(Z^n|Y^n;\theta^{j+1})}{f(Z^n|Y^n;\theta^j)}\Big|Y^n = y^n\right) \\
&= J(\theta^{j+1}|\theta^j) + K(f_j, f_{j+1}),
\end{aligned}$$

其中, $f_j = f(y^n;\theta^j), f_{j+1} = f(y^n;\theta^{j+1})$ 和 $K(f,g) = \int f(x)\log(f(x)/g(x))\mathrm{d}x$ 是 Kullback-Leible 距离. 现选择出 θ^{j+1} 使其最大化 $J(\theta|\theta^j)$. 因此 $J(\theta^{j+1}|\theta^j) \geqslant J(\theta^j|\theta^j) = 0$. 同时, 由 Kullback-Leible 发散的性质, $K(f_j, f_{j+1}) \geqslant 0$. 因此, $\mathcal{L}(\theta^{j+1}) \geqslant \mathcal{L}(\theta^j)$ 总成立.

9.50 例 (例 9.49 续)   再一次考虑两个正态分布的混合, 为简单起见, 假设 $p = 1/2, \sigma_1 = \sigma_2 = 1$. 联合密度函数为

$$f(y;\mu_1,\mu_2) = \frac{1}{2}\phi(y;\mu_0,1) + \frac{1}{2}\phi(y;\mu_1,1).$$

直接最大化似然函数很难. 引入潜变量 $Z_1,\cdots,Z_n$, 这里, 当 Y_i 来自 $\phi(y;\mu_0,1)$ 时 $Z_i = 0$, 当 Y_i 来自 $\phi(y;\mu_1,1)$ 时 $Z_i = 1$, $\mathbb{P}(Z_i = 1) = \mathbb{P}(Z_i = 0) = 1/2$, $f(y_i|Z_i = 0) = \phi(y;\mu_0,1)$, $f(y_i|Z_i = 1) = \phi(y;\mu_1,1)$. 所以 $f(y) = \sum_{z=0}^{1} f(y,z)$, 这里为了避免符号太多把参数从密度函数中删除了. 可以写出

$$f(z,y) = f(z)f(y|z) = \frac{1}{2}\phi(y;\mu_0,1)^{1-z}\phi(y;\mu_1,1)^z.$$

因此, 完整的似然函数为

$$\prod_{i=1}^{n}\phi(y_i;\mu_0,1)^{1-z_i}\phi(y_i;\mu_1,1)^{z_i}.$$

完整的对数似然函数为

$$\widetilde{\ell} = -\frac{1}{2}\sum_{i=1}^{n}(1-z_i)(y_i-\mu_0)^2 - \frac{1}{2}\sum_{i=1}^{n}z_i(y_i-\mu_1)^2.$$

因此

$$J(\theta|\theta^j) = -\frac{1}{2}\sum_{i=1}^{n}(1-\mathbb{E}(Z_i|y^n,\theta^j))(y_i-\mu_0)^2 - \frac{1}{2}\sum_{i=1}^{n}\mathbb{E}(Z_i|y^n,\theta^j)(y_i-\mu_1)^2.$$

由于 Z_i 是二值的, $\mathbb{E}(Z_i|y^n,\theta^j) = \mathbb{P}(Z_i=1|y^n,\theta^j)$, 由贝叶斯定理知,

$$\mathbb{P}(Z_i=1|y^n,\theta^j) = \frac{f(y^n|Z_i=1;\theta^j)\mathbb{P}(Z_i=1)}{f(y^n|Z_i=1;\theta^j)\mathbb{P}(Z_i=1) + f(y^n|Z_i=0;\theta^j)\mathbb{P}(Z_i=0)}$$

$$= \frac{\phi(y_i;\mu_1^j,1)\cdot 1/2}{\phi(y_i;\mu_1^j,1)\cdot 1/2 + \phi(y_i;\mu_0^j,1)\cdot 1/2}$$

$$= \frac{\phi(y_i;\mu_1^j,1)}{\phi(y_i;\mu_1^j,1) + \phi(y_i;\mu_0^j,1)}$$

$$= \tau(i).$$

关于 μ_1,μ_2 对 $J(\theta|\theta^j)$ 求导数, 并令其等于 0, 得到

$$\widehat{\mu}_1^{j+1} = \frac{\sum_{i=1}^{n}\tau_i y_i}{\sum_{i=1}^{n}\tau_i}, \quad \widehat{\mu}_0^{j+1} = \frac{\sum_{i=1}^{n}(1-\tau_i)y_i}{\sum_{i=1}^{n}(1-\tau_i)}.$$

然后用 $\widehat{\mu}_1^{j+1}$ 和 $\widehat{\mu}_0^{j+1}$ 再计算 τ_i, 并循环迭代.

9.14 习 题

1. 令 $X_1,\cdots,X_n \sim$ Gamma (α,β). 求出 α,β 的矩估计.
2. 令 $X_1,\cdots,X_n \sim$ Uniform (a,b), 这里 a,b 为未知参数, 且 $a<b$.
   (a) 求 a,b 的矩估计.
   (b) 求 a,b 的极大似然估计 $\widehat{a},\widehat{b}$.
   (c) 令 $\tau = \int x dF(x)$. 求 τ 的极大似然估计.
   (d) 令 $\widehat{\tau}$ 是 τ 的极大似然估计. 令 $\widetilde{\tau}$ 是 $\tau = \int x dF(x)$ 的非参嵌入式估计. 假设 $a=1,b=3,n=10$. 用随机模拟方法求出 $\widehat{\tau}$ 的均方误差, 并求出 $\widetilde{\tau}$ 的均方误差解析式. 作比较.

9.14 习题

3. 令 $X_1, \cdots, X_n \sim N(\mu, \sigma^2)$. 令 τ 为 0.95 分位数, 即 $\mathbb{P}(X < \tau) = 0.95$.
   (a) 求 τ 的极大似然估计.
   (b) 求 τ 的 $1-\alpha$ 渐近置信区间.
   (c) 假设数据为

3.23	−2.50	1.88	−0.68	4.43	0.17
1.03	−0.07	−0.01	0.76	1.76	3.18
0.33	−0.31	0.30	−0.61	1.52	5.43
1.54	2.28	0.42	2.33	−1.03	4.00
0.39					

   求 τ 的极大似然估计 $\hat{\tau}$. 用 Delta 方法求出标准误差. 用参数 Bootstrap 方法求出标准误差.

4. 令 $X_1, \cdots, X_n \sim$ Uniform $(0, \theta)$. 证明极大似然估计是相合的. 提示: 令 $Y = \max\{X_1, \cdots, X_n\}$, 对于任意 c, 有 $\mathbb{P}(Y < c) = \mathbb{P}(X_1 < c, X_2 < c, \cdots, X_n < c) = \mathbb{P}(X_1 < c)\mathbb{P}(X_2 < c) \cdots \mathbb{P}(X_n < c)$.

5. 令 $X_1, \cdots, X_n \sim$ Poisson (λ), 求 λ 的矩估计、极大似然估计和 Fisher 信息量 $I(\lambda)$.

6. 令 $X_1, \cdots, X_n \sim N(\theta, 1)$. 定义

$$Y_i = \begin{cases} 1, & X_i > 0, \\ 0, & X_i \leqslant 0. \end{cases}$$

令 $\psi = \mathbb{P}(Y_1 = 1)$.
(a) 求 ψ 的极大似然估计 $\hat{\psi}$.
(b) 求 ψ 的 95% 的渐近置信区间.
(c) 定义 $\tilde{\psi} = (1/n) \sum_i Y_i$. 证明 $\tilde{\psi}$ 是 ψ 的相合估计.
(d) 计算 $\tilde{\psi}$ 对 $\hat{\psi}$ 的渐近相对效率. 提示: 用 Delta 方法计算出极大似然估计的标准误差, 然后计算 $\tilde{\psi}$ 的标准误差 (标准差).
(e) 假设数据并不是服从正态分布的. 证明 $\hat{\psi}$ 不是相合的. $\hat{\psi}$ 收敛于什么?

7. (比较两种治疗) 假设 n_1 个人接受治疗方案 1, n_2 个人接受治疗方案 2. 令 X_1 表示接受治疗方案 1 并表现出治疗有效的人数, 令 X_2 表示接受治疗方案 2 并表现出治疗有效的人数. 假设 $X_1 \sim$ Binomial(n_1, p_1), 而 $X_2 \sim$ Binomial(n_2, p_2). 令 $\psi = p_1 - p_2$.
(a) 求 ψ 的极大似然估计 $\hat{\psi}$.
(b) 求 Fisher 信息矩阵 $I(p_1, p_2)$.
(c) 用多参数 Delta 方法求出 $\hat{\psi}$ 的渐近标准差.

(d) 假设 $n_1 = n_2 = 200, X_1 = 160, X_2 = 148$. 求 $\widehat{\psi}$. 分别用 (i)Delta 方法和 (ii) 参数 Bootstrap 方法求 ψ 的 90% 的渐近置信区间.

8. 求例 9.29 中 Fisher 信息矩阵.

9. 令 $X_1, \cdots, X_n \sim \text{Normal}(\mu, 1)$. 令 $\theta = e^{\mu}$, 且令 $\widehat{\theta} = e^{\overline{X}}$ 为极大似然估计. 用 $\mu = 5$ 创建一个观测数 $n = 100$ 的数据集.

   (a) 用 Delta 方法计算 $\widehat{\text{se}}$ 和 θ 的 90% 的置信区间. 用参数 Bootstrap 方法计算 $\widehat{\text{se}}$ 和 θ 的 90% 的置信区间. 用非参 Bootstrap 方法计算 $\widehat{\text{se}}$ 和 θ 的 90% 的置信区间. 比较两个结果.

   (b) 画出参数 Bootstrap 方法和非参 Bootstrap 方法的 Bootstrap 复本的直方图. 这些是 $\widehat{\theta}$ 的分布估计. Delta 方法同样可以给出这个分布的近似, 即, $\text{Normal}(\widehat{\theta}, \text{se}^2)$. 把这些和 $\widehat{\theta}$ 真实的样本分布 (可以通过随机模拟得到) 作比较. 参数 Bootstrap 方法、非参 Bootstrap 方法或 Delta 方法, 哪一种方法更接近真实的分布?

10. 令 $X_1, \cdots, X_n \sim \text{Uniform}(0, \theta)$. 极大似然估计为 $\widehat{\theta} = X_{(n)} = \max\{X_1, \cdots, X_n\}$. 用 $\theta = 1$ 生成一个样本量为 50 的数据集.

    (a) 通过找出 $\widehat{\theta}$ 的分布解析式. 把 $\widehat{\theta}$ 的真实分布与用参数 Bootstrap 方法和非参 Bootstrap 方法画出的直方图作比较.

    (b) 在这个例子中, 非参 Bootstrap 方法表现的很差. 证明: 对于参数 Bootstrap 方法, $\mathbb{P}(\widehat{\theta}^* = \widehat{\theta}) = 0$, 但是对于非参 Bootstrap 方法, $\mathbb{P}(\widehat{\theta}^* = \widehat{\theta}) \approx 0.632$. 提示: 证明 $\mathbb{P}(\widehat{\theta}^* = \widehat{\theta}) = 1 - (1 - (1/n))^n$, 并对其取极限. 这意味着什么?

第 10 章 假设检验和 p 值

假设希望知道接触石棉和得肺癌是否有关系. 为此, 用老鼠做实验并把它们随机分成两组. 让一组接触石棉, 而另一组不接触石棉. 然后比较这两组的发病率. 考虑下面两个假设

原假设: 两组的发病率是一样的.

备择假设: 两组的发病率是不一样的.

如果接触石棉的那一组的发病率明显高于没有接触石棉的那一组的发病率, 就拒绝原假设, 证明证据偏向于备择假设. 这就是假设检验的一个例子.

更为正式的是, 假设把参数空间 Θ 分成两个不相交的集 Θ_0 和 Θ_1. 希望检验

$$H_0 : \theta \in \Theta_0 \quad \text{对} \quad H_1 : \theta \in \Theta_1 \tag{10.1}$$

称 H_0 为原假设, H_1 为备择假设.

令 X 为随机变量, 令 $\mathcal{X}$ 为 X 的取值范围. 通过找出称为拒绝域的适当子集 $R \subset \mathcal{X}$ 来检验假设. 如果 $X \in R$, 则拒绝原假设, 否则, 不能拒绝原假设.

$$X \in R \quad \Rightarrow \quad \text{拒绝 } H_0,$$
$$X \notin R \quad \Rightarrow \quad \text{保留 (不能拒绝) } H_0.$$

通常, 拒绝域 R 的表达式为

$$R = \{x : T(X) > c\}, \tag{10.2}$$

其中, T 是检验统计量, c 是临界值. 假设检验的问题是找出恰当的检验统计量 T 和恰当的临界值 c.

注意! 人们常常倾向于使用假设检验, 尽管它们是不合适的. 估计和置信区间常常是更好的工具. 当想要检验一个定义完善的假设时才使用假设检验.

假设检验就像法院的审判. 假设犯罪嫌疑人是无罪的, 除非有足够的证据证明他是有罪的. 类似地, 保留 H_0 除非有足够的证据拒绝 H_0. 假设检验中有两类可能犯的错误. 当 H_0 为真时拒绝 H_0 称为第一类错误. H_1 为真时保留 H_0 称为第二类错误. 假设检验可能的结果汇总在表 10.1 中.

表 10.1 假设检验结果汇总表

		不拒绝 H_0	拒绝 H_0
H_0	真	√	第一类错误
H_1	真	第二类错误	√

10.1 定义 定义拒绝域为 R 的假设检验的**势函数**为
$$\beta(\theta) = \mathbb{P}_\theta(X \in R). \tag{10.3}$$
定义假设检验的**容度**为
$$\alpha = \sup_{\theta \in \Theta_0} \beta(\theta). \tag{10.4}$$
如果检验的容度小于等于 α 就称检验的水平为 α[①]

形式为 $\theta = \theta_0$ 的假设称为简单假设. 形式为 $\theta > \theta_0$ 或 $\theta < \theta_0$ 的假设称为复合假设. 形式为
$$H_0 : \theta = \theta_0 \quad \text{对} \quad H_1 : \theta \neq \theta_0$$
的假设称为双边检验. 形式为
$$H_0 : \theta \leqslant \theta_0 \quad \text{对} \quad H_1 : \theta > \theta_0$$
或
$$H_0 : \theta \geqslant \theta_0 \quad \text{对} \quad H_1 : \theta < \theta_0$$
的假设称为单边检验. 最常用的检验是双边的.

10.2 例 令 $X_1, \cdots, X_n \sim N(\mu, \sigma)$, 这里 σ 未知. 欲检验 $H_0 : \mu \leqslant 0$ 对 $H_1 : \mu > 0$ 因此, $\Theta_0 = (-\infty, 0]$ 和 $\Theta_1 = (0, \infty)$. 考虑下面的检验:
$$\text{如果 } T > c, \text{ 拒绝 } H_0,$$
其中, $T = \overline{X}$. 拒绝域为
$$R = \{(x_1, \cdots, x_n) : T(x_1, \cdots, x_n) > c\}.$$
令 Z 表示服从标准正态分布的随机变量. 势函数为
$$\begin{aligned}\beta(\mu) &= \mathbb{P}_\mu(\overline{X} > c) \\ &= \mathbb{P}_\mu\left(\frac{\sqrt{n}(\overline{X} - \mu)}{\sigma} > \frac{\sqrt{n}(c - \mu)}{\sigma}\right) \\ &= \mathbb{P}\left(Z > \frac{\sqrt{n}(c - \mu)}{\sigma}\right) \quad \left(\text{其中}, Z \sim N(0,1)\right) \\ &= 1 - \Phi\left(\frac{\sqrt{n}(c - \mu)}{\sigma}\right).\end{aligned}$$

[①] 本书在以后的论述中多使用 size 一词而不是 level, 所以按照习惯将 size 译为"水平"而不使用"容度"一词.

这是 μ 的增函数, 见图 10.1. 因此

$$\text{水平} = \sup_{\mu \leqslant 0} \beta(\mu) = \beta(0) = 1 - \Phi\left(\frac{\sqrt{n}c}{\sigma}\right).$$

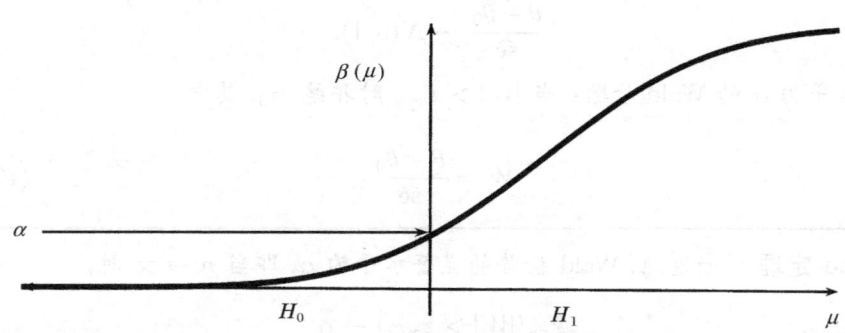

图 10.1　例 10.2 的势函数

检验的水平是当 H_0 为真时拒绝 H_0 的最大概率. 这在 $\mu = 0$ 时发生, 因此容度为 $\beta(0)$. 选择临界值 c 使得 $\beta(0) = \alpha$

对于水平为 α 的检验, 令其等于 α, 并解方程得到 c,

$$c = \frac{\sigma \Phi^{-1}(1-\alpha)}{\sqrt{n}}.$$

当 $\overline{X} > \sigma \Phi^{-1}(1-\alpha)/\sqrt{n}$ 时拒绝原假设. 这与当

$$\frac{\sqrt{n}(\overline{X} - 0)}{\sigma} > z_\alpha$$

时拒绝原假设等价, 其中, $z_\alpha = \Phi^{-1}(1-\alpha)$.

在显著性水平为 α 的检验中, 势函数最高的检验最好. 这样的检验如果存在, 就称为最强的检验. 找出最强的检验很难, 在许多情况下, 它甚至是不存在的. 在这里并不详细介绍什么时候最强的检验存在, 只是考虑 4 种广泛使用的检验, Wald 检验[1]、χ^2 检验、置换检验和似然比检验.

10.1　Wald 检 验

令 θ 为尺度参数, 令 $\widehat{\theta}$ 为 θ 的估计, $\widehat{\text{se}}$ 为 $\widehat{\theta}$ 的标准差的估计.

---

[1] 这个检验是以 Abraham Wald(1902~1950) 的名字命名的, 他是非常有影响的数理统计学家, 1950 年在印度因飞机失事遇难.

10.3 定义 Wald 检验

考虑检验
$$H_0 : \theta = \theta_0 \quad \text{对} \quad H_1 : \theta \neq \theta_0.$$

假设 $\widehat{\theta}$ 是渐近正态的:
$$\frac{\widehat{\theta} - \theta_0}{\widehat{\text{se}}} \rightsquigarrow N(0,1).$$

显著水平为 α 的 Wald 检验: 当 $|W| > z_{\alpha/2}$ 时拒绝 H_0, 其中,
$$W = \frac{\widehat{\theta} - \theta_0}{\widehat{\text{se}}}. \tag{10.5}$$

10.4 定理 渐近地, Wald 检验的显著水平为 α, 即当 $n \to \infty$ 时,
$$\mathbb{P}_{\theta_0}(|W| > z_{\alpha/2}) \to \alpha.$$

证明 由于 $\theta = \theta_0, \widehat{\theta} - \theta_0/\widehat{\text{se}} \rightsquigarrow N(0,1)$. 因此, 当原假设 $\theta = \theta_0$ 为真时拒绝原假设的概率为

$$\begin{aligned} \mathbb{P}_{\theta_0}(|W| > z_{\alpha/2}) &= \mathbb{P}_{\theta_0}\left(\frac{|\widehat{\theta} - \theta_0|}{\widehat{\text{se}}} > z_{\alpha/2}\right) \\ &\to \mathbb{P}(|Z| > z_{\alpha/2}) \\ &= \alpha, \end{aligned}$$

其中, $Z \sim N(0,1)$.

10.5 注 Wald 检验另外一个检验统计量为 $W = (\widehat{\theta} - \theta_0)/\text{se}_0$, 其中, se_0 是在 $\theta = \theta_0$ 计算出来的标准差. 两个版本的检验都是正确的.

让我们考虑原假设为假时 Wald 检验的势函数.

10.6 定理 假设 θ 的真实值为 $\theta_* \neq \theta_0$, 势函数 $\beta(\theta_*)$ 是正确拒绝原假设的概率, 它的值近似为

$$1 - \Phi\left(\frac{\theta_0 - \theta_*}{\widehat{\text{se}}} + z_{\alpha/2}\right) + \Phi\left(\frac{\theta_0 - \theta_*}{\widehat{\text{se}}} + z_{\alpha/2}\right). \tag{10.6}$$

注意到当样本量增加时, $\widehat{\text{se}}$ 趋向于 0. 进一步检查 (10.6), 可以得到: (i) 如果 θ_* 离 θ_0 较远, 则势函数很大, (ii) 如果样本量很大, 则势函数很大.

10.7 例(比较两种预测算法) 在样本量为 m 的检验集上检验一个预测算法, 在样本量为 n 的检验集上检验第二个预测算法. 令 X 表示算法 1 中预测不正确的个数, 令 Y 表示算法 2 中预测不正确的个数. 则 $X \sim \text{Binomial}(m, p_1), Y \sim \text{Binomial}(n, p_2)$. 为了检验原假设 $p_1 = p_2$, 记

$$H_0 : \delta = 0 \quad \text{对} \quad H_1 : \delta \neq 0.$$

10.1 Wald 检验

其中，$\delta = p_1 - p_2$. 极大似然估计为 $\widehat{\delta} = \widehat{p}_1 - \widehat{p}_2$，它的标准差为

$$\widehat{\text{se}} = \sqrt{\frac{\widehat{p}_1(1-\widehat{p}_1)}{m} + \frac{\widehat{p}_2(1-\widehat{p}_2)}{n}}.$$

Wald 检验的显著性水平为 α，就是当 $|W| > z_{\alpha/2}$ 时拒绝 H_0，其中，

$$W = \frac{\widehat{\delta} - 0}{\widehat{\text{se}}} = \frac{\widehat{p}_1 - \widehat{p}_2}{\sqrt{\frac{\widehat{p}_1(1-\widehat{p}_1)}{m} + \frac{\widehat{p}_2(1-\widehat{p}_2)}{n}}}.$$

当 p_1 离 p_2 较远和样本量很大时，势函数会很大.

如果用同一个检验集去检验两个算法时会怎样呢？这两个样本不再独立. 用到下面的策略. 当算法 1 正确预测第 i 个观测时，令 $X_i = 1$，否则 $X_i = 0$. 当算法 2 正确预测第 i 个观测时，令 $Y_i = 1$，否则 $Y_i = 0$. 定义 $D_i = X_i - Y_i$. 一个典型的数据集具有如下形态：

检验观测	X_i	Y_i	$D_i = X_i - Y_i$
1	1	0	1
2	1	1	0
3	1	1	0
4	0	1	-1
5	0	0	0
$\vdots$	$\vdots$	$\vdots$	$\vdots$
n	0	1	-1

令

$$\delta = \mathbb{E}(D_i) = \mathbb{E}(X_i) - \mathbb{E}(Y_i) = \mathbb{P}(x_i = 1) - \mathbb{P}(Y_i = 1).$$

δ 非参嵌入式估计为 $\widehat{\delta} = \overline{D} = n^{-1}\sum_{i=1}^{n} D_i$ 和 $\widehat{\text{se}}(\widehat{\delta}) = S/\sqrt{n}$，其中，$S^2 = n^{-1}\sum_{i=1}^{n}(D_i - \overline{D})^2$. 为了检验 $H_0: \delta = 0$ 对 $H_1: \delta \neq 0$，令 $W = \widehat{\delta}/\widehat{\text{se}}$，如果 $|W| > z_{\alpha/2}$，则拒绝 H_0. 称为**配对检验**.

10.8 例 (比较两个均值)   令 $X_1, \cdots, X_m$ 和 $Y_1, \cdots, Y_n$ 是分别从均值为 μ_1 和 μ_2 的总体中独立抽取的样本. 检验原假设 $\mu_1 = \mu_2$，即检验

$$H_0: \delta = 0 \quad \text{对} \quad H_1: \delta \neq 0,$$

其中，$\delta = \mu_1 - \mu_2$. 回忆起 δ 的非参嵌入式估计为 $\widehat{\delta} = \overline{X} - \overline{Y}$，其标准差为

$$\widehat{\text{se}} = \sqrt{\frac{s_1^2}{m} + \frac{s_2^2}{n}},$$

这里 s_1^2 和 s_2^2 是样本方差. 水平为 α 的 Wald 检验在 $|W| > z_{\alpha/2}$ 时拒绝 H_0, 这里

$$W = \frac{\widehat{\delta} - 0}{\widehat{\mathrm{se}}} = \frac{\overline{X} - \overline{Y}}{\sqrt{s_1^2/m + s_2^2/n}}.$$

10.9 例 (比较两个中位数)　再次考虑前例, 但检验两个分布的中位数是否相同. 此时,

$$H_0 : \delta = 0 \quad \text{对} \quad H_1 : \delta \neq 0.$$

其中, $\delta = v_1 - v_2$, 而 v_1, v_2 是中位数. δ 的非参嵌入式估计为 $\widehat{\delta} = \widehat{v_1} - \widehat{v_2}$, 这里 $\widehat{v_1}, \widehat{v_2}$ 为样本中位数. $\widehat{\delta}$ 的标准误差 $\widehat{\mathrm{se}}$ 可以通过 Bootstrap 方法得出. Wald 检验统计量为 $W = \widehat{\delta}/\widehat{\mathrm{se}}$.

Wald 检验和 $1 - \alpha$ 的近似置信区间 $\widehat{\theta} \pm \widehat{\mathrm{se}} z_{\alpha/2}$ 之间有一定的关系, 由下述定理给出.

10.10 定理　显著性水平为 α 的 Wald 检验拒绝 $H_0 : \theta = \theta_0$, 其对立假设为 $H_1 : \theta \neq \theta_0$ 当且仅当 $\theta \notin C$, 其中,

$$C = (\widehat{\theta} - \widehat{\mathrm{se}} z_{\alpha/2}, \widehat{\theta} + \widehat{\mathrm{se}} z_{\alpha/2}).$$

因此, 检验该假设等价于检查假设值是否在这个置信区间中.

注意!　当拒绝 H_0 时, 经常说这个结果是**统计显著的**. 一个结果可能是统计显著的, 但是这种作用可能很小. 在这种情形下, 结果是统计显著的, 但是从科学性上或实用性上讲是不显著的. 统计显著性和科学显著性的区别从定理 10.10 看来是很容易理解. 不包括 θ_0 的置信区间对应于拒绝 H_0. 但置信区间中的值可能会离 θ_0 很近 (不科学显著), 也可能离 θ_0 很远 (科学显著), 见图 10.2.

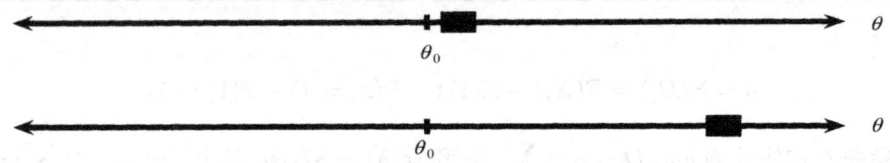

图 10.2　科学显著性对统计显著性

显著性水平为 α 的检验拒绝 $H_0 : \theta = \theta_0$ 当且仅当 $1 - \alpha$ 的置信区间不包含 θ_0. 有两种不同的置信区间. 两个都不包含 θ_0, 所以在两个例子中检验都拒绝 H_0. 但在第一种情况里, θ 的估计值接近 θ_0, 所以这个发现可能缺少科学或实际的价值. 在第二种情况里, θ 的估计值远离 θ_0, 所以这个发现有科学价值. 这说明了两件事. 首先, 统计显著性不表示这个发现具有科学重要性. 其次, 置信区间经常比检验更有信息价值

10.2　p 值

报告 "拒绝 H_0" 或 "保留 H_0" 并不能给出很多信息. 相反, 可能会问, 对于任意 α, 该检验是否会拒绝原假设. 更一般地, 检验在显著性水平 α 拒绝原假设, 那么

10.2 p 值

也会在显著性水平 $\alpha' > \alpha$ 拒绝原假设. 因此, 存在一个拒绝原假设的最小的显著性水平 α, 称这个值为 p 值. 见图 10.3. 令 $X^n = (X_1, \cdots, X_n)$, $x^n = (x_1, \cdots, x_n)$.

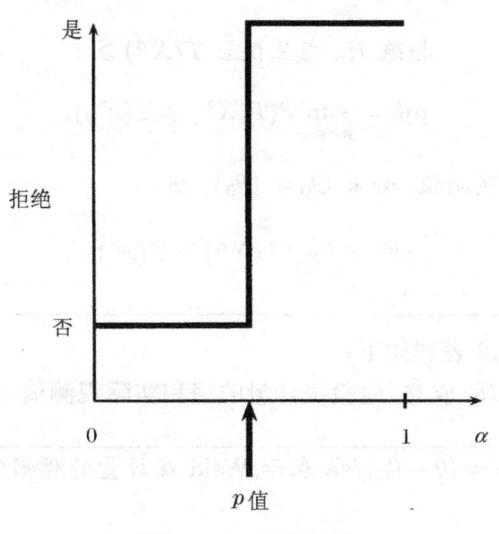

图 10.3 p 值的解释

对于每一个 α, 可能会问: 检验在显著性水平 α 拒绝 H_0 吗? p 值是拒绝 H_0 的最小 α 值. 如果拒绝 H_0 的证据足够强, p 值会很小.

10.11 定义 假设对于任意 $\alpha \in (0,1)$, 存在显著性水平为 α 的检验, 它的拒绝域为 R_α. 则
$$p\text{值} = \inf\{\alpha : T(X^n) \in R_\alpha\}.$$
即, p 值是可以拒绝 H_0 的最小显著性水平.

非正式地, p 值是拒绝 H_0 的证据强弱的度量: p 值越小, 拒绝 H_0 的证据越强. 研究人员常常使用下面的证据强弱度量:

p 值	证据
< 0.01	很强的拒绝 H_0 的证据
$0.01 \sim 0.05$	较强的拒绝 H_0 的证据
$0.05 \sim 0.10$	较弱的拒绝 H_0 的证据
> 0.1	没有证据可以拒绝 H_0

注意! 大的 p 值并不是保留 H_0 的强证据. p 值很大有两种理由: (i)H_0 为真, 或者 (ii)H_0 为假但是势函数很低.

注意! 不要把 p 值和 $\mathbb{P}(H_0|\text{Data})$ 相混淆[①]. p 值不是原假设为真的概率.

---
① 将在贝叶斯推断那一章讨论像 $\mathbb{P}(H_0|\text{Data})$ 这类量.

下述定理的结论说明了如何计算 p 值.

10.12 定理 假设显著性水平为 α 的检验的形式为

$$\text{拒绝 } H_0 \text{ 当且仅当 } T(X^n) \geqslant c_\alpha$$

则

$$p\text{值} = \sup_{\theta \in \Theta_0} \mathbb{P}(T(X^n) \geqslant T(x^n)).$$

其中, x^n 是 X^n 的观测值. 如果 $\Theta_0 = \{\theta_0\}$, 则

$$p\text{值} = \mathbb{P}_{\theta_0}(T(X^n) \geqslant T(x^n)).$$

可以把定理 10.12 表述如下:

p 值是指, 如果 H_0 成立, 检验统计量的值和实际观测值一样或更大的概率.

10.13 定理 令 $w = (\widehat{\theta} - \theta_0)/\widehat{\text{se}}$ 表示 Wald 统计量的观测值. p 值由下面的公式给出:

$$p\text{值} = \mathbb{P}_{\theta_0}(|W| > |w|) \approx \mathbb{P}(|Z| > |w|) = 2\Phi(-|w|), \tag{10.7}$$

其中, $Z \sim N(0, 1)$.

为了理解上述定理, 见图 10.4.

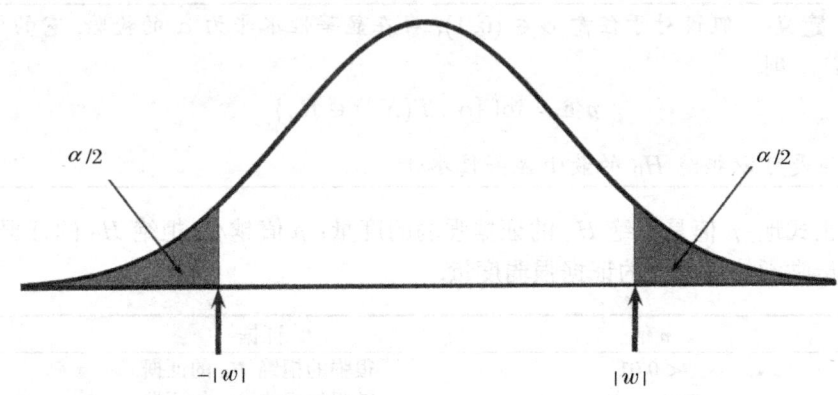

图 10.4　p 值拒绝 H_0 的最小 α 值

为了求出 Wald 检验的 p 值, 求出使得 $|w|$ 和 $-|w|$ 为拒绝域边界的 α 值. 这里, w 是 Wald 统计量的观测值: $w = (\widehat{\theta} - \theta_0)/\widehat{\text{se}}$. 这表示 p 值是 $\mathbb{P}(|Z| > |w|)$ 的尾部面积, 其中, $Z \sim N(0, 1)$

p 值有一个重要的特点.

10.14 定理　如果检验统计量服从连续分布, 则在 $H_0 : \theta = \theta_0$ 下, p 值服从均匀分布 $U(0, 1)$. 因此, 如果当 p 值小于 α 时拒绝 H_0, 那么犯第一类错误的概率

为 α.

换言之,如果 H_0 为真, p 值就像是从均匀分布 Uniform(0,1) 中随机抽取一个数. 如果 H_1 为真,那么 p 值的分布会集中于 0 点.

10.15 例 回忆例 7.15 中的胆固醇数据. 为了检验均值是不同的, 需要计算

$$W = \frac{\widehat{\delta} - 0}{\widehat{\text{se}}} = \frac{\overline{X} - \overline{Y}}{\sqrt{s_1^2/m + s_2^2/n}} = \frac{216.2 - 195.3}{\sqrt{5^2 + 2.4^2}} = 3.78.$$

为了计算 p 值, 令 $Z \sim N(0,1)$ 为服从标准正态分布的随机变量, 则

$$p\text{值} = \mathbb{P}(|Z| > 3.78) = 2\mathbb{P}(Z < -3.78) = 0.0002,$$

这是拒绝原假设的很强的证据. 为了检验中位数是不同的, 令 $\widehat{v}_1, \widehat{v}_2$ 为样本中位数, 则

$$W = \frac{\widehat{v}_1 - \widehat{v}_2}{\widehat{\text{se}}} = \frac{212.5 - 194}{7.7} = 2.4,$$

其中, 标准差的值为 7.7 是用 Bootstrap 方法计算的. p 值为

$$p\text{值} = \mathbb{P}(|Z| > 2.4) = 2\mathbb{P}(Z < -2.4) = 0.02.$$

这是拒绝原假设的很强的证据.

10.3 χ^2 分 布

在继续下面的章节之前, 首先要讨论 χ^2 分布. 令 $Z_1, \cdots, Z_k$ 表示独立的标准正态分布. 令 $V = \sum_{i=1}^{k} Z_i^2$, 那么就说 V 服从自由度为 k 的 χ^2 分布, 记为 $V \sim \chi_k^2$. V 的概率密度函数为

$$f(v) = \frac{v^{k/2-1} e^{-v/2}}{2^{k/2} \Gamma(k/2)},$$

其中, $v > 0$. 可以证明 $\mathbb{E}(V) = k, \mathbb{E}(2V) = 2k$. 定义 $\chi_{k,\alpha}^2 = F^{-1}(1-\alpha)$ 为上 α 分位数, 这里 F 是累计分布函数. 也就是 $\mathbb{P}(\chi_k^2 > \chi_{k,\alpha}^2) = \alpha$.

10.4 多项分布数据的 Pearson χ^2 检验

Pearson χ^2 检验可以用于多项分布数据. 大家已经知道, 如果 $X = (X_1, \cdots, X_k)$ 服从多项分布 Multinomial(n, p), 那么 p 的极大似然估计为 $\widehat{p} = (\widehat{p}_1, \cdots, \widehat{p}_k) = (X_1/n, \cdots, X_k/n)$.

令 $p_0 = (p_{01}, \cdots, p_{0k})$ 是某一固定的向量, 假设希望检验

$$H_0: p = p_0 \quad 对 \quad H_1: p \neq p_0.$$

10.16 定义 Pearsonχ^2 统计量为

$$T = \sum_{i=1}^{k} \frac{(X_j - np_{0j})^2}{np_{0j}} = \sum_{i=1}^{k} \frac{(X_j - E_j)^2}{E_j},$$

其中，$E_j = \mathbb{E}(X_j) = np_{0j}$ 是 X_j 在 H_0 下的期望值.

10.17 定理 在 H_0 下，$T \rightsquigarrow \chi_{k-1}^2$. 因此，若 $T > \chi_{k-1,\alpha}^2$ 拒绝 H_0 的检验的渐近显著性水平为 α. p 值为 $\mathbb{P}(\chi_{k-1}^2 > t)$，其中，$t$ 是检验统计量的观测值.

定理 10.17 可以用图 10.5 说明.

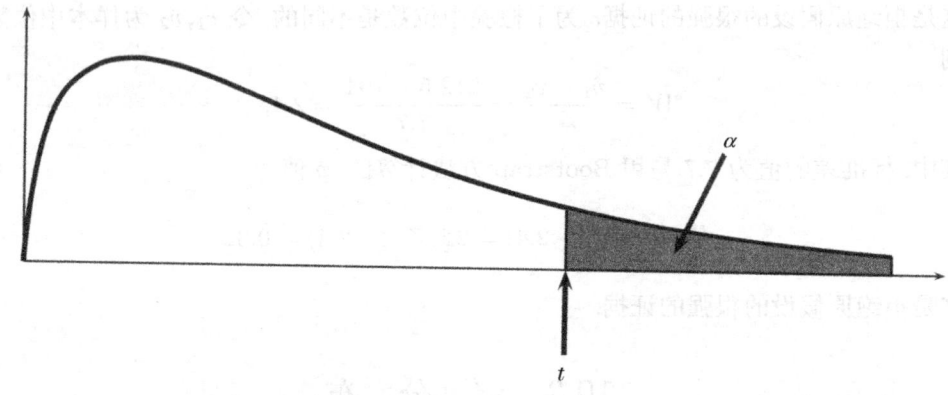

图 10.5 p 值是拒绝 H_0 的最小 α 值

为了求出 χ_{k-1}^2 检验的 p 值，求出这样的 α 值使得检验统计量的观测值恰好是拒绝域边界. 这说明了 α 是尾部面积 $\mathbb{P}(\chi_{k-1}^2 > t)$

10.18 例 (Mendel 的豌豆) Mendel 把饱满的黄颜色豌豆和皱皮的绿颜色豌豆杂交. 它们的后代有四种可能：饱满的黄颜色的、皱皮的黄颜色的、皱皮的绿颜色的和饱满的绿颜色的. 每一种类型的个数服从概率为 $p = (p_1, p_2, p_3, p_4)$ 的多项分布. 他的遗传理论预测 p 等于

$$p_0 \equiv \left(\frac{9}{16}, \frac{3}{16}, \frac{3}{16}, \frac{1}{16}\right).$$

在 $n = 556$ 次试验中，观察到 $X=(315, 101, 108, 32)$. 将检验 $H_0: p = p_0$ 对 $H_0: p \neq p_0$. 由于 $np_{01} = 312.75, np_{02} = np_{03} = 104.25, np_{04} = 34.75$，检验统计量为

$$\chi^2 = \frac{(315 - 312.75)^2}{312.75} + \frac{(101 - 104.25)^2}{104.25}$$

$$+ \frac{(108 - 104.25)^2}{104.25} + \frac{(32 - 34.75)^2}{34.75} = 0.47.$$

显著性水平 $\alpha = 0.05$ 时 χ_3^2 的临界值为 7.815. 由于 0.47 没有大于 7.875, 所以不能拒绝原假设. p 值为

$$p值 = \mathbb{P}(\chi_3^2 > 0.47) = 0.93.$$

这不是拒绝 H_0 的充分证据. 因此, 数据并不违背 Mendel 的理论[①].

在前面的例子中, 有人可能会说假设检验不是合适的工具. 假设检验在判断是否有足够的证据拒绝 H_0 时非常有用. 但是它不能用来证明 H_0 是正确的. 不能拒绝 H_0 可能是因为 H_0 是正确的, 也有可能是因为检验的势函数很低. 在这个例子中, 也许 p 和 p_0 间距离的置信区间更有用.

10.5 置 换 检 验

置换检验是一种非参方法, 它可以检验两个分布是否相同. 这个检验是确切的, 即, 它不是基于大样本渐近理论的. 假设 $X_1, \cdots, X_m \sim F_X$ 和 $Y_1, \cdots, Y_n \sim F_Y$ 是两个独立的样本, 原假设 H_0 为两个样本, 来自相同的分布. 这种假设可以用来考虑一种治疗方法和安慰剂是否有不同. 更准确的说, 检验

$$H_0 : F_X = F_Y \quad 对 \quad H_1 : F_X \neq F_Y.$$

令 $T(x_1, \cdots, x_m, y_1, \cdots, y_n)$ 是某一检验统计量, 例如,

$$T(X_1, \cdots, X_m, Y_1, \cdots, Y_n) = |\overline{X}_m - \overline{Y}_n|.$$

令 $N = m + n$, 并考虑数据 $X_1, \cdots, X_m, Y_1, \cdots, Y_n$ 的 $N!$ 种置换. 对每一个置换, 计算检验统计量 T. 用 $T_1, \cdots, T_N$ 表示这些值. 在原假设成立的前提下, 每一个值是等可能性的[②]. T 取每个 T_j 的概率为 $1/N!$, $\mathbb{P}_0$ 称为 T 的**置换分布**. 令 t_{obs} 表示检验统计量的观测值. 假设当 T 很大时拒绝原假设, p 值为

$$p值 = \mathbb{P}_0(T > t_{\text{obs}}) = \frac{1}{N!} \sum_{j=1}^{N!} I(T_j > t_{\text{obs}}).$$

10.19 例 下面例举一个有关玩具的例子, 可以把置换检验的思想理得更清楚. 假设数据为: $(X_1, X_2, Y_1) = (1, 9, 3)$. 令 $T(X_1, X_2, Y_1) = |\overline{X} - \overline{Y}| = 2$. 置换为

---

① Mendel 的结果是否 "太好了" 存在争议.
② 更精确的讲, 在原假设成立的前提下, 按顺序排列的数值 $X_1, \cdots, X_m, Y_1, \cdots, Y_n$ 服从 $N!$ 置换的均匀分布.

置换	T 的值	概率
(1,9,3)	2	1/6
(9,1,3)	2	1/6
(1,3,9)	7	1/6
(3,1,9)	7	1/6
(3,9,1)	5	1/6
(9,3,1)	5	1/6

p 值为 $\mathbb{P}(T > 2) = 4/6$.

通常情况下, 把 $N!$ 个置换都计算一下是不实际的. 可以从置换集中随机抽样然后计算近似的 p 值. 使 $T_j > t_{\text{obs}}$ 的次数除以样本的个数就是近似的 p 值.

置换检验的算法

1. 计算检验统计量的观测值

$$t_{\text{obs}} = T(X_1, \cdots, X_m, Y_1, \cdots, Y_n).$$

2. 随机置换数据. 用置换数据再次计算检验统计量.
3. 重复前面的过程 B 次, 令 $T_1, \cdots, T_B$ 表示结果值.
4. 近似的 p 值为

$$\frac{1}{B}\sum_{i=1}^{B} I(T_j > t_{\text{obs}}).$$

10.20 例 DNA 芯片让研究人员测量数千种基因的表达水平. 数据是每个基因的信息 RNA(核糖核酸) 的水平, 人们认为它能够测度基因能生成多少蛋白质. 粗略地讲, 这个数值越大, 基因越活跃. 下面的表, 来自 (Efron et al., 2001), 给出了 10 个携带两种肝癌细胞的病人的基因表达水平数. 在这个实验中有 2638 个基因, 但是这里只给出前面两个. 数据是芯片中两种不同染色体的强度水平的对数比.

	类型 I					类型 II				
病人	1	2	3	4	5	6	7	8	9	10
基因 1	230	−1350	−1580	−400	−760	970	110	−50	−190	−200
基因 2	470	−850	−0.8	−280	120	390	−1730	−1360	−1	−330
⋮	⋮	⋮	⋮	⋮	⋮	⋮	⋮	⋮	⋮	⋮

现检验两组中基因 1 的中位数水平是否不同. 令 v_1 表示类型 I 的基因 1 的中位数水平, v_2 表示类型 II 的基因 1 的中位数水平. 样本中位数的绝对差为 $T = |\hat{v}_1 - \hat{v}_2| = 710$. 现在通过随机模拟来估计置换分布, 并估计出 p 值为 0.045. 因此, 如果用 $\alpha = 0.05$ 的显著性水平, 可以说有足够的证明拒绝没有差别的原假设.

在大样本中, 置换检验给出的结果常常和基于大样本理论的检验的结果类似. 因此, 置换检验主要对小样本非常有用.

10.6 似然比检验

Wald 检验在检验尺度参数时非常有用. 似然比检验更加一般, 它可以用来检验向量参数.

10.21 定义 考虑检验

$$H_0 : \theta \in \Theta_0 \quad \text{对} \quad H_1 : \theta \notin \Theta_0.$$

似然比检验统计量为

$$\lambda = 2\log(\frac{\sup_{\theta \in \Theta} \mathcal{L}(\theta)}{\sup_{\theta \in \Theta_0} \mathcal{L}(\theta)}) = 2\log(\frac{\mathcal{L}(\widehat{\theta})}{\mathcal{L}(\widehat{\theta_0})}),$$

其中, $\widehat{\theta}$ 是极大似然估计, $\widehat{\theta_0}$ 是 θ 限制在 Θ_0 上的极大似然估计.

也许很希望看到在 Θ_0^c 内的而不是分子上 Θ 内的极大似然值. 实际上, 用 Θ 代替 Θ_0^c 对检验统计量几乎没有影响. 不仅如此, 如果检验统计量是这样定义, 那么 λ 的理论性质要简单得多.

当 Θ_0 包含 θ 的所有使得 θ 的某些坐标固定于特定值的参数, 似然比检验是最有用的.

10.22 定理 假设 $\theta = (\theta_1, \cdots, \theta_q, \theta_{q+1}, \cdots, \theta_r)$. 令

$$\Theta_0 = \{\theta : (\theta_{q+1}, \cdots, \theta_r) = (\theta_{0,q+1}, \cdots, \theta_{0,r})\}.$$

令 λ 是似然比检验统计量. 在 $H_0 : \theta \in \Theta_0$ 成立的假设下,

$$\lambda(x^n) \rightsquigarrow \chi^2_{r-q,\alpha},$$

其中, $r - q$ 是 Θ 的维数减去 Θ_0 的维数. 检验的 p 值为 $\mathbb{P}(\chi^2_{r-q} > \lambda)$.

例如, 如果 $\theta = (\theta_1, \theta_2, \theta_3, \theta_4, \theta_5)$, 就希望检验原假设 $\theta_4 = \theta_5 = 0$, 那么极限分布有 $5 - 3 = 2$ 个自由度.

10.23 例 (Mendel 的豌豆再讨论) 再次考虑例 10.18. $H_0 : p = p_0$ 对 $H_1 : p \neq p_0$ 的似然比检验统计量为

$$\lambda = 2\log\frac{\mathcal{L}(\widehat{p})}{\mathcal{L}(\widehat{p_0})}$$

$$= 2\sum_{i=1}^{4} X_j \log\left(\frac{\widehat{p}_j}{p_{0j}}\right)$$

$$= 2\left(315\log\left(\frac{315/556}{9/16}\right) + 101\log\left(\frac{101/556}{3/16}\right)\right.$$

$$\left. + 108\log\left(\frac{108/556}{3/16}\right) + 32\log\left(\frac{32/556}{1/16}\right)\right)$$

$$= 0.48.$$

在 H_1 下有 4 个参数. 然而这 4 个参数之和必须为 1, 所以参数空间的维度就是 3. 在 H_0 下, 不存在自由的参数, 所以限制的参数空间的维度为 0. 两个维度的差为 3. 因此, 在 H_0 下的 λ 的极限分布为 χ_3^2, p 值为

$$p\text{值} = \mathbb{P}(\chi_3^2 > 0.48) = 0.92.$$

这个结论和 χ^2 检验的一样.

当似然比检验和 χ^2 检验都可以用时, 正如上述例表明的那样, 只要样本量足够大, 这两个检验的结论类似.

10.7 多重检验

在某些情况下, 可以作许多假设检验. 在例 10.20 中, 实际上有 2638 个基因. 如果对每个基因都检验是否有区别, 那么就要作 2638 次独立的检验. 假设每个检验都是在显著性水平 α 下做的. 对于每一个检验, 错误的拒绝原假设的概率为 α. 但是至少有一个错误拒绝原假设的概率就要高得多. 这就是多重检验问题. 这个问题在数据挖掘情况下出现, 可能需要作几千次甚至上万次检验. 有很多方法可以处理这个问题, 这里将介绍两种方法.

考虑 m 个假设检验:

$$H_{0i} \quad \text{对} \quad H_{1i}, i = 1, \cdots, m,$$

令 $P_1, \cdots, P_m$ 表示这些检验的 p 值.

Bonferroni 方法

假设 p 值为 $P_1, \cdots, P_m$, 如果

$$P_i > \frac{\alpha}{m},$$

则拒绝原假设.

10.24 定理 用 Bonferroni 方法, 错误拒绝任何原假设的概率小于或等于 α.

10.7 多重检验

证明 令 R 表示至少有一个原假设被错误拒绝的事件. 令 R_i 表示第 i 个原假设被错误拒绝的事件. 由于公式 $\mathbb{P}\left(\bigcup_{i=1}^{k} A_i\right) \leqslant \sum_{i=1}^{k} \mathbb{P}(A_i)$ 对所有事件 $A_1, \cdots, A_k$ 成立,所以根据定理 10.14 可知,

$$\mathbb{P}(R) = \mathbb{P}\left(\bigcup_{i=1}^{m} R_i\right) \leqslant \sum_{i=1}^{m} \mathbb{P}(R_i) = \sum_{i=1}^{m} \frac{\alpha}{m} = \alpha.$$

10.25 例 在基因例子中,用 $\alpha = 0.05$,则有 $0.05/2638 = 0.00001895375$,因此,对于任意一个 p 值小于 0.00001895375 的基因,就可以说存在显著差异.

Bonferroni 方法是非常保守的方法,因为它试图使得不可能犯一个拒绝原假设的错误. 有时,一个更合理的想法是控制错误发现率 (FDR),它是错误拒绝次数的均值和拒绝的次数的比值.

假设拒绝了所有 p 值低于某一阈值的原假设. 令 m_0 表示原假设正确的次数,令 $m_1 = m - m_0$. 这些检验可以用表 10.2 中 2×2 的表来表示.

表 10.2 多重检验中结果的类型

	不拒绝 H_0	拒绝 H_0	总计
H_0 为真	U	V	m_0
H_0 为假	T	S	m_1
总计	$m - R$	R	m

定义**错误发现比例 (FDP)** 为

$$\mathrm{FDP} = \begin{cases} V/R, & R > 0, \\ 0, & R = 0. \end{cases}$$

FDP 是错误拒绝原假设的比例. 下面定义 FDR=$\mathbb{E}(\mathrm{FDP})$

Benjamini-Hochberg(BH) 方法

1. 令 $P_{(1)} < \cdots < P_{(m)}$ 表示排序后的 p 值.
2. 定义
$$\ell_i = \frac{i\alpha}{C_m m}, \quad R = \max\left\{i : P_{(1)} < \ell_i\right\}, \tag{10.8}$$

其中,如果 p 值独立,则 C_m 定义为 1,否则 $C_m = \sum_{i=1}^{m}(1/i)$.

3. 令 $T = P_{(R)}$,则称 T 为 **BH 拒绝阈**.
4. 拒绝所有 $P_i \leqslant T$ 的原假设 H_{0i}.

10.26 定理 (Benjamini 和 Hochberg) 如果应用了上面的过程,那么不管有多少原假设是正确的,也不管原假设为不真时 p 值的分布是什么,都有

$$\mathrm{FDR} = \mathbb{E}(\mathrm{FDR}) \leqslant \frac{m_0}{m}\alpha \leqslant \alpha.$$

10.27 例 图 10.6 在纵轴给出了 6 个有序的 p 值. 如果不作任何多元检验的校正就在显著性水平 α 下作检验, 就会拒绝所有 p 值小于 α 的原假设. 在这种情形下, 将有 4 个最小对应的 p 值的假设被拒绝. Bonferroni 方法拒绝 p 值小于 α/m 的假设. 在这种情形下, 将没有一个假设被拒绝. BH 阈等于斜率为 α 的直线下的最后一个 p 值. 这使得本例中有两个假设被拒绝.

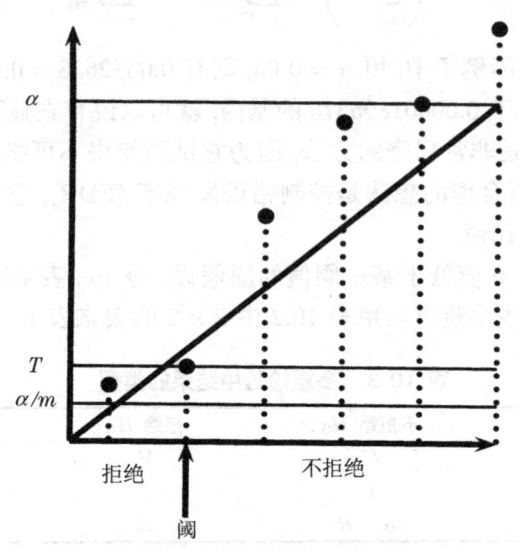

图 10.6 Benjamini-Hochberg(BH) 过程

对于不相关检验, 当 $P_i < \alpha$ 时, 拒绝原假设. 对于 Bonferroni 检验, 当 $P_i < \alpha/m$ 时, 拒绝原假设. 当 $P_i \leqslant T$ 时, BH 过程拒绝原假设. BH 的阈值 T 对应于向上斜线与最右端下划线的交叉

10.28 例 假设 10 个独立的假设检验得到了如下的有顺序的 p 值:

$$0.00017, \quad 0.00448, \quad 0.00671, \quad 0.00907, \quad 0.01220,$$
$$0.33626, \quad 0.39341, \quad 0.53882, \quad 0.58125, \quad 0.98617.$$

在 $\alpha = 0.05$ 的显著性水平下, Bonferroni 检验拒绝所有 p 值小于 $\alpha/10 = 0.005$ 的假设. 因此, 只有前面两个假设被拒绝了. 对于 BH 检验, 发现使得 $P_{(i)} < i\alpha/m$ 的最大的 i 为 $i = 5$. 因此, 拒绝前面 5 个假设.

10.8 拟合优度检验

还有一种检验情况, 就是希望检查数据是否来自一个假设的参数模型. 这样的检验有很多种, 现在来说明一种.

令 $\mathfrak{F} = \{f(x;\theta) : \theta \in \Theta\}$ 为一个参数模型. 假设数据在实数线上取值. 把实数线分成 k 个不相交的区间 $I_1, \cdots, I_k$. 对于 $j = 1, \cdots, k$, 令

$$p_j(\theta) = \int_{I_j} f(x;\theta) \mathrm{d}x$$

表示在假设的模型下, 一个观测值落入区间 I_j 的概率, 其中, $\theta = (\theta_1, \cdots, \theta_s)$ 是假设的模型的参数. 令 N_j 表示落入 I_j 的观测数. 基于计数 $N_1, \cdots, N_k$ 的 θ 的似然函数为多项分布似然函数

$$Q(\theta) = \prod_{j=1}^{k} p_j(\theta)^{N_j}.$$

使 $Q(\theta)$ 最大化得到 θ 的估计为 $\widetilde{\theta} = (\widetilde{\theta}_1, \cdots, \widetilde{\theta}_s)$. 现定义检验统计量

$$Q = \sum_{j=1}^{k} \frac{(N_j - np_j(\widetilde{\theta}))^2}{np_j(\widetilde{\theta})}. \tag{10.9}$$

10.29 定理 令 H_0 表示数据是从模型 $\mathfrak{F} = \{f(x;\theta) : \theta \in \Theta\}$ 中独立同分布抽取的. 在 H_0 的假设下, (10.9) 中定义的检验统计量依分布收敛于随机变量 χ^2_{k-1-s}. 因此, 在原假设下这个检验近似的 p 值为 $\mathbb{P}(\chi^2_{k-1-s} > q)$, 其中 q 表示 Q 的观测值.

如果尝试在 (10.9) 中用极大似然估计 $\widehat{\theta}$ 代替 $\widetilde{\theta}$, 那么这得不到检验统计量的极限分布是 χ^2_{k-1-s} 的结论. 但是, 由 Herman Chernoff 和 Erich Lehmann 在 1954 年证明的定理可知, p 值的上下界为 χ^2_{k-1-s} 与 χ^2_{k-1} 得到的 p 值.

拟合优度检验有很大的局限性. 如果拒绝 H_0, 那么就不能用这个模型. 但是, 如果不能拒绝 H_0, 也不能得出结论说这个模型是正确的. 不能拒绝也许只是因为这个检验没有足够的势. 这就是为什么最好尽可能使用非参方法而不要依赖于参数假设的原因.

10.9 文献注释

关于检验最详尽的书是 (Lehmann, 1986). 也可以参考 (Casella and Berger, 2002) 的第 8 章和 (Rice, 1995) 的第 9 章. FDR 方法是由 Benjamini 和 Hochberg(1995) 提出的. 一些习题选自 (Rice, 1995).

10.10 附 录

10.10.1 Neyman-Pearson 引理

对于一个有简单的原假设 $H_0 : \theta = \theta_0$ 和简单的备择假设 $H_1 : \theta = \theta_1$ 的经典例子, 可以给出确切的最强的检验.

10.30 定理 (Neyman-Pearson) 假设要检验 $H_0: \theta = \theta_0$ 对 $H_1: \theta = \theta_1$. 令

$$T = \frac{\mathcal{L}(\theta_1)}{\mathcal{L}(\theta_0)} = \frac{\prod_{i=1}^{n} f(x_i; \theta_1)}{\prod_{i=1}^{n} f(x_i; \theta_0)}.$$

假设当 $T > k$ 时, 拒绝 H_0. 如果选择 k 使得 $\mathbb{P}_{\theta_0}(T > k) = \alpha$, 那么这个检验是最强的显著性水平为 α 的检验, 即在所有显著性水平为 α 的检验中, 这个检验的势函数 $\beta(\theta_1)$ 最大.

10.10.2 t 检验

要检验 $H_0: \mu = \mu_0$, 这里 $\mu = \mathbb{E}(X_i)$ 是均值, 可以使用 Wald 检验. 当假设数据服从正态分布, 且样本量很小时, 常常使用 t 检验. 如果随机变量 T 的密度函数为

$$f(t) = \frac{\Gamma(k+1/2)}{\sqrt{k\pi}\,\Gamma(k/2)(1+t^2/k)^{(k+1)/2}},$$

则称 T 为服从自由度为 k 的 t 分布. 当自由度 $k \to \infty$ 时, t 分布趋向于正态分布. 当 $k = 1$ 时, 它就是柯西分布.

令 $X_1, \cdots, X_k \sim N(\mu, \sigma^2)$, 这里 $\theta = (\mu, \sigma^2)$ 均未知. 欲检验 $\mu = \mu_0$ 对 $\mu \neq \mu_0$. 令

$$T = \frac{\sqrt{n}(\overline{X}_n - \mu_0)}{S_n},$$

这里 S_n^2 是样本方差. 对于大样本来说, 在 H_0 下 $T \approx N(0,1)$. 在 H_0 下 T 的分布是 t_{n-1}. 因此, 如果当 $|T| > t_{n-1,\alpha/2}$ 时拒绝原假设, 就得到一个显著性水平为 α 的检验. 然而, 当 n 适当大时, t 检验在本质上等同于 Wald 检验.

10.11 习　题

1. 证明定理 10.6.
2. 证明定理 10.14.
3. 证明定理 10.10.
4. 证明定理 10.12.
5. 令 $X_1, \cdots, X_n \sim \text{Uniform}(0, \theta)$, 且令 $y = \max\{X_1, \cdots, X_n\}$.
   检验 $H_0: \theta = 1/2$ 对 $H_1: \theta \neq 1/2$,
   在这里 Wald 检验不合适, 因为 Y 并不是收敛于正态分布. 假设希望当 $Y > c$ 时拒绝原假设.
   (a) 求势函数.

(b) c 取什么值时使得检验的显著性水平为 0.05?

(c) 在样本量为 $n = 20$ 和 $Y = 0.48$ 的样本中, p 值是多少? 关于 H_0, 结论是什么?

(d) 在样本量为 $n = 20$ 和 $Y = 0.52$ 的样本中, p 值是多少? 关于 H_0, 结论是什么?

6. 有一种理论认为人可以因为重大事件而稍微延迟死亡. 为了检验这个理论, Phillips 和 King(1988) 在犹太人的逾越节前后搜集了一些死亡报告的数据. 在 1919 例死亡报告中, 有 922 人在节日前一周死亡, 有 997 人在节后一周死亡. 把这当作二项分布考虑, 并检验原假设 $\theta = 1/2$. 计算并解释 p 值. 同时构建 θ 的置信区间.

7. 在 1986 年, 有 10 篇评论刊登在 New Orleans Daily Crescent 上. 它们的署名是 "Quintus Curtius Snodgrass", 有人怀疑它们实际上是马克·吐温所写. 为了调查这一点, 将考虑作者文章中由三个字母构成的词的比例.

在马克·吐温的 8 篇文章中, 这个比例为

0.225, 0.262, 0.217, 0.240, 0.230, 0.229, 0.235, 0.217.

在 Snodgrass 的 10 篇文章中, 这个比例为

0.209, 0.205, 0.196, 0.210, 0.202, 0.207, 0.224, 0.223, 0.220, 0.201.

(a) 做假设均值相等的 Wald 检验. 用非参嵌入式估计. 求出 p 值和均值差的 95% 的置信区间. 结论是什么?

(b) 使用置换检验来避免大样本方法, 结论是什么 (Brinegar, 1963)?

8. $X_1, \cdots, X_n \sim N(\theta, 1)$. 考虑检验

$$H_0 : \theta = 0 \quad \text{对} \quad H_1 : \theta = 1,$$

令拒绝域为 $R = \{x^n : T(x^n) > c\}$, 其中, $T(x^n) = n^{-1} \sum_{i=1}^{n} X_i$.

(a) 求出使得显著性水平为 α 的 c 值.

(b) 求出在 H_1 下的势函数, 即求出 $\beta(1)$.

(c) 当 $n \to \infty$ 时, $\beta(1) \to 1$.

9. 令 $\widehat{\theta}$ 是 θ 的极大似然估计, 令 $\widehat{se} = \{nI(\theta)\}^{-1/2}$, 其中, $I(\theta)$ 是 Fisher 信息量. 考虑检验

$$H_0 : \theta = \theta_0 \quad \text{对} \quad H_1 : \theta \neq \theta_0.$$

考虑拒绝域为 $R = \{x^n : |Z| > z_{\alpha/2}\}$ 的 Wald 检验, 其中, $Z = (\widehat{\theta} - \theta_0)/\widehat{se}$. 令 $\theta_1 > \theta_0$ 是某一备择假设, 证明 $\beta(\theta_1) \to 1$.

10. 下面的数据是年老的犹太女性与中国女性在中秋节前后死亡的数据:

周	中国人	犹太人
−2	55	141
−1	33	145
1	70	139
2	49	161

比较两种死亡模式 (Phillips and Smith, 1990).

11. 有一个随机的双盲实验是为了评价几种药品对降低术后恶心的效果. 数据如下:

	病人数	恶心病例数
Placebo	80	45
Chlorpromazine	75	26
Dimenhydrinate	85	52
Pentobarbital(100 mg)	67	45
Pentobarbital(150 mg)	85	37

(a) 在 5% 的显著性水平下, 检验每种药品和安慰剂的区别. 同时, 计算估计的优势比. 总结你的结论.

(b) 用 Beonferroni 和 FDR 方法调整多重检验 (Beecher, 1959).

12. 令 $X_1, \cdots, X_n \sim$ Poisson (λ).

(a) 令 $\lambda_0 > 0$. 求出

$$H_0: \lambda = \lambda_0 \quad \text{对} \quad H_1: \lambda \neq \lambda_0$$

的显著性水平为 α 的 Wald 检验.

(b) (计算机试验) 令 $\lambda_0 = 1, n = 20$ 和 $\alpha = 0.05$. 随机模拟 $X_1, \cdots, X_n \sim$ Poisson(λ_0), 并做 Wald 检验. 重复多次, 并数出有多少次拒绝了原假设. 犯第一类错误的概率和 0.05 有多接近?

13. $X_1, \cdots, X_n \sim N(\mu, \sigma^2)$. 构造似然比检验来检验

$$H_0: \mu = \mu_0 \quad \text{对} \quad H_1: \mu \neq \mu_0,$$

并把它和 Wald 检验相比较.

14. $X_1, \cdots, X_n \sim N(\mu, \sigma^2)$. 构造似然比检验来检验

$$H_0: \sigma = \sigma_0 \quad \text{对} \quad H_1: \sigma \neq \sigma_0,$$

并把它和 Wald 检验相比较.

15. $X \sim$ Binomial (n, p). 构造似然比检验来检验

$$H_0: p = p_0 \quad \text{对} \quad H_1: p \neq p_0,$$

并把它和 Wald 检验相比较.

16. 令 θ 是尺度参数, 假设检验

$$H_0 : \theta = \theta_0 \quad \text{对} \quad H_1 : \theta \neq \theta_0.$$

令 W 是 Wald 检验统计量, 令 λ 是似然比检验统计量. 证明这两个检验在下述意义下是等价的: 当 $n \to \infty$ 时, 有

$$\frac{W^2}{\lambda} \xrightarrow{P} 1.$$

提示: 对对数似然函数 $\ell(\theta)$ 用泰勒公式展开, 证明

$$\lambda \approx \left(\sqrt{n}(\widehat{\theta} - \theta_0)\right)^2 \left(-\frac{1}{n}\ell''(\widehat{\theta})\right).$$

第 11 章 贝叶斯推断

11.1 贝叶斯理论体系

之前讨论的统计方法都是频率论方法 (或经典方法). 频率论方法的观点基于下面的假设:

F1 概率是相对频数的极限. 概率是现实世界的客观属性.

F2 参数是固定的未知常数. 因为它们不会变化, 所以不能作关于参数的概率陈述.

F3 统计过程应当具有频率特征. 例如, 95% 的置信区间应该包含参数真实值的频率至少有 95%.

另外一种推断方法称为贝叶斯推断. 贝叶斯方法基于下面的假设:

B1 概率描述的是信心的程度, 不是有频率的极限. 正因为如此, 才可以对许多事情用概率描述, 不光是服从随机变量的数据. 例如, 可以说 "爱因斯坦在 1948 年 8 月 1 日喝一杯茶的概率为 0.35". 这并没有提到任何频率的极限. 它反映了相信命题为真的强度.

B2 尽管它们是固定常数, 但可对参数用概率描述.

B3 通过 θ 的概率分布来推断参数 θ, 像点估计和区间估计等推断可以从分布中抽取出来.

贝叶斯推断是一个有争议的方法, 因为它先天包含概率的主观概念. 一般来说, 贝叶斯方法不能保证长远的表现. 尽管统计领域更关注频率方法, 贝叶斯方法还是有一席之地的. 某些数据挖掘和机器学习领域非常信奉贝叶斯方法. 抛开哲学观点的争议, 先来看如何作贝叶斯推断. 然后, 在本章最后将讨论贝叶斯方法的优缺点.

11.2 贝叶斯方法

贝叶斯推断通常用下面的方法来作:

1. 选择概率密度 $f(\theta)$, 称为先验分布, 它表示在观察到数据之前对参数的经验判断.

2. 选择统计模型 $f(x|\theta)$, 它反映出给定 θ 下, 对 x 的经验判断. 注意, 把这写为 $f(x|\theta)$, 而不是 $f(x;\theta)$.

3. 有了观测数据 $X_1, \cdots, X_n$ 后, 改进原来的经验判断, 并计算后验分布 $f(\theta|X_1, \cdots, X_n)$.

为了说明第 3 步是怎么做的, 首先假设 θ 是离散的, 而且只有一个离散的观测

11.2 贝叶斯方法

X. 因为把参数看作是一个随机变量, 所以用大写字母 Θ 来表示它. 在离散情形下,

$$\mathbb{P}(\Theta = \theta | X = x) = \frac{\mathbb{P}(X = x, \Theta = \theta)}{\mathbb{P}(X = x)}$$

$$= \frac{\mathbb{P}(X = x | \Theta = \theta)\mathbb{P}(\Theta = \theta)}{\sum_\theta \mathbb{P}(X = x | \Theta = \theta)\mathbb{P}(\Theta = \theta)}.$$

这步推导可以由第 1 章的贝叶斯定理得到. 变量连续的版本可以用密度函数得到

$$f(\theta|x) = \frac{f(x|\theta)f(\theta)}{\int f(x|\theta)f(\theta)\mathrm{d}\theta}. \tag{11.1}$$

如果有 n 个独立同分布的观测 $X_1, \cdots, X_n$, 则用

$$f(x_1, \cdots, x_n|\theta) = \prod_{i=1}^n f(x_i|\theta) = \mathcal{L}_n(\theta)$$

代替 $f(x|\theta)$.

概念　用 X^n 表示 $(X_1, \cdots, X_n)$, 用 x^n 表示 $(x_1, \cdots, x_n)$. 于是,

$$f(\theta|x^n) = \frac{f(x^n|\theta)f(\theta)}{\int f(x^n|\theta)f(\theta)\mathrm{d}\theta} = \frac{\mathcal{L}_n(\theta)f(\theta)}{c_n} \propto \mathcal{L}_n(\theta)f(\theta), \tag{11.2}$$

其中,

$$c_n = \int \mathcal{L}_n(\theta)f(\theta)\mathrm{d}\theta \tag{11.3}$$

称为归一化系数. 注意, c_n 不依赖于 θ. 于是可以汇总如下:

> 后验与似然函数和先验分布的乘积成比例, 用公示表示就是
> $$f(\theta|x^n) \propto \mathcal{L}_n(\theta)f(\theta).$$

或许会想, 把常数 c_n 去掉会有问题吗? 答案是, 如果需要常数, 那么可以在后面恢复它.

后验分布有什么作用呢? 首先, 可以通过集中后验的中心得到点估计. 通常, 使用后验的均值或众数. 后验均值为

$$\overline{\theta}_n = \int \theta f(\theta|x^n)\mathrm{d}\theta = \frac{\int \theta \mathcal{L}_n(\theta)f(\theta)\mathrm{d}\theta}{\int \mathcal{L}_n(\theta)f(\theta)\mathrm{d}\theta}. \tag{11.4}$$

也可以得到贝叶斯区间估计. 可以求出 a 和 b, 使得 $\int_{-\infty}^a f(\theta|x^n)\mathrm{d}\theta = \int_b^\infty f(\theta|x^n)\mathrm{d}\theta = \alpha/2$. 令 $C = (a, b)$. 则

$$\mathbb{P}(\theta \in C|x^n) = \int_a^b f(\theta|x^n)\mathrm{d}\theta = 1 - \alpha,$$

所以 C 是 $1-\alpha$ **后验区间**.

11.1 例 令 $X_1, \cdots, X_n \sim$ Bernoulli (p). 假设把均匀分布 $f(p) = 1$ 作为 p 的先验分布. 根据贝叶斯定理, 后验的形式为

$$f(p|x^n) \propto f(p)\mathcal{L}_n(p) = p^s(1-p)^{n-s} = p^{s+1-1}(1-p)^{n-s+1-1},$$

其中, $s = \sum_{i=1}^n x_i$ 是成功的次数. 回想起如果一个随机变量服从参数为 α 和 β 的 Beta 分布, 其密度为

$$f(p;\alpha,\beta) = \frac{\Gamma(\alpha+\beta)}{\Gamma(\alpha)\Gamma(\beta)} p^{\alpha-1}(1-p)^{\beta-1}.$$

可以求出 p 的后验分布是参数为 $s+1$ 和 $n-s+1$ 的 Beta 分布, 即

$$f(p|x^n) = \frac{\Gamma(n+2)}{\Gamma(s+1)\Gamma(n-s+1)} p^{(s+1)-1}(1-p)^{(n-s+1)-1}.$$

将其记为

$$p|x^n \sim \text{Beta}(s+1, n-s+1).$$

注意到并没有真正做积分 $\int \mathcal{L}_n(p) f(p) \mathrm{d}p$ 就求出了归一化系数. Beta (α,β) 的均值为 $\alpha/(\alpha+\beta)$, 所以贝叶斯估计为

$$\bar{p} = \frac{s+1}{n+2}. \tag{11.5}$$

可以把这个估计改写为

$$\bar{p} = \lambda_n \widehat{p} + (1-\lambda_n)\widetilde{p}, \tag{11.6}$$

其中, $\widehat{p}$ 是极大似然估计, $\widetilde{p} = 1/2$ 是先验均值, $\lambda_n = n/(n+2) \approx 1$. 通过计算 $\int_a^b f(p|x^n)\mathrm{d}p = 0.95$ 得到 a 和 b, 从而得到一个 95% 的后验区间.

假设先验分布不是用均匀分布, 而是用 $p \sim \text{Beta}(\alpha,\beta)$. 如果重复上述的计算, 可以得到 $p|x^n \sim \text{Beta}(\alpha+s, \beta+n-s)$. 扁平先验 (均匀分布) 仅仅是 $\alpha = \beta = 1$ 时的一个特例. 后验均值为

$$\bar{p} = \frac{\alpha+s}{\alpha+\beta+n} = \left(\frac{n}{\alpha+\beta+n}\right)\widehat{p} + \left(\frac{\alpha+\beta}{\alpha+\beta+n}\right)p_0,$$

其中, $p_0 = \alpha/(\alpha+\beta)$ 是先验均值.

在前面的例子中, 先验是 Beta 分布, 后验也是 Beta 分布. 当先验和后验是同一族时, 则称先验是关于模型**共轭**的.

11.2 例 令 $X_1, \cdots, X_n \sim N(\theta, \sigma^2)$. 为简单起见, 假设 σ 已知. 假设先验为 $\theta \sim N(a, b^2)$. 则 θ 的后验分布为 (证明留作习题 —— 11.12 习题 1.)

$$\theta|X^n \sim N(\bar{\theta}, \tau^2). \tag{11.7}$$

其中,
$$\overline{\theta} = w\overline{X} + (1-w)a,$$
$$w = \frac{1/\mathrm{se}^2}{1/\mathrm{se}^2 + 1/b^2}, \quad \frac{1}{\tau^2} = \frac{1}{\mathrm{se}^2} + \frac{1}{b^2},$$

其中, se= $\sigma/\sqrt{n}$ 是极大似然估计 $\overline{X}$ 的标准差. 这是共轭先验的又一个例子. 注意到当 $n \to \infty$ 时, $w \to 1$ 和 $\tau/\mathrm{se} \to 1$, 所以对于足够大的 n, 后验近似服从 $N(\widehat{\theta}, \mathrm{se}^2)$. 假设 n 固定, 而当 $b \to \infty$ 时结果也一样, 这相当于令先验变得非常扁平.

继续这个例子, 会求出 $C = (c, d)$, 使得 $\mathbb{P}(\theta \in C|X^n) = 0.95$. 这个解可以通过求出满足 $\mathbb{P}(\theta < c|X^n) = 0.025$ 和 $\mathbb{P}(\theta > d|X^n) = 0.025$ 的 c 和 d 而得到. 因此, 希望求出 c 使得

$$\mathbb{P}(\theta < c|X^n) = \mathbb{P}\left(\frac{\theta - \overline{\theta}}{\tau} < \frac{c - \overline{\theta}}{\tau}|X^n\right)$$
$$= \mathbb{P}\left(Z < \frac{c - \overline{\theta}}{\tau}\right) = 0.025.$$

已知 $\mathbb{P}(Z < -1.96) = 0.025$, 所以

$$\frac{c - \overline{\theta}}{\tau} = -1.96.$$

这意味着 $c = \overline{\theta} - 1.96\tau$. 类似的过程, 可求得 $d = \overline{\theta} + 1.96\tau$. 所以 95% 的贝叶斯区间为 $\overline{\theta} \pm 1.96\tau$. 由于 $\overline{\theta} \approx \widehat{\theta}, \tau \approx \mathrm{se}$, 所以 95% 的贝叶斯区间为 $\widehat{\theta} \pm 1.96\mathrm{se}$, 这是频率统计中的置信区间.

11.3 参数函数

如何对函数 $\tau = g(\theta)$ 作推断呢? 在第 3 章中解决了如下问题: 给定 X 的密度函数 f_X, 求 $Y = g(X)$ 的密度函数. 现在来简单地应用相同的原理. τ 的后验分布函数为

$$H(\tau|x^n) = \mathbb{P}(g(\theta) \leqslant \tau|x^n) = \int_A f(\theta|x^n)\mathrm{d}\theta,$$

其中, $A = \{\theta : g(\theta) \leqslant \tau\}$. 后验密度为 $h(\tau|x^n) = H'(\tau|x^n)$.

11.3 例 令 $X_1, \cdots, X_n \sim$ Bernoulli (p) 和 $f(p) = 1$, 使得 $p|X^n \sim$ Beta$(s+1, n-s+1)$, 其中, $s = \sum_{i=1}^{n} x_i$. 令 $\psi = \log(p/(1-p))$, 则

$$H(\psi|x^n) = \mathbb{P}(\Psi \leqslant \psi|x^n) = \mathbb{P}\left(\log\left(\frac{P}{1-P}\right) \leqslant \psi|x^n\right)$$

$$= \mathbb{P}\left(P \leqslant \frac{e^{\psi}}{1+e^{\psi}}\Big| x^n\right)$$

$$= \int_0^{e^{\psi}/(1+e^{\psi})} f(p|x^n)\mathrm{d}p$$

$$= \frac{\Gamma(n+2)}{\Gamma(s+1)\Gamma(n-s+1)} \int_0^{e^{\psi}/(1+e^{\psi})} p^s(1-p)^{n-s}\mathrm{d}p$$

以及

$$h(\psi|x^n) = H'(\psi|x^n)$$

$$= \frac{\Gamma(n+2)}{\Gamma(s+1)\Gamma(n-s+1)} \left(\frac{e^{\psi}}{1+e^{\psi}}\right)^s \left(\frac{1}{1+e^{\psi}}\right)^{n-s} \left(\frac{\partial\left(\frac{e^{\psi}}{1+e^{\psi}}\right)}{\partial \psi}\right)$$

$$= \frac{\Gamma(n+2)}{\Gamma(s+1)\Gamma(n-s+1)} \left(\frac{e^{\psi}}{1+e^{\psi}}\right)^s \left(\frac{1}{1+e^{\psi}}\right)^{n-s} \left(\frac{1}{1+e^{\psi}}\right)^2$$

$$= \frac{\Gamma(n+2)}{\Gamma(s+1)\Gamma(n-s+1)} \left(\frac{e^{\psi}}{1+e^{\psi}}\right)^s \left(\frac{1}{1+e^{\psi}}\right)^{n-s+2},$$

其中, $\psi \in \mathbb{R}$.

11.4 随机模拟

后验经常可以通过随机模拟近似. 假设抽取 $\theta_1, \cdots, \theta_B \sim p(\theta|x^n)$. $\theta_1, \cdots, \theta_B$ 的直方图近似为 $p(\theta|x^n)$ 的后验概率密度. 后验均值 $\overline{\theta} = \mathbb{E}(\theta|x^n)$ 近似为 $B^{-1}\sum_{j=1}^{B}\theta_j$. $1-\alpha$ 的后验区间可以用 $(\theta_{\alpha/2}, \theta_{1-\alpha/2})$ 近似, 这里 $\theta_{\alpha/2}$ 是 $\theta_1, \cdots, \theta_B$ 的 $\alpha/2$ 样本分位数.

一旦有从 $f(\theta|x^n)$ 抽取的样本 $\theta_1, \cdots, \theta_B$, 令 $\tau_i = g(\theta_i)$. 那么 $\tau_1, \cdots, \tau_B$ 是从 $f(\tau|x^n)$ 中抽取的样本. 这就避免了做任何分析计算. 随机模拟将在第 24 章更详细地讨论.

11.4 例 再一次考虑例 11.3. 可以近似求出 ψ 的后验而不用作任何计算. 步骤如下:

1. 抽取 $P_1, \cdots, P_B \sim \text{Beta}(s+1, n-s+1)$.
2. 对 $i = 1, \cdots, B$, 令 $\psi_i = \log(P_i/(1-P_i))$.

现在 $\psi_1, \cdots, \psi_B$ 是根据 $h(\psi|x^n)$ 独立抽取的. 这些值的直方图给出了 $h(\psi|x^n)$ 的估计.

11.5 贝叶斯过程的大样本属性

在 Bernoullip 和正态例子中，看到后验均值接近极大似然估计。这在更广泛的情况下都是正确的。

11.5 定理 令 $\widehat{\theta}_n$ 是极大似然估计，令 $\widehat{\text{se}} = 1/\sqrt{nI(\widehat{\theta}_n)}$。在适当的正则条件下，后验近似为均值为 $\widehat{\theta}_n$、标准差为 $\widehat{\text{se}}$ 的正态分布。因此，$\overline{\theta}_n \approx \widehat{\theta}_n$。同时，如果 $C_n = (\widehat{\theta}_n - z_{\alpha/2}\widehat{\text{se}}, \widehat{\theta}_n + z_{\alpha/2}\widehat{\text{se}})$ 是频率统计中 $1-\alpha$ 的渐进置信区间，那么 C_n 也是 $1-\alpha$ 的贝叶斯后验区间估计：

$$\mathbb{P}(\theta \in C_n | X^n) \to 1 - \alpha.$$

同样，也有贝叶斯 Delta 方法。令 $\tau = g(\theta)$，那么

$$\tau | X^n \approx N(\widehat{\tau}, \widetilde{\text{se}}^2),$$

其中，$\widehat{\tau} = g(\widehat{\theta})$，$\widetilde{\text{se}} = \widehat{\text{se}}|g'(\widehat{\theta})|$

11.6 扁平先验、非正常先验和无信息的先验

在贝叶斯推断中有一个重要的问题：从哪里得到先验 $f(\theta)$ 呢? 一种称为主观主义的学派说先验应该反映出对 θ 的主观意见 (在搜集数据之前就有的)。这在一些例子中是可行的，但是，在复杂问题，尤其是多参数问题中，这是不切实际的。而且，把主观意见放到分析中和尽可能的做科学推断的目标相矛盾。一种备选方法是尝试定义一些"无信息的先验"。无信息先验最明显的候选者就是扁平先验，即 $f(\theta) \propto$ 常数。

在 Bernoullip 例子中，考虑 $f(p) = 1$ 得到 $p|X^n \sim \text{Beta}(s+1, n-s+1)$，这看起来是非常合理的。但是无拘无束地使用扁平先验会产生一些问题。

非正常先验 令 $X \sim N(\theta, \sigma^2)$，其中，$\sigma$ 已知。假设选择了扁平先验 $f(\theta) \propto c$，这里 $c > 0$ 为常数。由于 $\int f(\theta)d\theta = \infty$，所以从通常意义上讲这样的概率密度不存在。称这样的先验为非正常先验。不管怎样，仍然可以使用贝叶斯定理，通过把先验和似然函数相乘来计算后验密度：$f(\theta) \propto \mathcal{L}_n(\theta)f(\theta) \propto \mathcal{L}_n(\theta)$。这可以得到 $\theta|X^n \sim N(\overline{X}, \sigma^2/n)$，它的点估计和区间估计与频率统计中的结果完全一致。只要得到的后验是有定义的概率分布，那么非正常先验就不是问题。

扁平先验不是不变的 令 $X \sim \text{Bernoulli}(p)$，假设使用扁平先验 $f(p) = 1$。这个扁平先验表示在实验之前缺少 p 的信息。现在令 $\psi = \log(p/(1-p))$，这是对 p 的变形，可以计算 ψ 的分布，也就是

$$f_\Psi\psi = \frac{e^\psi}{(1+e^\psi)^2},$$

这不是扁平的. 但是, 如果对 p 一无所知, 那么就对 ψ 一无所知, 就会对 ψ 使用扁平先验. 这就与刚才所得结果矛盾. 简而言之, 扁平先验这种提法也有不妥之处, 因为一个参数的扁平先验并不能推出该参数的变换也有扁平先验. 扁平先验并不是变换不变的.

Jeffreys 先验　Jeffreys 提出了创造先验的规则. 这个规则是, 取

$$f(\theta) \propto I(\theta)^{1/2},$$

其中, $I(\theta)$ 是 Fisher 信息函数. 这个规则被证明是变换不变的. 有很多例子可以说明这个先验是有用的, 但是在这里就不详细说明了.

11.6 例　考虑 Bernoulli (p) 模型. 回忆

$$I(p) = \frac{1}{p(1-p)}.$$

Jeffreys 规则说先验可以用

$$f(p) \propto \sqrt{I(p)} = p^{-1/2}(1-p)^{-1/2}.$$

这是 Beta(1/2,1/2) 密度. 这与均匀分布密度非常接近.

在多参数问题中, Jeffreys 先验定义为 $f(\theta) \propto \sqrt{|I(\theta)|}$, 这里 $|A|$ 表示矩阵 A 的行列式, 而 $I(\theta)$ 是 Fisher 信息矩阵.

11.7　多参数问题

假设 $\theta = (\theta_1, \cdots, \theta_p)$. 后验密度仍然由下式给出：

$$f(\theta|x^n) \propto \mathcal{L}_n(\theta)f(\theta). \tag{11.8}$$

现在的问题是如何得到一个参数的推断. 关键是求出感兴趣参数的边际后验密度. 假设, 希望对 θ_1 作推断, 它的边际后验分布为

$$f(\theta_1|x^n) = \int \cdots \int f(\theta_1, \cdots, \theta_p|x^n) \mathrm{d}\theta_2 \cdots \mathrm{d}\theta_p. \tag{11.9}$$

实际上, 这个积分可能是不可解的. 随机模拟对此有些帮助. 从后验中随机抽样

$$\theta^1, \cdots, \theta^B \sim f(\theta|x^n),$$

其中, 上标表示不同的抽样. 每个 θ^j 是向量 $(\theta_1^j, \cdots, \theta_p^j)$. 现在搜集每次抽样的第一个元素,

$$\theta_1^1, \cdots, \theta_1^B.$$

这些是来自 $f(\theta_1|x^n)$ 的一个样本, 避免了作任何积分.

11.7 例 (比较两个二项分布)　假设有 n_1 个控制的病人, 有 n_2 个治疗的病人, 其中, X_1 个控制的病人存活数, X_2 个治疗的病人存活数. 希望检验 $\tau = g(p_1, p_2) = p_2 - p_1$, 则

$$X_1 \sim \text{Binomial}(n_1, p_1), \quad X_2 \sim \text{Binomial}(n_2, p_2).$$

如果 $f(p_1, p_2) = 1$, 后验为

$$f(p_1, p_2|x_1, x_2) \propto p_1^{x_1}(1-p_1)^{n_1-x_1} p_2^{x_2}(1-p_2)^{n_2-x_2}.$$

由于 p_1, p_2 的取值在一个长方形区域 (实际上是正方形), 所以

$$f(p_1, p_2|x_1, x_2) = f(p_1|x_1)f(p_2|x_2),$$

其中, $f(p_1|x_1) \propto p_1^{x_1}(1-p_1)^{n_1-x_1}$ 和 $f(p_2|x_2) \propto p_2^{x_2}(1-p_2)^{n_2-x_2}$ 这意味着在后验分布中, p_1 和 p_2 是独立的. 同时 $p_1|x_1 \sim \text{Beta}(x_1 + 1, n_1 - x_1 + 1)$ 和 $p_2|x_2 \sim \text{Beta}(x_2 + 1, n_2 - x_2 + 1)$. 如果随机模拟 $P_{1,1}, \cdots, P_{1,B} \sim \text{Beta}(x_1 + 1, n_1 - x_1 + 1)$ 和 $P_{2,1}, \cdots, P_{2,B} \sim \text{Beta}(x_2 + 1, n_2 - x_2 + 1)$, 则有 $\tau_b = P_{2,b} - P_{1,b}, b = 1, \cdots, B$ 是来自 $f(\tau|x_1, x_2)$ 的样本.

11.8　贝叶斯检验

从贝叶斯观点考虑假设检验是个复杂的问题. 这里只是给出主要思想的概述. 贝叶斯方法的检验涉及为 H_0 和参数 θ 一个先验, 然后计算 $\mathbb{P}(H_0|X^n)$. 考虑 θ 是尺度参数的例子, 检验

$$H_0: \theta = \theta_0 \quad 对 \quad H_1: \theta \neq \theta_0.$$

使用先验 $\mathbb{P}(H_0) = \mathbb{P}(H_1) = 1/2$ 通常是合理的 (尽管这对接下来的并不重要). 在 H_1 下, 需要一个 θ 的先验. 用 $f(\theta)$ 表示先验密度. 根据贝叶斯定理,

$$\begin{aligned}
\mathbb{P}(H_0|X^n = x^n) &= \frac{f(x^n|H_0)\mathbb{P}(H_0)}{f(x^n|H_0)\mathbb{P}(H_0) + f(x^n|H_1)\mathbb{P}(H_1)} \\
&= \frac{1/2 f(x^n|\theta_0)}{1/2 f(x^n|\theta_0) + 1/2 f(x^n|H_1)} \\
&= \frac{f(x^n|\theta_0)}{f(x^n|\theta_0) + \int f(x^n|\theta_0)f(\theta)\mathrm{d}\theta} \\
&= \frac{\mathcal{L}(\theta_0)}{\mathcal{L}(\theta_0) + \int \mathcal{L}(\theta)f(\theta)\mathrm{d}\theta}.
\end{aligned}$$

大家都知道, 在估计问题上, 先验并不是有很大的影响, 频率方法和贝叶斯方法给出的结果类似. 在假设检验中就不是这样了. 同时, 在假设检验中不能使用非正常先

验, 因为这会导致在上面的表达式的分母中有无定义的常数. 因此, 如果使用贝叶斯检验, 必须非常小心地选择先验 $f(\theta)$. 使得求出 $\mathbb{P}(H_0|X^n = x^n)$ 的与先验无关的界成为可能. 由于 $0 \leqslant \mathcal{L}(\theta)f(\theta)d\theta \leqslant \mathcal{L}(\widehat{\theta})$, 因此

$$\frac{\mathcal{L}(\theta_0)}{\mathcal{L}(\theta_0) + \mathcal{L}(\widehat{\theta})} \leqslant \mathbb{P}(H_0|X^n = x^n) \leqslant 1.$$

上界是没有意义的, 但是下界就很重要了.

11.9 贝叶斯推断的优点和缺点

当先验信息可知时, 贝叶斯推断是非常有吸引力的, 因为贝叶斯定理是结合先验信息和数据的自然方式. 一些人认为贝叶斯推断从心理上吸引人, 因为它允许对参数用概率描述. 相比较, 频率推断给出以 95% 的概率包含参数真实值的置信集, 但不能说 $\mathbb{P}(\theta \in C_n|X_n)$ 是 0.95. 在频率方法中, 可以对 C_n 用概率描述, 但不能对 θ 这么做. 然而, 心理吸引并不是使用一种类型的推断而不用另一种的强制的科学理由.

在大样本的参数模型中, 贝叶斯方法和频率方法给出近似相同的推断. 一般来说, 它们不需要一致.

有 3 个例子可以说明贝叶斯推断的优点和缺点. 第 1 个例子是例 6.14. 这个例子说明了贝叶斯的魅力. 第 2 和第 3 个例子说明了贝叶斯方法在这时是没有用的.

11.8 例 (例 6.14 回顾) 开始回顾这个例子. 令 θ 表示已知的固定实数, 令 X_1, X_2 是独立随机变量, 满足 $\mathbb{P}(X_i = 1) = \mathbb{P}(X_i = -1) = 1/2$. 现在定义 $Y_i = \theta + X_i$, 假设只是能观察到 Y_1, Y_2. 令

$$C = \begin{cases} \{Y_1 - 1\}, & Y_1 = Y_2, \\ \{(Y_1 + Y_2)/2\}, & Y_1 \neq Y_2. \end{cases}$$

这是一个 75% 的置信区间, 因为, 不管 θ 取什么值, $\mathbb{P}_\theta(\theta \in C) = 3/4$.

假设观察到 $Y_1 = 15, Y_2 = 17$. 那么 75% 的置信区间为 $\{16\}$. 然而, 可以确定, 在这个例子中, $\theta = 16$. 所以把这称为是 75% 的置信区间让很多人费解. 不管怎样, C 是一个正确的 75% 的置信区间. 它有 75% 的次数会包含参数的真实值.

贝叶斯结果会让人更满意些. 为简单起见, 假设 θ 为一个整数. 令 $f(\theta)$ 是先验密度函数, 对任意 θ 满足 $f(\theta) > 0$. 当 $Y = (Y_1, Y_2) = (15, 17)$ 时, 似然函数为

$$\mathcal{L} = \begin{cases} \dfrac{1}{4}, & \theta = 16. \\ 0, & \text{其他}. \end{cases}$$

11.9 贝叶斯推断的优点和缺点

由贝叶斯定理, 得

$$\mathbb{P}(\Theta = \theta | Y = (15, 17)) = \begin{cases} 1, & \theta = 16, \\ 0, & \text{其他}. \end{cases}$$

因此, $\mathbb{P}(\theta \in C | Y = (15, 17)) = 1$. 说 $\{16\}$ 是 75% 的置信区间没有任何错, 但它不是对 θ 的概率描述.

11.9 例 这是在 Robins 和 Ritov(1977) 中的一个例子的简化版本. 数据包含 n 个独立同分布的三维随机变量

$$(X_1, R_1, Y_1), \quad \cdots, \quad (X_n, R_n, Y_n).$$

令 B 表示有限的但非常大的数, 如 $B = 100^{100}$. 任何现实样本的样本量 n 都比 B 小. 令

$$\theta = (\theta_1, \cdots, \theta_B)$$

是未知参数的向量, 对于 $1 \leqslant j \leqslant B$ 满足 $0 \leqslant \theta_j \leqslant 1$. 令

$$\xi = (\xi_1, \cdots, \xi_B)$$

是已知的向量, 满足

$$0 < \delta \leqslant \xi_j \leqslant 1 - \delta < 1, \quad 1 \leqslant j \leqslant B,$$

其中, δ 是某个较小的正数. 每个点 (X_i, R_i, Y_i) 是用下面的方法抽取的:
1. 均匀地从 $\{1, \cdots, B\}$ 中抽取 X_i.
2. 抽取 $R_i \sim \text{Bernoulli}(\xi_{X_i})$.
3. 如果 $R_i = 1$, 则抽取 $Y \sim \text{Bernoulli}(\theta_{X_i})$. 如果 $R_i = 0$, 不抽取 Y_i.

这个模型看起来有点不真实, 但是, 实际上, 它是某些缺失数据问题的缩影, 在这类问题中, 有些数据观测不到. 在这个例子中, $R_i = 0$ 认为是 "缺失" 了的数据. 目标是估计

$$\psi = \mathbb{P}(Y_i = 1).$$

由于

$$\psi = \mathbb{P}(Y_i = 1) = \sum_{j=1}^{B} \mathbb{P}(Y_i = 1 | X = j) \mathbb{P}(X = j)$$

$$= \frac{1}{B} \sum_{j=1}^{B} \theta_j \equiv g(\theta),$$

所以 $\psi = g(\theta)$ 是 θ 的函数.

首先考虑贝叶斯分析. 单个观测的似然函数为

$$f(X_i, R_i, Y_i) = f(X_i)f(R_i|X_i)f(Y_i|X_i)^{R_i}.$$

最后一项以幂指数 R_i 增长. 如果 $R_i = 0$, 那么 Y_i 观测不到, 因此, 这一项从似然函数中删去. 由于 $f(X_i) = 1/B$, Y_i, R_i 服从 Bermoulli 分布, 所以

$$f(X_i)f(R_i|X_i)f(Y_i|X_i)^{R_i} = \frac{1}{B}\xi_{X_i}^{R_i}(1-\xi_{X_i})^{1-R_i}\theta_{X_i}^{Y_iR_i}(1-\theta_{X_i})^{(1-Y_i)R_i}.$$

因此, 似然函数为

$$\begin{aligned}\mathcal{L}(\theta) &= \prod_{i=1}^{n} f(X_i)f(R_i|X_i)f(Y_i|X_i)^{R_i} \\ &= \prod_{i=1}^{n}\frac{1}{B}\xi_{X_i}^{R_i}(1-\xi_{X_i})^{1-R_i}\theta_{X_i}^{Y_iR_i}(1-\theta_{X_i})^{(1-Y_i)R_i} \\ &\propto \theta_{X_i}^{Y_iR_i}(1-\theta_{X_i})^{(1-Y_i)R_i}\end{aligned}$$

把所有关于 B 和 ξ_j 的有关项删掉, 因为它们是已知常数, 不是参数. 对数似然函数为

$$\begin{aligned}\ell(\theta) &= \sum_{i=1}^{n} Y_iR_i\log\theta_{X_i} + (1-Y_i)R_i\log(1-\theta_{X_i}) \\ &= \sum_{i=1}^{B} n_j\log\theta_j + \sum_{i=1}^{B} m_j\log(1-\theta_j),\end{aligned}$$

其中,

$$n_j = \sharp\{i : Y_i = 1, R_i = 1, X_i = j\},$$
$$m_j = \sharp\{i : Y_i = 0, R_i = 1, X_i = j\}.$$

现在, 由于 B 远远大于 n, 所以对于绝大多数的 j, 有 $n_j = m_j = 0$. 有几个含义: 首先, 绝大多数的 θ_j 的极大似然估计没有定义. 其次, 对绝大多数的 θ_j, 后验分布等于先验分布, 因为那些 θ_j 没有在似然函数中出现. 因此, $f(\theta|数据) \approx f(\theta)$. 所以, $f(\psi|数据) \approx f(\psi)$. 换句话说, 在贝叶斯分析中, 数据几乎没有提供关于 ψ 的任何信息.

现在来考虑频率方法. 定义

$$\widehat{\psi} = \frac{1}{n}\sum_{i=1}^{n}\frac{R_iY_i}{\xi_{X_i}}. \tag{11.10}$$

11.9 贝叶斯推断的优点和缺点

下面将证明这个估计是最小均方误差无偏估计. 可以证明 (见 11.12 习题 7),

$$\mathbb{E}(\widehat{\psi}) = \psi, \quad \mathbb{V}(\widehat{\psi}) \leqslant \frac{1}{n\delta^2} \tag{11.11}$$

因此, 均方误差 MSE 以 $1/n$ 为系数, 不管 B 有多大, 当搜集更多的数据时, MSE 将会很快收敛于 0. (11.10) 中定义的估计称为 Horwitz-Thompson 估计. 它不能从贝叶斯或似然函数的观点得到, 因为它涉及 ξ_{X_i} 项. 这些项在对数似然函数中删掉了, 因此不会在任何包括贝叶斯估计在内的基于似然函数的方法中出现.

11.10 例 假设 f 是概率密度函数, 且

$$f(x) = cg(x),$$

其中, $g(x) > 0$ 是已知函数, c 未知. 原则上, 可以计算出 c. 因为 $\int f(x)\mathrm{d}x = 1$, 隐含着 $c = 1/\int g(x)\mathrm{d}x$. 但是在许多例子中, 并不能做积分 $\int g(x)\mathrm{d}x$, 这是因为 g 可能是复杂函数, x 可能是高维的. 尽管 c 是未知的, 常常可以从 f 中抽取样本 $X_1, \cdots, X_n$, 见第 24 章. 可以用这个样本去估计归一化系数 c 吗? 下面是频率方法的解决方式: 令 $\widehat{f}_n(x)$ 是密度 f 的相容估计. 第 20 章解释了如何构造这样的区间. 选择任意点 x, 由于 $c = f(x)/g(x)$, 因此 $\widehat{c} = \widehat{f}(x)/g(x)$ 是 c 的相容估计. 现在来尝试用贝叶斯方法解这个问题. 令 $\pi(c)$ 是先验, 使得对于 $c > 0$ 有 $\pi(c) > 0$. 似然函数为

$$\mathcal{L}_n(c) = \prod_{i=1}^n f(X_i) = \prod_{i=1}^n cg(X_i) = c^n \prod_{i=1}^n g(X_i) \propto c^n,$$

因此后验与 $c^n \pi(c)$ 成比例. 后验并不取决于 $X_1, \cdots, X_n$, 所以根据贝叶斯的观点得到一个惊人的结论, 数据中没有任何的信息关于 c. 而且, 后验均值为

$$\frac{\int_0^\infty c^{n+1} \pi(c) \mathrm{d}c}{\int_0^\infty c^n \pi(c) \mathrm{d}c}.$$

当 n 增加时, 它可能趋于无穷大.

最后两个例子说明了重要的一点. 贝叶斯依赖于似然函数. 当似然函数出差错的时候, 贝叶斯推断也会犯错误.

以上分析能做出什么样的结论呢? 重要的是理解频率方法和贝叶斯方法给不同的问题提出了答案. 为了把先验和数据有原则的结合起来, 就使用贝叶斯推断. 为了构建能保证长远性能的过程, 如置信区间, 使用频率方法. 一般来说, 当参数空间是高维时, 贝叶斯方法会遇到问题. 特别是, 95% 的后验区间不需要以 95% 的概率包含真实值 (从频率统计的角度).

11.10 文献注释

贝叶斯推断的参考书包括 (Carlin and Louis, 1996; Gelman et al., 1995; Lee, 1997; Robert, 1994; Schervish, 1995). 对于非参贝叶斯推断的技巧, 见 (Cox, 1993; Diaconis and Freedman, 1999; Barron et al., 1999; Ghosal et al., 2000; Shen and Wasserman, 2001; Zhao, 2000). Robins-Ritov 例子在 (Robins-Ritov, 1997) 中详细讨论, 那里它更确切地被作为非参问题讨论. 例 11.10 来自 Edward George(个人通讯). 关于贝叶斯检验参考 (Berger and Delampady, 1987; Kass and Raftery, 1995). 对于无信息先验, 见 (Kass and Wasserman, 1996).

11.11 附 录

定理 11.5 的证明 可以证明, 随着 n 的增加, 先验的效果降低了, 所以 $f(\theta|X^n) \propto \mathcal{L}_n(\theta)f(\theta) \approx \mathcal{L}_n(\theta)$. 因此, $\log f(\theta|X^n) \approx \ell(\theta)$. 由于 $\ell'(\widehat{\theta}) = 0$, 所以 $\ell(\theta) \approx \ell(\widehat{\theta}) + (\theta - \widehat{\theta})\ell'(\widehat{\theta}) + [(\theta - \widehat{\theta})^2/2]\ell''(\widehat{\theta}) = \ell(\widehat{\theta}) + [(\theta - \widehat{\theta})^2/2]\ell''(\widehat{\theta})$. 用幂指数表示, 近似得到

$$f(\theta|X^n) \propto \exp\left\{-\frac{1}{2}\frac{(\theta-\widehat{\theta})^2}{\sigma_n^2}\right\},$$

其中, $\sigma_n^2 = -1/\ell''(\widehat{\theta})$, 所以 θ 的后验近似服从均值为 $\widehat{\theta}$ 方差为 σ_n^2 的渐近正态分布. 令 $\ell_i = \log f(X_i|\theta)$, 则

$$\frac{1}{\sigma_n^2} = -\ell''(\widehat{\theta}) = \sum_i -\ell_i''(\widehat{\theta}_n)$$
$$= n(\frac{1}{n})\sum_i -\ell_i''(\widehat{\theta}_n) \approx n\mathbb{E}_\theta[-\ell_i''(\widehat{\theta}_n)]$$
$$= nI(\widehat{\theta}_n).$$

因此, $\sigma_n \approx \operatorname{se}(\widehat{\theta})$.

11.12 习 题

1. 证明 (11.7).
2. 令 $X_1, \cdots, X_n \sim \operatorname{Normal}(\mu, 1)$.
   (a) 用 $\mu = 5$ 随机模拟一个有 $n = 100$ 个观测的数据集.
   (b) 以 $f(\mu) = 1$ 为先验, 求出后验密度. 画出密度函数的图.
   (c) 根据后验随机抽取 1000 个样本观察值. 画出这些随机模拟值的直方图. 把这个直方图和 (b) 中的答案作比较.

(d) 令 $\theta = e^\mu$. 通过分析和随机模拟的方式求出 θ 的后验密度函数.

(e) 求出 μ 的 95% 的后验区间.

(f) 求出 θ 的 95% 的置信区间.

3. 令 $X_1,\cdots,X_n \sim \text{Uniform}(0,\theta)$. 令 $f(\theta) \propto 1/\theta$. 求出后验密度.

4. 假设有 50 人服用安慰剂, 有 50 人接受新的治疗方法. 有 30 个服用安慰剂的病人病情好转, 而 40 个接受新的治疗方法的病人病情好转. 令 $\tau = p_2 - p_1$, 这里 p_2 是在新的治疗方式下病情好转的概率, p_1 是服用安慰剂而病情好转的概率.

(a) 求出 τ 的极大似然估计. 用 Delta 方法求出标准差和 90% 的置信区间.

(b) 用 Bootstrap 方法求出标准差和 90% 的置信区间.

(c) 用 $f(p_1,p_2) = 1$ 作为先验. 用随机模拟的方法求出后验均值和 τ 的 90% 的后验区间.

(d) 令
$$\psi = \log\left(\frac{p_1}{1-p_1} \div \frac{p_2}{1-p_2}\right)$$

是对数优势比. 由于当 $p_1 = p_2$ 时有 $\psi = 0$. 求出 ψ 的极大似然估计. 用 Delta 方法求出 ψ 的 90% 的置信区间.

(e) 用随机模拟求出后验均值和 ψ 的 90% 的后验区间.

5. 考虑下面的 Bernoulli(p) 观测:

$$0,\ 1,\ 0,\ 1,\ 0,\ 0,\ 0,\ 0,\ 0,\ 0.$$

用下面的先验画出 p 的后验: Beta$(1/2, 1/2)$, Beta$(1, 1)$, Beta$(10, 10)$, Beta$(100, 100)$.

6. 令 $X_1,\cdots,X_n \sim \text{Poisson}(\lambda)$.

(a) 令 $\lambda \sim \text{Gamma}(\alpha,\beta)$ 是先验. 证明后验仍然是 Gamma 分布. 求出后验均值.

(b) 求出 Jeffreys 先验, 求出后验.

7. 在例 11.9 中, 证明 (11.11).

8. 令 $X \sim N(\mu,1)$. 考虑检验

$$H_0: \mu = 0 \ \text{对} \ H_1: \mu \neq 0,$$

取 $\mathbb{P}(H_0) = \mathbb{P}(H_1) = 1/2$. 令在 H_1 下 μ 的先验为 $\mu \sim N(0,b^2)$. 求解表达式 $\mathbb{P}(H_0|X=x)$, 把它和 Wald 检验的 p 值相比较. 在更多的 x 值和 b 值的条件下作比较. 现在用样本量为 n 的样本重复这个问题. 会看到, 即使 p 值很小, H_0 的后验概率也可以很大, 特别是当 n 很大时. 贝叶斯和频率检验不一致称为 Jeffreys-Lindley 悖论.

第 12 章 统计决策理论

12.1 引　言

前面已经考虑了几种点估计, 如极大似然估计、矩估计和后验均值. 事实上, 还有许多其他的估计方法. 如何选择它们呢? 答案在决策理论中找, 它是比较统计过程的正规理论.

考虑参数空间 Θ 中的参数 θ. 令 $\widehat{\theta}$ 是 θ 的估计. 在决策理论的语言中, 点估计有时称为决策规则, 决策规则可能的值称为行动.

用损失函数 $L(\theta, \widehat{\theta})$ 来度量 θ 和 $\widehat{\theta}$ 的离散程度. 正式地, L 把 $\Theta \times \Theta$ 映射到 $\mathbb{R}$. 下面列出了一些损失函数:

$L(\theta, \widehat{\theta}) = (\theta - \widehat{\theta})^2$ 　　　　　平方损失,

$L(\theta, \widehat{\theta}) = |\theta - \widehat{\theta}|$ 　　　　　绝对损失,

$L(\theta, \widehat{\theta}) = |\theta - \widehat{\theta}|^p$ 　　　　　L_p 损失,

当 $\theta = \widehat{\theta}$ 时, $L(\theta, \widehat{\theta}) = 0$, 当 $\theta \neq \widehat{\theta}$ 时为 1　　0-1 损失,

$L(\theta, \widehat{\theta}) = \int \log\left(\dfrac{f(x;\theta)}{f(x;\widehat{\theta})}\right) f(x;\theta) \mathrm{d}x$ 　　　　　Kullback-Leibler 损失.

记住估计 $\widehat{\theta}$ 是数据的函数. 为了强调这一点, 有时把 $\widehat{\theta}$ 记为 $\widehat{\theta}(X)$. 为了衡量一个估计, 用平均风险或损失来估计.

12.1 定义　　估计 $\widehat{\theta}$ 的风险为

$$R(\theta, \widehat{\theta}) = \mathbb{E}_\theta(L(\theta, \widehat{\theta})) = \int L(\theta, \widehat{\theta}(x)) f(x;\theta) \mathrm{d}x.$$

当损失函数为平方误差时, 风险是均方误差 MSE:

$$R(\theta, \widehat{\theta}) = \mathbb{E}_\theta(\theta - \widehat{\theta})^2 = \mathrm{MSE} = \mathbb{V}_\theta + \mathrm{bias}_\theta^2(\widehat{\theta}).$$

本章后面部分, 如果不专门说明用了哪种损失函数, 就假定使用的是平方损失函数.

12.2　比较风险函数

为比较两个估计, 来比较它们的风险函数. 然而, 这并不能提供一个明确的答案说哪一个估计更好. 考虑下面的例子.

12.2 比较风险函数

12.2 例 令 $X \sim N(\theta, 1)$, 假设使用平方损失函数. 考虑两个估计 $\widehat{\theta}_1 = X$ 和 $\widehat{\theta}_2 = 3$. 风险函数为 $R(\theta, \widehat{\theta}_1) = \mathbb{E}_\theta(X-\theta)^2 = 1$ 和 $R(\theta, \widehat{\theta}_2) = \mathbb{E}_\theta(3-\theta)^2 = (3-\theta)^2$. 如果 $2 < \theta < 4$, 则 $R(\theta, \widehat{\theta}_2) < R(\theta, \widehat{\theta}_1)$, 否则, $R(\theta, \widehat{\theta}_1) < R(\theta, \widehat{\theta}_2)$. 没有哪一个估计一定比另一个好, 见图 12.1.

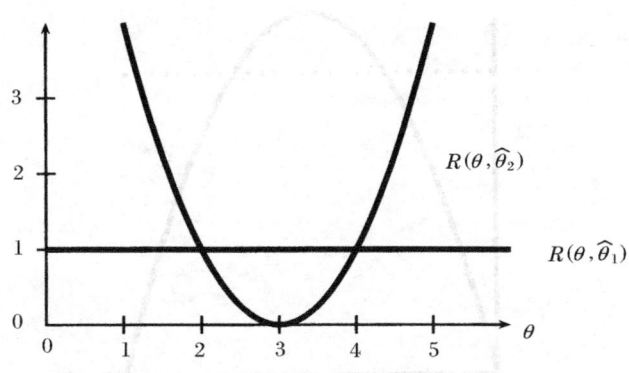

图 12.1 比较两个风险函数

没有一个风险函数对所有的 θ 值都比另一个更具优势

12.3 例 令 $X_1, \cdots, X_n \sim$ Bernoulli (p). 考虑平方损失函数, 令 $\widehat{p}_1 = \overline{X}$. 由于这是无偏的, 就有

$$R(p, \widehat{p}_1) = \mathbb{V}(\overline{X}) = \frac{p(1-p)}{n}.$$

另一个估计为

$$\widehat{p}_2 = \frac{Y + \alpha}{\alpha + \beta + n},$$

其中, $Y = \sum_{i=1}^n X_i$, α, β 为正常数. 这是使用先验 Beta (α, β) 的后验均值. 现在,

$$\begin{aligned} R(p, \widehat{p}_2) &= \mathbb{V}_p(\widehat{p}_2) + (\text{bias}_p(\widehat{p}_2))^2 \\ &= \mathbb{V}_p\left(\frac{Y+\alpha}{\alpha+\beta+n}\right) + \left(\mathbb{E}_p(\frac{Y+\alpha}{\alpha+\beta+n}) - p\right)^2 \\ &= \frac{np(1-p)}{(\alpha+\beta+n)^2} + \left(\frac{np+\alpha}{\alpha+\beta+n} - p\right)^2. \end{aligned}$$

令 $\alpha = \beta = \sqrt{n/4}$ (在例 12.12 中, 会解释这样选择的理由) 得到估计为

$$\widehat{p}_2 = \frac{Y + \sqrt{n/4}}{n + \sqrt{n}},$$

风险函数为
$$R(p, \widehat{p}_2) = \frac{n}{4(n+\sqrt{n})^2}.$$

风险函数在图 12.2 中画出. 正如所看到的, 没有哪一个估计一致的比另一个好.

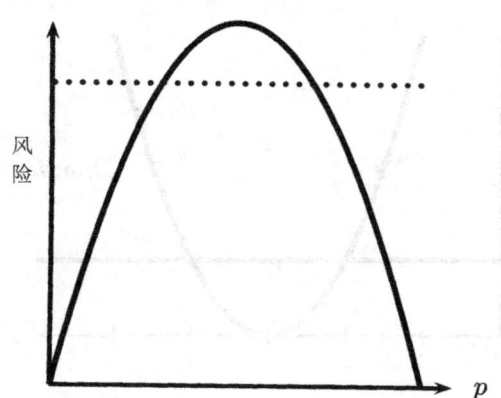

图 12.2　例 12.3 中 $\widehat{p}_1$ 和 $\widehat{p}_2$ 的风险函数

实线是 $R(\widehat{p}_1)$, 点线为 $R(\widehat{p}_2)$

这些例子说明了风险函数需要比较的要求. 为此, 需要用一个数来描述这个风险函数. 最大风险和贝叶斯风险就是采用这种形式定义的.

12.4 定义　最大风险为
$$\overline{R}(\widehat{\theta}) = \sup_{\theta} R(\theta, \widehat{\theta}). \tag{12.1}$$
贝叶斯风险为
$$r(f, \widehat{\theta}) = \int R(\theta, \widehat{\theta}) f(\theta) \mathrm{d}\theta, \tag{12.2}$$
其中, $f(\theta)$ 是 θ 的先验.

12.5 例　再次考虑例 12.3 中的两个估计. 得出
$$\overline{R}(\widehat{p}_1) = \max_{0 \leqslant p \leqslant 1} \frac{p(1-p)}{n} = \frac{1}{4n}$$
和
$$\overline{R}(\widehat{p}_2) = \max_{p} \frac{n}{4(n+\sqrt{n})^2} = \frac{n}{4(n+\sqrt{n})^2}.$$

因为 $\overline{R}(\widehat{p}_2) < \overline{R}(\widehat{p}_1)$, 根据最大风险, $\widehat{p}_2$ 是更好的估计. 然而, 当 n 很大时, 除了在接近 $p=1/2$ 的参数空间对应的小区域内, $\overline{R}(\widehat{p}_1)$ 的风险要比 $\overline{R}(\widehat{p}_2)$ 小. 因此, 许多人

宁愿选择 $\widehat{p}_1$ 而不是 $\widehat{p}_2$. 这说明了像最大风险这种单个数对风险函数的描述并不是完美的. 现在考虑贝叶斯风险. 为了说明, 令 $f(p) = 1$, 则

$$r(f, \widehat{p}_1) = \int R(p, \widehat{p}_1) \mathrm{d}p = \int \frac{p(1-p)}{n} \mathrm{d}p = \frac{1}{6n},$$

并且

$$r(f, \widehat{p}_2) = \int R(p, \widehat{p}_2) \mathrm{d}p = \frac{n}{4(n+\sqrt{n})^2}.$$

对于 $n \geqslant 20$, 有 $r(f, \widehat{p}_2) > r(f, \widehat{p}_1)$, 这表明了 $\widehat{p}_1$ 是一个比较好的估计. 从直觉上看比较合理, 但是这个答案取决于先验的选择. 尽管最大风险也有不足, 但它的优点是不需要选择先验.

这两种风险函数的描述表明了设计估计的两种不同方法: 选择使最大风险最小的 $\widehat{\theta}$ 得到最小最大估计; 选择使贝叶斯风险最小的 $\widehat{\theta}$ 得到贝叶斯估计.

> **12.6 定义** 使贝叶斯风险最小的决策规则称为贝叶斯规则. 正式地讲, 如果满足下面的等式, 那么 $\widehat{\theta}$ 就是根据先验 f 得到的贝叶斯规则.
>
> $$r(f, \widehat{\theta}) = \inf_{\widetilde{\theta}} r(f, \widetilde{\theta}), \tag{12.3}$$
>
> 其中, 最小是在所有估计 $\widetilde{\theta}$ 中最小. 使得最大风险最小的估计称为最小最大规则. 正式地讲, 如果满足下面的等式, 那么 $\widehat{\theta}$ 就是最小最大规则,
>
> $$\sup_{\theta} R(\theta, \widehat{\theta}) = \inf_{\widetilde{\theta}} \sup_{\theta} R(\theta, \widetilde{\theta}), \tag{12.4}$$
>
> 其中, 最小是在所有估计 $\widetilde{\theta}$ 中最小.

12.3 贝叶斯估计

令 f 是一先验. 根据贝叶斯定理, 后验密度为

$$f(\theta|x) = \frac{f(x|\theta)f(\theta)}{m(x)} = \frac{f(x|\theta)f(\theta)}{\int f(x|\theta)f(\theta)\mathrm{d}\theta}, \tag{12.5}$$

其中, $m(x) = \int f(x, \theta)\mathrm{d}\theta = \int f(x|\theta)f(\theta)\mathrm{d}\theta$ 是 X 的边际分布. 定义估计 $\widehat{\theta}(x)$ 的后验风险为

$$r(\widehat{\theta}|x) = \int L(\theta, \widehat{\theta}(x))f(\theta|x)\mathrm{d}\theta. \tag{12.6}$$

12.7 定理 贝叶斯风险 $r(f, \widehat{\theta})$ 满足

$$r(f, \widehat{\theta}) = \int r(\widehat{\theta}|x)m(x)\mathrm{d}x.$$

令 $\widehat{\theta}(x)$ 是使得 $r(\widehat{\theta}|x)$ 最小的 θ 值, 则 $\widehat{\theta}$ 是贝叶斯估计.

证明　可以把贝叶斯风险改写为

$$r(f,\widehat{\theta}) = \int R(\theta,\widehat{\theta})f(\theta)\mathrm{d}\theta = \int \left(\int L(\theta,\widehat{\theta}(x))f(x|\theta)\mathrm{d}x\right)f(\theta)\mathrm{d}\theta$$

$$= \int\int L(\theta,\widehat{\theta}(x))f(x,\theta)\mathrm{d}x\mathrm{d}\theta = \int\int L(\theta,\widehat{\theta}(x))f(\theta|x)m(x)\mathrm{d}x\mathrm{d}\theta$$

$$= \int \left(\int L(\theta,\widehat{\theta}(x))f(\theta|x)\mathrm{d}\theta\right)m(x)\mathrm{d}x = \int r(\widehat{\theta}|x)m(x)\mathrm{d}x.$$

如果选择 $\widehat{\theta}(x)$ 为使得 $r(\widehat{\theta}|x)$ 最小的 θ 值, 那么就能使被积函数在每一个 x 都最小, 因此使得积分 $r(\widehat{\theta}|x)m(x)\mathrm{d}x$ 最小.

对于某些特定的损失函数, 现在可以找出具体的贝叶斯估计公式.

12.8 定理　如果 $L(\theta,\widehat{\theta}) = (\theta - \widehat{\theta})^2$, 则贝叶斯估计为

$$\widehat{\theta}(x) = \int \theta f(\theta|x)\mathrm{d}\theta = \mathbb{E}(\theta|X = x). \tag{12.7}$$

如果 $L(\theta,\widehat{\theta}) = |\theta - \widehat{\theta}|$, 则贝叶斯估计为后验 $f(\theta|x)$ 的中位数. 如果 $L(\theta,\widehat{\theta})$ 是 0-1 损失, 贝叶斯估计为后验 $f(\theta|x)$ 的众数.

证明　下面将证明这个定理中损失函数为平方损失的情况. 贝叶斯规则 $\widehat{\theta}(x)$ 使得 $r(\widehat{\theta}|x) = \int(\theta-\widehat{\theta}(x))^2 f(\theta|x)\mathrm{d}\theta$ 最小. 对 $r(\widehat{\theta}|x)$ 关于 $\widehat{\theta}(x)$ 求导, 并让它等于 0, 得到 $2\int(\theta-\widehat{\theta}(x))f(\theta|x)\mathrm{d}\theta = 0$. 解方程得到 (12.7).

12.9 例　令 $X_1,\cdots,X_n \sim N(\mu,\sigma^2)$. 这里 σ^2 已知. 假设用 $N(a,b^2)$ 作为 μ 的先验. 根据平方损失的贝叶斯估计为后验均值, 即

$$\widehat{\theta}(X_1,\cdots,X_n) = \frac{b^2}{b^2+\sigma^2/n}\overline{X} + \frac{\sigma^2/n}{b^2+\sigma^2/n}a.$$

12.4　最小最大规则

求最小最大规则比较复杂, 在这里并不能全面讲述这一理论, 但会提到几个关键结果. 这一节传达的主要信息就是: 常数风险函数的贝叶斯估计是最小最大估计.

12.10 定理　令 $\widehat{\theta}^f$ 是某一先验 f 的贝叶斯规则,

$$r(f,\widehat{\theta}^f) = \inf_{\widehat{\theta}} r(f,\widehat{\theta}). \tag{12.8}$$

假设对所有的 θ, 有

$$R(f,\widehat{\theta}^f) \leqslant r(f,\widehat{\theta}^f), \tag{12.9}$$

则 $\widehat{\theta}^f$ 是最小最大估计, f 称为最不利先验.

证明 假设 $\widehat{\theta}^f$ 不是最小最大的, 则存在其他的一个规则 $\widehat{\theta}_0$ 使得 $\sup_\theta R(\theta, \widehat{\theta}_0) < \sup_\theta R(f, \widehat{\theta}^f)$. 由于函数的均值总是小于等于它的最大值, 有 $r(f, \widehat{\theta}_0) < \sup_\theta R(\theta, \widehat{\theta}_0)$. 因此,

$$r(f, \widehat{\theta}_0) \leqslant \sup_\theta R(\theta, \widehat{\theta}_0) < \sup_\theta R(f, \widehat{\theta}^f) \leqslant r(f, \widehat{\theta}^f),$$

这和 (12.8) 矛盾.

12.11 定理 假设 $\widehat{\theta}$ 是基于先验 f 的贝叶斯估计. 进一步假设 $\widehat{\theta}$ 的风险为常数 c: $R(\theta, \widehat{\theta}) = c$, 则 $\widehat{\theta}$ 是最小最大的.

证明 贝叶斯风险为 $r(f, \widehat{\theta}) = \int R(\theta, \widehat{\theta}) f(\theta) \mathrm{d}\theta = c$, 因此, 对所有的 θ, $R(\theta, \widehat{\theta}) \leqslant r(\theta, \widehat{\theta})$. 再应用 (12.10) 可得结论.

12.12 例 考虑损失函数为平方损失的 Bernoulli 模型. 在例 12.3 中, 已经证明了估计

$$\widehat{p}(X^n) = \frac{\sum_{i=1}^n X_i + \sqrt{n/4}}{n + \sqrt{n}}$$

的风险函数为一常数. 这个估计是后验均值, 因此, 对于 $\alpha = \beta = \sqrt{n/4}$ 的 Beta (α, β) 先验, 它也是贝叶斯估计. 因此, 由前面的定理, 这个估计是最小最大的.

12.13 例 再次考虑 Bernoulli 模型, 但是它的损失函数为

$$L(p, \widehat{p}) = \frac{(p - \widehat{p})^2}{p(1-p)}.$$

令

$$\widehat{p}(X^n) = \widehat{p} = \frac{\sum_{i=1}^n X_i}{n}.$$

风险为

$$R(p, \widehat{p}) = \mathbb{E}\left(\frac{(p - \widehat{p})^2}{p(1-p)}\right) = \frac{1}{p(1-p)} \frac{p(1-p)}{n} = \frac{1}{n},$$

这里, 它作为 p 的函数, 是一个常数. 可以证明, 对于这个损失函数, $\widehat{p}(X^n)$ 是在先验 $f(p) = 1$ 下的贝叶斯估计. 因此, $\widehat{p}$ 是最小最大的.

很自然地会想到一个问题: 什么是正态模型的最小最大估计?

12.14 定理　令 $X_1, \cdots, X_n \sim N(\theta, 1)$，且令 $\widehat{\theta} = \overline{X}$，则 $\widehat{\theta}$ 是关于任意优良的损失函数的最小最大规则[①]. 它是具有这种性质的唯一估计.

如果参数空间是有限制的，则上面的定理不适用，正如下面的例子说明的.

12.15 例　假设 $X \sim N(\theta, 1)$，且已知 θ 在区间 $[-m, m]$ 中，其中，$0 < m < 1$. 在平方损失函数下，唯一的最小最大估计为

$$\widehat{\theta}(X) = m \tanh(mX).$$

其中，$\tanh(z) = (e^z - e^{-z})/(e^z + e^{-z})$. 可以证明，这是在 m 和 $-m$ 的概率分别为 $1/2$ 为先验条件下的贝叶斯估计. 而且可以证明这个风险不是常数，但对于所有 θ，它满足 $R(\theta, \widehat{\theta}) \leqslant r(f, \widehat{\theta})$. 见图 12.3. 因此，由定理 12.10 可知 $\widehat{\theta}$ 是最小最大的.

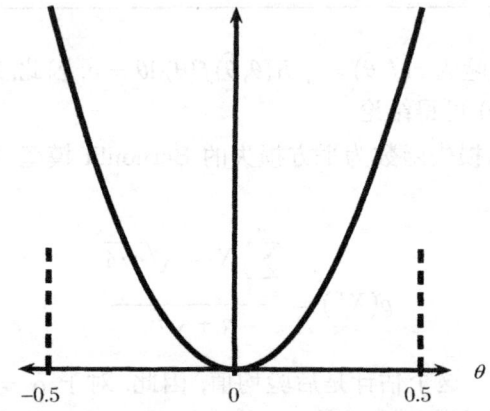

图 12.3　有限制的正态分布的风险函数，$m = 0.5$
两条短虚线表示最不利先验，它把权重集中在这两个点上

12.5　极大似然、最小最大和贝叶斯

对于满足弱正则性条件的参数模型，极大似然估计近似最小最大估计. 考虑平方损失函数，它是偏差的平方加上方差. 在大样本的参数模型中，可以证明方差项远远大于偏差项，所有极大似然估计 $\widehat{\theta}$ 约等于方差[②]

$$R(\theta, \widehat{\theta}) = \mathbb{V}_\theta(\widehat{\theta}) + \text{bias}^2 \approx \mathbb{V}_\theta.$$

正如在第 9 章看到的，极大似然估计的方差近似为

$$\mathbb{V}(\widehat{\theta}) \approx \frac{1}{nI(\theta)},$$

[①] "优良的" 是指水平集必须关于原点凸的和对称的. 这个结果精确到零测集的，即在 0 测度集上结论不必成立.

[②] 偏差的平方通常是 $O(n^{-2})$ 阶的，而方差是 $O(n^{-1})$ 阶的.

其中, $I(\theta)$ 是 Fisher 信息量. 因此,

$$nR(\theta,\widehat{\theta}) \approx \frac{1}{I(\theta)}. \tag{12.10}$$

对于任意其他估计 θ', 可以证明对于足够大的 n, 有 $R(\theta,\theta') \geqslant R(\theta,\widehat{\theta})$. 更精确地,

$$\lim_{\epsilon\to 0}\limsup_{n\to\infty}\sup_{|\theta-\theta'|<\epsilon} nR(\theta',\widehat{\theta}) \geqslant \frac{1}{I(\theta)}. \tag{12.11}$$

这说明在局部大样本的情况下, 极大似然 MLE 是最小最大的. 可以证明 MLE 近似是贝叶斯规则.

总之, 在绝大多数大样本参数模型中, MLE 是近似最小最大的和贝叶斯规则.

有一个值得注意的地方, 当参数很多时这些结果不成立, 如下面的例子所示.

12.16 例 (多正态均值)   令 $Y_i \sim N(\theta_i, \sigma^2/n), i = 1,\cdots, n$. 令 $Y = (Y_1,\cdots, Y_n)$ 表示数据, 令 $\theta = (\theta_1,\cdots,\theta_n)$ 表示未知参数. 假设对某个 $c > 0$, 有

$$\theta \in \Theta_n \equiv \{\theta = (\theta_1,\cdots,\theta_n) : \sum_{i=1}^n \theta_i^2 \leqslant c^2\}.$$

在这个模型中, 有和观测数据一样多的参数①. 极大似然估计为 $\widehat{\theta} = Y = (Y_1,\cdots,Y_n)$. 在损失函数为 $L(\theta,\widehat{\theta}) = \sum_{i=1}^n (\widehat{\theta}_i - \theta_i)^2$ 的情况下, 极大似然的风险为 $R(\theta,\widehat{\theta}) = \sigma^2$. 可以证明最小最大风险近似为 $\sigma^2/(c^2+\sigma^2)$, 可以找到一个估计 $\widetilde{\theta}$ 达到这个风险. 由于 $\sigma^2/(c^2+\sigma^2) < \sigma^2$, 可以看出 $\widetilde{\theta}$ 的风险比 MLE 的小. 在实际中, 风险的差距可能会很大. 这表明了在高维问题中, 极大似然估计不是最优估计.

12.6 容许性

从风险小的意义上讲, 最小最大估计和贝叶斯估计是 "好估计". 而刻画坏估计的特征也会很有用.

> **12.17 定义**   对于一个估计 $\widehat{\theta}$, 如果存在另一个规则 θ' 使得
>
> $$R(\theta,\theta') \leqslant R(\theta,\widehat{\theta}), \quad \text{对所有}\theta\text{并且}$$
> $$R(\theta,\theta') < R(\theta,\widehat{\theta}), \quad \text{对至少一个}\theta,$$
>
> 则称为不容许的. 否则, $\widehat{\theta}$ 是容许的.

---
① 多正态均值问题很常见. 许多非参数估计问题从数学上等价于这个模型.

12.18 例 令 $X \sim N(\theta,1)$,用平方损失函数考虑 θ 的估计. 令 $\widehat{\theta}(X) = 3$. 将证明 $\widehat{\theta}$ 是容许的. 假设它不容许,则存在另一个风险较小的不同规则 $\widehat{\theta}'$. 特别地,$R(3,\widehat{\theta}') \leqslant R(3,\widehat{\theta})$. 因此, $0 = R(3,\widehat{\theta}') = \int (\widehat{\theta}'(x) - 3)^2 f(x;3)\mathrm{d}x$. 因此, $\widehat{\theta}'(x) = 3$. 所以,没有其他规则优于 $\widehat{\theta}$. 即 $\widehat{\theta}$ 是容许的,但它显然是一个不好的规则.

12.19 定理 (贝叶斯规则是容许的) 假设 $\Theta \subset \mathbb{R}$,对每一个 $\widehat{\theta}$, $R(\theta,\widehat{\theta})$ 是 θ 的连续函数. 令 f 是满支撑的先验密度,即对每个 θ 和每个 $\epsilon > 0$,都有 $\int_{\theta-\epsilon}^{\theta+\epsilon} f(\theta)\mathrm{d}\theta > 0$. 令 $\widehat{\theta}^f$ 是贝叶斯规则,如果贝叶斯风险是有限的,则 $\widehat{\theta}^f$ 是容许的.

证明 假设 $\widehat{\theta}^f$ 是不容许. 则存在另一个更好的规则 $\widehat{\theta}$ 是使得对于所有 θ 有 $R(\theta,\widehat{\theta}) \leqslant R(\theta,\widehat{\theta}^f)$, 对于某个 θ_0 有 $R(\theta_0,\widehat{\theta}) < R(\theta_0,\widehat{\theta}^f)$. 令 $v = R(\theta_0,\widehat{\theta}^f) - R(\theta_0,\widehat{\theta})$. 由于 R 是连续的,存在 $\epsilon > 0$, 对于所有 $\theta \in (\theta_0-\epsilon, \theta_0+\epsilon)$,使得 $R(\theta,\widehat{\theta}^f) - R(\theta,\widehat{\theta}) > v/2$. 然而

$$\begin{aligned}
r(f,\widehat{\theta}^f) - r(f,\widehat{\theta}) &= \int R(\theta,\widehat{\theta}^f) f(\theta)\mathrm{d}\theta - \int R(\theta,\widehat{\theta}) f(\theta)\mathrm{d}\theta \\
&= \int [R(\theta,\widehat{\theta}^f) - R(\theta,\widehat{\theta})] f(\theta)\mathrm{d}\theta \\
&\geqslant \int_{\theta_0-\epsilon}^{\theta_0+\epsilon} [R(\theta,\widehat{\theta}^f) - R(\theta,\widehat{\theta})] f(\theta)\mathrm{d}\theta \\
&\geqslant \frac{v}{2} \int_{\theta_0-\epsilon}^{\theta_0+\epsilon} f(\theta)\mathrm{d}\theta \\
&> 0.
\end{aligned}$$

因此, $r(f,\widehat{\theta}^f) > r(f,\widehat{\theta})$. 这表明了 $\widehat{\theta}^f$ 并没有使得 $r(f,\widehat{\theta})$ 最小, 这和 $\widehat{\theta}^f$ 是贝叶斯规则相矛盾.

12.20 定理 令 $X_1,\cdots,X_n \sim N(\mu,\sigma^2)$. 在平方损失情况下, $\overline{X}$ 是容许的.

最后一个定理的证明是需要相当的技巧的,在这里省略,但它的主要思想如下:对于任何严格的正先验,后验均值是容许的. 取先验为 $N(a,b^2)$. 当 b^2 非常大时,后验均值近似等于 $\overline{X}$.

最小最大规则和容许性怎么联系呢? 一般来说,一个规则可能是其中一个, 或两个,或一个都不是. 下面的事例说明了容许性和最小最大性有一定的联系.

12.21 定理 假设 $\widehat{\theta}$ 是容许的,风险为一个常数,则它是最小最大的.

证明 对于某个 c,风险 $R(\theta,\widehat{\theta}) = c$. 如果 $\widehat{\theta}$ 不是最小最大的, 则存在一个规则 $\widehat{\theta}'$ 使得

$$R(\theta,\widehat{\theta}') \leqslant \sup_\theta R(\theta,\widehat{\theta}') < \sup_\theta R(\theta,\widehat{\theta}) = c.$$

这意味着 $\widehat{\theta}$ 是不容许的, 这与已知矛盾.

现在给出定理 12.14 的严格证明, 考虑损失函数仍然为平方损失.

12.22 定理 令 $X_1,\cdots,X_n \sim N(\theta,1)$,则在损失函数为平方损失情况下, $\widehat{\theta} = \overline{X}$ 是最小最大的.

证明 根据定理 12.20, $\widehat{\theta}$ 是容许的. $\widehat{\theta}$ 的风险为 $1/n$, 这是一个常数. 根据定理 12.21 结论得证.

尽管最小最大规则不能保证容许性, 但是它们是"非常接近容许的". 如果存在一个规则 $\widehat{\theta}'$ 和 $\epsilon > 0$ 使得对所有 θ, 满足 $R(\theta,\widehat{\theta}') < R(\theta,\widehat{\theta}) - \epsilon$, 则称 $\widehat{\theta}$ 是**强不容许的**.

12.23 定理 如果 $\widehat{\theta}$ 是最小最大的, 则它不是强不容许的.

12.7 Stein 悖论

假设 $X \sim N(\theta,1)$, 用损失函数为平方损失来考虑 θ 的估计. 由上节的讨论可以知道, $\widehat{\theta}(X) = X$ 是容许的. 下面考虑两个不相关的量 $\theta = (\theta_1,\theta_2)$ 的估计. 假设 $X_1 \sim N(\theta_1,1)$ 和 $X_2 \sim N(\theta_2,1)$, 损失函数为 $L(\theta,\widehat{\theta}) = \sum_{j=1}^{2}(\theta_j - \widehat{\theta}_j)^2$. 不足为奇, $\widehat{\theta}(X) = X$ 又是容许的, 这里 $X = (X_1, X_2)$. 现在考虑更一般的情况, k 个正态均值. 令 $\theta = (\theta_1, \cdots, \theta_k), X = (X_1, \cdots, X_k)$ 和 $X_i \sim N(\theta_i, 1)$(独立的), 损失函数为 $L(\theta,\widehat{\theta}) = \sum_{j=1}^{k}(\theta_j - \widehat{\theta}_j)^2$. Stein 证明了当 $k \geqslant 3$ 时 $\widehat{\theta}(X) = X$ 是不容许的, 这个结果震惊了每个人. 可以证明 James-Stein 的估计 $\widehat{\theta}^S$ 的风险比较小, 其中, $\widehat{\theta}^S = (\widehat{\theta}_1^S, \cdots, \widehat{\theta}_k^S)$,

$$\widehat{\theta}_i^S(X) = \left(1 - \frac{k-2}{\sum_i X_i^2}\right)^+ X_i, \tag{12.12}$$

其中, $(z)^+ = \max\{z, 0\}$. 这个估计把 X_i 缩到 0. 这个信息是说当估计许多参数时, 压缩估计有很大的价值. 在现代非参函数估计中, 观测起了非常重要的作用.

12.8 文献注释

决策理论的讨论可以见文献 (Casella and Berger, 2002; Berger, 1985; Ferguson, 1967; Lehmann and Casella, 1998).

12.9 习 题

1. 对下面每个模型, 用平方损失函数, 求出贝叶斯风险和贝叶斯估计.
    (a) $X \sim \text{Binomial}(n,p), p \sim \text{Beta}(\alpha,\beta)$.
    (b) $X \sim \text{Poisson}(\lambda), \lambda \sim \text{Gamma}(\alpha,\beta)$.
    (c) $X \sim N(\theta,\sigma^2)$, 其中, σ^2 已知, $\theta \sim N(a,b^2)$.

2. 令 $X_1, \cdots, X_n \sim N(\theta, \sigma^2)$, 假设损失函数为 $L(\theta, \widehat{\theta})^2/\sigma^2$, 估计 θ. 证明 $\overline{X}$ 是容许的和最小最大的.

3. 令 $\Theta = \{\theta_1, \cdots, \theta_k\}$ 是有限维参数空间. 证明后验均众数是在 0-1 损失函数下的贝叶斯估计.

4. (Casella and Berger, 2002) 令 $X_1, \cdots, X_n$ 是从方差为 σ^2 的分布中抽取的样本. 考虑形式为 bS^2 的估计, 这里 S^2 是样本方差. 令估计 σ^2 的损失函数为
$$L(\sigma^2, \widehat{\sigma}^2) = \frac{\widehat{\sigma}^2}{\sigma^2} - 1 - \log\left(\frac{\widehat{\sigma}^2}{\sigma^2}\right).$$

找出对所有 σ^2 都使得风险最小的最优 b 值.

5. (Berliner, 1983) 令 $X \sim \text{Binomial}(n, p)$, 假设损失函数为
$$L(p, \widehat{p}) = \left(1 - \frac{\widehat{p}}{p}\right)^2.$$

这里 $0 < p < 1$. 考虑估计 $\widehat{p}(X) = 0$. 这个估计落到参数空间 $(0, 1)$ 之外, 但允许这样. 证明 $\widehat{p}(X) = 0$ 是唯一的最小最大规则.

6. (计算机试验) 用随机模拟的方法比较极大似然估计和 James-Stein 估计. 尝试用不同的 n 值和不同的 θ. 总结所得到的结果.

第 13 章 线性回归和 Logistic 回归

回归是研究响应变量 Y 和协变量 X 关系的方法. 协变量也称为预测变量或特征[①]. 总结 X 和 Y 的关系的一种方法是通过回归函数

$$r(x) = \mathbb{E}(Y|X=x) = \int y f(y|x) \mathrm{d}y. \tag{13.1}$$

目标是用形如

$$(Y_1, X_1), \cdots, (Y_n, X_n) \sim F_{X,Y}$$

的数据估计回归函数 $r(x)$.

本章采用参数方法, 假设 r 是线性的. 在第 20 章和第 21 章中, 将讨论非参数回归.

13.1 简单线性回归

最简单的回归是 X_i 是简单的 (一维的) 并且假设 $r(x)$ 为线性的,

$$r(x) = \beta_0 + \beta_1 x.$$

这个模型称为简单线性回归模型. 做进一步的简化, 假设 $\mathbb{V}(Y|X=x) = \sigma^2$ 不依赖于 x. 因此, 可以把线性回归模型写成下述形式.

13.1 定义 简单线性回归模型为

$$Y_i = \beta_0 + \beta_1 X_i + \epsilon_i, \tag{13.2}$$

其中, $\mathbb{E}(\epsilon_i|X_i) = 0, \mathbb{V}(\epsilon_i|X_i) = \sigma^2$.

13.2 例 图 13.1 给出了一些附近的行星表面温度的对数 (Y) 和光密度的对数 (X) 的关系. 同时图上也给出了估计的线性回归线, 后面将简单地解释它.

模型中未知的参数为截距 β_0, 斜率 β_1 和方差 σ^2. 令 $\widehat{\beta}_0, \widehat{\beta}_1$ 表示 β_0, β_1 的估计. 拟合曲线为

$$\widehat{r}(x) = \widehat{\beta}_0 + \widehat{\beta}_1 x. \tag{13.3}$$

预测值或拟合值为 $\widehat{Y}_i = \widehat{r}(X_i)$, 残差定义为

$$\widehat{\epsilon}_i = Y_i - \widehat{Y}_i = Y_i - (\widehat{\beta}_0 + \widehat{\beta}_1 X_i). \tag{13.4}$$

[①] 术语 "回归" 由 Sir Francis Galton(1822~1911) 提出, 他注意到很高和很矮的人的儿子的身高趋向于中等水平. 他把这称为 "向均值回归".

残差平方和或 RSS, 衡量了曲线是否很好的拟合了数据, 它定义为 RSS $= \sum_{i=1}^{n} \widehat{\epsilon}_i^2$.

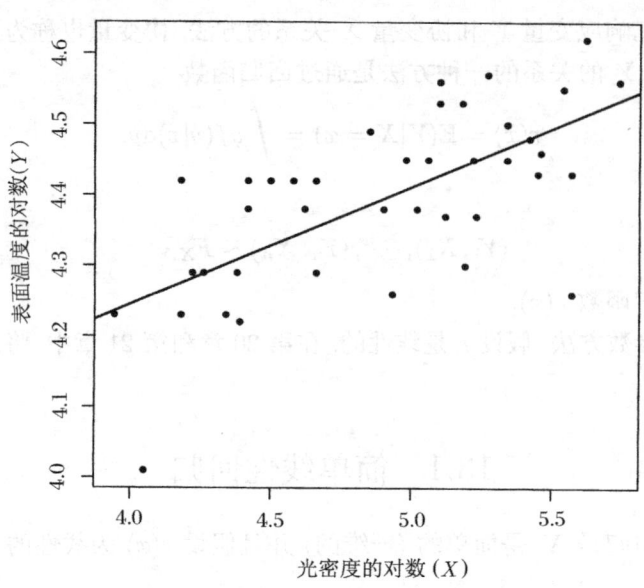

图 13.1 恒星附近的数据

实线是最小二乘曲线

13.3 定义 最小二乘估计是使得 RSS $= \sum_{i=1}^{n} \widehat{\epsilon}_i^2$ 最小的 $\widehat{\beta}_0$ 和 $\widehat{\beta}_1$ 的值.

13.4 定理 最小二乘估计为

$$\widehat{\beta}_1 = \frac{\sum_{i=1}^{n}(X_i - \overline{X}_n)(Y_i - \overline{Y}_n)}{\sum_{i=1}^{n}(X_i - \overline{X}_n)^2}, \quad (13.5)$$

$$\widehat{\beta}_0 = \overline{Y}_n - \widehat{\beta}_1 \overline{X}_n. \quad (13.6)$$

σ^2 的无偏估计为

$$\widehat{\sigma}^2 = \left(\frac{1}{n-2}\right) \sum_{i=1}^{n} \widehat{\epsilon}_i^2. \quad (13.7)$$

13.5 例 考虑例 13.2 中的行星数据. 最小二乘估计为 $\widehat{\beta}_0 = 3.58, \widehat{\beta}_1 = 0.166$. 拟合的曲线为 $\widehat{r}(x) = 3.58 + 0.166x$, 见图 13.1.

13.1 简单线性回归

13.6 例 (2001年总统选举) 图 13.2 给出了佛罗里达州 Buchanan(Y) 和 Bush(X) 的得票数的散点图. 最小二乘估计(除去棕榈滩县的票数) 和标准差为

$$\widehat{\beta}_0 = 66.0991, \widehat{\text{se}}(\widehat{\beta}_0) = 17.2926,$$
$$\widehat{\beta}_1 = 0.0035, \widehat{\text{se}}(\widehat{\beta}_1) = 0.0002.$$

拟合的曲线为

$$\text{Buchanan} = 66.0991 + 0.0035\text{Bush}$$

(在后面会讲到标准差是如何计算的). 图 13.2 也给出了残差. 当残差是随机正态数时, 线性回归的推断是最精确的. 基于残差图, 这个例子不是这种情况. 如果对得票数取对数以后再重复上述分析, 得到

$$\widehat{\beta}_0 = -2.3298, \quad \widehat{\text{se}}(\widehat{\beta}_0) = 0.3529,$$
$$\widehat{\beta}_1 = 0.730300, \quad \widehat{\text{se}}(\widehat{\beta}_1) = 0.0358.$$

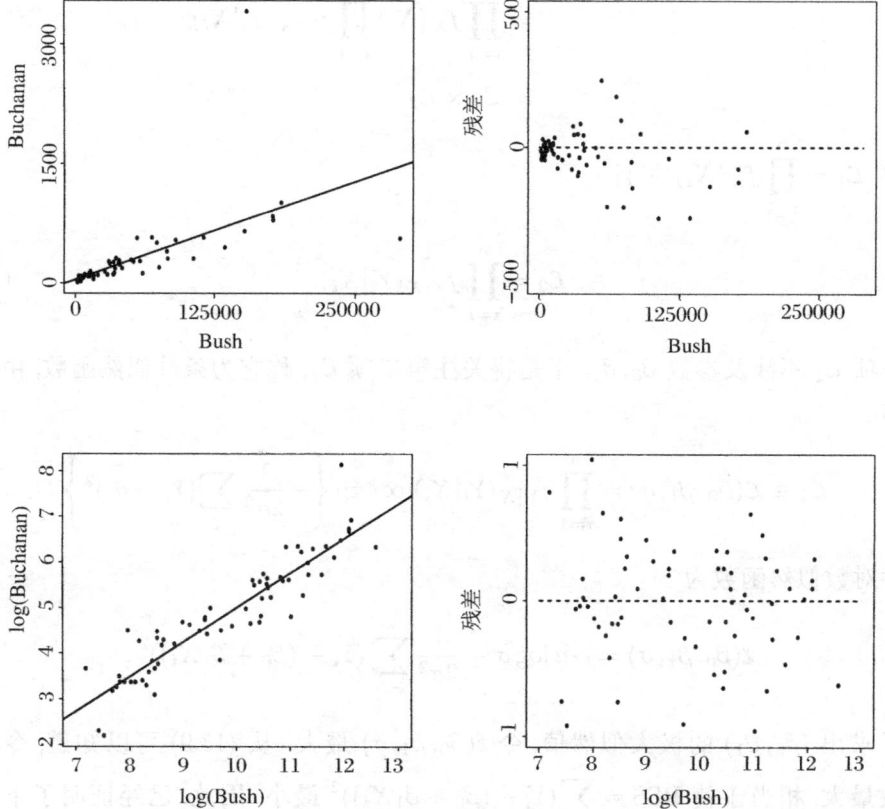

图 13.2 2001 年总统选举的得票数, 见例 13.6

拟合的曲线为

$$\log(\text{Buchanan}) = -2.3298 + 0.7303 \log(\text{Bush}).$$

这时的残差看起来合理些, 于是会想到下面的问题: 如果 Palm Beach County 的票数是合理的, 又将如何分析呢?

13.2 最小二乘和极大似然

假如增加假设 $\epsilon_i|X_i \sim N(0,\sigma^2)$, 也就是

$$Y_i|X_i \sim N(\mu_i,\sigma^2),$$

其中, $\mu_i = \beta_0 + \beta_1 X_i$. 极大似然函数为

$$\prod_{i=1}^{n} f(X_i,Y_i) = \prod_{i=1}^{n} f_X(X_i) f_{Y|X}(Y_i|X_i)$$

$$= \prod_{i=1}^{n} f_X(X_i) \prod_{i=1}^{n} f_{Y|X}(Y_i|X_i)$$

$$= \mathcal{L}_1 \times \mathcal{L}_2,$$

其中, $\mathcal{L}_1 = \prod_{i=1}^{n} f_X(X_i)$ 并且

$$\mathcal{L}_2 = \prod_{i=1}^{n} f_{Y|X}(Y_i|X_i). \tag{13.8}$$

第一项 $\mathcal{L}_1$ 不涉及参数 β_0, β_1. 于是将关注第二项 $\mathcal{L}_2$, 称它为条件似然函数, 由下式给出:

$$\mathcal{L}_2 \equiv \mathcal{L}(\beta_0,\beta_1,\sigma) = \prod_{i=1}^{n} f_{Y|X}(Y_i|X_i) \propto \exp\left\{-\frac{1}{2\sigma^2}\sum_i (Y_i-\mu_i)^2\right\}.$$

条件对数似然函数为

$$\ell(\beta_0,\beta_1,\sigma) = -n\log\sigma - \frac{1}{2\sigma^2}\sum_{i=1}^{n}(Y_i-(\beta_0+\beta_1 X_i))^2. \tag{13.9}$$

为了求出 (β_0,β_1) 的极大似然值, 令 $\ell(\beta_0,\beta_1,\sigma)$ 最大. 从 (13.9) 可以知道, 令似然函数最大, 相当于使 $\text{RSS} = \sum_{i=1}^{n}(Y_i-(\beta_0+\beta_1 X_i))^2$ 最小. 因此, 已经证明了下面的定理.

13.7 定理　在正态性的假设下,最小二乘估计也是极大似然估计.

也可以使 $\ell(\beta_0, \beta_1, \sigma)$ 达到最大的 σ,从而得到极大似然估计

$$\widehat{\sigma}^2 = \frac{1}{n}\sum_i \widehat{\epsilon}_i^2. \tag{13.10}$$

这个估计类似无偏估计,但是又不等同于无偏估计. 通常情形下会使用无偏估计 (13.7).

13.3　最小二乘估计的性质

现在来讨论最小二乘估计的标准差和极限分布. 在回归问题中, 通常在 $X^n = (X_1, \cdots, X_n)$ 条件下关注估计的性质. 因此, 所说的均值和方差是条件均值和条件方差.

13.8 定理　令 $\widehat{\beta}^{\mathrm{T}} = (\widehat{\beta}_0, \widehat{\beta}_1)^{\mathrm{T}}$ 表示最小二乘估计,则

$$\mathbb{E}(\widehat{\beta}|X^n) = \begin{pmatrix} \beta_0 \\ \beta_1 \end{pmatrix},$$

$$\mathbb{V}(\widehat{\beta}|X^n) = \frac{\sigma^2}{ns_X^2}\begin{pmatrix} \frac{1}{n}\sum_{i=1}^n X_i^2 & -\overline{X}_n \\ -\overline{X}_n & 1 \end{pmatrix}, \tag{13.11}$$

其中, $s_X^2 = n^{-1}\sum_{i=1}^n (X_i - \overline{X}_n)^2$.

$\widehat{\beta}_0$ 和 $\widehat{\beta}_1$ 的标准差估计值可以通过取 $\mathbb{V}(\widehat{\beta}|X^n)$ 的对角线元素的平方根, 并把 σ 用 $\widehat{\sigma}$ 代替. 因此,

$$\widehat{\mathrm{se}}(\widehat{\beta}_0) = \frac{\widehat{\sigma}}{s_X\sqrt{n}}\sqrt{\frac{\sum_{i=1}^n X_i^2}{n}}, \tag{13.12}$$

$$\widehat{\mathrm{se}}(\widehat{\beta}_1) = \frac{\widehat{\sigma}}{s_X\sqrt{n}}. \tag{13.13}$$

实际上, 应该把它们写成 $\widehat{\mathrm{se}}(\widehat{\beta}_0|X^n)$ 和 $\widehat{\mathrm{se}}(\widehat{\beta}_1|X^n)$, 但是这里使用简写符号 $\widehat{\mathrm{se}}(\widehat{\beta}_0)$ 和 $\widehat{\mathrm{se}}(\widehat{\beta}_1)$.

13.9 定理　在适当的条件下,有

1. 相合性. $\widehat{\beta}_0 \xrightarrow{P} \beta_0$ 和 $\widehat{\beta}_1 \xrightarrow{P} \beta_1$.
2. 渐近正态性. $\dfrac{\widehat{\beta}_0 - \beta_0}{\widehat{\mathrm{se}}(\widehat{\beta}_0)} \rightsquigarrow N(0,1)$ 和 $\dfrac{\widehat{\beta}_1 - \beta_1}{\widehat{\mathrm{se}}(\widehat{\beta}_1)} \rightsquigarrow N(0,1)$.

3. β_0 和 β_1 的 $1-\alpha$ 的渐近置信区间分别为

$$\widehat{\beta}_0 \pm z_{\alpha/2}\widehat{\text{se}}(\widehat{\beta}_0) \text{和} \quad \widehat{\beta}_1 \pm z_{\alpha/2}\widehat{\text{se}}(\widehat{\beta}_1). \tag{13.14}$$

4. 检验 $H_0: \beta_1 = 0$ 对 $H_1: \beta_1 \neq 0$ 的 Wald 检验[①] 为：如果 $|W| > z_{\alpha/2}$，则拒绝 H_0，其中，$W = \widehat{\beta}_1/\widehat{\text{se}}(\widehat{\beta}_1)$。

13.10 例 对于以上的选举数据，在取对数的尺度下，$\widehat{\beta}_1$ 的 95% 的置信区间为 $0.7303 \pm 2(0.0358) = (0.66, 0.80)$。检验 $H_0: \beta_1 = 0$ 对 $H_1: \beta_1 \neq 0$ 的 Wald 统计量为 $|W| = |0.7303 - 0|/0.0358 = 20.40$，$p$ 值为 $\mathbb{P}(|Z| > 20.40) \approx 0$。这是证明斜率不等于 0 的充分证据。

13.4 预　　测

假设从数据 $(X_1, Y_1), \cdots, (X_n, Y_n)$ 已经估计了一个回归模型 $\widehat{r}(x) = \widehat{\beta}_0 + \widehat{\beta}_1 x$。观测到了一个新事物的协变量的值为 $X = x_*$，希望预测它的结果 Y_*。Y_* 的估计为

$$\widehat{Y}_* = \widehat{\beta}_0 + \widehat{\beta}_1 x_*, \tag{13.15}$$

根据两个随机变量之和的方差公式，有

$$\mathbb{V}(\widehat{Y}_*) = \mathbb{V}(\widehat{\beta}_0 + \widehat{\beta}_1 x_*) = \mathbb{V}(\widehat{\beta}_0) + x_*^2 \mathbb{V}(\widehat{\beta}_1) + 2x_* \text{Cov}(\widehat{\beta}_0, \widehat{\beta}_1).$$

定理 13.8 给出了这个等式中所有项的公式。标准差的估计值 $\widehat{\text{se}}(\widehat{Y}_*)$ 是这个方差的平方根，并用 $\widehat{\sigma}^2$ 代替 σ^2。然而，Y_* 的置信区间不是通常共识的形式 $\widehat{Y}_* \pm z_{\alpha/2}\widehat{\text{se}}$，其原因在 13.10 习题 10 中给出。正确的置信区间公式由下面的定理给出。

13.11 定理 (预测区间) 令

$$\widehat{\xi}_n^2 = \widehat{\sigma}^2 \left(\frac{\sum\limits_{i=1}^n (X_i - X_*)^2}{\sum\limits_{i=1}^n (X_i - \overline{X})^2} + 1 \right), \tag{13.16}$$

Y_* 的 $1-\alpha$ 的近似预测区间为

$$\widehat{Y}_* \pm z_{\alpha/2}\widehat{\xi}_n. \tag{13.17}$$

13.12 例 (选举数据再讨论)　在对数尺度下，线性回归给出了下面的预测方程：

$$\log(\text{Buchanan}) = -2.3298 + 0.7303\log(\text{Bush}).$$

[①] 回想起等式 (10.5)，检验 $H_0: \beta = \beta_0$ 对 $H_1: \beta \neq \beta_0$ 的 Wald 检验统计量为 $W = (\widehat{\beta} - \beta_0)/\widehat{\text{se}}(\widehat{\beta})$。

在棕榈滩城市 Bush 有 152954 票, Buchanan 有 3467 票. 在对数尺度下, 为 11.93789 和 8.151045. 假设回归模型是恰当的, 这个结果有多大的可能性? 预测 Buchanan 得票的对数等于 $-2.3298 + 0.7303(11.93789) = 6.388441$. 现在, 8.151045 大于 6.388441, 但它是"显著"大吗? 来计算置信区间. 求出 $\widehat{\xi}_n = 0.093775$, 95% 的近似置信区间为 $(6.200, 6.578)$, 这显然不包含 8.151. 实际上, 8.151 和 $\widehat{Y}_*$ 的距离大约是 20 倍标准差. 通过求指数幂回到实际票数, 置信区间为 $(493, 717)$, 而实际的得票数是 3467.

13.5 多元回归

现在假设协变量是长度为 k 的向量. 数据的形式为

$$(Y_1, X_1), \cdots, (Y_i, X_i), \cdots, (Y_n, X_n),$$

其中,

$$X_i = (X_{i1}, \cdots, X_{ik}).$$

而 X_i 是 k 个协变量的第 i 个观测. 对于 $i = 1, \cdots, n$ 线性回归模型为

$$Y_i = \sum_{j=1}^{k} \beta_j X_{ij} + \epsilon_i, \tag{13.18}$$

其中, $\mathbb{E}(\epsilon_i | X_{1i}, \cdots, X_{ki}) = 0$. 通常希望模型包含截距项, 这可以对于 $i = 1, \cdots, n$, 令 $X_{i1} = 1$ 来实现. 在这一点上, 可以更方便地用矩阵符号表示模型. 结果可以记为

$$Y = \begin{pmatrix} Y_1 \\ Y_2 \\ \vdots \\ Y_n \end{pmatrix},$$

协变量矩阵可以记为

$$X = \begin{pmatrix} X_{11} & X_{12} & \cdots & X_{1k} \\ X_{21} & X_{22} & \cdots & X_{2k} \\ \vdots & \vdots & & \vdots \\ X_{n1} & X_{n2} & \cdots & X_{nk} \end{pmatrix}.$$

每一行是一个观测, 列对应的是 k 个协变量. 因此, X 是一个 $(n \times k)$ 的矩阵. 令

$$\beta = \begin{pmatrix} \beta_1 \\ \vdots \\ \beta_n \end{pmatrix}, \epsilon = \begin{pmatrix} \epsilon_1 \\ \vdots \\ \epsilon_n \end{pmatrix}.$$

然后可以把 (13.18) 写为

$$Y = X\beta + \epsilon. \tag{13.19}$$

最小二乘估计的形式由下面的定理给出.

> **13.13 定理** 假设 $(k \times k)$ 矩阵 $X^\mathrm{T}X$ 是可逆的,
> $$\widehat{\beta} = (X^\mathrm{T}X)^{-1}X^\mathrm{T}Y, \tag{13.20}$$
> $$\mathbb{V}(\widehat{\beta}|X^n) = \sigma^2(X^\mathrm{T}X)^{-1}, \tag{13.21}$$
> $$\widehat{\beta} \approx N(\beta, \sigma^2(X^\mathrm{T}X)^{-1}). \tag{13.22}$$

估计的回归函数为 $\widehat{r}(x) = \sum_{j=1}^{k} \widehat{\beta}_j x_j$. σ^2 的无偏估计为

$$\widehat{\sigma}^2 = \frac{1}{n-k} \sum_{i=1}^{n} \widehat{\epsilon}_i^2,$$

其中, $\widehat{\epsilon} = X\widehat{\beta} - Y$ 是残差向量. β_j 的 $1-\alpha$ 的近似置信区间为

$$\widehat{\beta}_j \pm z_{\alpha/2} \widehat{\mathrm{se}}(\widehat{\beta}_j), \tag{13.23}$$

其中, $\widehat{\mathrm{se}}(\widehat{\beta}_j)$ 是矩阵 $\widehat{\sigma}^2(X^\mathrm{T}X)^{-1}$ 的第 j 个对角线元素.

13.14 例 1960 年 47 个州的犯罪数据可以从下述网址获得. http://lib.stat.cmu.edu/DASL/Sotries/USCrime.html. 如果用 10 个变量拟合犯罪率的线性回归方程, 可以得到

协变量	$\widehat{\beta}_j$	$\widehat{\mathrm{se}}(\widehat{\beta}_j)$	t 值	p 值
(截距)	−589.39	167.59	−3.51	0.001**
Age	1.04	0.45	2.33	0.025*
Southern State	11.29	13.24	0.85	0.399
Education	1.18	0.68	1.7	0.093
Expenditures	0.96	0.25	3.86	0.000***
Labor	0.11	0.15	0.69	0.493
Number of Males	0.30	0.22	1.36	0.181
Population	0.09	0.14	0.65	0.518
Unemployment(14~24)	−0.68	0.48	−1.4	0.165
Unemployment(14~24)	2.15	0.95	2.26	0.030*
Wealth	−0.08	0.09	−0.91	0.367

这个表格显示了典型的多元回归过程的结果. t 值是检验 $H_0 : \beta_j = 0$ 对 $H_1 : \beta_j \neq 0$ 的Wald检验统计量的值. 星号表示 "显著性程度", 星号越多表示 p 值越小. 这个例子提出了几个重要的问题: (1) 应该从这个模型中删去几个变量

吗？(2) 可以把这些关系解释成因果关系吗？例如，可以说低的犯罪预防支出导致了高的犯罪率吗？下一节将回答问题 (1)，在第 16 章中再回答问题 (2).

13.6 模型选择

例 13.14 说明了多元回归中经常出现的一个问题. 数据可能有许多协变量，但是并不希望把所有的项都放到模型中. 协变量个数少的小模型有两个优点：它的预测可能比大模型的预测要好，而且它比较简单. 一般来说，当回归模型中变量增多时，预测的偏差降低而方差增加，协变量太少导致偏差很高，这称为拟合不足. 协变量太多导致方差很高，这称为过拟合. 好的预测结果要平衡偏差和方差.

模型选择中有两个问题:(i) 给每个模型指定一个"得分"，它在某种意义上衡量了模型的好坏, (ii) 在所有的模型中找出得分最好的一个.

首先来讨论给模型打分的问题. 令 $S \subset \{1, \cdots, k\}$，令 $\mathcal{X}_S = \{X_j : j \in S\}$ 表示协变量的一个子集. 令 β_S 表示对应的协变量的系数，$\widehat{\beta}_S$ 表示 β_S 的最小二乘估计. 同时，令 X_S 表示代表协变量的子集的 X 矩阵，定义 $\widehat{r}_S(x)$ 为估计的回归方程. 根据模型 S 得到的预测值记为 $\widehat{Y}_i(S) = \widehat{r}_S(X_i)$. 预测的风险定义为

$$R(S) = \sum_{i=1}^{n} \mathbb{E}(\widehat{Y}_i(S) - Y_i^*)^2, \qquad (13.24)$$

其中, Y_i^* 表示当协变量的值为 X_i 时，Y_i 未来的观测值. 目标是选择 S 使得 $R(S)$ 最小.

训练误差定义为

$$\widehat{R}_{\mathrm{tr}}(S) = \sum_{i=1}^{n} (\widehat{Y}_i(S) - Y_i)^2.$$

这个估计作为 $R(S)$ 的估计偏差很大.

13.15 定理 训练误差是预测风险的向下偏差估计：

$$\mathbb{E}(\widehat{R}_{\mathrm{tr}}(S)) < R(S).$$

事实上,

$$\mathrm{bias}(\widehat{R}_{\mathrm{tr}}(S)) = \mathbb{E}(\widehat{R}_{\mathrm{tr}}(S)) - R(S) = -2 \sum_{i=1}^{n} \mathrm{Cov}(\widehat{Y}_i, Y_i). \qquad (13.25)$$

偏差的原因是数据被使用了两次：估计参数和估计风险. 当用许多参数拟合复杂模型时，协方差 $\mathrm{Cov}(\widehat{Y}_i, Y_i)$ 会很大，训练误差的偏差也变得很糟糕. 下面有一些较好的风险估计.

Mallows C_p 统计量定义为

$$\widehat{R}(S) = \widehat{R}_{\text{tr}}(S) + 2|S|\widehat{\sigma}^2, \tag{13.26}$$

其中, $|S|$ 表示 S 中的项数, $\widehat{\sigma}^2$ 是从全模型 (所有的自变量都在模型中) 中得到的 σ^2 的估计. 这是训练误差加上偏差校正. 这个估计是以 Colin Mallows 的名字命名的, 是他首先构造了这个估计. (13.26) 中的第一项衡量了模型的拟合效果, 第二项衡量了模型的复杂性. 把统计量 C_p 看作是

拟合度的欠缺 + 复杂性的惩罚.

因此, 找出一个好的模型就是要平衡拟合效果和模型的复杂性.

估计风险的一个相关方法是 AIC(Akaike 信息准则). 选择 S 的思想是使下面的表达式最大:

$$\ell_S - |S|. \tag{13.27}$$

其中, ℓ_S 是模型的对数似然函数在极大似然估计的值[1]. 这可以看作是 "拟合优度" 减去 "复杂性". 在正态误差的线性回归中 (令 σ 等于最大模型得到的估计), 最大化 AIC 等同于最小化 Mallows 的 C_p 统计量, 见 13.10 习题 8. 附录包含了更多的 AIC 的解释.

估计风险的另一种方法是交叉验证方法. 在这种情况下, 风险估计为

$$\widehat{R}_{CV}(S) = \sum_{i=1}^{n}(Y_i - \widehat{Y}_{(i)})^2, \tag{13.28}$$

其中, $\widehat{Y}_{(i)}$ 是把 Y_i 删去后拟合的模型对 Y_i 的预测值. 可以证明

$$\widehat{R}_{CV}(S) = \sum_{i=1}^{n}\left(\frac{Y_i - \widehat{Y}_{(i)}}{1 - U_{ii}(S)}\right), \tag{13.29}$$

其中, $U_{ii}(S)$ 是下面矩阵对角线上第 i 个元素.

$$U(S) = X_S(X_S^{\text{T}} X_S)^{-1} X_S^{\text{T}}. \tag{13.30}$$

然而, 并不真正需要把每个观测删去后再重新拟合模型. 更广义的是 k-fold 交叉验证. 把数据分成 k 组, 通常取 $k = 10$. 把其中一组数据去掉, 然后用剩下的数据拟合模型. 然后用 $\sum_{i}(Y_i - \widehat{Y}_i)^2$ 估计风险, 这里求和是对删去的数据而言. 对 k 个组分别重复上述过程, 把得到的风险求平均值作为最终的风险.

---

[1] 一些文献定义的 AIC 和这里有略微的不同, 那些文献中的 AIC 是本文的值乘以 2 或者 −2. 这对哪个模型更优是没有影响的.

13.6 模型选择

对于线性回归, Mallows C_p 和交叉验证经常产生本质相同的结果, 所以可以只使用 Mallows C_p 方法. 在后面一些更复杂的例子中, 交叉验证会更有用.

另一种评价方法是 BIC(贝叶斯信息准则). 选择一个模型的标准是使得下面的表达式最大:

$$\mathrm{BIC}(S) = \ell_S - \frac{|S|}{2}\log n \tag{13.31}$$

BIC 得分有一个贝叶斯解释. 令 $S = \{S_1, \cdots, S_m\}$ 表示模型的集合. 假设给模型指定了先验 $\mathbb{P}(S_j) = 1/m$. 同时在每个模型内对参数指定一个平滑的先验. 可以证明模型的后验概率近似为

$$\mathbb{P}(S_j|\text{数据}) \approx \frac{e^{\mathrm{BIC}(S_j)}}{\sum_r e^{\mathrm{BIC}(S_r)}}$$

因此, 使得 BIC 最大的模型就好像相当是选择后验概率最大的模型. BIC 得分也可以用信息论上称为最小描述长度的术语来解释. BIC 得分除了给模型复杂性更严重的惩罚以外和 Mallows 的 C_p 方法是相同的. 因此和其他方法相比, 人们往往选择更小的模型.

现在回到模型搜索的问题. 如果有 k 个协变量, 就有 2^k 个可能的模型. 需要在这些模型中搜索, 并给每一个模型指定一个得分, 然后选择得分最佳的模型. 如果 k 不是太大, 则可以对所有模型都作搜索. 当 k 很大时, 这是不可能的. 在这种情况下, 就需要对所有模型的子集作搜索. 两种常用的方法是向前逐步回归和向后逐步回归. 在向前逐步回归中, 模型开始时没有一个协变量, 然后往模型中加一个协变量得到得分更好的模型. 然后继续往模型里加一个变量, 直到模型的得分不再提高. 向后逐步回归也是类似的, 它首先把所有的协变量都放到模型里, 然后一次删掉一个协变量. 这两种算法都是贪婪算法, 没有一种能保证一定能找到得分最好的模型. 另一种受欢迎的方法是在所有模型中随机选取一个集合进行搜索. 然而, 没有证据说明这种搜索方式比前面两种搜索方式强.

13.16 例 根据 AIC 应用向后逐步回归来对犯罪数据建模. 下面的结果是用 R 程序得到的结果. 这个程序用的 AIC 和定义略有不同. 用程序中的定义, 寻找最小的 AIC 值 (不是最大的). 这和使 Mallows C_p 达到最小是一样的.

全模型 (包含所有的协变量) 的 AIC= 310.37. 按照顺序排列, 删掉一个变量的 AIC 得分为

变量	Pop	Labor	South	Wealth	Males	U1	Educ.	U2	Age	Expend
AIC	308	309	309	309	310	310	312	314	315	324

例如, 把 Pop 从模型中删掉保留其他的变量, 则 AIC 为 308. 根据这个信息, 把 "Population" 从模型中删掉, 当前的 AIC 得分为 308. 现在考虑从当前模型中删掉一个变量. AIC 得分为

变量	South	Labor	Wealth	Males	U1	Educ.	U2	Age	Expend
AIC	308	308	308	309	309	310	313	313	329

然后从模型中删掉 "Southern". 这个过程继续, 直到删掉任意变量时 AIC 不再变化. 最后, 模型为

Crime=1.2Age+0.75Education+0.87Expenditure+0.34Male−0.86U1+2.31U2.

注意! 这还不能回答哪个变量导致犯罪的问题.

还有一种方法可以避免在所有可能的模型中搜索. 这种方法是由 Zheng 和 Loh(1995) 年提出的, 它不是搜索预测误差最小的模型. 它而是假设 β_j 的某一子集是恰好等于 0, 然后尝试找出真实的模型. 这就是, 包含非零的 β_j 的最大子模型. 这个方法按照下面的步骤进行.

Zheng-Loh 模型选择方法 [①]

1. 用 k 个协变量拟合全模型, 令 $W_j = \widehat{\beta}_j/\widehat{\operatorname{se}}(\widehat{\beta}_j)$ 表示检验 $H_0 : \beta_j = 0$ 对 $H_1 : \beta_j \neq 0$ 的 Wald 检验统计量.
2. 把这些统计量按照绝对值从大到小排列

$$|W_{(1)}| \geqslant |W_{(2)}| \geqslant \cdots \geqslant |W_{(k)}|.$$

3. 令 $\widehat{j}$ 是使得

$$\operatorname{RSS}(j) + j\widehat{\sigma}^2 \log n$$

最小的 j 值, 其中, $\operatorname{RSS}(j)$ 是第 j 大 Wald 统计量的残差平方和.
4. 选择含有 $\widehat{j}$ 项且 Wald 统计量绝对值最大的回归作为最后的模型.

Zheng 和 Loh 证明了, 在适当的条件下, 当样本量增加时, 这种方法以趋于 1 的概率选择真模型.

13.7 Logistic 回归

到现在为止, 假设 Y_i 是实际值. Logistic 回归也是一种参数方法, 它解决的是 $Y_i \in \{0,1\}$ 这种二值回归. 对于 k 维协变量 X, 模型为

$$p_i \equiv p_i(\beta) \equiv \mathbb{P}(Y_i = 1 | X = x) = \frac{e^{\sum_{j=1}^{k} \beta_j x_{ij}}}{1 + e^{\sum_{j=1}^{k} \beta_j x_{ij}}}, \tag{13.32}$$

[①] 这里给出的只是这种方法的其中一个版本. 实际上, 惩罚系数 $j \log n$ 只是从可能的惩罚函数集中选择的一个.

13.7 Logistic 回归

或者等价于
$$\text{logit}(p_i) = \sum_{j=1}^{k} \beta_j x_{ij}, \tag{13.33}$$

其中,
$$\text{logit}(p) = \log\left(\frac{p}{1-p}\right). \tag{13.34}$$

"logistic 回归"的名字源自 $e^x/(1+e^x)$, 它称为 logistic 函数. 一维协变量的 Logistic 图见图 13.3.

因为 Y_i 是二值的, 数据服从 Bernoulli 分布,
$$Y_i | X_i = x_i \sim \text{Bernoulli}(p_i).$$

因此, (条件)似然函数为
$$\mathcal{L}(\beta) = \prod_{i=1}^{n} p_i(\beta)^{Y_i}(1-p_i(\beta))^{1-Y_i}. \tag{13.35}$$

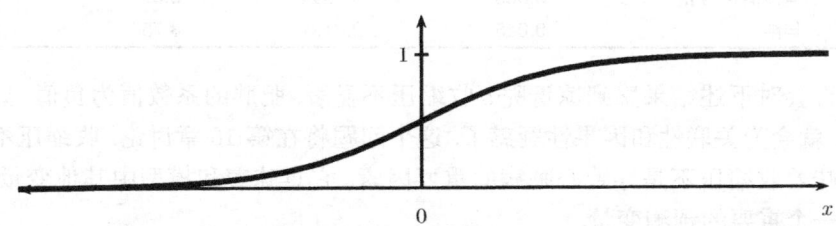

图 13.3 logistic 函数 $p = e^x/(1+e^x)$

最大化 $\mathcal{L}(\beta)$ 可以得到极大似然估计 $\widehat{\beta}$. 有一种快速的数值算法, 称为重加权最小二乘法. 它的步骤如下:

重加权最小二乘算法

选择初始值 $\widehat{\beta}^0 = (\widehat{\beta}_1^0, \cdots, \widehat{\beta}_k^0)$, 对于 $i = 1, \cdots, n$, 用等式 (13.32) 计算 p_i^0. 令 $s = 0$, 并循环迭代下面的步骤, 直到收敛.

1. 令
$$Z_i = \text{logit}(p_i^s) + \frac{Y_i - p_i^s}{p_i^s(1-p_i^s)}, \quad i = 1, \cdots, n.$$

2. 令 W 是一个对角矩阵, 它的对角元素 (i,i) 等于 $p_i^s(1-p_i^s)$.

3. 令
$$\widehat{\beta}^s = (X^T W X)^{-1} X^T W Z,$$

这相当于作 Z 关于 X 的 (加权) 线性回归.

4. 令 $s = s + 1$, 并回到第一步.

Fisher 信息矩阵 I 也可以通过数值方法得到. $\widehat{\beta}_j$ 的方差的估计值为 $J = I^{-1}$ 的对角线元素 (j,j). 模型选择 通常会用 AIC 得分 $\ell_S - |S|$.

13.17 例 冠动脉风险因素研究 (CORIS). 数据是来自南非三个乡村地区的 462 名年龄为 15~64 岁的女性 (Rousseauw et al., 1983). 结果 Y 是患有 ($Y = 1$) 或没患有 ($Y = 0$) 冠动脉心脏病. 有 9 个协变量: 收缩压、累计烟草量 (kg)、低密度脂蛋白、脂肪、家族心脏病史、A 型行为、肥胖、当前酒精含量和年龄. Logistic 回归得到下面的估计和系数的 Wald 检验统计量 W_j.

变量	$\widehat{\beta}_j$	$\widehat{\text{se}}$	W_j	p 值
截距	−6.145	1.300	−4.738	0.000
收缩压	0.007	0.006	1.138	0.255
烟草量	0.079	0.027	2.991	0.003
低密度脂蛋白	0.174	0.059	2.925	0.003
脂肪	0.019	0.029	0.637	0.524
家族心脏病史	0.925	0.227	4.078	0.000
A 型行为	0.040	0.012	3.233	0.001
肥胖	−0.063	0.044	−1.427	0.153
当前酒精含量	0.000	0.004	0.027	0.979
年龄	0.045	0.012	3.754	0.000

是否会对下述结果感到惊讶呢? 收缩压不显著, 肥胖的系数值为负值, 如果惊讶的话, 就会为关联性和因果性疑惑了. 这个问题将在第 16 章讨论. 收缩压不显著并不意味着收缩压不是导致心脏病的重要因素. 它意味着和模型中其他变量相比, 它不是一个重要的预测变量.

13.8 文献注释

有关线性回归的著作见文献 (Weisberg, 1985). 从数据挖掘角度写的有关回归的书见文献 (Hastie et al., 2002). Akaike 信息准则 (AIC) 见 Akaike(1973) 的著作. 贝叶斯信息准则(BIC) 见文献 (Schwarz, 1978). Logistic 回归的参考文献有 (Agresti, 1990) 和 (Dobson, 2001).

13.9 附 录

Akaike 信息准则 (AIC). 考虑模型的集合 $\{M_1, M_2, \cdots\}$. 令 $\widehat{f}_j(x)$ 是用模型 M_j 的极大似然估计得到的估计概率函数. 因此, $\widehat{f}_j(x) = \widehat{f}(x; \widehat{\beta}_j)$, 这里 $\widehat{\beta}_j$ 是模型 M_j 的参数 β_j 的极大似然估计. 使用损失函数 $D(f, \widehat{f})$, 其中,

$$D(f, g) = \sum_x f(x) \log\left(\frac{f(x)}{g(x)}\right)$$

是两个概率函数的 Kullback-Leibler 距离. 相应的风险函数为 $R(f,\widehat{f}) = \mathbb{E}(D(f,\widehat{f}))$. 由于 $D(f,\widehat{f}) = c - A(f,\widehat{f})$, 这里 $c = \sum_x f(x)\log f(x)$ 并不依赖于 $\widehat{f}$, 且

$$A(f,\widehat{f}) = \sum_x f(x)\log \widehat{f}(x).$$

因此, 风险函数最小化等同于最大化 $a(f,\widehat{f}) \equiv \mathbb{E}(A(f,\widehat{f}))$.

尝试用 $\sum_x \widehat{f}(x)\log \widehat{f}(x)$ 估计 $a(f,\widehat{f})$, 正如回归中的训练误差是预测风险的有偏估计, 同样 $\sum_x \widehat{f}(x)\log \widehat{f}(x)$ 是 $a(f,\widehat{f})$ 的有偏估计. 事实上, 这个偏差近似等于 $|M_j|$. 因此

13.18 定理 AIC(M_j) 是 $a(f,\widehat{f})$ 的近似无偏估计.

13.10 习 题

1. 证明定理 13.4.
2. 证明定理 13.8 中标准差的公式. 应该把 X_i 看作是固定常数.
3. 考虑下面的回归模型:

$$Y_i = \beta X_i + \epsilon.$$

求出 β 的最小二乘估计. 求出估计的标准差. 找出保证估计是一致的条件.
4. 证明等式 (13.25).
5. 在简单线性回归模型中, 构造检验 $H_0 : \beta_1 = 17\beta_0$ 对 $H_1 : \beta_1 \neq 17\beta_0$ 的 Wald 检验统计量.
6. 从 http://lib.stat.cmu.edu/DASL/Datafiles/carmpgdata.html 下载乘客行车里程数据.
   (a) 根据 HP(马力) 用简单线性回归模型来预测 MPG(每加仑汽油行使里程). 汇总分析, 包括带数据和拟合直线的图.
   (b) 重复分析, 但是用 log(MPG) 作为响应变量. 比较两个分析结果.
7. 从 http://lib.stat.cmu.edu/DASL/Datafiles/carmpgdata.html 下载乘客行车里程数据.
   (a) 用其他变量拟合多元线性回归模型, 并预测 MPG. 总结你的分析.
   (b) 用 Mallow C_p 选择最优的子模型. 用下面的方法搜索模型: (i) 向前逐步回归, (ii) 向后逐步回归. 总结你的发现.
   (c) 用 Zheng-Loh 模型选择方法, 并和 (b) 作比较.
   (d) 作所有可能的回归. 比较 C_p 和 BIC. 比较其结果.
8. 考虑带有正态误差的线性回归模型, 并设 σ 已知. 证明使 AIC(等式 (13.27)) 最大的模型就是 MallowC_p 统计量最小的模型.

9. 在这个问题中进一步探讨 AIC 方法. 令 $X_1, \cdots, X_n$ 是独立同分布的观测. 考虑两个模型 $\mathcal{M}_0, \mathcal{M}_1$. 在 $\mathcal{M}_0$ 下, 假设数据服从 $N(0,1)$, 而在 $\mathcal{M}_1$ 下, 假设数据服从 $N(\theta, 1)$, $\theta \in \mathbb{R}$, θ 未知,

$$\mathcal{M}_0 \ : \ X_1, \cdots, X_n \sim N(0,1),$$
$$\mathcal{M}_1 \ : \ X_1, \cdots, X_n \sim N(\theta, 1), \theta \in \mathbb{R}.$$

这是看待假设检验问题 $H_0: \theta = 0$ 对 $H_1: \theta \neq 0$ 的另一种方法. 令 $\ell_n(\theta)$ 是对数似然函数. 模型的 AIC 得分是对数似然函数在极大似然估计上的取值减去参数的个数. (有些人会把这个得分乘以 2, 但这是没有关系的.) 因此, $\mathcal{M}_0$ 的 AIC 得分为 $\text{AIC}_0 = \ell_n(0)$, $\mathcal{M}_1$ 的 AIC 得分为 $\text{AIC}_1 = \ell_n(\widehat{\theta}) - 1$. 假设选择最高 AIC 得分的模型. 令 J_n 表示选择的模型,

$$J_n = \begin{cases} 0, & \text{AIC}_0 > \text{AIC}_1, \\ 1, & \text{AIC}_1 > \text{AIC}_0. \end{cases}$$

(a) 假设 $\mathcal{M}_0$ 是真实的模型, 也就是 $\theta = 0$. 求出

$$\lim_{n \to \infty} \mathbb{P}(J_n = 0).$$

现在计算 $\lim_{n \to \infty} \mathbb{P}(J_n = 0)$ (当 $\theta \neq 0$ 时).

(b) 当 $\theta = 0$ 时 $\lim_{n \to \infty} \mathbb{P}(J_n = 0) \neq 1$, 这个事实是有些人说 AIC "过拟合"的原因. 但将会看到这不完全正确. 比如, 令 $\phi_\theta(x)$ 表示均值为 θ, 方差为 1 的正态密度函数. 定义

$$\widehat{f}_n(x) = \begin{cases} \phi_0(x), & J_n = 0, \\ \phi_{\widehat{\theta}}(x), & J_n = 1. \end{cases}$$

如果 $\theta = 0$, 证明当 $n \to \infty$ 时, $D(\phi_0, \widehat{f}_n) \xrightarrow{P} 0$, 其中,

$$D(f, g) = \int f(x) \log\left(\frac{f(x)}{g(x)}\right) dx$$

是 Kullback-Leibler 距离. 同时证明当 $\theta \neq 0$ 时, $D(\phi_\theta, \widehat{f}_n) \xrightarrow{P} 0$. 因此, 即使 AIC 对正确模型 "拟合过头了", 它也相合的估计了真实的密度.

(c) 对 BIC 重复上述分析, BIC 是对数似然函数减去 $(p/2) \log n$, 其中, p 是参数的个数, n 是样本量.

10. 在这个问题中, 进一步探讨预测区间. 令 $\theta = \beta_0 + \beta_1 X_*$, 且令 $\widehat{\theta} = \widehat{\beta}_0 + \widehat{\beta}_1 X_*$. 因此, $\widehat{Y}_* = \widehat{\theta}$, 而 $Y_* = \theta + \epsilon$. 其中, $\widehat{\theta} \approx N(\theta, \text{se}^2)$, 其中,

$$\text{se}^2 = \mathbb{V}(\widehat{\theta}) = \mathbb{V}(\widehat{\beta}_0 + \widehat{\beta}_1 x_*)$$

13.10 习题

由于 $\mathbb{V}(\widehat{\theta})$ 等同于 $\mathbb{V}(\widehat{Y}_*)$. 而 $\widehat{\theta} \pm 2\sqrt{\mathbb{V}(\widehat{\theta})}$ 是 $\theta = \beta_0 + \beta_1 x_*$ 的 95% 的置信区间估计. 但是, 现请证明, 它不是 Y_* 的有效的置信区间.

(a) 令 $s = \sqrt{\mathbb{V}(\widehat{Y}_*)}$, 证明
$$\mathbb{P}(\widehat{Y}_* - 2s < Y_* < \widehat{Y}_* + 2s) \approx \mathbb{P}\left(-2 < N\left(0, 1 + \frac{\sigma^2}{s^2}\right) < 2\right)$$
$$\neq 0.95.$$

(b) 问题是 Y_* 的数值等于参数 θ 加上随机变量. 可以通过定义下面的等式来确定:
$$\xi_n^2 = \mathbb{V}(\widehat{Y}_*) + \sigma^2 = \left[\frac{\sum_i (x_i - x_*)^2}{n \sum_i (x_i - \overline{x})^2} + 1\right]\sigma^2.$$

实际上, 用 $\widehat{\sigma}$ 代替 σ, 得到的结果用 $\widehat{\xi}_n$ 表示. 现在考虑区间 $\widehat{Y}_* \pm 2\widehat{\xi}_n$. 证明
$$\mathbb{P}(\widehat{Y}_* - 2\widehat{\xi}_n < Y_* < \widehat{Y}_* + 2\widehat{\xi}_n) \approx \mathbb{P}(-2 < N(0, 1) < 2) \approx 0.095.$$

11. 从原书的网页下载心脏病风险因素研究 (CORIS) 数据. 根据 AIC 准则使用向后逐步法选择一个 Logistic 回归模型. 并总结所得到的结果.

第 14 章 多变量模型

在本章中,再次讲述多项式模型和多元正态模型. 首先回顾一下线性代数的一些符号. 在接下来的叙述中, x 和 y 代表向量, A 代表矩阵.

线性代数符号:

$x^{\mathrm{T}}y$	内积 $\sum_j x_j y_j$
$\|A\|$	行列式
A^{T}	A 的转置
A^{-1}	A 的逆矩阵
I	单位矩阵
$\mathrm{tr}(A)$	正方矩阵的迹
$A^{1/2}$	矩阵的平方根

矩阵的迹满足 $\mathrm{tr}(AB) = \mathrm{tr}(BA)$ 和 $\mathrm{tr}(A+B) = \mathrm{tr}(A) + \mathrm{tr}(B)$. 同时, 如果 a 是一个标量时, $\mathrm{tr}(a) = a$. 如果对于所有的非零向量 x 都有 $x^{\mathrm{T}}\Sigma x > 0$ 时, 矩阵 Σ 是正定的. 如果矩阵 A 是对称和正定的, 它的平方根 $A^{1/2}$ 存在, 并具有下述性质: $(1) A^{1/2}$ 是对称的; $(2) A = A^{1/2} A^{1/2}$; $(3) A^{1/2} A^{-1/2} = A^{-1/2} A^{1/2} = I$, 其中, $A^{-1/2} = (A^{1/2})^{-1}$.

14.1 随机向量

多变量模型涉及下面形式的随机向量 X:

$$X = \begin{pmatrix} X_1 \\ \vdots \\ X_k \end{pmatrix}.$$

随机向量 X 的均值为

$$\mu = \begin{pmatrix} \mu_1 \\ \vdots \\ \mu_k \end{pmatrix} = \begin{pmatrix} E(X_1) \\ \vdots \\ E(X_k) \end{pmatrix}. \tag{14.1}$$

协方差矩阵 Σ, 也记为 $\mathbb{V}(X)$, 定义为

14.1 随机向量

$$\Sigma = \begin{pmatrix} \mathbb{V}(X_1) & \mathrm{Cov}(X_1, X_2) & \cdots & \mathrm{Cov}(X_1, X_k) \\ \mathrm{Cov}(X_2, X_1) & \mathbb{V}(X_2) & \cdots & \mathrm{Cov}(X_2, X_k) \\ \vdots & \vdots & & \vdots \\ \mathrm{Cov}(X_k, X_1) & \mathrm{Cov}(X_k, X_2) & \cdots & \mathbb{V}(X_k) \end{pmatrix}. \tag{14.2}$$

这也称为方差矩阵或协方差矩阵. 逆矩阵 Σ^{-1} 称为精度矩阵.

14.1 定理 令 a 表示长度为 k 的向量, X 表示长度也为 a 均值为 μ 方差为 Σ 的随机向量. 则 $\mathbb{E}(a^\mathrm{T} X) = a^\mathrm{T} \mu, \mathbb{V}(a^\mathrm{T} X) = a^\mathrm{T} \Sigma a$. 如果 A 是 k 列的矩阵, 则 $\mathbb{E}(AX) = A\mu, \mathbb{V}(AX) = A\Sigma A^\mathrm{T}$.

现在假设有 n 个向量组成的随机样本:

$$\begin{pmatrix} X_{11} \\ X_{21} \\ \vdots \\ X_{k1} \end{pmatrix}, \begin{pmatrix} X_{12} \\ X_{22} \\ \vdots \\ X_{k2} \end{pmatrix}, \cdots, \begin{pmatrix} X_{1n} \\ X_{2n} \\ \vdots \\ X_{kn} \end{pmatrix}. \tag{14.3}$$

样本均值 $\overline{X}$ 也是向量, 为

$$\overline{X} = \begin{pmatrix} \overline{X}_1 \\ \vdots \\ \overline{X}_k \end{pmatrix},$$

其中, $\overline{X}_i = n^{-1} \sum_{j=1}^{n} X_{ij}$, 样本方差矩阵 (也称为协方差矩阵或者方差 - 协方差矩阵) 为

$$S = \begin{pmatrix} s_{11} & s_{12} & \cdots & s_{1k} \\ s_{12} & s_{22} & \cdots & s_{2k} \\ \vdots & \vdots & & \vdots \\ s_{1k} & s_{2k} & \cdots & s_{kk} \end{pmatrix}. \tag{14.4}$$

其中,

$$s_{ab} = \frac{1}{n-1} \sum_{j=1}^{n} (X_{aj} - \overline{X}_a)(X_{bj} - \overline{X}_b).$$

可以得到 $\mathbb{E}(\overline{X}) = \mu$, 和 $\mathbb{E}(S) = \Sigma$.

14.2 相关系数的估计

考虑来自二维变量分布的 n 个数据点：

$$\begin{pmatrix} X_{11} \\ X_{21} \end{pmatrix}, \begin{pmatrix} X_{12} \\ X_{22} \end{pmatrix}, \cdots, \begin{pmatrix} X_{1n} \\ X_{2n} \end{pmatrix}.$$

回想起 X_1 和 X_2 的相关系数为

$$\rho = \frac{\mathbb{E}((X_1 - \mu_1)(X_2 - \mu_2))}{\sigma_1 \sigma_2}, \tag{14.5}$$

其中, $\sigma_j^2 = \mathbb{V}(X_{ji}), j = 1,2$. 非参嵌入式估计为[①]

$$\widehat{\rho} = \frac{(n-1)^{-1} \sum_{i=1}^{n} (X_{1i} - \overline{X}_1)(X_{2i} - \overline{X}_2)}{s_1 s_2}, \tag{14.6}$$

其中,

$$s_j^2 = \frac{1}{n-1} \sum_{i=1}^{n} (X_{ji} - \overline{X}_j)^2.$$

可以用 Delta 方法构造 ρ 的置信区间. 然而可以证明如果首先构造函数 $\theta = f(\rho)$ 的置信区间, 然后利用逆函数 f^{-1} 可以得到 ρ 的更精确的置信区间. 这个方法由 Fisher 提出, 具体做法如下: 定义 f 和它的逆函数

$$f(r) = \frac{1}{2}(\log(1+r) - \log(1-r)),$$

$$f^{-1}(z) = \frac{e^{2z} - 1}{e^{2z} + 1}.$$

相关系数的近似置信区间

1. 计算

$$\widehat{\theta} = f(\widehat{\rho}) = \frac{1}{2}(\log(1+\widehat{\rho}) - \log(1-\widehat{\rho})).$$

2. 计算 $\widehat{\theta}$ 的近似标准差, 可以证明它的值为

$$\widehat{\operatorname{se}}(\widehat{\theta}) = \frac{1}{\sqrt{n-3}}.$$

3. $\theta = f(\rho)$ 的 $1-\alpha$ 的近似置信区间为

$$(a,b) \equiv \left(\widehat{\theta} - \frac{z_{\alpha/2}}{\sqrt{n-3}}, \widehat{\theta} + \frac{z_{\alpha/2}}{\sqrt{n-3}}\right).$$

[①] 更精确地讲, 在公式 s_j 里如果将 $n-1$ 换成 n 就不是嵌入式, 但是这个差别很小.

4. 应用逆变换 $f^{-1}(z)$ 找出 ρ 的置信区间
$$\left(\frac{e^{2a}-1}{e^{2a}+1},\frac{e^{2b}-1}{e^{2b}+1}\right).$$

找到 ρ 的置信区间的另一种方法是 Bootstrap 方法。

14.3 多元正态分布

如果一个向量 X 的概率密度函数为
$$f(x;\mu,\Sigma)=\frac{1}{(2\pi)^{k/2}|\Sigma|^{1/2}}\exp\left\{-\frac{1}{2}(x-\mu)^T\Sigma^{-1}(x-\mu)\right\},\tag{14.7}$$
则该向量服从正态分布，记为 $X\sim N(\mu,\Sigma)$，其中，μ 是长度为 k 的向量，Σ 是 $k\times k$ 的对称正定矩阵。则 $\mathbb{E}(X)=\mu$ 和 $\mathbb{V}(X)=\Sigma$。

14.2 定理 下面的性质成立:
1. 如果 $Z\sim N(0,1)$，$X=\mu+\Sigma^{1/2}Z$，则 $X\sim N(\mu,\Sigma)$。
2. 如果 $X\sim N(\mu,\Sigma)$，则 $\Sigma^{-1/2}(X-\mu)\sim N(0,1)$。
3. 如果 $X\sim N(\mu,\Sigma)$，a 是和 X 一样长的向量，则 $a^TX\sim N(a^T\mu,a^T\Sigma a)$。
4. 令
$$V=(X-\mu)^T\Sigma^{-1}(X-\mu),$$
则 $V\sim\chi_k^2$。

14.3 定理 从正态分布 $N(\mu,\Sigma)$ 中抽取样本量为 n 的样本，对数似然函数(去掉与 μ,Σ 无关的常数) 为
$$\ell(\mu,\Sigma)=-\frac{n}{2}(\overline{X}-\mu)^T\Sigma^{-1}(\overline{X}-\mu)-\frac{n}{2}\mathrm{tr}(\Sigma^{-1}S)-\frac{n}{2}\log|\Sigma|.$$

极大似然估计为
$$\widehat{\mu}=\overline{X},\quad \widehat{\Sigma}=\frac{n-1}{n}S.\tag{14.8}$$

14.4 多项分布

首先回顾一下多项分布。数据的形式为 $X=(X_1,\cdots,X_k)$，其中，每个 X_j 是一个计数。考虑不放回的从一个坛子里抽取 n 个球，坛里的球有 k 种颜色。在这个例子中，X_j 是第 j 种颜色的球的个数。令 $p=(p_1,\cdots,p_k)$，这里 $p_j\geqslant 0$，$\sum_{j=1}^{k}p_j=1$，假设 p_j 是抽到第 j 种颜色的球的概率。

14.4 定理 令 $X \sim \text{Multinomial}(n, p)$. 则 X_j 的边际分布为 $X_j \sim \text{Binomial}(n, p_j)$. X 的均值和方差为

$$\mathbb{E}(X) = \begin{pmatrix} np_1 \\ \vdots \\ np_k \end{pmatrix}$$

和

$$\mathbb{V} = \begin{pmatrix} np_1(1-p_1) & -np_1p_2 & \cdots & -np_1p_k \\ -np_1p_2 & np_2(1-p_2) & \cdots & -np_2p_k \\ \vdots & \vdots & & \vdots \\ -np_1p_k & -np_2p_k & \cdots & np_k(1-p_k) \end{pmatrix}.$$

证明 很容易知道 $X_j \sim \text{Binomial}(n, p_j)$. 因此, $\mathbb{E}(X_j) = np_j$ 和 $\mathbb{V}(X_j) = np_j(1-p_j)$. 计算 $\text{Cov}(X_i, X_j)$ 如下: 由于 $X_i + X_j \sim \text{Binomial}(n, p_i + p_j)$, 所以 $\mathbb{V}(X_i + X_j) = n(p_i + p_j)(1 - p_i - p_j)$. 另一方面,

$$\mathbb{V}(X_i + X_j) = \mathbb{V}(X_i) + \mathbb{V}(X_j) + 2\text{Cov}(X_i, X_j)$$
$$= np_i(1-p_i) + np_j(1-p_j) + 2\text{Cov}(X_i, X_j).$$

令最后一个表达式等于 $n(p_i + p_j)(1 - p_i - p_j)$, 可以得到 $\text{Cov}(X_i, X_j) = -np_ip_j$.

14.5 定理 p 的极大似然估计为

$$\widehat{p} = \begin{pmatrix} \widehat{p}_1 \\ \vdots \\ \widehat{p}_k \end{pmatrix} = \begin{pmatrix} \dfrac{\overline{X}_1}{n} \\ \vdots \\ \dfrac{\overline{X}_k}{n} \end{pmatrix} = \dfrac{X}{n}.$$

证明 对数似然函数(忽略常数)为

$$\ell(p) = \sum_{j=1}^{k} X_j \log p_j.$$

当最大化 ℓ 时必须要小心, 这是因为必须强加一个条件 $\sum_j p_j = 1$. 使用拉格朗日乘数法, 转化为使得下面的等式最大:

$$A(p) = \sum_{j=1}^{k} X_j \log p_j + \lambda \left(\sum_j p_j - 1 \right).$$

注意

$$\frac{\partial A(p)}{\partial p_j} = \frac{X_j}{p_j} + \lambda.$$

令 $\frac{\partial A(p)}{\partial p_j} = 0$, 得到 $\widehat{p}_j = -X_j/\lambda$. 由于 $\sum_j p_j = 1$, 可以看到 $\lambda = -n$, 所以 $\widehat{p}_j = X_j/n$ 成立.

现在想知道极大似然估计的方差. 可以直接计算 $\widehat{p}$ 的方差矩阵, 或者可以通过计算 Fisher 信息矩阵来近似得到极大似然估计的方差. 在此情形下, 这两种方法得到相同的答案. 直接求的方法很容易: $\mathbb{V}(\widehat{p}) = \mathbb{V}(X/n) = n^{-2}\mathbb{V}(X)$, 所以

$$\mathbb{V}(\widehat{p}) = \frac{1}{n}\Sigma,$$

其中,

$$\Sigma = \begin{pmatrix} p_1(1-p_1) & -p_1 p_2 & \cdots & -p_1 p_k \\ -p_1 p_2 & p_2(1-p_2) & \cdots & -p_2 p_k \\ \vdots & \vdots & & \vdots \\ -p_1 p_k & -p_2 p_k & \cdots & p_k(1-p_k) \end{pmatrix}.$$

对于足够大的 n, $\widehat{p}$ 近似服从多元正态分布.

14.6 定理 当 $n \to \infty$ 时,

$$\sqrt{n}(\widehat{p} - p) \rightsquigarrow N(0, \Sigma).$$

14.5 文献注释

多变量分析的参考书有 (Johnson and Wichern, 1982; Anderson, 1984). 本章中构造相关系数置信区间的方法是由 Fisher(1921) 提出的.

14.6 附录

定理 14.3 的证明 用 X^i 表示第 i 个随机向量. 对数似然函数为

$$\ell(\mu, \Sigma) = \sum_{i=1}^{n} f(X^i; \mu, \Sigma)$$

$$= -\frac{kn}{2}\log(2\pi) - \frac{n}{2}\log|\Sigma| - \frac{1}{2}\sum_{i=1}^{n}(X^i - \mu)^{\mathrm{T}}\Sigma^{-1}(x^i - \mu).$$

现在,

$$\sum_{i=1}^n (X^i-\mu)^{\mathrm T}\Sigma^{-1}(X^i-\mu)=\sum_{i=1}^n[(X^i-\overline{X})+(\overline{X}-\mu)]^{\mathrm T}\Sigma^{-1}[(X^i-\overline{X})+(\overline{X}-\mu)]$$

$$=\sum_{i=1}^n[(X^i-\overline{X})^{\mathrm T}\Sigma^{-1}(X^i-\overline{X})]+n(\overline{X}-\mu)^{\mathrm T}\Sigma^{-1}(\overline{X}-\mu).$$

由于 $\sum_{i=1}^n (X^i-\overline{X})^{\mathrm T}\Sigma^{-1}(X^i-\overline{X})=0$, 同时由于 $(X^i-\mu)^{\mathrm T}\Sigma^{-1}(X^i-\mu)$ 是一个标量, 所以

$$\sum_{i=1}^n (X^i-\mu)^{\mathrm T}\Sigma^{-1}(X^i-\mu)=\sum_{i=1}^n \mathrm{tr}((X^i-\mu)^{\mathrm T}\Sigma^{-1}(X^i-\mu))$$

$$=\sum_{i=1}^n \mathrm{tr}(\Sigma^{-1}(X^i-\mu)(X^i-\mu)^{\mathrm T})$$

$$=\mathrm{tr}(\Sigma^{-1}\sum_{i=1}^n (X^i-\mu)(X^i-\mu)^{\mathrm T})$$

$$=n\mathrm{tr}(\Sigma^{-1}S),$$

所以结论成立.

14.7 习 题

1. 证明定理 14.1.
2. 求出多项分布的 Fisher 信息矩阵.
3. (计算机试验) 写出一个函数, 从 Multinomial(n,p) 分布中生成 nsim 观测.
4. (计算机试验) 写出一个函数, 从均值为 μ 和方差矩阵为 Σ 的多元正态分布中生成 nsim 观测.
5. (计算机试验) 从 $N(\mu,\Sigma)$ 中生成 100 个随机向量, 其中,

$$\mu=\begin{pmatrix}3\\8\end{pmatrix},\quad \Sigma=\begin{pmatrix}1&1\\1&2\end{pmatrix}.$$

画出随机样本的散点图. 估计均值和协方差阵 Σ. 求出 X_1 和 X_2 的相关系数 ρ, 把它和随机抽取的样本相关系数比较. 求出 ρ 的 95% 的置信区间. 用两种方法: Bootstrap 和 Fisher 方法. 并作比较.
6. (计算机试验) 重复前面的练习 1000 次. 比较 ρ 的两个置信区间的收敛性.

第 15 章 独立性推断

本章将解决下面的问题：
(1) 如何检验两个随机变量是独立的？
(2) 如何估计两个随机变量的依赖程度？

当 Y 和 Z 不独立时，就说它们互相依赖或有关联或相关. 如果 Y 和 Z 相关时，它并不意味着 Y 导致了 Z 或者 Z 导致了 Y. 因果关系在第 16 章讨论.

回想起用 $Y \coprod X$ 表示 Y 和 Z 是独立的，用 $Y\sim\!\!\!\!\!\sim\!\!\!\!\!\sim Z$ 表示 Y 和 Z 是相互依赖的.

15.1 两个二值型变量

假设 Y 和 Z 都是二值型的，考虑数据 $(Y_1, Z_1), \cdots, (Y_n, Z_n)$. 可以用 2×2 的交叉列联表来表示：

	$Y=0$	$Y=1$	
$Z=0$	X_{00}	X_{01}	$X_{0\cdot}$
$Z=1$	X_{10}	X_{11}	$X_{1\cdot}$
	$X_{\cdot 0}$	$X_{\cdot 1}$	$n = X_{\cdot\cdot}$

其中，
$$X_{ij}\text{表示当 } Y=i, Z=j \text{ 时观测的个数}.$$

脚标 "·" 表示总和. 因此，

$$X_{i\cdot} = \sum_j X_{ij}, \quad X_{\cdot j} = \sum_i X_{ij}, \quad n = X_{\cdot\cdot} = \sum_{i,j} X_{ij}.$$

这个命名规则在本书接下来的部分都是一致的. 对应的概率为

	$Y=0$	$Y=1$	
$Z=0$	p_{00}	p_{01}	$p_{0\cdot}$
$Z=1$	p_{10}	p_{11}	$p_{1\cdot}$
	$p_{\cdot 0}$	$p_{\cdot 1}$	1

其中，$p_{ij} = \mathbb{P}(Z=i, Y=j)$. 令 $X = (X_{00}, X_{01}, X_{10}, X_{11})$ 表示计数的向量，则 $X \sim$ Multinomial(n, p), 其中，$p = (p_{00}, p_{01}, p_{10}, p_{11})$. 很容易引入下面的两个新的参数.

15.1 定义 优势比定义为
$$\psi = \frac{p_{00}p_{11}}{p_{01}p_{10}}. \tag{15.1}$$

对数优势比为
$$\gamma = \log(\psi). \tag{15.2}$$

15.2 定理 下述命题等价：
1. $Y \amalg Z$.
2. $\psi = 1$.
3. $\gamma = 0$.
4. 对于 $i, j \in \{0, 1\}$，有 $p_{ij} = p_{i\cdot} p_{\cdot j}$.

考虑检验
$$H_0 : Y \amalg Z \quad \text{对} \quad H_1 : Y \not\amalg Z. \tag{15.3}$$

首先考虑对数比似然检验，在 H_1 下，$X \sim \text{Multinomial}(n, p)$，极大似然估计为向量 $\widehat{p} = X/n$. 在 H_0 下，仍然有 $X \sim \text{Multinomial}(n, p)$，但得到的有限制的极大似然估计是在 $p_{ij} = p_{i\cdot} p_{\cdot j}$ 的约束条件下计算出来的. 于是导致了下面的检验:

15.3 定理 (15.3) 式的对数似然比检验统计量为
$$T = 2 \sum_{i=0}^{1} \sum_{j=0}^{1} X_{ij} \log \left(\frac{X_{ij} X_{\cdot\cdot}}{X_{i\cdot} X_{\cdot j}} \right). \tag{15.4}$$

在 H_0 下，$T \rightsquigarrow \chi_1^2$. 因此，渐近显著性水平为 α 的检验由当 $T > \chi_{1,\alpha}^2$ 拒绝 H_0 得到.

独立性的另外一种常用检验方法是 Pearson 卡方检验.

15.4 定理 检验独立性的 Pearson 卡方检验统计量为
$$U = \sum_{i=0}^{1} \sum_{j=0}^{1} \frac{(X_{ij} - E_{ij})^2}{E_{ij}}, \tag{15.5}$$

其中,
$$E_{ij} = \frac{X_{i\cdot} X_{\cdot j}}{n}.$$

在 H_0 下，$U \rightsquigarrow \chi_1^2$. 因此，渐近显著性水平为 α 的检验由当 $U > \chi_{1,\alpha}^2$ 拒绝 H_0 得到.

下面是关于 Pearson 卡方检验的一个直观感受. 在 H_0 下，$p_{ij} = p_{i\cdot} p_{\cdot j}$，所以 p_{ij} 在 H_0 下的极大似然估计为
$$\widehat{p}_{ij} = \widehat{p}_{i\cdot} \widehat{p}_{\cdot j} = \frac{X_{i\cdot}}{n} \frac{X_{\cdot j}}{n}.$$

因此，单元格 (i,j) 的期望观测数为

$$E_{ij} = n\widehat{p}_{ij} = \frac{X_i.X_{\cdot j}}{n}.$$

统计量 U 比较了观测数和期望数。

15.5 例 下面的数据来自文献 (Johnson and Johnson, 1972)，是关于切除扁桃体和霍奇金病的数据[①]。

	霍奇金病	没有病	
切除扁桃体	90	165	255
没有切除扁桃体	84	307	391
总和	174	472	646

希望知道切除扁桃体和霍奇金病是否有关系。似然比检验统计量为 $T = 14.75$，p 值为 $\mathbb{P}(\chi_1^2 > 14.75) = 0.0001$。$\chi^2$ 统计量为 $U = 14.96$，p 值为 $\mathbb{P}(\chi_1^2 > 14.96) = 0.0001$。拒绝独立的原假设，得出切除扁桃体和霍奇金病有关联的结论。但是这并不表示切除扁桃体会导致霍奇金病。例如，假设医生给病得最严重的人切除了扁桃体，切除扁桃体和霍奇金病的关联可能导致下面的结论：由于切除了扁桃体的人是病得最严重的人，因此很可能得更严重的病。

也可以通过估计优势比 ψ 和对数优势比 γ 来估计关联的强弱。

15.6 定理 ψ 和 γ 的极大似然估计为

$$\widehat{\psi} = \frac{X_{00}X_{11}}{X_{01}X_{10}}, \quad \widehat{\gamma} = \log\widehat{\psi}. \tag{15.6}$$

（用 Delta 方法计算的）渐近标准差为

$$\widehat{\text{se}}(\widehat{\gamma}) = \sqrt{\frac{1}{X_{00}} + \frac{1}{X_{01}} + \frac{1}{X_{10}} + \frac{1}{X_{11}}}, \tag{15.7}$$

$$\widehat{\text{se}}(\widehat{\psi}) = \widehat{\psi}\,\widehat{\text{se}}(\widehat{\gamma}). \tag{15.8}$$

15.7 注 对于小样本，$\widehat{\psi}$ 和 $\widehat{\gamma}$ 的方差会很大。在这种情况下，经常使用调整后的估计

$$\widehat{\psi} = \frac{(X_{00} + 1/2)(X_{11} + 1/2)}{(X_{01} + 1/2)(X_{10} + 1/2)}. \tag{15.9}$$

另外一种独立性的检验是 Wald 检验，检验 $\gamma = 0$，检验统计量为

$$W = \frac{\widehat{\gamma} - 0}{\widehat{\text{se}}(\widehat{\gamma})}.$$

γ 的 $1-\alpha$ 的置信区间为 $\widehat{\gamma} \pm z_{\alpha/2}\widehat{\text{se}}(\widehat{\gamma})$。

[①] 这个数据实际来自一组病例。见附录关于这组数据的解释。

ψ 的 $1-\alpha$ 的置信区间可以用两种方法得到. 第一种方法, 可以用 $\widehat{\psi} \pm z_{\alpha/2} \widehat{\text{se}}(\widehat{\psi})$. 第二种方法, 由于 $\psi = e^\gamma$, 可以用

$$\exp\{\widehat{\gamma} \pm z_{\alpha/2} \widehat{\text{se}}(\widehat{\gamma})\}. \tag{15.10}$$

第二种方法通常更精确.

15.8 例 在前面的例子中,

$$\widehat{\psi} = \frac{90 \times 307}{165 \times 84} = 1.99,$$

并且

$$\widehat{\gamma} = \log(1.99) = 0.69.$$

所以切除扁桃体的病人有两倍的可能得霍奇金病. $\widehat{\gamma}$ 的标准差为

$$\sqrt{\frac{1}{90} + \frac{1}{84} + \frac{1}{165} + \frac{1}{307}} = 0.18$$

Wald 检验统计量为 $W = 0.69/0.18 = 3.84$, 它的 p 值为 $\mathbb{P}(|Z| > 3.84) = 0.0001$, 和其他的检验一样. γ 的 95% 的置信区间为 $\widehat{\gamma} \pm 2(0.18) = (0.33, 1.05)$. ψ 的 95% 的置信区间为 $(e^{0.33}, e^{1.05}) = (1.39, 2.86)$.

15.2 两个离散变量

现在假设 $Y \in \{1, \cdots, I\}$ 和 $Z \in \{1, \cdots, J\}$ 是两个离散变量. 数据可以用 $I \times J$ 的计数表表示:

	$Y=1$	$Y=2$	$\cdots$	$Y=j$	$\cdots$	$Y=J$	
$Z=1$	X_{11}	X_{12}	$\cdots$	X_{1j}	$\cdots$	X_{1J}	$X_{1\cdot}$
$\vdots$	$\vdots$	$\vdots$		$\vdots$		$\vdots$	$\vdots$
$Z=i$	X_{i1}	X_{i2}	$\cdots$	X_{ij}	$\cdots$	X_{iJ}	$X_{i\cdot}$
$\vdots$	$\vdots$	$\vdots$		$\vdots$		$\vdots$	$\vdots$
$Z=I$	X_{I1}	X_{I2}	$\cdots$	X_{Ij}	$\cdots$	X_{IJ}	$X_{I\cdot}$
	$X_{\cdot 1}$	$X_{\cdot 2}$	$\cdot s$	$X_{\cdot j}$	$\cdots$	$X_{\cdot J}$	n

其中,

X_{ij} 为 $Z=i, Y=j$ 时的观测数.

考虑检验

$$H_0: Y \amalg Z \quad \text{对} \quad H_1: Y \not\amalg Z. \tag{15.11}$$

15.9 定理 (15.11)式的似然比检验统计量为

$$T = 2\sum_{i=1}^{I}\sum_{i=1}^{J} X_{ij} \log\left(\frac{X_{ij}X_{..}}{X_{i.}X_{.j}}\right). \tag{15.12}$$

在原假设独立性成立的前提下, T 的极限分布是 χ_ν^2, 其中, $\nu = (I-1)(J-1)$.
Pearson 卡方检验统计量为

$$U = \sum_{i=1}^{I}\sum_{i=1}^{J} \frac{(X_{ij} - E_{ij})^2}{E_{ij}}. \tag{15.13}$$

在 H_0 下, U 近似地服从 χ_ν^2 分布, 其中, $\nu = (I-1)(J-1)$.

15.10 例 这些数据来自文献 (Dunsmore et al., 1987). 根据治疗效果和组织类型把霍奇金病人分为几类.

类型	效果很好	部分效果	没有效果	
LP	74	18	12	104
NS	68	16	12	96
LP	154	54	58	266
LP	18	10	44	72

χ^2 检验统计量为 75.89, 自由度为 $2 \times 3 = 6$. p 值为 $\mathbb{P}(\chi_6^2 > 75.89) \approx 0$. 似然比检验统计量为 68.30, 自由度为 $2 \times 3 = 6$. p 值为 $\mathbb{P}(\chi_6^2 > 68.30) \approx 0$. 因此有充分的证据说治疗效果和组织类型是有关联的.

15.3 两个连续变量

现在假设 Y 和 Z 都是连续的. 如果假设 Y 和 Z 的联合分布是二元正态分布, 那么用相关系数 ρ 来衡量 Y 和 Z 之间的依赖性. 正态分布情况下的 ρ 的检验、估计和置信区间都在前面一章的 第 14.2 节中讲述了. 如果不假设正态性, 仍可以用 14.2 节中的方法来做关于 ρ 的推断. 然而, 如果结论是 $\rho = 0$, 就不能说 Y 和 Z 是独立的, 只能说它们是不相关的. 然而反过来是正确的, 如果得出结论说 Y 和 Z 是相关的, 则可以说它们是有依赖关系的.

15.4 连续变量和离散变量

假设 $Y \in \{1, \cdots, I\}$ 是离散的, Z 是连续的. 令 $F_i(z) = \mathbb{P}(Z \leqslant z|Y=i)$ 表示在 $Y = i$ 条件下 Z 的累积分布函数.

15.11 定理 当 $Y \in \{1, \cdots, I\}$ 是离散的, Z 是连续的, 则 $Y \amalg Z$ 当且仅当 $F_1 = \cdots = F_I$.

从前面的定理可知, 为了检验独立性, 需要检验

$$H_0 : F_1 = \cdots = F_I \quad \text{对} \quad H_1 : \text{非} H_0.$$

为了简单起见, 考虑 $I = 2$ 的情况. 检验原假设 $F_1 = F_2$, 使用两样本的 Kolmogorov-Smirnov 检验. 令 n_1 表示 $Y_i = 1$ 的观测数, 令 n_2 表示 $Y_i = 2$ 的观测数. 令

$$\widehat{F}_1(z) = \frac{1}{n_1} \sum_{i=1}^{n} I(Z_i \leqslant z) I(Y_i = 1),$$

以及

$$\widehat{F}_2(z) = \frac{1}{n_2} \sum_{i=1}^{n} I(Z_i \leqslant z) I(Y_i = 2)$$

分别表示给定 $Y = 1$ 和 $Y = 2$ 时 Z 的经验分布函数. 定义检验统计量为

$$D = \sup_{x} |\widehat{F}_1(x) - \widehat{F}_2(x)|.$$

15.12 定理 令

$$H(t) = 1 - 2 \sum_{j=1}^{\infty} (-1)^{j-1} \mathrm{e}^{-2j^2 t^2}. \tag{15.14}$$

在原假设 $F_1 = F_2$ 成立的前提下,

$$\lim_{n \to \infty} \mathbb{P}\left(\sqrt{\frac{n_1 n_2}{n_1 + n_2}} D \leqslant t\right) = H(t),$$

所以由定理可以得到显著性水平为 α 的 H_0 的拒绝域为

$$\sqrt{\frac{n_1 n_2}{n_1 + n_2}} D > H^{-1}(1 - \alpha)$$

拒绝 H_0.

15.5 附 录

解释优势比 假设事件 A 的概率为 $\mathbb{P}(A)$. A 的 odds 定义为 $\mathrm{odds}(A) = \mathbb{P}(A)/(1 - \mathbb{P}(A))$, 所以 $\mathbb{P}(A) = \mathrm{odds}(A)/(1 + \mathrm{odds}(A))$. 令 E 表示某人接触了某些东西 (如抽烟、辐射等), 令 D 表示得病的事件. 在接触了 E 的情况下得病的 odds 为

$$\mathrm{odds}(D|E) = \mathbb{P}(D|E)/(1 - \mathbb{P}(D|E)).$$

没有接触 E 的情况下得病的 odds 为

$$\mathrm{odds}(D|E^c) = \mathbb{P}(D|E^c)/(1 - \mathbb{P}(D|E^c))$$

优势比定义为

$$\psi = \mathrm{odds}(D|E)/\mathrm{odds}(D|E^c).$$

如果 $\psi = 1$, 则不管是接触和没有接触 E, 得病的概率是一样的. 说明这些事件是独立的. 回想起对数优势比定义为 $\gamma = \log(\psi)$. 独立性对应于 $\gamma = 0$.

考虑下面的概率表和对应的数据表:

	D^c	D			D^c	D	
E^c	p_{00}	p_{01}	$p_{0\cdot}$	E^c	X_{00}	X_{01}	$X_{0\cdot}$
E	p_{10}	p_{11}	$p_{1\cdot}$	E	X_{10}	X_{11}	$X_{1\cdot}$
	$p_{\cdot 0}$	$p_{\cdot 1}$	1		$X_{\cdot 0}$	$X_{\cdot 1}$	$X_{\cdot\cdot}$

现在,

$$\mathbb{P}(D|E) = \frac{p_{11}}{p_{10} + p_{11}} \quad 并且 \quad \mathbb{P}(D|E^c) = \frac{p_{01}}{p_{00} + p_{01}},$$

所以

$$\mathrm{odds}(D|E) = \frac{p_{11}}{p_{10}} \quad 并且 \quad \mathrm{odds}(D|E^c) = \frac{p_{01}}{p_{00}},$$

因此,

$$\psi = \frac{p_{11} p_{00}}{p_{01} p_{10}}.$$

为了估计参数, 必须首先考虑数据是如何搜集的. 这里给出了三种方法.

多项式抽样 从总体中抽取一个样本, 对于每一个人, 记录下他们是否接触了某些东西和是否得病的状态. 在这种情况下, $X = (X_{00}, X_{01}, X_{10}, X_{11}) \sim \mathrm{Multinomial}(n, p)$. 然后, 用 $\widehat{p}_{ij} = x_{ij}/n$ 来估计表里的概率, 所以

$$\widehat{\psi} = \frac{\widehat{p}_{11} \widehat{p}_{00}}{\widehat{p}_{01} \widehat{p}_{10}} = \frac{X_{11} X_{00}}{X_{01} X_{10}}.$$

前瞻抽样 (Cohort 抽样) 有一些接触和没有接触某类东西的人, 数出每一组中得病的人数. 因此,

$$X_{01} \sim \mathrm{Binomial}(X_{0\cdot}, \mathbb{P}(D|E^c)),$$

$$X_{11} \sim \mathrm{Binomial}(X_{1\cdot}, \mathbb{P}(D|E)).$$

实际上应该写 $x_{0\cdot}$ 和 $x_{1\cdot}$, 而不是 $X_{0\cdot}$ 和 $X_{1\cdot}$. 在这个例子中, 这些是固定的, 而不是随机变量, 但为了标示简单, 仍旧用大写字母. 可以估计 $\mathbb{P}(D|E)$ 和 $\mathbb{P}(D|E^c)$, 但是

并不能估计表中所有的概率. 仍然可以估计 ψ, 因为 ψ 是 $\mathbb{P}(D|E)$ 和 $\mathbb{P}(D|E^c)$ 的函数. 现在,

$$\widehat{\mathbb{P}}(D|E) = \frac{X_{11}}{X_{1\cdot}}, \quad \widehat{\mathbb{P}}(D|E^c) = \frac{X_{01}}{X_{0\cdot}}.$$

因此,

$$\widehat{\psi} = \frac{X_{11}X_{00}}{X_{01}X_{10}},$$

这和上面的方法一样.

回顾抽样 有一些得病和没有得病的人, 观察他们中间有多少人曾经接触了某类东西. 如果得病是稀有事件的话, 这种方法更有效. 因此,

$$X_{10} \sim \text{Binomial}(X_{\cdot 0}, \mathbb{P}(D|E^c)),$$
$$X_{11} \sim \text{Binomial}(X_{\cdot 1}, \mathbb{P}(D|E)).$$

根据这些数据, 可以估计 $\mathbb{P}(E|D)$ 和 $\mathbb{P}(E|D^c)$. 让人惊讶的是, 人们仍可以估计 ψ. 下面说明原因, 由于

$$\mathbb{P}(E|D) = \frac{p_{11}}{p_{01}+p_{11}}, \quad 1 - \mathbb{P}(E|D) = \frac{p_{01}}{p_{01}+p_{11}}, \quad \text{odds}(E|D) = \frac{p_{11}}{p_{01}}.$$

类似地, 有

$$\text{odds}(E|D^c) = \frac{p_{10}}{p_{00}}.$$

因此,

$$\frac{\text{odds}(E|D)}{\text{odds}(E|D^c)} = \frac{p_{11}p_{00}}{p_{01}p_{10}} = \psi.$$

根据这些数据, 得到下面的估计:

$$\widehat{P}(E|D) = \frac{X_{11}}{X_{\cdot 1}}, \quad 1 - \widehat{P}(E|D) = \frac{X_{01}}{X_{\cdot 1}}, \quad \widehat{\text{odds}}(E|D) = \frac{X_{11}}{X_{01}}, \quad \widehat{\text{odds}}(E|D^c) = \frac{X_{10}}{X_{00}}.$$

因此,

$$\widehat{\psi} = \frac{X_{00}X_{11}}{X_{01}X_{10}}.$$

所以三种不同的数据搜集方法, ψ 的估计是一样的.

尝试估计 $\mathbb{P}(D|E) - \mathbb{P}(D|E^c)$. 在对回顾抽样中, 这个量不能估计. 为了说明这一点, 应用贝叶斯定理来得到

$$\mathbb{P}(D|E) - \mathbb{P}(D|E^c) = \frac{\mathbb{P}(E|D)\mathbb{P}(D)}{\mathbb{P}(E)} - \frac{\mathbb{P}(E^c|D)\mathbb{P}(D)}{\mathbb{P}(E^c)}.$$

由于采集数据的方法, $\mathbb{P}(D)$ 不能根据数据估计. 然而, 可以估计 $\xi = \mathbb{P}(D|E)/\mathbb{P}(D|E^c)$, 这称为在稀有病例假设下的相对风险.

15.13 定理 令 $\xi = \mathbb{P}(D|E)/\mathbb{P}(D|E^c)$, 则当 $\mathbb{P}(D) \to 0$ 时,

$$\frac{\psi}{\xi} \to 1.$$

因此, 在稀有病例的假设下, 相对风险近似等于优势比, 正如已经说明的, 可以估计优势比.

15.6 习　　题

1. 证明定理 15.2.
2. 证明定理 15.3.
3. 证明定理 15.6.
4. 《纽约时报》(2003 年 1 月 8 日, A12 版) 公布了了判死刑和种族的数据, 来自 Maryland 的研究[①]:

	判死刑	没有判死刑
黑人罪犯	14	641
白人罪犯	62	594

   用这一章的工具分析这个数据, 并解释结果. 根据这个信息, 并不能得出因果关系, 为什么? 说明理由. (研究者在整篇报告中确实用到了更多的信息.)
5. 分析来自 http://lib.stat.cmu.edu/DASL/Datafiles/montanadat.html 的数据, 研究年龄和财务状况这两个变量之间的关系.
6. 用来自 http://lib.stat.cmu.edu/DASL/Datafiles/USTemperatures.html 的数据, 估计温度和纬度的关系. 用相关系数. 给出估计、检验和置信区间.
7. 用来自 http://lib.stat.cmu.edu/DASL/Datafiles/Calcium.html 的数据, 来检验血压中钙的摄入和流失是否有关联.

---

① 这里的数据是用文章中的信息改编的.

第 16 章　因果推断

粗略地讲，"X 导致 Y" 的说法意味着改变 X 值，Y 值也会跟着改变。一般来说，当 X 导致 Y 时，X 和 Y 是有关联的，但是反之不成立。有关联并不一定表示有因果关系。将从两个框架来考虑因果。第一种用反事实随机变量；第二种，在下一章讲述，用有向非循环图。

16.1　反事实模型

假设 X 是二值型的处理变量，这里 $X=1$ 表示"处理"，$X=0$ 表示"没有处理"。在一个非常广的范围内使用"处理"这个词。处理可以指某种医药治疗或抽烟等类似的事。替代"处理"或"没有处理"的说法是"接触或没有接触"，将用前者的表达方式。

令 Y 是某一结果变量，如得病或没得病。为了区分"X 和 Y 有关联"和"X 导致了 Y"的说法，就需要扩充概率词汇。特别是，将会把响应变量 Y 分解为一个更细致的对象。

下面介绍两个新的随机变量，(C_0, C_1) 称为潜在结果，解释如下：C_0 是事物没有处理 ($X=0$) 的结果，C_1 是事物有处理 ($X=1$) 的结果。因此，

$$Y = \begin{cases} C_0, & \text{如果} X = 0, \\ C_1, & \text{如果} X = 1. \end{cases}$$

可以用
$$Y = C_X \tag{16.1}$$

来更精确地表达 Y 和 (C_0, C_1) 的关系。等式 (16.1) 称为相容关系。

有一组玩具数据可以把这个思想描述的更清晰：

X	Y	C_0	C_1
0	4	4	*
0	7	7	*
0	2	2	*
0	8	8	*
1	3	*	3
1	5	*	5
1	8	*	8
1	9	*	9

星号 * 表示观测缺失。当 $X=0$ 时，没有观测到 C_1，在这种情况下，就说 C_1 是反事实的，这是因为，它是被处理 ($X=1$) 时才会出现的结果。类似地，当 $X=1$ 时，不观测 C_0，称 C_0 是反事实的。有 4 种类型的研究对象：

16.1 反事实模型

类　　型	C_0	C_1
存　活	1	1
响　应	0	1
没有响应	1	0
死　亡	0	0

把潜在的结果 (C_0, C_1) 看作是隐变量，它们包含了所有与主题相关的信息.

定义平均因果效应或平均处理效应为

$$\theta = \mathbb{E}(C_1) - \mathbb{E}(C_0). \tag{16.2}$$

参数 θ 的解释如下：θ 是每个人都被处理 ($X = 1$) 的均值减去每个人都没有被处理 ($X = 0$) 的均值. 有 4 种方法可以度量因果效应. 例如，如果 C_0 和 C_1 是二值型的，可以定义因果优势比

$$\frac{\mathbb{P}(C_1 = 1)}{\mathbb{P}(C_1 = 0)} \div \frac{\mathbb{P}(C_0 = 1)}{\mathbb{P}(C_0 = 0)},$$

以及因果相对风险为

$$\frac{\mathbb{P}(C_1 = 1)}{\mathbb{P}(C_0 = 1)}.$$

不管使用哪种因果效应，主要的思想都是相同的. 为简单起见，应该从平均因果效应 θ 出发.

定义关联为

$$\alpha = \mathbb{E}(Y|X = 1) - \mathbb{E}(Y|X = 0). \tag{16.3}$$

如果需要的话，可以使用优势比或其他的汇总统计量.

16.1 定理 (关联不是因果)　一般来说，$\theta \neq \alpha$.

16.2 例　假设总体如下：

X	Y	C_0	C_1
0	0	0	0*
0	0	0	0*
0	0	0	0*
0	0	0	0*
1	1	1*	1
1	1	1*	1
1	1	1*	1
1	1	1*	1

同样，星号 * 表示没有观测到的值. 由于每一个研究对象，$C_0 = C_1$，因此，这个

处理没有效应. 事实上,

$$\theta = \mathbb{E}(C_1) - \mathbb{E}(C_0) = \frac{1}{8}\sum_{i=1}^{8} C_{1i} - \frac{1}{8}\sum_{i=0}^{8} C_{0i}$$

$$= \frac{0+0+0+0+1+1+1+1}{8} - \frac{0+0+0+0+1+1+1+1}{8}$$

$$= 0.$$

因此, 平均因果效应为 0. 观测到的数据只有 X 和 Y 的, 根据它们, 可以估计关联

$$\alpha = \mathbb{E}(Y|X=1) - \mathbb{E}(Y|X=0)$$

$$= \frac{1+1+1+1}{4} - \frac{0+0+0+0}{4} = 1$$

因此, $\theta \neq \alpha$.

给这个例子增加一些直观说明, 想象如果 "健康" 结果变量为 1, 如果 "生病" 结果变量为 0. 假设 $X = 0$ 表示研究对象没有服用维生素 C, $X = 1$ 表示研究对象确实服用了维生素 C. 由于对于每一个研究对象 $C_0 = C_1$, 所以维生素 C 没有因果效应. 在这个例子中, 有两种类型的人, 健康的人 $(C_0, C_1) = (1,1)$, 不健康的人 $(C_0, C_1) = (0,0)$. 健康的人倾向于服用了维生素 C 而不健康的人没有. 正是 (C_0, C_1) 和 X 的关联创造了 X 和 Y 的关联. 如果只有 X 和 Y 的数据, 会得出结论说 X 和 Y 是关联的. 假如错误地解释了这种因果关系, 会得出结论说维生素 C 预防了疾病. 接下来, 就可能鼓励每个人都服用维生素 C. 如果绝大多数人都同意这样的建议, 那么总体就会如下:

X	Y	C_0	C_1
0	0	0	0*
1	0	0	0*
1	0	0	0*
1	0	0	0*
1	1	1*	1
1	1	1*	1
1	1	1*	1
1	1	1*	1

现在, $\alpha = (4/7) - (0/1) = 4/7$. 会看到 α 从 1 降到 4/7. 当然, 因果效应不会改变, 但是没有区分关联和因果, 天真的观测者可能就会疑惑了, 因为他的建议没有让事情变好反而变坏了.

在上一个例子中, $\theta = 0$ 和 $\alpha = 1$. 要构造一个 $\alpha > 0$ 而 $\theta < 0$ 的例子并不难. 可以有不同的符号的关联和因果让很多人都感到疑惑.

16.1 反事实模型

下面的例子将会说明这一点, 一般来说, 不能用关联来估计因果效应 θ. $\theta \neq \alpha$ 的理由是 (C_0, C_1) 和 X 不独立. 也就是说, 处理的分配和人的类型不独立.

可以估计因果效应吗? 答案是: 有时可以. 特别地, 随机分配处理使得估计 θ 成为可能.

16.3 定理 假设随机分配研究对象给处理, $\mathbb{P}(X = 0) > 0$ 和 $\mathbb{P}(X = 1) > 0$. 则 $\alpha = \theta$. 因此, α 的任意一致估计就是 θ 的一致估计. 特别地, 一个一致估计为

$$\widehat{\theta} = \widehat{\mathbb{E}}(Y|X=1) - \widehat{\mathbb{E}}(Y|X=0)$$

$$= \overline{Y}_1 - \overline{Y}_0$$

是 θ 的一致估计, 其中,

$$\overline{Y}_1 = \frac{1}{n_1} \sum_{i=1}^n Y_i X_i, \quad \overline{Y}_0 = \frac{1}{n_0} \sum_{i=1}^n Y_i (1 - X_i),$$

$n_1 = \sum_{i=1}^n X_i$ 以及 $n_0 = \sum_{i=1}^n (1 - X_i)$.

证明 由于 X 是随机分配的, X 独立于 (C_0, C_1). 因此,

$$\theta = \mathbb{E}(C_1) - \mathbb{E}(C_0)$$

$$= \mathbb{E}(C_1|X=1) - \mathbb{E}(C_0|X=0), (由于 X \amalg (C_0, C_1))$$

$$= \mathbb{E}(Y|X=1) - \mathbb{E}(Y|X=0), \quad (由于 Y = C_X)$$

$$= \alpha.$$

一致性根据大数定律得到.

如果 Z 是一个协变量, 定义条件因果效应为

$$\theta_z = \mathbb{E}(C_1|Z=z) - \mathbb{E}(C_0|Z=z).$$

例如, 如果 Z 表示性别, 其中, $Z = 0$ 表示女性, $Z = 1$ 表示男性, 则 θ_0 是女性间的因果效应, θ_1 是男性间的因果效应. 在一个随机试验中, $\theta_z = \mathbb{E}(Y|X=1, Z=z) - \mathbb{E}(Y|X=0, Z=z)$, 可以用样本均值来近似估计条件因果效应.

反事实模型的总结
随机变量: (C_0, C_1, X, Y)
相容性关系: $Y = C_X$
因果效应: $\theta = \mathbb{E}(C_1) - \mathbb{E}(C_0)$
关联: $\alpha = \mathbb{E}(Y|X=1) - \mathbb{E}(Y|X=0)$
随机分配 $\Rightarrow (C_0, C_1) \amalg X \Rightarrow \theta = \alpha$

16.2 超二值处理

现在来推广到超二值处理的情况. 假设 $X \in \mathcal{X}$. 例如, X 是药的剂量, 这个例子中 $X \in \mathbb{R}$. 反事实向量 (C_0, C_1) 现在变成了反事实函数 $C(x)$, 这里 $C(x)$ 是某对象接受剂量 x 的结果. 观测到的响应变量有下面的相容关系:

$$Y \equiv C(X), \tag{16.4}$$

见图 16.1.

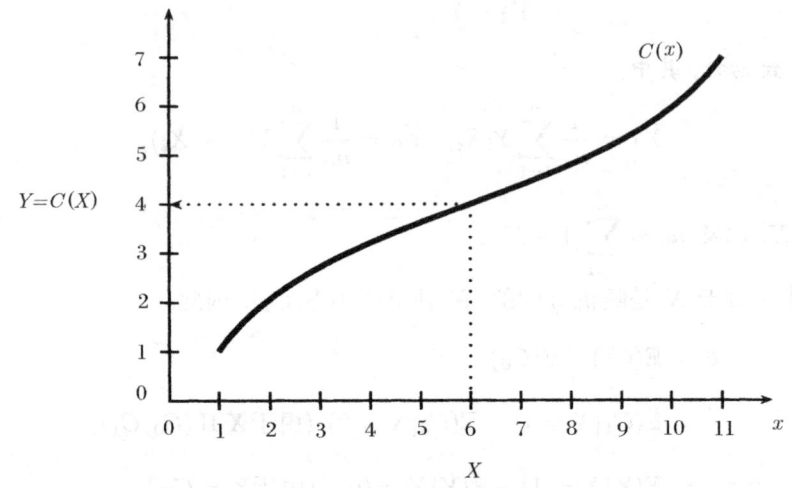

图 16.1 反事实函数 $C(x)$

结果 Y 是曲线 $C(x)$ 在剂量 X 上的观测值

因果回归函数为

$$\theta(x) = \mathbb{E}(C(x)). \tag{16.5}$$

回归函数度量了关联, 即, $r(x) = \mathbb{E}(Y|X=x)$.

16.4 定理 一般来说, $\theta(x) \neq r(x)$. 然而, 当 X 是随机分配的时, $\theta(x) = r(x)$.

16.5 例 有这样一个例子, $\theta(x)$ 是常数, 而 $r(x)$ 不是常数, 见图 16.2. 这个图说明了四种研究对象的反事实函数. 点代表它们的 X 值 X_1, X_2, X_3, X_4. 由于对于所有的 i, $C_i(x)$ 是常数, 就没有因果效应, 所以

$$\theta(x) = \frac{C_1(x) + C_2(x) + C_3(x) + C_4(x)}{4}$$

是常数. 改变剂量 x 不会改变任何研究对象的结果. 下面一张图的点表示观测到的数据点 $Y_1 = C_1(X_1), Y_2 = C_2(X_2), Y_3 = C_3(X_3), Y_4 = C_4(X_4)$. 点线表示回归 $r(x) = \mathbb{E}(Y|X=x)$. 尽管不存在因果效应, 但是由于回归曲线 $r(x)$ 不是常数, 所以存在关联.

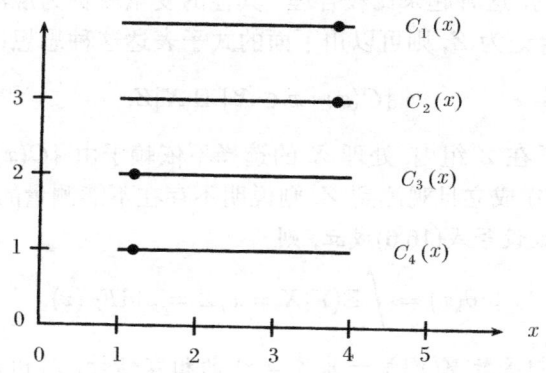

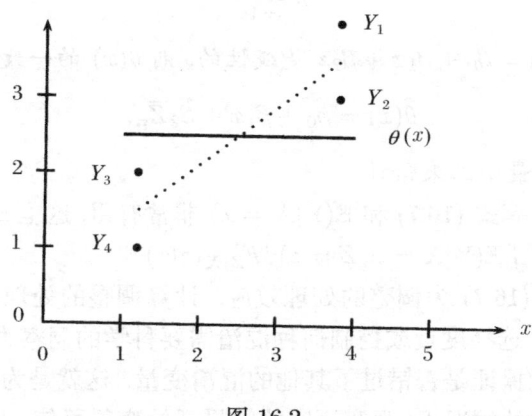

图 16.2

上面的图显示了 4 个研究对象的反事实函数 $C(x)$. 点代表了它们的 X 值. 由于对所有 i, $C_i(x)$ 在 x 上都是常数, 所以不存在因果效应. 改变剂量不会改变结果. 下面的图表示了因果回归函数 $\theta(x) = (C_1(x) + C_2(x) + C_3(x) + C_4(x))/4$, 4 个点表示观测到的数据点 $Y_1 = C_1(X_1), Y_2 = C_2(X_2), Y_3 = C_3(X_3), Y_4 = C_4(X_4)$. 点线表示回归函数 $r(x) = \mathbb{E}(Y|X = x)$. 由于对于所有的 i, $C_i(x)$ 都是常数, 所以不存在因果关系. 但由于回归曲线 $r(x)$ 不是常数, 所以存在关联

16.3 观察研究和混淆

如果一个研究的处理不是随机分配的, 则这个研究称为观察研究. 在这些研究中, 研究对象选择处理 X 本身的值. 报纸上的许多健康研究都和这一样. 正如所看到的, 一般来说关联和因果可以相当是完全不同的. 这种分歧出现在非随机分配的研究中, 因为潜在的结果 C 并不独立于处理 X. 然而, 假设可以找到事物的分组, 使得在组内, X 和 $\{C(x) : x \in \mathcal{X}\}$ 独立. 事物在组内非常相似这是可能出现的. 例如, 假设找到一群年龄、性别、教育背景和种族背景都相似的人. 在这些人中, 假设

X 的选择是随机的, 这看起来比较合理. 其他的变量就称为混淆变量.[①] 如果把这些其他变量的集合记为 Z, 则可以用下面的式子表达这种思想:

$$\{C(x) : x \in \mathcal{X}\} \amalg X | Z. \tag{16.6}$$

等式 (16.6) 说明了在 Z 组内, 处理 X 的选择不依赖于由 $\{C(x) : x \in \mathcal{X}\}$ 表示的类型. 如果等式 (16.6) 成立且观测到 Z, 则说明不存在不能测量的混淆变量.

16.6 定理 假设等式(16.6)成立, 则

$$\theta(x) = \int \mathbb{E}(Y|X=x, Z=z) \mathrm{d}F_Z(z). \tag{16.7}$$

如果 $\widehat{r}(x,z)$ 是回归函数 $\mathbb{E}(Y|X=x, Z=z)$ 的相容估计, 则 $\theta(x)$ 的相容估计为

$$\widehat{\theta}(x) = \frac{1}{n} \sum_{i=1}^{n} \widehat{r}(x, Z_i).$$

特别地, 如果 $r(x,z) = \beta_0 + \beta_1 x + \beta_2 z$ 是线性的, 则 $\theta(x)$ 的一致估计为

$$\widehat{\theta}(x) = \widehat{\beta}_0 + \widehat{\beta}_1 x + \widehat{\beta}_2 \overline{Z}_n, \tag{16.8}$$

其中, $(\widehat{\beta}_1, \widehat{\beta}_2, \widehat{\beta}_3)$ 是最小二乘估计.

16.7 注 比较等式 (16.7) 和 $\mathbb{E}(Y|X=x)$ 非常有用, 这里 $\mathbb{E}(Y|X=x)$ 又可以记作 $\mathbb{E}(Y|X=x) = \int \mathbb{E}(Y|X=x, Z=z) \mathrm{d}F_{Z|X}(z|x)$.

流行病学家称 (16.7) 为调整的处理效应. 计算调整的处理效应的过程称为调整混淆或控制混淆. 选择度量或控制何种混淆需要科学的洞察力. 即使调整了一些混淆变量, 仍然不能保证是否错过了其他的混淆变量. 这就是为什么对观察研究持怀疑的态度. 在下面的情况下, 观察研究的结果开始变得可信: (i) 当结果在许多研究中重复出现, (ii) 每个研究控制了可能的混淆变量, (iii) 有一个可能存在的科学解释, 可以说明存在因果关系.

一个很好的例子就是吸烟和癌症. 许多研究已经证明了吸烟和癌症有关系, 甚至是控制了许多混淆变量也是这个结论. 而且在试验室研究中, 已经证明吸烟会破坏肺细胞. 最后, 在随机动物试验中, 发现了吸烟和癌症的因果关系. 由多年搜集到的证据证明了这是确切的情况. 单个的观测研究本身不是很强的证据. 读报纸的时候可以记得这一点.

16.4 Simpson 悖论

Simpson 悖论是让人费解的现象, 在许多统计文献都有讨论. 遗憾的是, 绝大多数解释都是有疑惑的 (有些是不正确的). 理由是如果不用反事实模型 (或有向非循环图) 几乎不可能解释这个悖论.

[①] 关于混淆的一个更精确的定义在下一章讲述.

16.4 Simpson 悖论

令 X 是二值处理变量, Y 是二值结果, Z 是第三个二值变量, 如性别. 假设 X, Y, Z 的联合分布是

	$Z=1$(男性)		$Z=0$(女性)	
	$Y=1$	$Y=0$	$Y=1$	$Y=0$
$X=1$	0.1500	0.2250	0.1000	0.0250
$X=0$	0.0375	0.0875	0.2625	0.1125

(X, Y) 的边际分布为

	$Y=1$	$Y=0$	
$X=1$	0.25	0.25	0.50
$X=0$	0.30	0.20	0.50
	0.55	0.45	1

根据这些表, 可以求出

$$\mathbb{P}(Y=1|X=1) - \mathbb{P}(Y=1|X=0) = -0.1,$$

$$\mathbb{P}(Y=1|X=1, Z=1) - \mathbb{P}(Y=1|X=0, Z=1) = 0.1,$$

$$\mathbb{P}(Y=1|X=1, Z=0) - \mathbb{P}(Y=1|X=0, Z=0) = 0.1.$$

将上述结论汇总, 可以得到下面的信息:

数学表达式	文本语句?
$\mathbb{P}(Y=1|X=1) < \mathbb{P}(Y=1|X=0)$	处理是有害的
$\mathbb{P}(Y=1|X=1, Z=1) > \mathbb{P}(Y=1|X=0, Z=1)$	处理对男性有利
$\mathbb{P}(Y=1|X=1, Z=0) > \mathbb{P}(Y=1|X=0, Z=0)$	处理对女性有利

显然, 有些东西错误了. 不可能存在这样一种处理, 它对男性有利, 对女性有利, 对总体又不利. 这是没有道理的. 问题就在于表中的文本语句. 把数学表达式转化成文本语句的翻译值得怀疑.

不等式 $\mathbb{P}(Y=1|X=1) < \mathbb{P}(Y=1|X=0)$ 并不意味着处理是有害的. "处理是有害的" 用数学表达式写应该是 $\mathbb{P}(C_1=1) < \mathbb{P}(C_0=1)$. "处理对男性有害" 应当写成 $\mathbb{P}(C_1=1|Z=1) < \mathbb{P}(C_0=1|Z=1)$. 表中的 3 个数学表达式一点也不矛盾. 只是翻译的过程出了错.

现在来证明真正的 Simpson 矛盾不可能出现, 也就是, 可能存在这样一种处理, 它对男性有利, 对女性有利, 对总体又不利. 假设一种处理对男性和女性都有利. 则对于所有的 z, 有

$$\mathbb{P}(C_1=1|Z=z) > \mathbb{P}(C_0=1|Z=z).$$

所以

$$\mathbb{P}(C_1 = 1) = \sum_z \mathbb{P}(C_1 = 1 | Z = z) \mathbb{P}(Z = z)$$
$$> \sum_z \mathbb{P}(C_0 = 1 | Z = z) \mathbb{P}(Z = z)$$
$$= \sum_z \mathbb{P}(C_0 = 1).$$

因此, $\mathbb{P}(C_1 = 1) > \mathbb{P}(C_0 = 1)$, 所以, 处理对所有的对象也是有利的. 没有矛盾.

16.5 文献注释

用潜在的结果澄清因果关系主要是由 Jerzy Neyman 和 Donald Rubin 提出的. 后来的发展是由于 Jamie Robins, Paul Rosenbaum 和其他人. 在计量经济理论中也有类似的发展, 包括 James Heckman 和 Charles Manski 在内的许多人都有贡献. 关于因果关系的文献包括 (Pearl, 2000; Rosenbaum, 2002; Spirtes et al., 2002; van der Laan, Robins, 2003).

16.6 习　题

1. 创建一个类似例 16.2 的例子, 使得 $\alpha > 0, \theta < 0$.
2. 证明定理 16.4.
3. 假设一个观察研究给出了数据 $(X_1, Y_1), \cdots, (X_n, Y_n)$, 其中, $X_i \in \{0, 1\}$, $Y_i \in \{0, 1\}$. 尽管不太可能估计因果效应 θ, 但可能找到 θ 的界. 求出 θ 的上界和下界, 它们可以根据数据相容估计到. 证明这个边界的宽度为 1.
   提示: $\mathbb{E}(C_1) = \mathbb{E}(C_1 | X = 1) \mathbb{P}(X = 1) + \mathbb{E}(C_1 | X = 0) \mathbb{P}(X = 0)$.
4. 假设 $X \in \mathbb{R}$, 对于每一个对象 i, 有 $C_i(x) = \beta_{1i} x$. 每一个对象自己的斜率为 β_{1i}. 构造 (β_1, X) 的联合分布, 使得 $\mathbb{P}(\beta_1 > 0) = 1$, 但是 $\mathbb{E}(Y | X = x)$ 是 x 的递减函数, 这里 $Y = C(X)$. 并给出解释.
5. 令 $X \in \{0, 1\}$ 是二值型处理变量, 令 (C_0, C_1) 表示对应的潜在结果. 令 $Y = C_X$ 表示观察到的响应. 令 F_0 和 F_1 表示 C_0 和 C_1 的累积分布函数. 假设 F_0 和 F_1 是连续的严格递增函数. 令 $\theta = m_1 - m_0$, 这里 $m_0 = F_0^{-1}(1/2)$ 是 C_0 的中位数, $m_1 = F_1^{-1}(1/2)$ 是 C_1 的中位数. 假设处理 X 是随机分配的. 求出 θ 的表达式, 只包含 X 和 Y 的联合分布.

第 17 章 有向图与条件独立性

17.1 引言

一个有向图是由一系列的节点及连接节点的有向边组成的. 图 17.1 给出了一个有向图的例子.

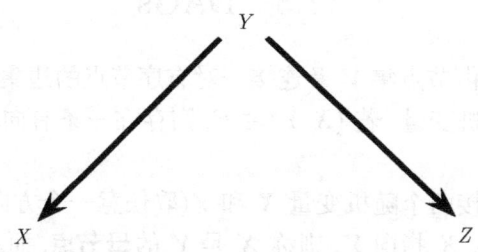

图 17.1 节点集为 $V = \{X, Y, Z\}$ 且边集为 $E = \{(Y, X), (Y, Z)\}$ 的一个有向图

图在表示变量间的独立性关系方面是很有用处的, 还可以用来代替反事实去表示因果关系. 一个被赋予某种概率分布的有向图常被称为**贝叶斯网络**. 这是在术语贫乏情况下的一个选择. 频率学派或贝叶斯学派的方法都可以用来对有向图进行统计推断, 所以贝叶斯网络这个说法是有歧义的.

在进行关于有向非循环图 (DAGs) 的讨论之前, 需要先讨论一下条件独立性.

17.2 条件独立性

17.1 定义　令 X, Y 和 Z 为随机变量. 在给定 Z 的条件下, X 和 Y 称为条件独立的, 记作 $X \amalg Y | Z$, 如果下式对于所有的 x, y 和 z 均成立,

$$f_{X,Y|Z}(x,y|z) = f_{X|Z}(x|z) f_{Y|Z}(y|z). \tag{17.1}$$

直观地讲, 知道了 Z, Y 并没有提供关于 X 的额外信息. 一个等价的定义为

$$f(x|y,z) = f(x|z). \tag{17.2}$$

条件独立性具有一些基本的性质.

17.2 定理 下列各蕴涵关系成立[①]：

$$X \amalg Y | Z \Rightarrow Y \amalg X | Z,$$

$$X \amalg Y | Z \text{ 且 } U = h(X) \Rightarrow U \amalg Y | Z,$$

$$X \amalg Y | Z \text{ 且 } U = h(X) \Rightarrow X \amalg Y | (Z, U),$$

$$X \amalg Y | Z \text{ 且 } X \amalg W | (Y, Z) \Rightarrow X \amalg (W, Y) | Z,$$

$$X \amalg Y | Z \text{ 且 } X \amalg Z | Y \Rightarrow X \amalg (Y, Z).$$

17.3 DAGs

一个**有向图** $\mathcal{G}$ 是由节点集 V 及连接一对有序节点的边集 E 组成的. 按照想法, 每个节点对应一个随机变量. 若 $(X, Y) \in E$, 则存在一条有向边从 X 指向 Y. 见图 17.1.

若一条有向边连接两个随机变量 X 和 Y(取任意一个方向), 就称 X 和 Y 是**邻接的**. 若一条有向边从 X 指向 Y, 则称 X 是 Y 的**母节点**, 而 Y 是 X 的**子节点**. X 的所有母节点的集合记作 π_X 或 $\pi(X)$. 两变量间的一条 c 是由一系列的同方向的有向边构成的, 如下所示:

$$X \longrightarrow \cdots \longrightarrow Y$$

一个从 X 开始至 Y 结束的邻接节点的序列, 但是忽略其有向边的方向性, 就称该序列为一个**无向路**. 图 17.1 中的序列 X, Y, Z 就是一个无向路. 若存在一条有向路从 X 指向 Y(或 $X = Y$), 则称 X 是 Y 的祖节点. 也可以说 Y 是 X 的后裔节点.

如下形式的结构:

$$X \longrightarrow Y \longleftarrow Z$$

称作在 Y 处**相遇**. 不具有该种形式的结构称作**不相遇**, 例如,

$$X \longrightarrow Y \longrightarrow Z$$

或

$$X \longleftarrow Y \longleftarrow Z.$$

相遇的性质是依赖于路的. 在图 17.7 中, Y 是一个在路 X, Y, Z 上的相遇, 但不是在路 X, Y, W 上的一个相遇. 当指向相遇的变量不是邻接时, 就说该相遇是**无保护的**. 一条开始和结束都在同一个变量处的有向路是一个圈. 若一个有向图没有圈, 则它是**非循环的**. 在这种情况下, 称这种图为一个**有向非循环图**或 **DAG**. 以后只考虑非循环图.

[①] 最后一条性质要求所有的事件都具有正概率的假设, 前 4 条没有此要求.

17.4 概率与 DAGs

令 $\mathcal{G}$ 为一个具有节点集 $V = (X_1, \cdots, X_k)$ 的 DAG.

> **17.3 定义** 若 $\mathbb{P}$ 为 V 的分布, 它的概率函数为 f, 就说 $\mathbb{P}$ 是关于 $\mathcal{G}$ 是**马尔可夫**的, 或称 $\mathcal{G}$ **表示** $\mathbb{P}$, 若下式成立:
> $$f(v) = \prod_{i=1}^{k} f(x_i|\pi_i), \tag{17.3}$$
> 其中, π_i 为 X_i 的母节点. 由 $\mathcal{G}$ 表示的分布集记为 $M(\mathcal{G})$.

17.4 例 图 17.2 给出了一个具有 4 个变量的 DAG. 该例子中的概率函数可以作如下分解:

$$\begin{aligned}f(\text{超重}, \text{吸烟}, \text{心脏病}, \text{咳嗽}) =& f(\text{超重}) \times f(\text{吸烟})\\&\times f(\text{心脏病} \mid \text{超重}, \text{吸烟})\\&\times f(\text{咳嗽} \mid \text{吸烟}).\end{aligned}$$

图 17.2 例 17.4 中的 DAG

17.5 例 对于图 17.3 中的 DAG 来说, $\mathbb{P} \in M(\mathcal{G})$ 当且仅当其概率函数 f 具有以下形式:

$$f(x, y, z, w) = f(x)f(y)f(z|x,y)f(w|z).$$

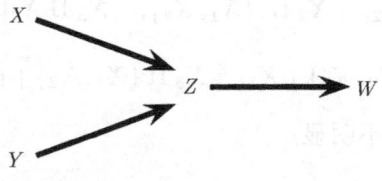

图 17.3 另一个 DAG

下述定理表明 $\mathbb{P} \in M(\mathcal{G})$ 当且仅当马尔可夫条件成立. 粗略地讲, 马尔可夫条件意味着每个变量 W 在给定其母节点的情况下与"过去"是独立的.

17.6 定理 一个分布 $\mathbb{P} \in M(\mathcal{G})$ 当且仅当下面的马尔可夫条件成立：对于每个变量 W,

$$W \amalg \widetilde{W} \mid \pi_W, \tag{17.4}$$

其中, $\widetilde{W}$ 表示除了 W 的母节点和后裔节点以外的所有其他变量.

17.7 例 在图 17.3 中, 马尔可夫条件意味着

$$X \amalg Y \quad \text{且} \quad W \amalg \{X, Y\} \mid Z.$$

17.8 例 考虑图 17.4 中的 DAG. 在这种情况下, 概率函数分解如下：

$$f(a, b, c, d, e) = f(a) f(b|a) f(c|a) f(d|b, c) f(e|d).$$

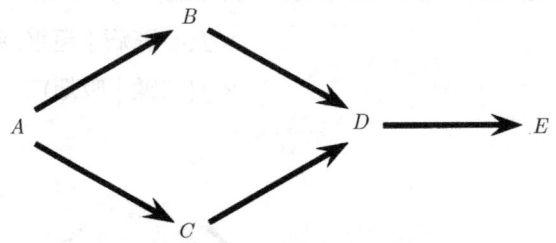

图 17.4 另一个 DAG

马尔可夫条件意味着下面的独立性关系：

$$D \amalg A \mid \{B, C\}, \quad E \amalg \{A, B, C\} \mid D \quad \text{且} \quad B \amalg C \mid A.$$

17.5 更多的独立性关系

马尔可夫条件使得可以从一个 DAG 中列出一些独立性关系. 这些关系可能还蕴涵着其他的独立性关系. 考虑图 17.5 中的 DAG. 马尔可夫条件意味着：

$$X_1 \amalg X_2, \quad X_2 \amalg \{X_1, X_4\}, \quad X_3 \amalg X_4 | \{X_1, X_2\},$$

$$X_4 \amalg \{X_2, X_3\} \mid X_1, \quad X_5 \amalg \{X_1, X_2\} \mid \{X_3, X_4\}.$$

这些条件意味着 (虽然并不明显)

$$\{X_4, X_5\} \amalg X_2 \mid \{X_1, X_3\}.$$

17.5 更多的独立性关系

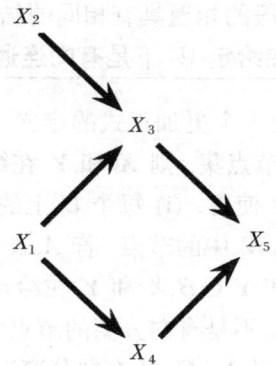

图 17.5 再一个 DAG

如何找到这些额外的独立性关系呢？答案是"分离"，也就是"有向分离". 有向分离可以归为三条准则. 考虑图 17.6 中的四个 DAG 和图 17.7 中的 DAG. 图 17.6 中的前三个 DAG 没有相遇. 图 17.6 中的右下角的 DAG 有一个相遇. 图 17.7 中的 DAG 是一个具有后裔节点的相遇.

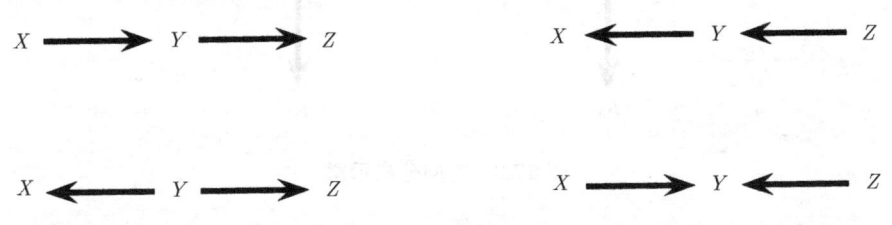

图 17.6 前三个 DAG 不具有相遇. 在右下角的第四个 DAG 在 Y 处具有相遇

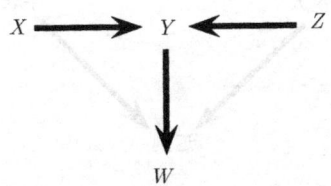

图 17.7 具有后裔节点的一个相遇

有向分离准则

考虑图 17.6 和图 17.7 中的 DAG.
1. 当 Y 不是一个相遇时，X 和 Z 是**有向连通的**，但是它们在给定 Y 下是**有向分离的**.
2. 若 X 和 Z 在 Y 处相遇，则 X 和 Z 是**有向分离的**，但是它们在给定 Y 下是**有向连通的**.

3. 具有后裔节点的相遇与一般的相遇具有相同的结果. 因此, 在图 17.7 中, X 和 Z 是**有向分离的**, 但是它们在给定 W 下是**有向连通的**.

这里给出关于有向分离的一个更加正式的定义. 令 X 和 Y 为不同的节点, 且令 W 为一个不含 X 或 Y 的节点集. 则 X 和 Y 在**给定** W 下是**有向分离的**, 若不存在 X 和 Y 之间的无向路 U 使得: (i) 每个 U 上的相遇具有一个 W 中的后裔节点, 且 (ii) 在 U 上没有其他的 W 中的节点. 若 A, B 和 W 是不同的节点集且 A 和 B 非空, 若对于每个 $X \in W$ 和 $Y \in B, X$ 和 Y 在给定 W 下是有向分离的, 则 A 和 B 在给定 W 下是有向分离的. 不是有向分离的节点集被称作有向连通的.

17.9 例　考虑图 17.8 中的 DAG. 从有向分离准则可以得到

X 和 Y 是有向分离的 (在给定空集的条件下).

X 和 Y 在给定 $\{S_1, S_2\}$ 是有向连通的.

X 和 Y 在给定 $\{S_1, S_2, V\}$ 的条件下是有向分离的.

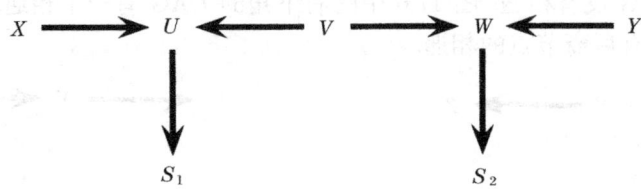

图 17.8　有向分离示意

17.10 定理[①]　令 A, B 和 C 为互不相交的节点集, 则 $A \text{ II } B \mid C$ 当且仅当 A 和 B 被 C 有向分离.

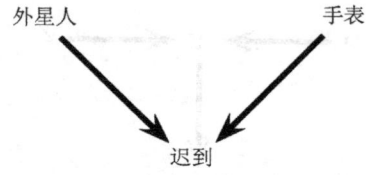

图 17.9　Jordan 外星人例子 (例 17.11).

你的朋友是被外星人绑架了呢? 还是你忘记了调整手表?

17.11 例　从一个相遇所产生的独立性也许看上去不太直观. 这里给出 Jordan(2004) 的一个离奇而有趣的例子, 可以易于接受这个想法. 你的朋友和你见面似乎迟到了. 这有两种解释: 她被外星人绑架了或者你忘记在实行夏令时期间把你的手表向前调一个小时 (图 17.9). 外星人和手表被一个相遇所阻挡了, 这意味着它们

[①] 含蓄地假定 $\mathbb{P}$ 忠实于 $\mathcal{G}$, 即 $\mathbb{P}$ 除了可以由马尔可夫条件逻辑地推出的独立性关系外, 没有其他的独立性关系.

是边际独立的. 这看起来是合理的, 在不知道与你的朋友迟到有关的事情之前, 会期望这些变量是相互独立的. 也会期望 $\mathbb{P}(外星人 = 是|迟到 = 是) > \mathbb{P}(外星人 = 是)$; 得知你的朋友已经迟到一定会增加她被绑架的可能性. 但是当得知你忘记把你的手表设定好时, 就会降低你的朋友被绑架的可能性. 因此, $\mathbb{P}(外星人 = 是|迟到 = 是) \neq \mathbb{P}(外星人 = 是|迟到 = 是, 手表 = 否)$. 因此, 外星人和手表在给定迟到的条件下是相互依赖的.

17.12 例 考虑图 17.2 中的 DAG. 在该例子中, 超重和吸烟是边际独立的但是它们在给定心脏病的条件下是相互依赖的.

看起来不同的图事实上可能表示着相同的独立性关系. 若 $\mathcal{G}$ 是一个 DAG, 令 $\mathcal{I}(\mathcal{G})$ 记所有的可以由 $\mathcal{G}$ 推出的独立性结论. 若 $\mathcal{I}(\mathcal{G}_1) = \mathcal{I}(\mathcal{G}_2)$, 则对于同一个变量 V 的两个 DAG: $\mathcal{G}_1$ 和 $\mathcal{G}_2$ 是**马尔可夫等价的**. 给定一个图 $\mathcal{G}$, 令骨架 $(\mathcal{G})$ 表示用无向边替换有向图中有向边后得到的无向图.

17.13 定理 两个 DAGs $\mathcal{G}_1$ 和 $\mathcal{G}_2$ 是马尔可夫等价的, 当且仅当 (i) 骨架 $(\mathcal{G}_1) =$ 骨架 $(\mathcal{G}_2)$, 且 (ii) $\mathcal{G}_1$ 和 $\mathcal{G}_2$ 有相同的无保护的相遇.

17.14 例 图 17.6 中的前三个 DAGs 是马尔可夫等价的. 右下角的 DAG 与图中其余的 DAGs 不是马尔可夫等价的.

17.6 DAGs 的估计

在 DAGs 中有两个首先要考虑的估计问题. 第一, 给定一个 DAG $\mathcal{G}$ 和来自与 $\mathcal{G}$ 相符的分布为 f 的数据 $V_1, \cdots, V_2$, 如何去估计 f? 第二, 给定数据 $V_1, \cdots, V_2$, 又如何去估计 $\mathcal{G}$? 第一个问题是一个纯粹的估计问题, 而第二个问题则涉及到模型的选择. 这些都是非常复杂的问题且超出了本书的范围. 这里仅简要介绍其主要思想.

通常, 对于每个条件密度, 人们常选择用某个参数模型 $f(x|\pi_x; \theta_x)$, 则其似然函数为

$$\mathcal{L}(\theta) = \prod_{i=1}^{n} f(V_i; \theta) = \prod_{i=1}^{n} \prod_{j=1}^{m} f(X_{ij}|\pi_j; \theta_j),$$

其中, X_{ij} 是对于第 i 个数据点的 X_j 的值, θ_j 是第 j 个条件密度的参数. 这样就可以通过极大似然方法来估计参数.

为了估计 DAG 自身的结构, 几乎可以通过极大似然方法来估计每个可能的 DAG, 且用 AIC(或其他的方法) 来选择一个 DAG. 然而, 存在很多可能的 DAGs, 所以需要很多数据来确保该方法是可靠的. 而且, 从所有可能的 DAGs 中搜索是一个相当大的计算上的挑战. 对于一个 DAG 结构产生一个有效的精确的置信集可能需要天文数字般的样本容量. 若知道关于 DAG 结构的部分先验信息, 计算和统计上的问题至少可以部分地改善.

17.7 文献注释

有很多关于 DAGs 的文献包括 Edwards(1995) 和 Jordan(2004). 第一个用 DAGs 来表示因果关系的是 Wright(1934). 一些现代的论述包含在文献 (Spirtes et al, 2000) 和 (Pearl, 2000) 中. Robins 等 (2003) 讨论了从数据中来估计因果结构的问题.

17.8 附 录

再论因果关系. 第 16 章用反事实随机变量的想法讨论了因果关系. 用 DAGs 来讨论因果关系是另外一种不同的途径. 这两种方法虽然看起来很不相同, 但是它们在数学上是等价的. 在 DAG 方法中, 额外的东西就是**干预**的想法. 考虑图 17.10 中的 DAG. 与该 DAG 相符的分布的概率函数具有形式 $f(x,y,z) = f(x)f(y|x)f(z|x,y)$. 下面是从该分布产生随机数的伪代码:

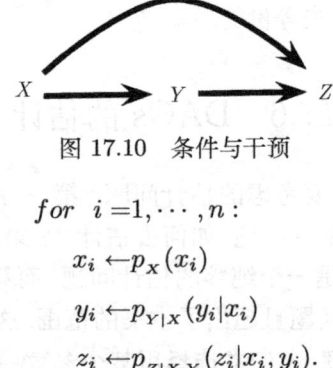

图 17.10 条件与干预

$$for\ i = 1, \cdots, n:$$
$$x_i \leftarrow p_X(x_i)$$
$$y_i \leftarrow p_{Y|X}(y_i|x_i)$$
$$z_i \leftarrow p_{Z|X,Y}(z_i|x_i, y_i).$$

假设重复该代码很多次, 产生数据 $(x_1, y_1, z_1), \cdots, (x_n, y_n, z_n)$. 每一次都观察到 $Y = y$, 则 $Z = z$ 的机会是多少? 这个问题的答案可由条件分布 $Z|Y$ 给出. 具体地,

$$\mathbb{P}(Z = x | Y = y) = \frac{\mathbb{P}(Y = y, Z = z)}{\mathbb{P}(Y = y)} = \frac{f(y, z)}{f(y)}$$

$$= \frac{\sum_x f(x, y, z)}{f(y)} = \frac{\sum_x f(x)f(y|x)f(z|x,y)}{f(y)}$$

$$= \sum_x f(z|x, y) \frac{f(y|x)f(x)}{f(y)} = \sum_x f(z|x, y) \frac{f(x, y)}{f(y)}$$

$$= \sum_x f(z|x, y) f(x|y).$$

17.8 附录

现在假设通过改变计算机代码来**干预**. 具体地, 假设固定 Y 在值 y 处. 代码现在就变为如下的样子:

$$\text{set } Y = y$$
$$\text{for } i = 1, \cdots, n$$
$$x_i <- p_X(x_i)$$
$$z_i <- p_{Z|X,Y}(z_i|x_i, y).$$

已经设定 $Y = y$, 则 $Z = z$ 的机会是多少呢? 为了回答这个问题, 注意到干预已经将联合概率变为

$$f^*(x, z) = f(x)f(z|x, y).$$

问题的答案可以由边际分布给出:

$$f^*(z) = \sum_x f^*(x, z) = \sum_x f(x)f(z|x, y).$$

记之为 $\mathbb{P}(Z = z|Y := y)$ 或 $f(z|Y := y)$. 称 $\mathbb{P}(Z = z|Y = y)$ 为**通过观测的调节**或**被动调节**. 称 $\mathbb{P}(Z = z|Y := y)$ 为**通过干预的调节**或**主动调节**. 被动调节常用来回答如下的预测问题:"给定乔吸烟的条件下, 他得肺癌的概率是多少?" 主动调节常用来回答一个如下的因果问题: "若乔戒烟了, 他得肺癌的概率是多少?". 考虑一个二元组 $(\mathcal{G}, \mathbb{P})$, 其中 $\mathcal{G}$ 是一个 DAG, $\mathbb{P}$ 是 DAG 中变量 V 的一个分布. 令 p 表示 $\mathbb{P}$ 的概率函数. 考虑干预和固定一个变量 X 使之等于 x. 通过做两件事来表示该干预:

(1) 通过移走所有的指向 X 的有向边来产生一个新的 DAG $\mathcal{G}^*$.

(2) 通过从 $f(v)$ 中移走 $f(x|\pi_X)$ 项来产生一个新的分布 $f^*(v) = \mathbb{P}(V = x|X := x)$.

新的二元组 $(\mathcal{G}^*, f^*)$ 表示干预 "set $X = x$."

17.15 例 也许你已经注意到了下雨和草坪潮湿之间的相关关系, 也就是, 变量 "下雨" 关于变量 "草坪潮湿" 不是独立的, 因此 $p_{R,W}(r,w) \neq p_R(r)p_W(w)$, 其中, R 表示下雨而 W 表示草坪潮湿. 考虑下面的两个 DAGs:

$$\text{下雨} \rightarrow \text{草坪潮湿}, \quad \text{下雨} \leftarrow \text{草坪潮湿}.$$

第一个 DAG 意味着 $f(w, r) = f(r)f(w|r)$ 而第二个 DAG 意味着 $f(w, r) = f(w)f(r|w)$, 不管联合分布 $f(w, r)$ 是什么, 两个图都是正确的. 两者意味着 R 和 W 是不独立的. 但是, 直观地, 若我们想让一个图去表示因果关系, 则第一个是正确的而第二个是错误的. 向你的草坪洒水并不导致下雨. 认为第一个正确而认为第二个错误的原因是由第一个图得到的干预是正确的.

看第一个图并形成干预 $W=1$, 其中, 1 表示 "草坪潮湿." 按照干预的准则, 移走指向 W 的有向边得到修改后的图:

下雨　　set 草坪潮湿=1

具有分布 $f^*(r) = f(r)$. 因此, $\mathbb{P}(R=r|W:=w) = \mathbb{P}(R=r)$ 表明 "草坪潮湿" 并不导致下雨.

假设 (错误地) 假定第二个图是正确的因果关系图且在第二个图上形成干预 $W=1$. 没有需要拆除的指向 W 的有向边, 因此干预图和原来的图是一样的. 因此 $f^*(r) = f(r|w)$, 这意味着改变 "潮湿" 就改变了 "下雨". 显然, 这是荒谬的.

两者都是正确的概率图但是只有第一个是有正确的. 通过利用背景知识而知道正确的因果关系图.

17.16 注　力求从数据中获知正确的因果关系图, 但是这样做是危险的. 事实上, 有两个变量的情形也是不可能的. 在多于两个变量的情形, 在特定的假设下存在一些方法可以找到因果关系图, 但是它们都是大样本方法, 而且, 永远不可能知道为了使得方法可靠所拥有的样本量是否足够大.

可以用 DAGs 来表示混淆变量. 若 X 为一个处理变量且 Y 为一个结果变量, 混淆变量 Z 通过有向边同时指向 X 和 Y, 见图 17.11. 通过用干预的形式容易地验证下列陈述是正确的.

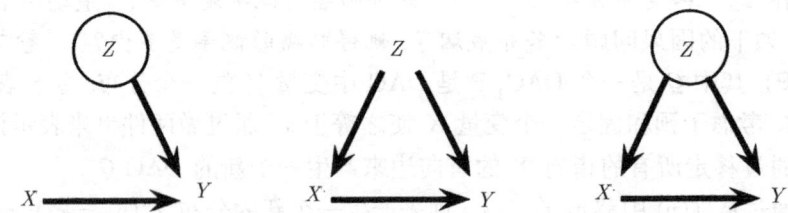

图 17.11　随机化研究, 带已测量混淆变量的观测性研究, 带未测量混淆变量的观测性研究
圆圈里的变量是未观测的

在一个随机化研究中, Z 和 X 之间的有向边被拆除. 在这种情况下, 即使 Z 没有被观测到 (通过将 Z 用一个圈 (circle) 围住来表示), X 和 Y 之间的因果关系也是可估计的, 因为可以证明 $\mathbb{E}(Y|X:=x) = \mathbb{E}(Y|X=x)$, 这里没有涉及未观测到的变量 Z. 在一个观测性研究中, 所有的混淆变量都被观测到了, 根据公式 (16.7) 可以得到 $\mathbb{E}(Y|X:=x) = \int \mathbb{E}(Y|X=x, Z=z) \mathrm{d}F_Z(z)$. 若 Z 未被观测到, 则不能估计因果关系结果, 因为

$$\mathbb{E}(Y|X:=x) = \int \mathbb{E}(Y|X=x, Z=z) \mathrm{d}F_Z(z)$$

涉及未观测到变量 Z. 不能仅用 X 和 Y, 因为在这种情况下, $\mathbb{P}(Y=y|X=x) \neq \mathbb{P}(Y=y|X:=x)$, 这也是另外一种关于因果关系不是联合关系 (association) 的说

法. 事实上, 可以找到 DAGs 和反事实 (counterfactuals) 之间的精确的关联. 假设 X 和 Y 为二元变量. 定义混淆变量 Z 为

$$Z = \begin{cases} 1, & (C_0, C_1) = (0, 0), \\ 2, & (C_0, C_1) = (0, 1), \\ 3, & (C_0, C_1) = (1, 0), \\ 4, & (C_0, C_1) = (1, 1). \end{cases}$$

从这里可以很清楚地得到 DAG 方法和反事实 (counterfactuals) 方法之间的对应. 此处留给有兴趣的读者.

17.9 习　　题

1. 证明 (17.1) 和 (17.2) 是等价的.
2. 证明定理 17.2.
3. 令 X, Y 和 Z 具有如下的联合分布:

	$Y=0$	$Y=1$		$Y=0$	$Y=1$
$X=0$	0.405	0.045	$X=0$	0.125	0.125
$X=1$	0.045	0.005	$X=1$	0.125	0.125
	$Z=0$			$Z=1$	

   (a) 求在给定 $Z=0$ 的条件下 X 和 Y 的条件分布, 以及在给定 $Z=1$ 的条件下 X 和 Y 的条件分布.
   (b) 证明 $X \amalg Y | Z$.
   (c) 求 X 和 Y 的边际分布.
   (d) 证明 X 和 Y 不是边际独立的.

4. 考虑图 17.6 中的三个没有相遇的 DAGs, 证明 $X \amalg Z | Y$.
5. 考虑图 17.6 中有相遇的 DAG, 证明 $X \amalg Z$ 且在给定 Y 的条件下 X 和 Z 是相互依赖的.
6. 令 $X \in \{0, 1\}, Y \in \{0, 1\}, Z \in \{0, 1, 2\}$. 假设 (X, Y, Z) 的分布关于下图是马尔可夫的:

$$X \to Y \to Z$$

   构造一个关于该 DAG 是马尔可夫的联合分布 $f(x, y, z)$. 从该分布产生 1 000 个随机向量. 利用数据用极大似然法来估计分布. 比较估计出的分布与真实分布. 令 $\theta = (\theta_{000}, \theta_{001}, \cdots, \theta_{112})$, 其中 $\theta_{rst} = \mathbb{P}(X=r, Y=s, Z=t)$. 对这 12 个参数用自助法 (Bootstrap) 得到其标准误差和 95% 的置信区间.
7. 考虑图 17.12 中的 DAG.

(a) 写出其联合密度的因子分解式.
(b) 证明 $X \amalg Z_j$.

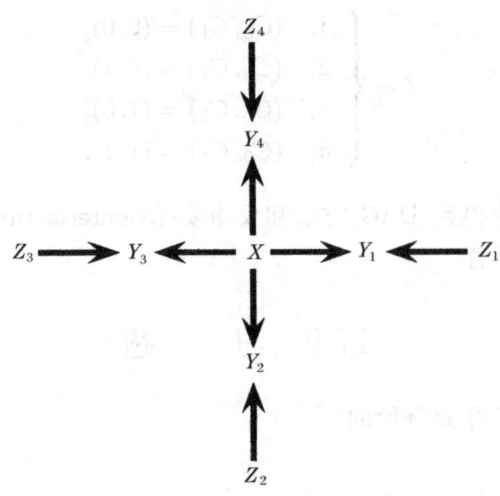

图 17.12 第 7 题的 DAG

8. 令 $V = (X, Y, Z)$ 具有如下的联合分布:

$$X \sim \text{Bernoulli}\left(\frac{1}{2}\right),$$

$$Y \mid X = x \sim \text{Bernoulli}\left(\frac{e^{4x-2}}{1+e^{4x-2}}\right),$$

$$Z \mid X = x, Y = y \sim \text{Bernoulli}\left(\frac{e^{2(x+y)-2}}{1+e^{2(x+y)-2}}\right).$$

(a) 求 $\mathbb{P}(Z = z | Y = y)$ 的一个表达式. 特别地, 求 $\mathbb{P}(Z = 1 | Y = 1)$.
(b) 编写一个程序去模拟这个模型. 实施该模拟并经验地计算出 $\mathbb{P}(Z = 1 | Y = 1)$. 把其当作模拟量 N 的一个函数而画出该图像. 它应该收敛到 (a) 中计算出的理论值.
(c) (参考附录中的内容) 写出 $\mathbb{P}(Z = 1 | Y := y)$. 特别地, 求 $\mathbb{P}(Z = 1 | Y := 1)$.
(d) (参考附录中的内容) 修改程序去模拟干预 "set $Y = 1$", 实施该模拟并经验地计算出 $\mathbb{P}(Z = 1 | Y := 1)$. 把其当作模拟量 N 的一个函数而画出该图像. 它应该收敛到 (c) 中计算出的理论值.

9. 延续第 8 题. $V = (X, Y, Z)$ 具有下面的联合分布:

$$X \sim \text{Normal}(0, 1),$$

17.9 习题

$$Y \mid X = x \sim \text{Normal}\,(\alpha x, 1),$$

$$Z \mid X = x, Y = y \sim \text{Normal}\,(\beta y + \gamma x, 1).$$

其中, α, β 和 γ 是固定的参数. 经济学家称此类模型为**结构方程模型**.

(a) 求 $f(z \mid y)$ 和 $\mathbb{E}(Z \mid Y = y) = \int z f(z|y) dz$ 的一个显式表达.

(b) (参考附录中的内容) 求 $f(z \mid Y := y)$ 的一个显式表达且再求出 $\mathbb{E}(Z \mid Y := y) \equiv \int z f(z \mid Y := y) dy$, 并与 (a) 比较.

(c) 求出 (Y, Z) 的联合分布. 求 Y 和 Z 的相关系数 ρ.

(d) (参考附录中的内容) 假设 X 没有被观测到且想要从 (Y, Z) 的边际分布中得到因果关系的结论. (设想 X 为未被观测到的混淆变量.) 特别地, 假设声称若 $\rho \neq 0$ 则 Y 导致 Z 并且若 $\rho = 0$ 则 Y 没有导致 Z. 证明这将导致错误的结论.

(e) (参考附录中的内容.) 假设实施一个随机化实验, 其中, Y 是随机化分配的. 具体地, 假设

$$X \sim \text{Normal}\,(0, 1),$$

$$Y \sim \text{Normal}\,(\alpha, 1),$$

$$Z \mid X = x, Y = y \sim \text{Normal}\,(\beta y + \gamma x, 1).$$

证明 (d) 中的方法现在得到正确的结论 (也就是, $\rho = 0$ 当且仅当 $f(z \mid Y := y)$ 不依赖于 y).

第 18 章 无 向 图

无向图也可以像有向图一样来表示独立性关系. 因为有向图和无向图在实际中都有应用, 所以熟练掌握两者是有益处的. 两者的主要差异是从图中读出独立性关系的规则不同.

18.1 无 向 图

一个**无向图** $\mathcal{G}=(V,E)$ 由一个有限**节点集** V 和由每对节点组成的**边**或 **(弧)** 集 E 所构成. 节点对应着随机变量 $X,Y,Z,\cdots$ 而边被记作一些无序对. 例如, $(X,Y)\in E$ 表示 X 和 Y 通过一条边连接起来. 图 18.1 给出了一个无向图的例子.

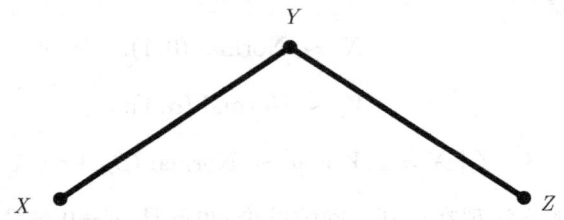

图 18.1 节点集为 $V=\{X,Y,Z\}$ 的一个图. 其边集为 $E=\{(X,Y),(Y,Z)\}$

若两个节点之间存在一条边, 则称这两个节点是**邻接的**, 记作 $X\sim Y$. 在图 18.1 中, X 和 Y 是邻接的但是 X 和 Z 不是邻接的. 若对每个 i 都有 $X_{i-1}\sim X_i$, 则序列 $X_0,\cdots,X_n$ 称为一条**路**. 在图 18.1 中, X,Y,Z 是一条路. 若一个图中任意两个节点之间都存在一条边, 则称这个图是**完全的**. 一个子节点集 $U\subset V$ 连同其边被称作一个**子图**.

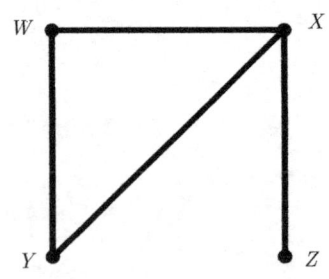

图 18.2 $\{Y,W\}$ 和 $\{Z\}$ 被 $\{X\}$ 分离. 而且, W 和 Z 被 $\{X,Y\}$ 分离

设 A, B 和 C 是 V 的不同子集, 若从 A 中的一个变量到 B 中的一个变量的路都相交于 C 中的一个变量, 就说 C **分离** A 和 B. 在图 18.2 中, Y, W 和 Z 被 Z 分离. 同时, W 和 Z 被 X, Y 分离.

18.2 概率与图

令 V 为具有分布 $\mathbb{P}$ 的随机变量集. 构造一个图, 其每个节点对应 V 中的每个变量. 略去一对变量之间的边若它们在给定其余变量的条件下是独立的.

$$X \text{和} Y \text{之间没有边} \Leftrightarrow X \amalg Y | \text{其余变量},$$

其中, "其余变量" 表示除了 X 和 Y 之外的所有其他变量. 这样的图称作**成对马尔可夫图**. 图 18.3~ 图 18.6 给出了一些例子.

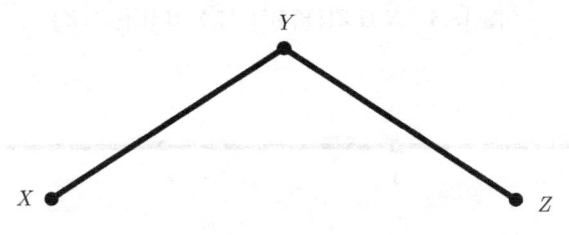

图 18.3 $X \amalg Z | Y$

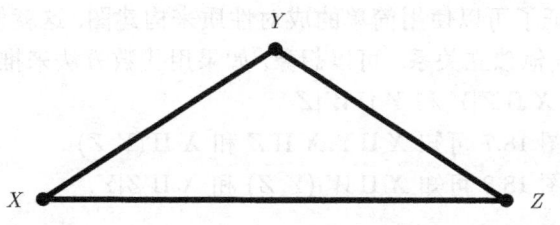

图 18.4 未表明的独立性关系

图中暗含着一系列的成对条件独立性关系. 这些关系可以推出其他的条件独立性关系. 如何找到这些关系呢? 幸运的是, 也可以从图中直接读出这些其他的条件独立性关系, 如下面的定理所述.

18.1 定理 令 $\mathcal{G} = (V, E)$ 是一个分布为 $\mathbb{P}$ 的成对马尔可夫图. 令 A, B 和 C 为 V 的不相同的子集使得 C 分离 A 和 B, 则 $A \amalg B | C$.

18.2 注 若 A 和 B 不是连通的 (也就是不存在一条从 A 到 B 的路), 则可以把 A 和 B 看作被空集分离, 则由定理 18.1 可知 $A \amalg B$.

定理 18.1 中的独立性条件被称作**全局马尔可夫性质**. 将看到成对和全局马尔可夫性质是等价的. 把这个问题表述得更确切些. 给定一个图 $\mathcal{G}$, 令 $M_{\text{pair}}(\mathcal{G})$ 表示满足成对马尔可夫性质的分布集, 因此 $\mathbb{P} \in M_{\text{pair}}(\mathcal{G})$, 在分布 $\mathbb{P}$ 下, 若 $X \amalg Y |$ 其余变量当且仅当 X 和 Y 之间不存在边. 令 $M_{\text{global}}(\mathcal{G})$ 为满足全局马尔可夫性质的分布集; 则 $\mathbb{P} \in M_{\text{pair}}(\mathcal{G})$, 在分布 $\mathbb{P}$ 下, 若 $A \amalg B | C$ 当且仅当 C 分离 A 和 B.

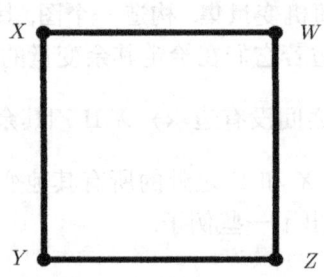

图 18.5　$X \amalg Z | \{Y, W\}$ 与 $Y \amalg W | \{X, Z\}$

图 18.6　成对独立性意味着 $X \amalg Z | \{Y, W\}$. 但是 $X \amalg Z | Y$ 成立吗?

18.3 定理　令 $\mathcal{G}$ 为一个图, 则 $M_{\text{pair}}(\mathcal{G}) = M_{\text{global}}(\mathcal{G})$.

定理 18.3 保证了可以使用简单的成对性质来构建图, 这就使得可以用全局马尔可夫性来推导其他独立关系. 可以想象, 如果用代数方法来推导有多困难. 回到图 18.6, 可以看到 $X \amalg Z | Y$ 和 $Y \amalg W | Z$.

18.4 例　由图 18.7 可知 $X \amalg Y, X \amalg Z$ 和 $X \amalg (Y, Z)$.

18.5 例　由图 18.8 可知 $X \amalg W | (Y, Z)$ 和 $X \amalg Z | Y$.

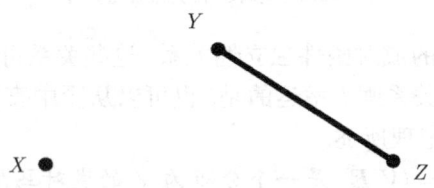

图 18.7　$X \amalg Y, X \amalg Z$ 与 $X \amalg (Y, Z)$

18.3 团 与 势

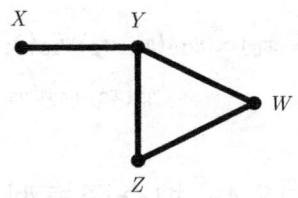

图 18.8　$X \perp\!\!\!\perp W | (Y, Z)$ 与 $X \perp\!\!\!\perp Z | Y$

18.3　团　与　势

若一个图的变量集中的任意两个对应的节点都是邻接的, 则称该集为一个**团**. 若一个团任意增加一个节点后就不能成为团, 则称之为一个**极大团**. 一个**势**就是任意一个正函数. 在特定的条件下, 可以证明 $\mathbb{P}$ 关于 $\mathcal{G}$ 是马尔可夫的当且仅当其概率函数 f 可以写为

$$f(x) = \frac{\prod_{C \in \mathcal{C}} \psi_C(x_C)}{Z}, \tag{18.1}$$

其中, $\mathcal{C}$ 是一个极大团集, ψ_C 是一个势, 且

$$Z = \sum_x \prod_{C \in \mathcal{C}} \psi_C(x_C).$$

18.6 例　图 18.1 中的极大团是 $C_1 = \{X, Y\}$ 和 $C_2 = \{Y, Z\}$. 因此, 若 $\mathbb{P}$ 关于该图是马尔可夫的, 则其概率函数可以写为

$$f(x, y, z) \propto \psi_1(x, y) \psi_2(y, z).$$

ψ_1 和 ψ_2 是某些正函数.

18.7 例　图 18.9 中的极大团为

$$\{X_1, X_2\}, \quad \{X_1, X_3\}, \quad \{X_2, X_4\}, \quad \{X_3, X_5\}, \quad \{X_2, X_5, X_6\}.$$

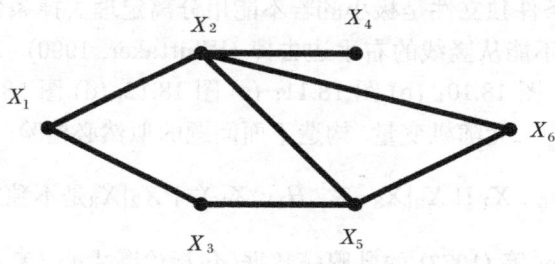

图 18.9　该图的极大团为 $\{X_1, X_2\}, \{X_1, X_3\}, \{X_2, X_4\}, \{X_3, X_5\}, \{X_2, X_5, X_6\}$

因此可以把概率函数写为

$$f(x_1, x_2, x_3, x_4, x_5, x_6) \propto \psi_{12}(x_1, x_2) \psi_{13}(x_1, x_3) \psi_{24}(x_2, x_4)$$
$$\times \psi_{35}(x_3, x_5) \psi_{256}(x_2, x_5, x_6).$$

18.4 拟合图模型

给定一个数据集，如何找到一个图模型来拟合该数据？对于有向图来说，这个问题太大，在这里也不讨论. 但是，在离散的情形，可以用**对数线性模型**来对数据作图模型拟合，这将是下一章的内容.

18.5 文献注释

关于无向图的系统严格的讨论参见文献 (Whittaker, 1990; Lauritzen, 1996). 下面的部分习题摘自文献 (Whittaker, 1990).

18.6 习题

1. 考虑随机变量 (X_1, X_2, X_3). 在下面的每个情形，画出一个与给定的独立性关系对应的图.
   (a) $X_1 \text{ II } X_3 \mid X_2$.
   (b) $X_1 \text{ II } X_2 \mid X_3$ 和 $X_1 \text{ II } X_3 \mid X_2$.
   (c) $X_1 \text{ II } X_2 \mid X_3$, $X_1 \text{ II } X_3 \mid X_2$ 和 $X_2 \text{ II } X_3 \mid X_1$.

2. 考虑随机变量 (X_1, X_2, X_3, X_4). 在下面的每个情形，画出一个与给定的独立性关系对应的图.
   (a) $X_1 \text{ II } X_3 \mid X_2, X_4$, $X_1 \text{ II } X_4 \mid X_2, X_3$ 和 $X_2 \text{ II } X_4 \mid X_1, X_3$.
   (b) $X_1 \text{ II } X_2 \mid X_3, X_4$, $X_1 \text{ II } X_3 \mid X_2, X_4$ 和 $X_2 \text{ II } X_3 \mid X_1, X_4$.
   (c) $X_1 \text{ II } X_3 \mid X_2, X_4$ 和 $X_2 \text{ II } X_4 \mid X_1, X_3$.

3. 一对变量间的条件独立性是**极小的**若不能用分离定理去掉条件集中的任意一个变量，也就是，不能从竖线的右手边去掉 (Whittaker, 1990). 写出下图中的极小条件独立性:(a) 图 18.10; (b) 图 18.11; (c) 图 18.12; (d) 图 18.13.

4. 令 X_1, X_2, X_3 为二元随机变量. 构造下面问题的似然比检验:

$$H_0 : X_1 \text{ II } X_2 | X_3 \quad \text{对} \quad H_1 : X_1 \text{关于} X_2 | X_3 \text{是不独立的}.$$

5. 这里是 Morrison 等 (1973) 的乳腺癌数据，包括诊断中心 (X_1), 细胞核异形性级别 (X_2) 和存活状况 (X_3):

18.6 习题

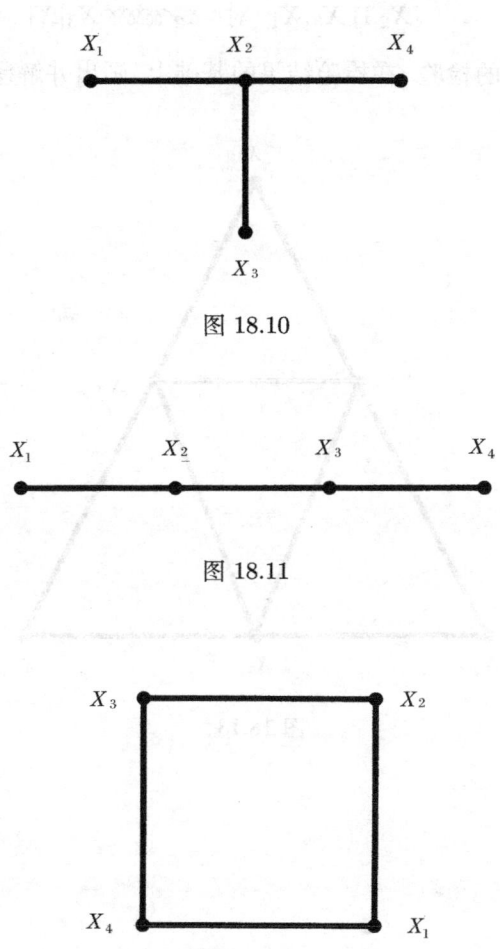

图 18.10

图 18.11

图 18.12

| | X_2 | 恶性 | 恶性 | 良性 | 良性 |
	X_3	死亡	生存	死亡	生存
X_1	Boston	35	59	47	112
	Glamorgan	42	77	26	76

(a) 把这看作一个多项分布并求其极大似然估计.

(b) 若某人的肿瘤在 Glamorgan 诊所被确定为良性的, 则估计该类人死亡的概率是多少? 对该估计求其标准误差.

(c) 检验下列假设:

$$X_1 \amalg X_2 | X_3 \quad \text{对} \quad X_1 \not\!\!\perp X_2 | X_3,$$

$$X_1 \amalg X_3 | X_2 \quad \text{对} \quad X_1 \not\!\!\perp X_3 | X_2,$$

$X_2 \perp\!\!\!\perp X_3 | X_1$ 对 $X_2 \not\!\perp\!\!\!\perp X_3 | X_1$.

运用第 4 题中的检验. 在检验结果的基础上, 画出并解释所得到的图.

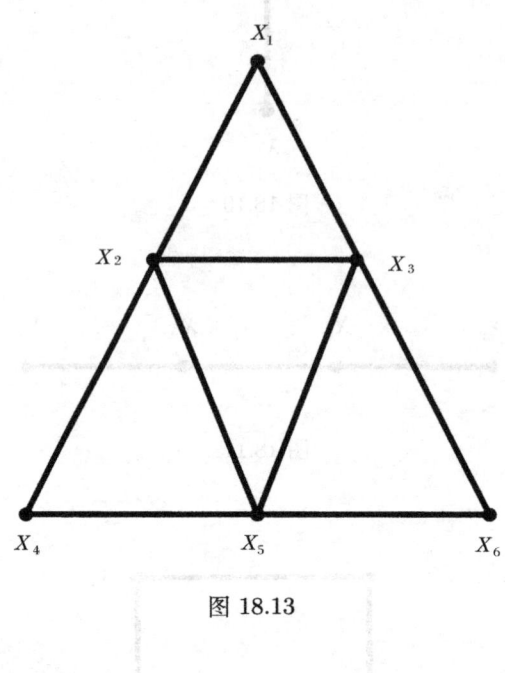

图 18.13

第 19 章 对数线性模型

本章将研究**对数线性模型**, 它在多元离散数据建模方面很有用处. 对数线性模型和无向图之间有着紧密的联系.

19.1 对数线性模型

令 $X = (X_1, \cdots, X_m)$ 为一个离散的随机向量, 其概率函数为

$$f(x) = \mathbb{P}(X = x) = \mathbb{P}(X_1 = x_1, \cdots, X_m = x_m),$$

其中, $x = (x_1, \cdots, x_m)$. 令 r_j 表示 X_j 的取值个数. 不失一般性, 可以假设 $X_j \in \{0, 1, \cdots, r_j - 1\}$. 假设现在有 n 个这样的向量. 可以把数据看作来自一个类别数为 $N = r_1 \times r_2 \times \cdots \times r_m$ 的多项分布的样本. 该数据可以表示为在一个 $r_1 \times r_2 \times \cdots \times r_m$ 的表格中的计数. 令 $p = (p_1, \cdots, p_N)$ 表示多项分布的参数.

令 $S = \{1, \cdots, m\}$. 给定一个向量 $x = (x_1, \cdots, x_m)$ 和一个子集 $A \subset S$, 令 $x_A = (x_j : j \in A)$. 例如, 若 $A = \{1, 3\}$, 则 $x_A = (x_1, x_3)$.

19.1 定理 单个随机向量 $X = (X_1, \cdots, X_m)$ 的联合概率函数 $f(x)$ 可以记作

$$\log f(x) = \sum_{A \subset S} \psi_A(x), \tag{19.1}$$

其中, 求和是在 $S = \{1, \cdots, m\}$ 的所有子集上 A 取的且 ψ 满足下列条件:

1. $\psi_\varnothing(x)$ 为一个常数.
2. 对于每个 $A \subset S$, $\psi_A(x)$ 仅是 $x_A(x)$ 的函数而不是 x_j 的其他部分的函数.
3. 若 $i \in A$ 且 $x_i = 0$, 则 $\psi_A(x) = 0$.

方程 (19.1) 中的公式称作 f 的**对数线性展开**. 每个 $\psi_A(x)$ 可能依赖于某些未知参数 β_A. 令 $\beta = (\beta_A : A \subset S)$ 为包含所有这样的参数的集合. 当想要强调其对未知参数 β 的依赖时, 记 $f(x) = f(x; \beta)$.

根据多项分布可知, 其参数空间是

$$\mathcal{P} = \left\{ p = (p_1, \cdots, p_N) : p_j \geqslant 0, \sum_{j=1}^{N} p_j = 1 \right\}.$$

这是一个 $N - 1$ 维的空间. 在对数线性表达中, 参数空间是

$$\Theta = \left\{ \beta = (\beta_1, \cdots, \beta_N) : \beta = \beta(p), p \in \mathcal{P} \right\},$$

其中, $\beta(p)$ 是与 p 有关的 β 的取值集. 集合 Θ 是一个 $\mathbb{R}^N$ 中的 $N-1$ 维球面. 总是可以通用这两种参数化方法, 既可以写 $\beta=\beta(p)$, 也可以写 $p=p(\beta)$.

19.2 例 令 $X \sim \text{Bernoulli}(p)$, 其中, $0 < p < 1$. 可以把 X 的概率质量函数写为

$$f(x) = p^x(1-p)^{1-x} = p_1^x p_2^{1-x},$$

对于 $x = 0, 1$, 其中, $p_1 = p$ 且 $p_2 = 1 - p$. 因此,

$$\log f(x) = \psi_\varnothing(x) + \psi_1(x),$$

其中,

$$\psi_\varnothing(x) = \log(p_2),$$
$$\psi_1(x) = x\log\left(\frac{p_1}{p_2}\right).$$

注意到 $\psi_\varnothing(x)$ 是一个常数 (作为 x 的函数) 且当 $x = 0$ 时 $\psi_1(x) = 0$. 因此, 定理 19.1 中的三个条件成立. 对数线性参数为

$$\beta_0 = \log(p_2), \quad \beta_1 \log\left(\frac{p_1}{p_2}\right).$$

多项分布最初的参数空间为 $\mathcal{P} = \{(p_1, p_2) : p_j \geqslant 0, p_1 + p_2 = 1\}$. 对数线性参数空间为

$$\Theta = \left\{(\beta_0, \beta_1) \in \mathbb{R}^2 : e^{\beta_0 + \beta_1} + e^{\beta_0} = 1\right\}.$$

给定 (p_1, p_2) 可以求得 (β_0, β_1). 相反地, 给定 (β_0, β_1) 可以求得 (p_1, p_2).

19.3 例 令 $X = (X_1, X_2)$, 其中 $X_1 \in \{0, 1\}$ 且 $X_2 \in \{0, 1, 2\}$. n 个这样的随机向量的联合分布是一个有 6 个类别的多项分布. 该多项分布参数可以记作一个 2×3 的表格如下:

多项分布	x_2	0	1	2
x_1	0	p_{00}	p_{01}	p_{02}
	1	p_{10}	p_{11}	p_{12}

这 n 个数据向量可以归结为计数:

数据	x_2	0	1	2
x_1	0	C_{00}	C_{01}	C_{02}
	1	C_{10}	C_{11}	C_{12}

对于 $x = (x_1, x_2)$, 对数线性展开具有形式

$$\log f(x) = \psi_\varnothing(x) + \psi_1(x) + \psi_2(x) + \psi_{12}(x),$$

其中,

$$\psi_\varnothing(x) = \log p_{00},$$
$$\psi_1(x) = x_1 \log\left(\frac{p_{10}}{p_{00}}\right),$$
$$\psi_2(x) = I(x_2 = 1) \log\left(\frac{p_{01}}{p_{00}}\right) + I(x_2 = 2) \log\left(\frac{p_{02}}{p_{00}}\right),$$
$$\psi_{12}(x) = I(x_1 = 1, x_2 = 1) \log\left(\frac{p_{11}p_{00}}{p_{01}p_{10}}\right) + I(x_1 = 1, x_2 = 2) \log\left(\frac{p_{12}p_{00}}{p_{02}p_{10}}\right).$$

要确定定理中关于 ψ 的三个条件都已经满足. 该模型的 6 个参数为

$$\beta_1 = \log p_{00}, \qquad \beta_2 = \log\left(\frac{p_{10}}{p_{00}}\right), \qquad \beta_3 = \log\left(\frac{p_{01}}{p_{00}}\right),$$
$$\beta_4 = \log\left(\frac{p_{02}}{p_{00}}\right), \quad \beta_5 = \log\left(\frac{p_{11}p_{00}}{p_{01}p_{10}}\right), \quad \beta_6 = \log\left(\frac{p_{12}p_{00}}{p_{02}p_{10}}\right).$$

下面的定理给出了一个简单的方法去判断对数线性模型中的条件独立性.

19.4 定理　令 (X_a, X_b, X_c) 为向量 $(X_1, \cdots, X_m)$ 的一个分割. 则 $X_b \amalg X_c | X_a$ 当且仅当对数线性展开式中至少有 b 和 c 坐标的所有的 ψ 项为 0.

为了证明该定理, 将用到下面的引理, 其证明可以由条件独立性的定义很容易地得到.

19.5 引理　一个分割 (X_a, X_b, X_c) 满足 $X_b \amalg X_c | X_a$ 当且仅当对于某些函数 g 和 h 有 $f(x_a, x_b, x_c) = g(x_a, x_b) h(x_a, x_c)$.

证明(定理 19.4)　假设 ψ_t 为 0 只要 t 具有 b 和 c 中的坐标. 因此, ψ_t 是 0 若 $t \not\subset a \bigcup b$ 或 $t \not\subset a \bigcup c$. 因此

$$\log f(x) = \sum_{t \subset a \bigcup b} \psi_t(x) + \sum_{t \subset a \bigcup c} \psi_t(x) - \sum_{t \subset a} \psi_t(x).$$

对上式两边取幂, 看到联合密度函数具有形式 $g(x_a, x_b) h(x_a, x_c)$. 由引理 19.5, $X_b \amalg X_c | X_a$. 反之亦成立.

19.2　图性对数线性模型

若一个对数线性模型的缺失项只对应着条件独立性约束, 则称该模型具有**图性**.

19.6 定义　令 $\log f(x) = \sum_{A \subset S} \psi_A(x)$ 为一个对数线性模型. 若除了某对坐标不在某个图 $\mathcal{G}$ 的边集里的情况外所有的 ψ 项都是非零的, 则 f 具有**图性**. 换句话说, $\psi_A(x) = 0$ 当且仅当 $\{i, j\} \subset A$ 且 (i, j) 不是一条边.

关于上面的定义,可以这样来理解:

若可以向模型中增加一项而其图并不改变,则该模型不具有图性.

19.7 例 考虑图 19.1 中的图

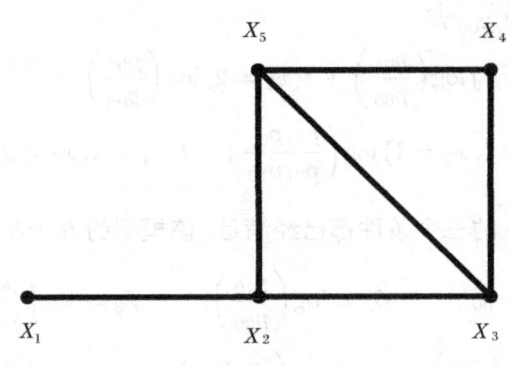

图 19.1 例 17.9 的图

与此图对应的图性对数线性模型为

$$\log f(x) = \psi_\emptyset + \psi_1(x) + \psi_2(x) + \psi_3(x) + \psi_4(x) + \psi_5(x)$$
$$+ \psi_{12}(x) + \psi_{23}(x) + \psi_{25}(x) + \psi_{34}(x) + \psi_{35}(x)$$
$$+ \psi_{45}(x) + \psi_{235}(x) + \psi_{345}(x).$$

来看看这个模型为什么是图性的. 图中缺失边 $(1,5)$. 因此任何一个包含上述指标的项都不出现在模型里. 例如,

$$\psi_{15}, \quad \psi_{125}, \quad \psi_{135}, \quad \psi_{145}, \quad \psi_{1235}, \quad \psi_{1245}, \quad \psi_{1345}, \quad \psi_{12345}.$$

类似地,边 $(2,4)$ 也是缺失的,因此

$$\psi_{24}, \quad \psi_{124}, \quad \psi_{234}, \quad \psi_{245}, \quad \psi_{1234}, \quad \psi_{1245}, \quad \psi_{2345}, \quad \psi_{12345}$$

都不出现在模型里. 还存在其他的缺失边. 可以验证该模型缺失了所有对应的 ψ 项. 现在考虑下面的模型:

$$\log f(x) = \psi_\emptyset(x) + \psi_1(x) + \psi_2(x) + \psi_3(x) + \psi_4(x) + \psi_5(x)$$
$$+ \psi_{12}(x) + \psi_{23}(x) + \psi_{25}(x) + \psi_{34}(x) + \psi_{35}(x) + \psi_{45}(x).$$

除了具有三个指标的交互项被去掉外其余部分是相同的. 若对于这个模型画出一个图的话,将得到相同的图. 例如,没有一个 ψ 项包含 $(1,5)$,所以去掉 X_1 和 X_5 之间的边. 但是这就不具有图性了,因为它额外去掉了一些项. 这两个模型的独立性和

图是相同的但是后者还有除了条件独立性之外的其他约束. 这也不是件坏事情, 这意味着若只关注是否具有条件独立性的话, 则就不需要考虑这样的模型. 三个指标的交互项 ψ_{235} 的出现意味着 X_2 和 X_5 之间的关联强度可看作 X_5 的函数而变化. 该项不出现表明情况不是这样.

19.3 分层对数线性模型

有一类对数线性模型, 它比图性模型的范围大且应用广泛. 这就是分层对数线性模型.

19.8 定义 若由 $\psi_A = 0$ 且 $A \subset B$ 可以得到 $\psi_B = 0$, 则一个对数线性模型是**分层**的.

19.9 引理 一个图性模型是分层的但是反之未必成立.

19.10 例 令

$$\log f(x) = \psi_\varnothing(x) + \psi_1(x) + \psi_2(x) + \psi_3(x) + \psi_{12}(x) + \psi_{13}(x).$$

该模型是分层的; 图 19.2 给出了它的图. 该模型也是图性的因为包含 (2,3) 的所有项都不出现在模型里. 它还是分层的.

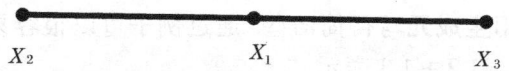

图 19.2 例 19.10 的图

19.11 例 令

$$\log f(x) = \psi_\varnothing(x) + \psi_1(x) + \psi_2(x) + \psi_3(x) + \psi_{12}(x) + \psi_{13}(x) + \psi_{23}(x).$$

该模型是分层的. 但它不是图性的. 该模型对应的图是封闭的, 见图 19.3. 它不是图性的因为 $\psi_{123}(x) = 0$ 没有对应任何成对条件独立性.

19.12 例 令

$$\log f(x) = \psi_\varnothing(x) + \psi_3(x) + \psi_{12}(x).$$

对应的图见 19.4. 该模型不是分层的, 因为 $\psi_2 = 0$ 但是 ψ_{12} 不是. 因为它不是分层的, 它也不是图性的.

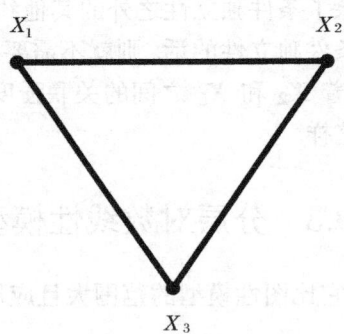

图 19.3 该图是完全的. 模型是分层的但不是图性的

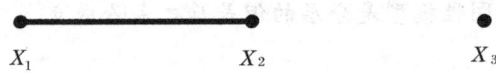

图 19.4 该图的模型不是分层的

19.4 模型生成元

分层模型可以用**生成元**写得简洁些. 通过例子可以很容易地解释. 假设 $X = (X_1, X_2, X_3)$, 则 $M = 1.2 + 1.3$ 表示

$$\log f = \psi_\emptyset + \psi_1 + \psi_2 + \psi_3 + \psi_{12} + \psi_{13}.$$

公式 $M = 1.2 + 1.3$ 是说: "包含 ψ_1 和 ψ_{13}." 必须还要包含低阶项否则它就不是分层的了. 生成元 $M = 1.2.3$ 表示**饱和**模型

$$\log f = \psi_\emptyset + \psi_1 + \psi_2 + \psi_3 + \psi_{12} + \psi_{13} + \psi_{23} + \psi_{123}.$$

饱和模型相当于拟合一个无约束的多项分布. 考虑 $M = 1 + 2 + 3$, 这表示

$$\log f = \psi_\emptyset + \psi_1 + \psi_2 + \psi_3.$$

这是相互独立性模型. 最后, 考虑 $M = 1.2$, 它具有对数线性展开

$$\log f = \psi_\emptyset + \psi_1 + \psi_2 + \psi_{12}.$$

该模型使得 $X_3 | X_2 = x_2, X_1 = x_1$ 是一个均匀分布.

19.5 拟合对数线性模型

令 β 表示对数线性模型 M 中的所有参数. 关于 β 的对数似然函数为

$$\ell(\beta) = \sum_{i=1}^{n} \log f(X_i; \beta),$$

其中, $f(X_i; \beta)$ 表示方程 (19.1) 给出的第 i 个随机向量 $X_i = (X_{i1}, \cdots, X_{im})$ 的概率函数. MLE $\hat{\beta}$ 通常需由数值方法得到. Fisher 信息矩阵也是由数值方法得到的且可以从 Fisher 信息矩阵的逆得到标准误差的估计.

当拟合对数线性模型时, 必须解决下面的模型选择问题: 模型中应该包含哪些 ψ 项呢? 从本质上讲, 这与线性回归中的模型选择是相同的.

一种方法是用 AIC 准则. 令 M 表示某个对数线性模型. 不同的模型设定不同的 ψ 项为 0. 现在选择模型 M 使得最大化

$$\text{AIC}(M) = \hat{\ell}(M) - |M|, \tag{19.2}$$

其中, $|M|$ 表示模型 M 中的参数个数, $\hat{\ell}(M)$ 是该模型的对数似然函数在 MLE 处的取值. 通常模型搜索被限制在分层模型的范围内. 这就减小了搜索空间. 也有人建议应该只在分层模型的范围内搜索, 因为其他的模型不容易解释.

另外一种不同的方法建立在假设检验的基础上. 包含所有可能的 ψ 项的模型被称作**饱和模型**且用 M_{sat} 来表示. 现在对于每个 M 检验假设

$$H_0: 真实的模型为 M \quad \text{对} \quad H_1: 真实的模型为 M_{\text{sat}},$$

关于该假设的似然比检验称作偏差 (deviance).

19.13 定义 对于任何一个子模型 M, 定义其**信息偏差** $\text{dev}(M)$ 为

$$\text{dev}(M) = 2(\hat{\ell}_{\text{sat}} - \hat{\ell}_M),$$

其中, $\hat{\ell}_{\text{sat}}$ 为饱和模型的对数似然函数在其MLE处的取值, 而 $\hat{\ell}_M$ 为模型 M 的对数似然函数在其MLE处的取值

19.14 定理 信息偏差是下面检验的似然比检验统计量:

$$H_0: 模型为 M \quad \text{对} \quad H_1: 模型为 M_{\text{sat}}.$$

在 H_0 下, $\text{dev}(M) \xrightarrow{d} \chi_\nu^2$, 自由度 ν 等于饱和模型和模型 M 的参数之差.

找到好模型的一个方法是用偏差去检验每个子模型. 没有被该检验拒绝的每个模型可以认为是一个合理的模型. 然而, 这可能不是一个好的方案, 原因有: 第一,

最后将作很多检验,这意味着存在充足的机会去犯第一类错误和第二类错误.第二,最后将用到很多模型是在无法拒绝 H_0 的条件下得到的.但也可能是因为低的功效而不能拒绝 H_0.这样会使最后因为一个低的功效而得到一个不好的模型.

由这种方法得到"最优模型"之后,可以画出其对应的图.

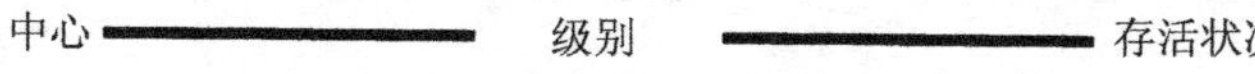

中心 ——————— 级别 ——————— 存活状况

图 19.5 例 19.15 的图

19.15 例 下面是 Morrison 等 (1973) 的乳腺癌的数据. 该数据具有变量: 诊断中心 (X_1), 细胞核异形性级别 (X_2) 和存活状况 (X_3).

	X_2	恶性	恶性	良性	良性
	X_3	死亡	生存	死亡	生存
X_1	Boston	35	59	47	112
	Glamorgan	42	77	26	76

饱和对数线性模型为

变量	$\widehat{\beta_j}$	$\widehat{se}$	W_j	p 值
(截距)	3.56	0.17	21.03	0.00***
中心	0.18	0.22	0.79	0.42
级别	0.29	0.22	1.32	0.18
存活状况	0.52	0.21	2.44	0.01*
中心×级别	−0.77	0.33	−2.31	0.02*
中心×存活状况	0.08	0.28	0.29	0.76
级别×存活状况	0.34	0.27	1.25	0.20
中心×级别×存活状况	0.12	0.40	0.29	0.76

由 AIC 准则和后向搜索得到的最优子模型为

变量	$\widehat{\beta_j}$	$\widehat{se}$	W_j	p值
(截距)	3.52	0.13	25.62	< 0.00***
中心	0.23	0.13	1.70	0.08
级别	0.26	0.18	1.43	0.15
存活状况	0.56	0.14	3.98	6.65e−05***
中心×级别	−0.67	0.18	−3.62	0.00***
级别×存活状况	0.37	0.19	1.90	0.05

该模型 M 的图可参见图 19.5. 为了检验该模型的拟合程度,计算得到 M 的偏差为 0.6. 其相应的 χ^2 具有自由度 $8 - 6 = 2$. p 值为 $\mathbb{P}(\chi^2 > 0.6) = 0.74$. 所以没有证据表明该模型拟合不好.

19.6 文献注释

本章从 (Whittaker, 1990) 一书中汲取了很多,那是一本关于对数线性模型和图性模型的优秀教材. 部分习题也摘自 Whittaker. 关于对数线性模型的一个经典文献是 (Bishop et al., 1975).

19.7 习题

1. 根据例 19.3 中的 $\beta's$ 求出 $p'_{ij}s$.
2. 证明引理 19.5.
3. 证明引理 19.9.
4. 考虑随机变量 (X_1, X_2, X_3, X_4). 假设其对数密度为

$$\log f(x) = \psi_\varnothing(x) + \psi_{12}(x) + \psi_{13}(x) + \psi_{24}(x) + \psi_{34}(x).$$

   (a) 画出这些变量图 G.

   (b) 写出所有的可以从图中得到的独立性和条件独立性关系.

   (c) 该模型是图性的吗? 它是分层的吗?

5. 假设参数 $p(x_1, x_2, x_3)$ 是与下列值成比例的:

	x_2	0	0	1	1
	x_3	0	1	0	1
x_1	0	2	8	4	16
	1	16	128	32	256

   求其对数线性展开的 ψ 项. 评价该模型.

6. 令 $X_1, \cdots, X_4$ 为二元变量. 画出下面对数线性模型对应的独立性图. 同时, 判断每个模型是图性的和 (或分层的或都不是).

   (a) $\log f = 7 + 11x_1 + 2x_2 + 1.5x_3 + 17x_4$.

   (b) $\log f = 7 + 11x_1 + 2x_2 + 1.5x_3 + 17x_4 + 12x_2x_3 + 78x_2x_4 + 3x_3x_4 + 32x_2x_3x_4$.

   (c) $\log f = 7 + 11_1 + 2x_2 + 1.5x_3 + 17x_4 + 12x_2x_3 + 3x_3x_4 + x_1x_4 + 2x_1x_2$.

   (d) $\log f = 7 + 5055x_1x_2x_3x_4$.

第 20 章 非参数曲线估计

本章将讨论概率密度函数和回归函数的非参数估计, 称为**曲线估计**或**光滑方法**.

第 7 章已经看到, 在没有关于 F 的任何假设的前提下, 作出一个累积分布函数 F 的一致性估计. 若想要估计一个概率密度函数 $f(x)$ 或者一个回归函数 $r(x) = \mathbb{E}(Y|X = x)$, 情况就不同了. 在缺少一些光滑性假设的条件下就不能一致地估计这些函数. 相应地, 需要对数据做些光滑化处理.

一个密度估计的例子是**直方图**, 将在 20.2 节中详细讨论. 为构造一个密度 f 的直方图估计, 将实数轴分割成互不相交的集合称之为**窗格**. 直方图估计是逐段常值函数, 其中其高度是与每个箱子里的观测数成比例的, 见图 20.3. 箱子的个数就是一个**光滑参数**的例子. 若光滑程度过高 (大窗格) 将得到一个偏差过大的估计, 同理若光滑程度太小 (小窗格) 将得到一个方差过大的估计. 很多曲线估计问题都在寻求方差和偏差之间的最优平衡.

20.1 偏差 – 方差平衡

令 g 表示一个未知的函数, 如一个密度函数或一个回归函数. 令 $\widehat{g}_n$ 表示 g 的一个估计. 记 $\widehat{g}_n(x)$ 是一个在 x 点处取值的随机函数. 该估计是随机的因为它依赖于数据, 见图 20.1.

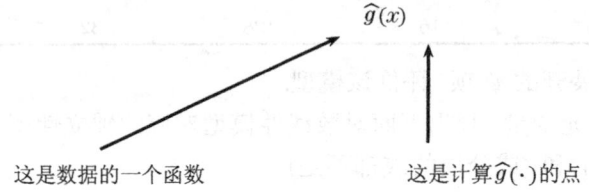

图 20.1 曲线估计 $\widehat{g}$ 是随机的, 因为它是数据的函数. 计算 $\widehat{g}$ 的点 x 不是随机变量

作为损失函数, 将用**积分平方的误差**(ISE)[①]:

$$L(g, \widehat{g}_n) = \int (g(u) - \widehat{g}_n(u))^2 \mathrm{d}u. \tag{20.1}$$

关于平方误差损失的**风险**或**期望积分平方的误差**(MISE)为

$$R(g, \widehat{g}_n) = \mathbb{E}\bigg(L(g, \widehat{g}_n)\bigg). \tag{20.2}$$

[①] 还将用到其他的损失函数, 结果是相似的但是其分析非常复杂.

20.1 偏差 – 方差平衡

20.1 引理 风险可以写为

$$R(g, \widehat{g}_n) = \int b^2(x) \mathrm{d}x + \int v(x) \mathrm{d}x, \tag{20.3}$$

其中,

$$b(x) = \mathbb{E}(\widehat{g}_n(x)) - g(x) \tag{20.4}$$

为 $\widehat{g}_n(x)$ 在固定点 x 处的偏差, 而

$$v(x) = \mathbb{V}(\widehat{g}_n(x)) = \mathbb{E}\bigg(\big(\widehat{g}_n(x) - \mathbb{E}(\widehat{g}_n(x))^2 \big) \bigg) \tag{20.5}$$

为 $\widehat{g}_n(x)$ 在固定点 x 处的方差.

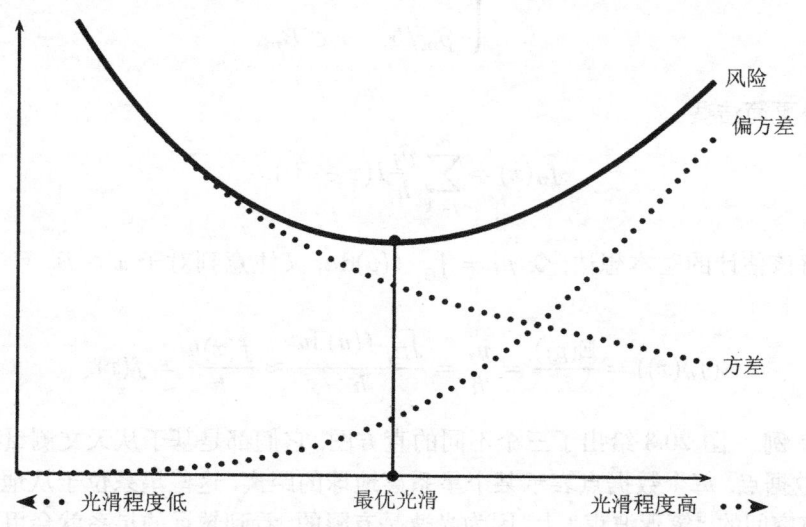

图 20.2 偏差 – 方差平衡

根据光滑程度其偏差增加而方差减少. 最优光滑程度, 由竖直直线标出, 极小化了风险 = 偏差^2+ 方差.

总之,

$$\text{风险} = \text{偏差}^2 + \text{方差} \tag{20.6}$$

当数据被过光滑化时, 偏差项变大而方差项变小. 当数据被欠光滑化时, 结论相反, 见图 20.2. 这被称作**偏差 – 方差平衡**. 最小化风险相当于寻找偏差与方差的平衡.

20.2 直方图

令 $X_1, \cdots, X_n$ 在区间 $[0,1]$ 上为 IID 的且具有密度函数 f. 在区间 $[0,1]$ 上的限制条件是无关紧要的；总可以将数据变换到该区间上. 令 m 表示一个整数且定义**窗格**

$$B_1 = \left[0, \frac{1}{m}\right), \quad B_2 = \left[\frac{1}{m}, \frac{2}{m}\right), \quad \cdots, \quad B_m = \left[\frac{m-1}{m}, 1\right]. \tag{20.7}$$

定义**窗宽** $h = 1/m$, 令 v_j 表示 B_j 中的观测数，令 $\widehat{p}_j = v_j/n$, $p_j = \int_{B_j} f(u) \mathrm{d}u$. **直方图估计**可以定义为

$$\widehat{f}_n(x) = \begin{cases} \widehat{p}_1/h, & x \in B_1, \\ \widehat{p}_2/h, & x \in B_2, \\ \cdots\cdots \\ \widehat{p}_m/h, & x \in B_m. \end{cases}$$

可以写得更简洁些

$$\widehat{f}_n(x) = \sum_{j=1}^{m} \frac{\widehat{p}_j}{h} I(x \in B_j). \tag{20.8}$$

为了理解该估计的基本想法，令 $p_j = \int_{B_j} f(u)\mathrm{d}u$, 又注意到对于 $x \in B_j$ 且 h 较小时,

$$\mathbb{E}(\widehat{f}_n(x)) = \frac{\mathbb{E}(\widehat{p}_j)}{h} = \frac{p_j}{h} = \frac{\int_{B_j} f(u)\mathrm{d}u}{h} \approx \frac{f(x)h}{h} = f(x).$$

20.2 例 图 20.3 给出了三个不同的直方图，它们都是基于从天文测量得到的 1266 个数据点. 每个数据点表示某个星系离地球的距离. 这些星系位于从地球直接发向宇宙空间的"笔形波束"上. 因为光速是有限的, 看到越远的星系就会用更多的时间. 在考虑寻找一个好的偏差方差平衡的同时, 选择合适的窗格数. 将看到左上角的直方图由于窗格数太少而导致过光滑和偏差过大. 左下角的直方图由于窗格数太多而导致欠光滑. 右上角的直方图比较合适. 该直方图反映出星系具有聚类现象. 通过观察和认识星系聚类的大小和数目随时间变化的规律, 可以帮助宇宙学家了解宇宙的演变.

$\widehat{f}_n(x)$ 的均值和方差由下面的定理给出.

20.3 定理 考虑固定的 x 和固定的 m, 且令 B_j 为含有 x 的窗格, 则

$$\mathbb{E}(\widehat{f}_n(x)) = \frac{p_j}{h} \quad \text{且} \quad \mathbb{V}(\widehat{f}_n(x)) = \frac{p_j(1-p_j)}{nh^2}. \tag{20.9}$$

20.2 直方图

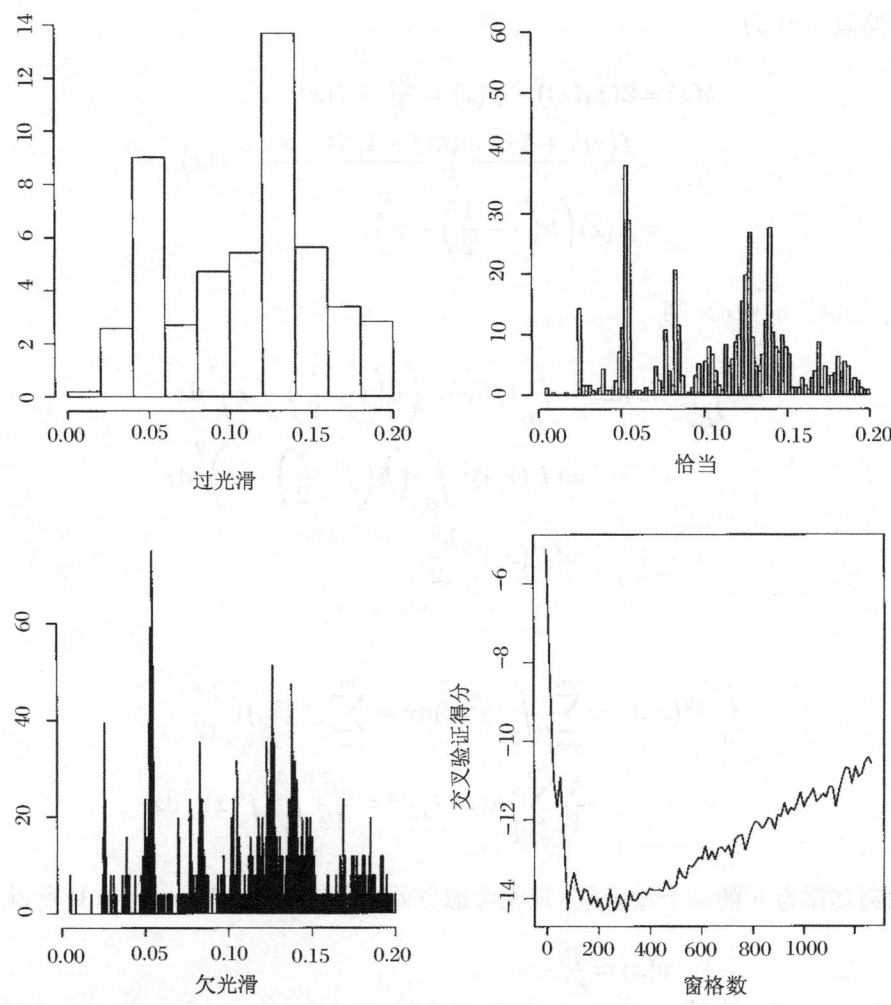

图 20.3 天文学数据的三个直方图

左上角的直方图具有较少的窗格. 左下角的直方图具有较多的窗格. 右上角的直方图恰好合适. 右下角的图给出了风险估计与窗格数的关系

通过方程 (20.9) 可更进一步地考察偏差-方差平衡. 考虑某个 $x \in B_j$. 对于任何其他的 $u \in B_j$,

$$f(u) \approx f(x) + (u-x)f'(x).$$

因此

$$p_j = \int_{B_j} f(u)\mathrm{d}u \approx \int_{B_j}\Big(f(x) + (u-x)f'(x)\Big)\mathrm{d}u$$
$$= f(x)h + hf'(x)\Big(h\Big(j-\frac{1}{2}\Big) - x\Big),$$

所以偏差 $b(x)$ 为

$$\begin{aligned}b(x) =& \mathbb{E}(\widehat{f}_n(x)) - f(x) = \frac{p_j}{h} - f(x) \\ \approx& \frac{f(x)h + hf'(x)(h(j-1/2)-x)}{h} - f(x) \\ =& f'(x)\left(h\left(j-\frac{1}{2}\right) - x\right).\end{aligned}$$

若 $\widetilde{x}_j$ 是窗格的中心, 则

$$\begin{aligned}\int_{B_j} b^2(x)\mathrm{d}x \approx& \int_{B_j} (f'(x))^2 \left(h\left(j-\frac{1}{2}\right) - x\right)^2 \mathrm{d}x \\ \approx& (f'(\widetilde{x}_j))^2 \int_{B_j} \left(h\left(j-\frac{1}{2}\right) - x\right)^2 \mathrm{d}x \\ =& (f'(\widetilde{x}_j))^2 \frac{h^3}{12}.\end{aligned}$$

因此,

$$\begin{aligned}\int_0^1 b^2(x)\mathrm{d}x =& \sum_{j=1}^m \int_{B_j} b^2(x)\mathrm{d}x \approx \sum_{j=1}^m (f'(\widetilde{x}_j))^2 \frac{h^3}{12} \\ =& \frac{h^2}{12} \sum_{j=1}^m h(f'(\widetilde{x}_j))^2 \approx \frac{h^2}{12} \int_0^1 (f'(x))^2 \mathrm{d}x.\end{aligned}$$

注意到其作为 h 的一个增函数. 现在考虑方差. 对于较小的 h, $1 - p_j \approx 1$, 所以

$$\begin{aligned}v(x) \approx& \frac{p_j}{nh^2} \\ =& \frac{f(x)h + hf'(x)(h(j-1/2)-x)}{nh^2} \\ \approx& \frac{f(x)}{nh},\end{aligned}$$

其中只保留分母项, 所以

$$\int_0^1 v(x)\mathrm{d}x \approx \frac{1}{nh}.$$

注意到它是随着 h 的增加而递减的. 将这些综合起来, 就会有

20.4 定理 假设 $\int (f'(u))^2 \mathrm{d}u < \infty$, 则

$$R(\widehat{f}_n, f) \approx \frac{h^2}{12} \int (f'(u))^2 \mathrm{d}u + \frac{1}{nh}. \tag{20.10}$$

20.2 直方图

极小化方程 (20.10) 的值 h^* 为

$$h^* = \frac{1}{n^{1/3}} \left(\frac{6}{\int (f'(u))^2 du} \right)^{1/3}, \tag{20.11}$$

在这个窗宽选择下,

$$R(\widehat{f}_n, f) \approx \frac{C}{n^{2/3}}, \tag{20.12}$$

其中, $C = (3/4)^{2/3} \left(\int (f'(u))^2 du \right)^{1/3}$.

定理 20.4 是非常明显的. 可以看到在一个最优的窗宽选择下, MISE 以 $n^{-2/3}$ 的速度收敛到 0. 作为比较, 很多参数估计的收敛速度为 n^{-1}. 较慢的收敛速度是采用非参数方法的代价. 最优窗宽 h^* 的公式具有理论价值但是在实际中用处不大, 因为它依赖于未知函数 f.

一个实际的选择窗宽的方法就是估计风险函数然后关于 h 极小化. 回忆损失函数, 现在将其记为 h 的函数为

$$L(h) = \int (\widehat{f}_n - f(x))^2 dx$$
$$= \int \widehat{f}_n^2(x) dx - 2 \int \widehat{f}_n(x) f(x) dx + \int f^2(x) dx.$$

最后一项不依赖于窗宽 h, 所以极小化风险就等价于极小化下面的值:

$$J(h) = \int \widehat{f}_n^2(x) dx - 2 \int \widehat{f}_n(x) f(x) dx.$$

将 $\mathbb{E}(J(h))$ 视为风险, 虽然它因为常数项 $\int f^2(x) dx$ 而不同于真正的风险.

20.5 定义 风险的交叉验证估计为

$$\widehat{J}(h) = \int \left(\widehat{f}_n(x) \right)^2 dx - \frac{2}{n} \sum_{i=1}^n n\widehat{f}_{(-i)}(X_i), \tag{20.13}$$

其中, $\widehat{f}_{(-i)}$ 是去掉第 i 个观测后得到的直方图估计. 称 $\widehat{J}(h)$ 为交叉验证得分或估计风险.

20.6 定理 交叉验证估计几乎是无偏的,

$$\mathbb{E}(\widehat{J}(x)) \approx \mathbb{E}(J(x)).$$

原则上, 需要反复计算直方图估计 n 遍去得到 $\widehat{J}(h)$. 而且, 对于所有的 h 的值都要这样做. 幸运的是, 还有个简洁的公式.

20.7 定理　下面的等式成立：

$$\widehat{J}(h) = \frac{2}{(n-1)h} - \frac{n+1}{(n-1)h}\sum_{j=1}^{m}\widehat{p}_j^2. \tag{20.14}$$

20.8 例　对天文数据的例子使用交叉验证. 交叉验证函数在其最小值处非常平缓. 73~310 之间的任何一个 m 都是一个近似的最小值点, 但是其直方图估计在该范围内变化幅度不大. 图 20.3 中右上角的直方图是用 $m=73$ 的窗格构造的. 右下角的图显示了估计风险的, 或更精确地说是, $\widehat{J}$ 是随窗格数变动的曲线.

接下来想要构造 f 的一个置信集. 假设 $\widehat{f}_n$ 为具有 m 个窗格且其窗宽为 $h=1/m$ 的一个直方图估计. 的确不能对真正的密度 f 的详细情况给出可靠性的陈述. 但是, 可以在直方图估计的帮助下给出关于 f 可靠性的陈述. 最后, 定义

$$\bar{f}_n(x) = \mathbb{E}(\widehat{f}_n(x)) = \frac{p_j}{h}, \quad x \in B_j, \tag{20.15}$$

其中, $p_j = \int_{B_j} f(u)\mathrm{d}u$. 可以将 $\bar{f}_n(x)$ 看作 f 的直方图版.

20.9 定义　函数对 $(\ell_n(x), u_n(x))$ 是一个 $1-\alpha$ **置信带**(或称置信包络)若

$$\mathbb{P}\bigg(\ell(x) \leqslant \bar{f}_n(x) \leqslant u(x), \quad 对所有的 x\bigg) \geqslant 1-\alpha. \tag{20.16}$$

20.10 定理　令 $m=m(n)$ 为直方图 $\widehat{f}_n(x)$ 中的窗格数. 假设当 $n\to\infty$ 时且 $m(n)\to\infty$ 时有 $m(n)\log n/n \to 0$. 定义

$$\ell_n(x) = \left(\max\left\{\sqrt{\widehat{f}_n(x)}-c, 0\right\}\right)^2,$$

$$u_n(x) = \left(\sqrt{\widehat{f}_n(x)}+c\right)^2, \tag{20.17}$$

其中,

$$c = \frac{z_{\alpha/(2m)}}{2}\sqrt{\frac{m}{n}}, \tag{20.18}$$

则 $(\ell_n(x), u_n(x))$ 为一个近似的 $1-\alpha$ 置信带.

证明　这里给出一个证明的梗概. 由中心极限定理得, $\widehat{p}_j \approx N(p_j, p_j(1-p_j)/n)$. 由 Delta 方法, $\sqrt{\widehat{p}_j} \approx N(\sqrt{p_j}, 1/(4n))$. 而且, 可以证明 $\sqrt{\widehat{p}_j}$ 之间是近似独立的. 因此,

$$2\sqrt{n}\left(\sqrt{\widehat{p}_j} - \sqrt{p_j}\right) \approx Z_j, \tag{20.19}$$

其中，$Z_1, \cdots, Z_m \sim N(0,1)$. 令

$$A = \left\{\ell_n(x) \leqslant \bar{f}_n(x) \leqslant u_n(x), \text{对所有的} x\right\} = \left\{\max_x \left|\sqrt{\widehat{f}_n(x)} - \sqrt{\bar{f}_n(x)}\right| \leqslant c\right\},$$

则

$$\begin{aligned}\mathbb{P}(A^c) &= \mathbb{P}\left(\max_x \left|\sqrt{\widehat{f}_n(x)} - \sqrt{\bar{f}_n(x)}\right| > c\right) = \mathbb{P}\left(\max_j \left|\sqrt{\frac{\widehat{p}_j}{h}} - \sqrt{\frac{p_j}{h}}\right| > c\right) \\ &= \mathbb{P}\left(\max_j 2\sqrt{n} \left|\sqrt{\widehat{p}_j} - \sqrt{p_j}\right| > z_{\alpha/(2m)}\right) \\ &\approx \mathbb{P}\left(\max_j |Z_j| > z_{\alpha/(2m)}\right) \leqslant \sum_{j=1}^m \mathbb{P}\left(|Z_j| > z_{\alpha/(2m)}\right) \\ &= \sum_{j=1}^m \frac{\alpha}{m} = \alpha.\end{aligned}$$

20.11 例 图 20.4 给出了天文数据的一个 95% 的置信包络. 会看到即使有超过 1000 个数据点，依然存在很大的不确定性.

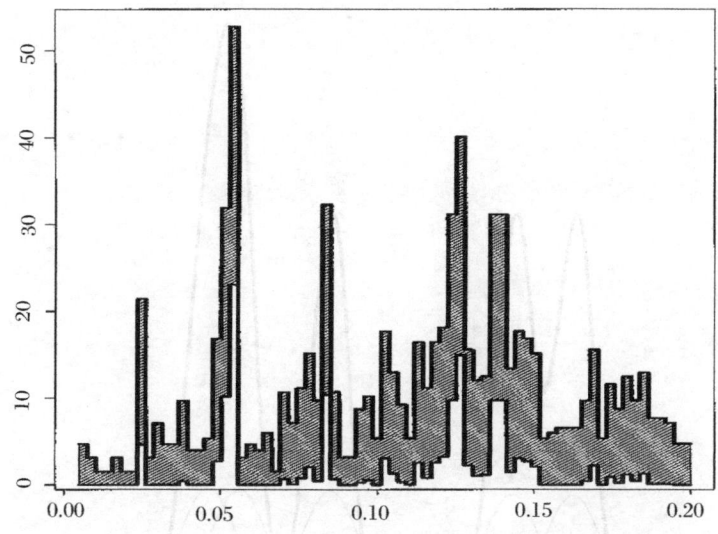

图 20.4 天文学数据的 95% 的置信包络，窗格数 $m = 73$

20.3 核密度估计

直方图是不连续的. **核密度估计**较光滑且比直方图估计较快地收敛到真正的密度.

令 $X_1, \cdots, X_n$ 表示观测数据, 它们来自 f 的一个样本. 在本章中, **核**定义为任意一个光滑函数 K 使得 $K(x) \geqslant 0$, $\int K(x)\mathrm{d}x = 1$, $\int xK(x)\mathrm{d}x = 0$ 并且 $\sigma_K^2 \equiv \int x^2 K(x)\mathrm{d}x > 0$. 核的两个例子分别为 **Epanechnikov 核**

$$K(x) = \begin{cases} \dfrac{3}{4}\left(\dfrac{1-x^2}{5}\right)/\sqrt{5}, & |x| < \sqrt{5}, \\ 0, & \text{其他} \end{cases} \tag{20.20}$$

与高斯 (正态) 核 $K(x) = (2\pi)^{-1/2} \mathrm{e}^{-x^2/2}$.

20.12 定义　给定一个核 K 与一个正数 h, 称作**带宽**, **核密度估计**定义为

$$\widehat{f}_n(x) = \frac{1}{n}\sum_{i=1}^{n}\frac{1}{h}K\left(\frac{x-X_i}{h}\right). \tag{20.21}$$

图 20.5 给出了一个核密度估计的例子. 核估计有效地在每个数据点 X_i 上赋予大小为 $1/n$ 的权重, 延伸出一个光滑包. 带宽 h 控制了光滑的程度. 当 h 趋向于 0 时, $\widehat{f}_n(x)$ 包含了很多尖峰, 每个数据点都是一个尖峰. 当 $h \to 0$ 时, 尖峰的高度趋于无穷大. 当 $h \to \infty$ 时, $\widehat{f}_n$ 趋于一个均匀分布密度函数.

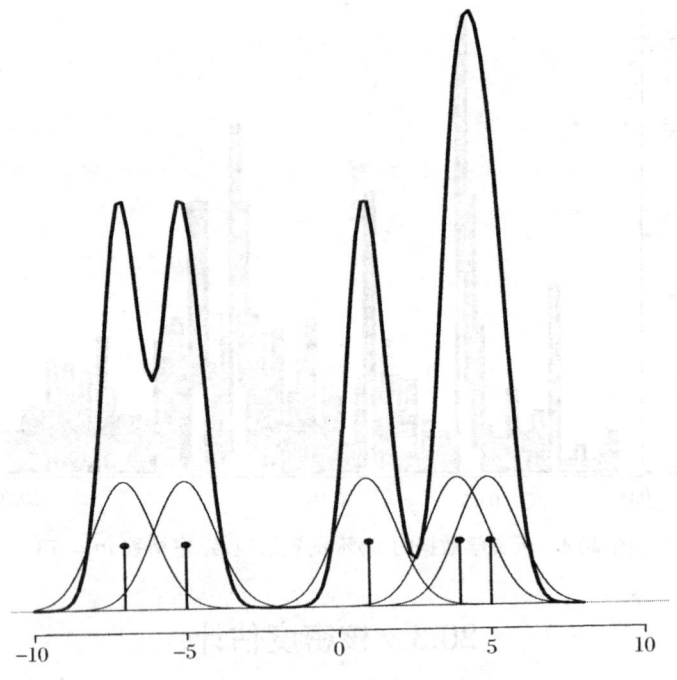

图 20.5　核密度估计 $\widehat{f}_n$

在每一点 x, $\widehat{f}_n(x)$ 为以数据点 X_i 为中心的核函数的平均. 数据点由短的竖直线段标出

20.13 例 图 20.6 给出了用三种不同的带宽对天文数据作出的核密度估计. 在每种情况下都用高斯核. 右上角的合适的光滑的核密度估计与直方图估计具有相似的结构. 然而, 用核估计更容易发现其聚类现象.

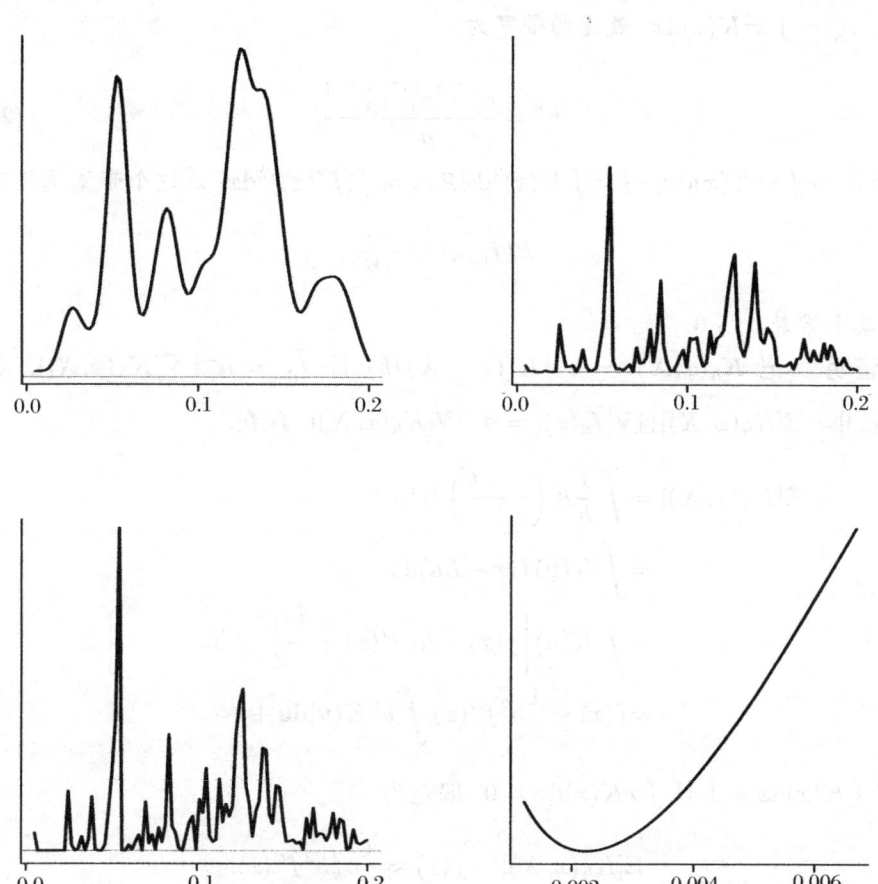

图 20.6 天文学数据的核密度估计与风险估计

左上角: 过光滑.

右上角: 恰好 (由交叉验证选出带宽). 左下角: 欠光滑. 右下角: 作为带宽 h 函数的交叉验证曲线. 在曲线取值最小的地方选择带宽为 h 的值.

为了构造一个核密度估计, 需要选择一个核 K 和一个带宽 h. 理论和经验都表明 K 的选择不是关键的 [①]. 但是, 带宽 h 的选择是非常重要的. 像直方图一样, 可以给出一个理论结果, 它是关于估计的风险是如何依赖于带宽的.

---

① 可以证明, 在最小渐进均方误差的意义下 Epanechnikov 核是最优的, 但是带宽的选择的确是最关键的.

20.14 定理 在 f 和 K 的弱假设下,

$$R(f, \widehat{f}_n) \approx \frac{1}{4}\sigma_K^4 h^4 \int (f''(x))^2 dx + \frac{\int K^2(x)dx}{nh}, \quad (20.22)$$

其中, $\sigma_K^2 = \int x^2 K(x)dx$. 最优的带宽为

$$h^* = \frac{c_1^{-2/5} c_2^{1/5} c_3^{-1/5}}{n^{1/5}}, \quad (20.23)$$

其中, $c_1 = \int x^2 K(x)dx, c_2 = \int K(x)^2 dx$ 且 $c_3 = \int (f''(x))^2 dx$. 在这个带宽选择下,

$$R(f, \widehat{f}_n) \approx \frac{c_4}{n^{4/5}},$$

对于某个常数 $c_4 > 0$.

证明 记 $K_h(x, X) = h^{-1}K((x-X)/h)$ 且 $\widehat{f}_n = n^{-1}\sum_i K_h(x, X_i)$. 因此, $\mathbb{E}[\widehat{f}_n(x)] = \mathbb{E}[K_h(x,X)]$ 且 $\mathbb{V}[\widehat{f}_n(x)] = n^{-1}\mathbb{V}[K_h(x,X)]$. 现在,

$$\begin{aligned}\mathbb{E}[K_h(x, X)] &= \int \frac{1}{h} K\left(\frac{x-t}{h}\right) f(t)dt \\ &= \int K(u) f(x-hu) du \\ &= \int K(u)\left[f(x) - huf'(x) + \frac{h^2 u^2}{2}f''(x) + \cdots\right]du \\ &= f(x) + \frac{1}{2}h^2 f''(x)\int u^2 K(u)du + \cdots.\end{aligned}$$

因为 $\int K(x)dx = 1$ 且 $\int xK(x)dx = 0$. 偏差为

$$\mathbb{E}[K_h(x,X)] - f(x) \approx \frac{1}{2}\sigma_k^2 h^2 f''(x).$$

相似的计算得到

$$\mathbb{V}[\widehat{f}_n(x)] \approx \frac{f(x)\int K^2(x)dx}{nh_n}.$$

该结果可以由对偏差平方与方差的和积分得到.

可以看到核估计以 $n^{-4/5}$ 的速度收敛而直方图估计以较慢的速度 $n^{-2/3}$ 收敛. 可以证明, 在弱假设下, 不存在一个收敛速度比 $n^{-4/5}$ 更快的非参数估计.

h^* 的表达式依赖于未知的密度 f, 于是实用性不高. 像直方图估计一样, 可以用交叉验证来找到一个带宽. 因此, 在实际中通过下式估计风险 (直至常数):

$$\widehat{J}(h) = \int \widehat{f}^2(x)dx - \frac{2}{n}\sum_{i=1}^n \widehat{f}_{-i}(X_i), \quad (20.24)$$

20.3 核密度估计

其中, $\widehat{f}_{-i}$ 是忽略第 i 个观测后的核密度估计.

20.15 定理   对于任意 $h > 0$,
$$\mathbb{E}\big[\widehat{J}(h)\big] = \mathbb{E}[J(h)]$$

且

$$\widehat{J}(h) \approx \frac{1}{hn^2} \sum_i \sum_j K^*\left(\frac{X_i - X_j}{h}\right) + \frac{2}{nh} K(0), \tag{20.25}$$

其中, $K^*(x) = K^{(2)}(x) - 2K(x)$ 且 $K^{(2)}(x) = \int K(z-y)K(y)\mathrm{d}y$. 特别地, 若 K 为一个 $N(0,1)$ 高斯核则 $K^{(2)}(z)$ 是 $N(0,2)$ 密度.

这里将选择能够最小化 $\widehat{J}(h)^3$ 的带宽 $h_n^①$. 该方法的合理性可由下面著名的定理给出, 该定理归功于 Stone.

20.16 定理(Stone 定理)   假设 f 有界. 令 $\widehat{f}_h$ 表示带宽为 h 的核估计且令 h_n 表示由交叉验证得到的带宽 h_n, 则

$$\frac{\int \big(f(x) - \widehat{f}_{h_n}(x)\big)^2 \mathrm{d}x}{\inf_h \int \big(f(x) - \widehat{f}_h(x)\big)^2 \mathrm{d}x} \xrightarrow{P} 1. \tag{20.26}$$

20.17 例   图 20.6 中右上角的图是基于交叉验证的. 这些数据事先都进行了四舍五入取整, 这将给交叉验证带来一些问题. 具体地, 它将导致最小值点为 $h = 0$. 为了解决这个问题, 我们给这些数据加上少量的随机正态干扰. 这样的话, $\widehat{J}(h)$ 变得非常光滑且有个定义较好的最小值.

20.18 注   不要假设, 若估计 $\widehat{f}$ 是波动的, 否则交叉验证定要让你失望了. 眼睛并不是一个好的风险评价者.

为了构造置信带, 可以用类似于直方图一样的思想. 同理, 真实密度 f 的光滑版 ② 的置信带为

$$\bar{f}_n = \mathbb{E}(\widehat{f}_n(x)) = \int \frac{1}{h} K\left(\frac{x-u}{h}\right) f(u) \mathrm{d}u,$$

假设密度函数定义在区间 (a, b) 上. 置信带为

$$\ell_n(x) = \widehat{f}_n(x) - q\,\mathrm{se}(x), \quad u_n(x) = \widehat{f}_n(x) + q\,\mathrm{se}(x), \tag{20.27}$$

其中,

$$\mathrm{se}(x) = \frac{s(x)}{\sqrt{n}},$$

$$s^2(x) = \frac{1}{n-1} \sum_{i=1}^n (Y_i(x) - \bar{Y}_n(x))^2,$$

---

① 对于大的数据集, $\widehat{f}$ 和式 (20.25) 可以通过快速傅里叶变换很快地计算得到.
② 这是一个对文献 (Chaudhuri and Marron, 1999) 中描述的置信带的修正版.

$$Y_i(x) = \frac{1}{h} K\left(\frac{x - X_i}{h}\right),$$

$$q = \Phi^{-1}\left(\frac{1 + (1-\alpha)^{1/m}}{2}\right),$$

$$m = \frac{b-a}{\omega},$$

其中, ω 为核的宽度, 若核没有有限的宽度则取 ω 为其有效宽度, 即核不可被忽略的范围. 特别地, 对于正态核取 $\omega = 3h$.

20.19 例 图 20.7 给出了天文数据的近似 95% 置信带.

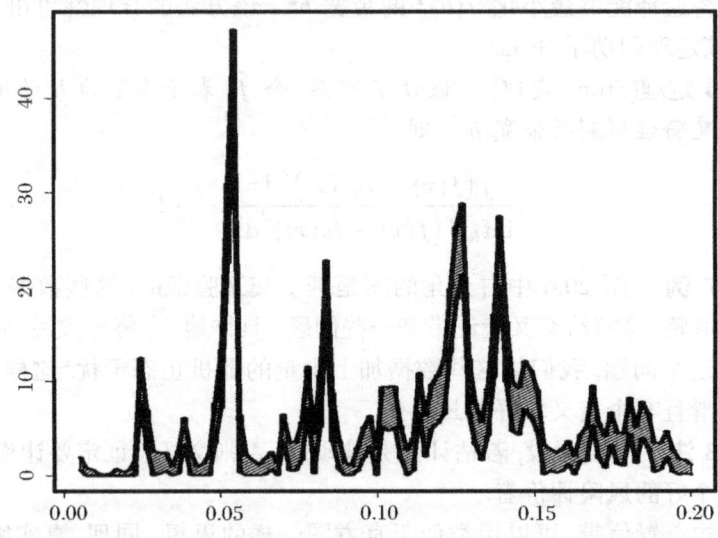

图 20.7 天文学数据的核密度估计的 95% 置信带

现在假设数据 $X_i = (X_{i1}, \cdots, X_{id})$ 为 d 维的. 核估计可以推广到 d 维情况. 令 $h = (h_1, \cdots, h_d)$ 为一个带宽向量且定义

$$\widehat{f}_n(x) = \frac{1}{n} \sum_{i=1}^{n} K_h(x - X_i), \tag{20.28}$$

其中,

$$K_h(x - X_i) = \frac{1}{nh_1 \cdots h_d}\left\{\prod_{j=1}^{d} K\left(\frac{x_i - X_{ij}}{h_j}\right)\right\}. \tag{20.29}$$

其中, $h_1, \cdots, h_d$ 为带宽. 为简单起见, 可以取 $h_j = s_j h$, 其中 s_j 为第 j 个变量的标准差. 现在就只有一个带宽 h 可供选择了. 用与一维情形相同的计算方法, 可得风

险为

$$R(f, \widehat{f_n}) \approx \frac{1}{4}\sigma_K^4 \left[\sum_{j=1}^d h_j^4 \int f_{jj}^2(x)\mathrm{d}x + \sum_{j \neq k} h_j^2 h_k^2 \int f_{jj}f_{kk}\mathrm{d}x\right] + \frac{(\int K^2(x)\mathrm{d}x)^d}{nh_1\cdots h_d},$$

其中, f_{jj} 是 f 的二阶偏导数. 最优带宽满足 $h_i \approx c_1 n^{-1/(4+d)}$, 这将产生一个阶数为 $n^{-4/(4+d)}$ 风险. 从这个事实上, 可以看到风险会随着维数的增长而迅速增长, 该问题常被称为**维数灾难**. 为了理解该问题的严重性, 考虑下面来自文献 (Silverman, 1986) 的表格, 它表明了当密度为多元正态且最优带宽已经选择好的情况下, 为了保证在 0 处的相对均方误差比 0.1 小, 所需要的样本量如下:

维数	样本量
1	4
2	19
3	67
4	223
5	768
6	2790
7	10700
8	43700
9	187000
10	842000

这的确是个坏消息. 它表明在一个 10 维问题里拥有 842000 个观测就相当于在一个一维问题里拥有 4 个观测.

20.4 非参数回归

考虑点对 $(x_1, Y_i), \cdots, (x_n, Y_n)$, 其关系为

$$Y_i = r(x_i) + \epsilon_i, \tag{20.30}$$

其中, $\mathbb{E}(\epsilon_i) = 0$. 用小写体记作 x_i, 因为将其看作固定的. 可以这样做, 因为在回归里, 只有 Y 的均值关于 x 是条件依赖的, 这才是所感兴趣的. 想要估计回归函数 $r(x) = \mathbb{E}(Y|X=x)$.

存在很多非参数回归估计. 大多数涉及通过对 Y 取某种加权平均来估计 $r(x)$, 对靠近 x 的点给予更高的权重. 一个常用的估计就是所谓 Nadaraya–Watson 核估计.

20.20 定义 Nadaraya-Watson核估计定义为

$$\widehat{r}(x) = \sum_{i=1}^{n} w_i(x) Y_i, \tag{20.31}$$

其中，K 为一个核且其权重 $w_i(x)$ 由下式给出：

$$w_i(x) = \frac{K\left(\dfrac{x - x_i}{h}\right)}{\sum_{j=1}^{n} K\left(\dfrac{x - x_j}{h}\right)}. \tag{20.32}$$

该估计的形式如下：首先用核密度估计方法估计出联合密度 $f(x, y)$ 再将其代入下面的公式：

$$r(x) = \mathbb{E}(Y|X = x) = \int y f(y|x) \mathrm{d}y = \frac{\int y f(x, y) \mathrm{d}y}{\int f(x, y) \mathrm{d}y}.$$

20.21 定理 假设 $\mathbb{V}(\epsilon_i) = \sigma^2$. Nadaraya–Watson 核估计的风险为

$$R(\widehat{r}_n, r) \approx \frac{h^4}{4} \left(\int x^2 K^2(x) \mathrm{d}x \right)^4 \int \left(r''(x) + 2r'(x)\frac{f'(x)}{f(x)} \right)^2 \mathrm{d}x$$
$$+ \int \frac{\sigma^2 \int K^2(x)\mathrm{d}x}{nh f(x)} \mathrm{d}x. \tag{20.33}$$

最优带宽以 $n^{-1/5}$ 的速率递减且在该选择下其风险以 $n^{-4/5}$ 的速率递减.

在实际中，通过极小化交叉验证得分来选择带宽 h，

$$\widehat{J}(h) = \sum_{i=1}^{n} (Y_i - \widehat{r}_{-i}(x_i))^2, \tag{20.34}$$

其中，$\widehat{r}_{-i}$ 是由省略第 i 个变量而得到的估计. 幸运的是，存在一个计算 $\widehat{J}$ 的便捷的公式.

20.22 定理 $\widehat{J}$ 可以写为

$$\widehat{J}(h) = \sum_{i=1}^{n} (Y_i - \widehat{r}(x_i))^2 \frac{1}{\left(1 - K(0) \Big/ \sum_{j=1}^{n} K\left(\dfrac{x_i - x_j}{h}\right)\right)^2}. \tag{20.35}$$

20.23 例 图 20.8 给出了来自 BOOMERaNG(Netterfield et al., 2002)，Maxima (Lee et al., 2001) 和 DASI(Halverson et al, 2002) 的宇宙微波背景 (CMB) 数据的拟合情况. 该数据包含了 n 对观察值 $(x_1, Y_1), \cdots, (x_n, Y_n)$，其中，$x_i$ 称作多极矩，Y_i 称

20.4 非参数回归

作温度变化功率谱估计. 所看到的是宇宙微波背景辐射中的声波, 这是从宇宙大爆炸中留下来的. 若令 $r(x)$ 表示真正的功率谱, 则

$$Y_i = r(x_i) + \epsilon_i,$$

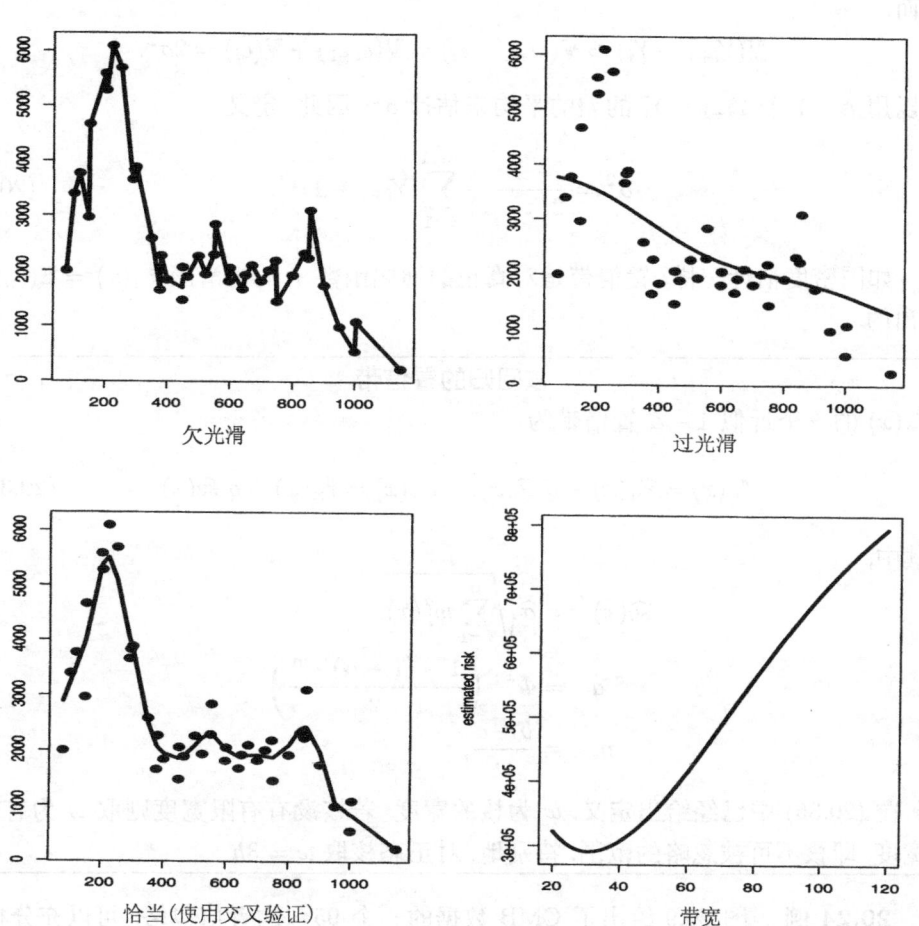

图 20.8 CMB 数据的回归分析

第一个拟合是欠光滑的. 第二个是过光滑的, 且第三个是基于交叉验证的. 最后一个图给出了风险估计关于光滑器的带宽的关系. 数据来自于 BOOMERaNG, Maxima, 以及 DASI.

其中, ϵ_i 是一个均值为 0 的随机误差. $r(x)$ 峰值的位置和大小为了解早期宇宙的状况提供了有价值的线索. 图 20.8 给出了基于交叉验证的拟合, 既有一个欠光滑的拟合也有一个过光滑的拟合. 交叉验证拟合表明了三个定义好的峰值的存在, 恰如大爆炸的物理学理论所预测的那样.

找到置信带的步骤与密度估计的情况是类似的. 然而, 首先需要估计 σ^2. 假设

x_i 已经排好序. 假设 $r(x)$ 是光滑的, 会有 $r(x_{i+1}) - r(x_i) \approx 0$, 因此

$$Y_{i+1} - Y_i = \left[r(x_{i+1}) + \epsilon_{i+1}\right] - \left[r(x_i) + \epsilon_i\right] \approx \epsilon_{i+1} - \epsilon_i,$$

从而

$$\mathbb{V}(Y_{i+1} - Y_i) \approx \mathbb{V}(\epsilon_{i+1} - \epsilon_i) = \mathbb{V}(\epsilon_{i+1}) + \mathbb{V}(\epsilon_i) = 2\sigma^2.$$

可以用 $n-1$ 个 $Y_{i+1} - Y_i$ 的差的平均来估计 σ^2. 因此, 定义

$$\widehat{\sigma}^2 = \frac{1}{2(n-1)} \sum_{i=1}^{n-1} (Y_{i+1} - Y_i)^2. \tag{20.36}$$

如同密度估计一样, 置信带是对真正的回归函数 r 的光滑版 $\bar{r}_n(x) = \mathbb{E}(\widehat{r}_n(x))$ 作出的.

核回归的置信带

$\bar{r}_n(x)$ 的一个近似 $1-\alpha$ 置信带为

$$\ell_n(x) = \widehat{r}_n(x) - q\,\widehat{\mathrm{se}}(x), \quad u_n(x) = \widehat{r}_n(x) + q\,\widehat{\mathrm{se}}(x), \tag{20.37}$$

其中,

$$\widehat{\mathrm{se}}(x) = \widehat{\sigma}\sqrt{\sum_{i=1}^n w_i^2(x)},$$

$$q = \Phi^{-1}\left(\frac{1 + (1-\alpha)^{1/m}}{2}\right),$$

$$m = \frac{b-a}{\omega},$$

$\widehat{\sigma}$ 在 (20.36) 中已经给出定义, ω 为核的宽度. 若核没有有限宽度则取 ω 为有效宽度, 即核不可被忽略的范围. 特别地, 对正态核取 $\omega = 3h$.

20.24 例 图 20.9 给出了 CMB 数据的一个 95% 的置信包络. 可以充分相信第一个峰值的存在和位置. 对于第二个和第三个峰值的情况不太确定. 写作本书之时, 有很多更加精确可用的数据, 它们看来可以提供对于第二个和第三个峰值的较精确的估计.

多元回归 $X = (X_1, \cdots, X_p)$ 的推广很直接. 如同核密度估计一样只要将核换成一个多元核即可. 然而, 维数灾难的问题依然存在. 在某些情形, 可以考虑对回归函数附加一些约束条件, 这将减少维数灾难. 例如, **可加回归模型**为

$$Y = \sum_{j=1}^p r_j(X_j) + \epsilon. \tag{20.38}$$

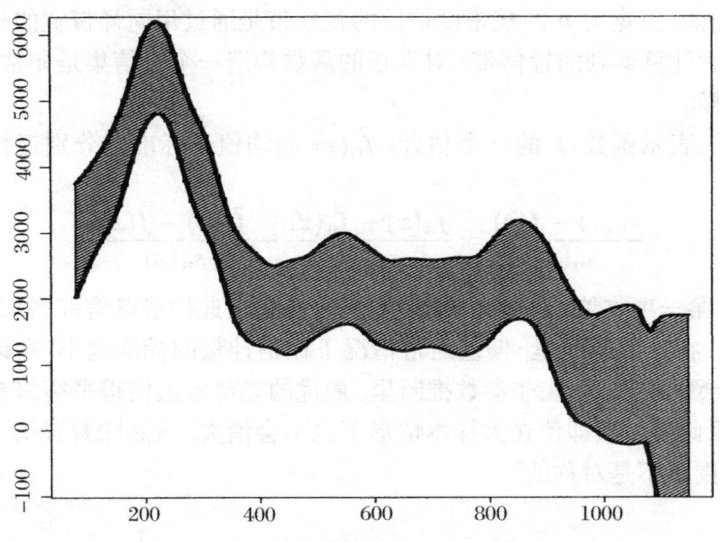

图 20.9　CMB 数据的 95% 置信包络

现在只要去拟合 p 个一维函数. 该模型可以通过加上各种各样的交互项而被扩充, 例如,

$$Y = \sum_{j=1}^{p} r_j(X_j) + \sum_{j<k} r_{jk}(X_j X_k) + \epsilon. \tag{20.39}$$

可加模型通常用所谓的**后向拟合**算法来拟合.

后向拟合

1. 初始化 $r_1(x_1), \cdots, r_p(x_p)$.
2. 当 $j=1,2,\cdots, p$ 时,
   (a) 令 $\epsilon_i = Y_i - \sum_{s \neq j} r_s(x_i)$.
   (b) 令 r_j 表示用第 j 个自变量去回归 ϵ_i 得到的函数估计.
3. 若收敛, 则停止. 否则, 回到第 2 步.

可加模型具有避免维数灾难的优点而且可以被快速拟合, 但是它们也有一个缺点: 模型不是完全非参数的. 换句话说, 真正的回归函数 $r(x)$ 可能并不是 (20.38) 中的形式.

20.5　附　　录

置信集与**偏差**　　置信带不是由密度函数或回归函数计算出来的, 而是由平滑函

数计算的. 例如, 带宽为 h 的核密度估计的置信带是通过用同样带宽的核对真正的函数光滑化后计算得到的置信带. 对真正的函数构造一个置信集是非常复杂的, 现在给出其解释.

令 $\widehat{f}_n(x)$ 表示函数 f 的一个估计. $\widehat{f}_n(x)$ 的均值和标准差分别记作 $\bar{f}_n(x)$ 和 $s_n(x)$, 则

$$\frac{\widehat{f}_n(x) - f(x)}{s_n(x)} = \frac{\widehat{f}_n(x) - \bar{f}_n(x)}{s_n(x)} + \frac{\bar{f}_n(x) - f(x)}{s_n(x)}.$$

典型地, 第一项收敛到一个标准正态分布, 我们借此构造置信带. 第二项为偏差除以标准差. 在参数推断里, 偏差通常情况下比估计量的标准差小, 所以这项当样本量增加时会收敛到 0. 在非参数推断里, 最优的光滑方法使得平衡偏差和标准差成为可能. 因此第二项即使在大样本情形下也不会消失. 这意味着置信区间在真正的函数 f 周围将不是对称的.

20.6 文献注释

两本非常好的关于密度估计的书分别为 (Scott, 1992; Silverman, 1986). 关于非参数回归的文献是非常多的. 两本入门的书分别为 (Härdle, 1990) 和 (Loader, 1999). 后者着重介绍一类被称作局部似然的方法.

20.7 习 题

1. 令 $X_1, \cdots, X_n \sim f$ 且令 $\widehat{f}_n$ 为用下面 boxcar 核得到的核密度估计:

$$K(x) = \begin{cases} 1, & -\frac{1}{2} < x < \frac{1}{2}, \\ 0, & \text{其他}. \end{cases}$$

(a) 证明

$$\mathbb{E}(\widehat{f}(x)) = \frac{1}{h} \int_{x-(h/2)}^{x+(h/2)} f(y) \mathrm{d}y$$

与

$$\mathbb{V}(\widehat{f}(x)) = \frac{1}{nh^2} \left[\int_{x-(h/2)}^{x+(h/2)} f(y) \mathrm{d}y - \left(\int_{x-(h/2)}^{x+(h+2)} f(y) \mathrm{d}y \right)^2 \right].$$

(b) 证明若当 $n \to \infty$ 时有 $h \to 0$ 且当 $nh \to \infty$ 时, 则 $\widehat{f}_n(x) \xrightarrow{P} f(x)$.

2. 从本书网站上下载法医工作中收集到的玻璃碎片数据. 用直方图和核密度估计来估计第一个变量 (折射率) 的密度. 用交叉验证去选择光滑程度. 用不同的窗宽和带宽做实验. 讨论其相似之处和不同点. 对于估计量构造 95% 的置信区间.

3. 考虑第 2 题中的数据. 令 Y 为折射率且令 x 为铝含量 (第 4 个变量). 用非参数回归来拟合模型 $Y = f(x) + \epsilon$. 用交叉验证去估计带宽. 对于估计构造 95% 的置信带.

4. 证明引理 20.1.

5. 证明定理 20.3.

6. 证明定理 20.7.

7. 证明定理 20.15.

8. 考虑回归数据 $(x_1, Y_1), \cdots, (x_n, Y_n)$. 假设对于所有的 i 有 $0 \leqslant x_i \leqslant 1$. 如方程 (20.7) 一样定义窗格 B_j. 对于 $x \in B_j$ 定义

$$\widehat{r}_n(x) = \bar{Y}_j,$$

其中, $\bar{Y}_j$ 为 B_j 中所有与 x_i 对应的 Y_i 的均值. 求该估计的近似风险. 从该风险的表达式中, 求出最优带宽. 风险收敛到 0 的速度是多少?

9. 证明在对于 $r(x)$ 的合适的光滑性假设下, 方程 (20.36) 中的 $\widehat{\sigma}^2$ 是 σ^2 的一个相合估计.

10. 证明定理 20.22.

第 21 章 正交函数光滑法

本章将要研究一种基于**正交函数**的非参数曲线估计方法. 首先简要介绍正交函数理论, 然后讨论密度估计和回归.

21.1 正交函数与 L_2 空间

令 $v = (v_1, v_2, v_3)$ 表示一个三维向量, 即三个实数列. 令 $\mathcal{V}$ 表示所有此类向量的集合. 若 a 为一个标量 (一个数), v 为一个向量, 定义 $av = (av_1, av_2, av_3)$. 向量 v 与 w 的和定义为 $v + w = (v_1 + w_1, v_2 + w_2, v_3 + w_3)$. 两个向量 v 和 w 的**内积**定义为 $\langle v, w \rangle = \sum_{i=1}^{3} v_i w_i$. 一个向量的**范数 (或长度)** 定义为

$$|v| = \sqrt{\langle v, v \rangle} = \sqrt{\sum_{i=1}^{3} v_i^2}. \tag{21.1}$$

若两个向量满足 $\langle v, w \rangle = 0$, 则两个向量是**正交**的 (或**垂直**的). 若一个向量集中任意两个向量是正交的, 则该集合是正交的. 若一个向量 $|v| = 1$, 则该向量是**正规**的.

令 $\phi_1 = (1, 0, 0), \phi_2 = (0, 1, 0), \phi_3 = (0, 0, 1)$. 这些向量被称作 $\mathcal{V}$ 的一个**规范正交基**, 因为它们具有下面的性质:

(i) 它们是正交的.
(ii) 它们是正规的.
(iii) 它们构成了 $\mathcal{V}$ 的一组基, 这意味着对于任意的 $v \in \mathcal{V}$ 可以写为 ϕ_1, ϕ_2, ϕ_3 的一个线性组合

$$v = \sum_{j=1}^{3} \beta_j \phi_j, \tag{21.2}$$

其中, $\beta_j = \langle \phi_j, v \rangle$.

例如, 若 $v = (12, 3, 4)$, 则 $v = 12\phi_1 + 3\phi_2 + 4\phi_3$. 存在 $\mathcal{V}$ 的其他规范正交基. 例如,

$$\psi_1 = \left(\frac{1}{\sqrt{3}}, \frac{1}{\sqrt{3}}, \frac{1}{\sqrt{3}}\right), \quad \psi_2 = \left(\frac{1}{\sqrt{2}}, -\frac{1}{\sqrt{2}}, 0\right), \quad \psi_3 = \left(\frac{1}{\sqrt{6}}, \frac{1}{\sqrt{6}}, -\frac{2}{\sqrt{6}}\right).$$

可以验证这三个向量也构成了 $\mathcal{V}$ 的一组规范正交基. 同理, 若 v 为任意向量, 则可以记为

$$v = \sum_{j=1}^{3} \beta_j \psi_j,$$

21.1 正交函数与 L_2 空间

其中, $\beta_j = \langle \psi_j, v \rangle$.

例如, 若 $v = (12, 3, 4)$, 则

$$v = 10.97\psi_1 + 6.36\psi_2 + 2.86\psi_3.$$

现在从向量跳到函数. 本质上, 只需要将向量换成函数且将求和换成积分就可以了. 令 $L_2(a,b)$ 表示所有定义在区间 $[a,b]$ 上的函数使得 $\int_a^b f(x)^2 \mathrm{d}x < \infty$,

$$L_2(a,b) = \left\{ f:[a,b] \to \mathbb{R}, \quad \int_a^b f(x)^2 \mathrm{d}x < \infty \right\}. \tag{21.3}$$

有时将 $L_2(a,b)$ 记为 L_2. 两个函数 $f, g \in L_2$ 的内积定义为 $\int f(x)g(x)\mathrm{d}x$. f 的范数为

$$|f| = \sqrt{\int f(x)^2 \mathrm{d}x}. \tag{21.4}$$

若 $\int f(x)g(x)\mathrm{d}x = 0$, 则这两个函数是正交的. 若 $|f| = 1$, 则该函数是正规的.

若对于每个 j 有 $\int \phi_j^2(x)\mathrm{d}x = 1$ 且对于 $i \neq j$ 有 $\int \phi_i(x)\phi_j(x)\mathrm{d}x = 0$, 则函数序列 $\phi_1, \phi_2, \phi_3, \cdots$ 是**规范正交的**. 若与每个 ϕ_j 都是正交的函数只有函数 0, 则这个正交序列是**完备的**. 在这种情况下, 函数 $\phi_1, \phi_2, \phi_3, \cdots$ 构成一组基, 意思是若 $f \in L_2$ 则 f 可以写为 [①]

$$f(x) = \sum_{j=1}^{\infty} \beta_j \phi_j(x), \tag{21.5}$$

其中, $\beta_j = \int_a^b f(x)\phi_j(x)\mathrm{d}x$.

一个有用的结果是 **Parseval 关系式**, 即

$$|f|^2 \equiv \int f^2(x)\mathrm{d}x = \sum_{j=1}^{\infty} \beta_j^2 \equiv |\beta|^2, \tag{21.6}$$

其中, $\beta = (\beta_1, \beta_2, \cdots)$.

21.1 例 $L_2(0,1)$ 的一个规范正交基的例子为**余弦基**定义如下: 令 $\phi_0(x) = 1$ 且对于 $j \geqslant 1$ 定义

$$\phi_j(x) = \sqrt{2}\cos(j\pi x). \tag{21.7}$$

前 6 个函数的图像见图 21.1.

21.2 例 令

$$f(x) = \sqrt{x(1-x)}\sin\left(\frac{2.1\pi}{x + 0.05}\right).$$

[①] 方程中的等式意味着 $\int (f(x) - f_n(x))^2 \mathrm{d}x \to 0$, 其中, $f_n(x) = \sum_{j=1}^{n} \beta_j \phi_j(x)$.

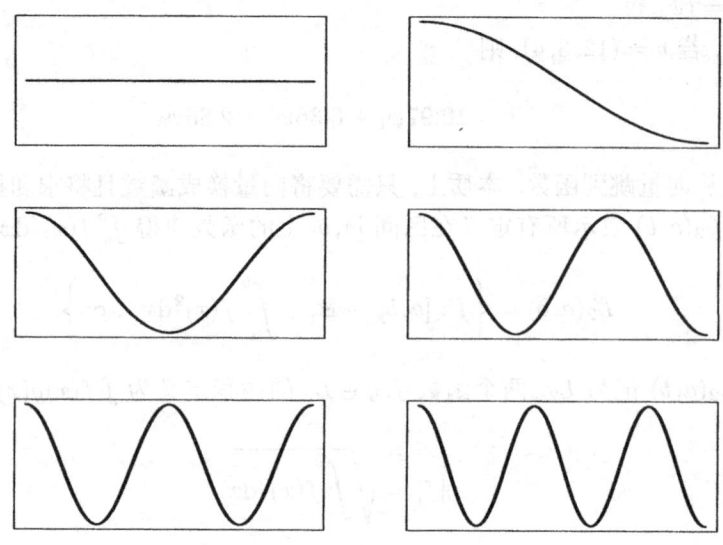

图 21.1 余弦基中的前 6 个函数

此即所谓"多普勒函数". 图 21.2 给出了 f 的图像 (左上角) 且其近似值为

$$f_J(x) = \sum_{j=1}^{J} \beta_j \phi_j(x),$$

其中, $J = 5$(右上角), 20(左下角) 和 200(右下角). 当 J 变大时, 可以看到 $f_J(x)$ 越接近 $f(x)$. 系数 $\beta_j = \int_0^1 f(x)\phi_j(x)dx$ 是用数值方法计算得到的.

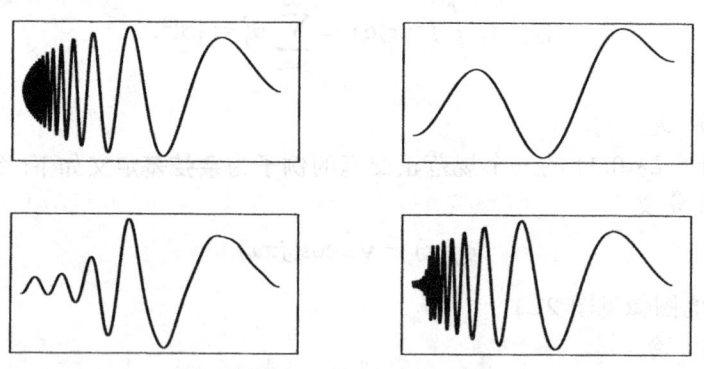

图 21.2 用多普勒函数的余弦基展式来对其作近似

函数 f(左上) 及其近似 $f_J(x) = \sum_{j=1}^{J} \beta_j \phi_j(x)$ 分别用 $J = 5$(右上), 20(左下), 与 200(右下). 系数 $\beta_j = \int_0^1 f(x)\phi_j(x)dx$ 是数值计算出来的

21.3 例 区间 $[-1,1]$ 上的 Legendre 多项式定义为

$$P_j(x) = \frac{1}{2^j j!} \frac{d^j}{dx^j}(x^2-1)^j, \quad j=0,1,2,\cdots. \tag{21.8}$$

可以证明这些函数是完备的且是正交的, 并有

$$\int_{-1}^{1} P_j^2(x)dx = \frac{2}{2j+1}. \tag{21.9}$$

可以得到函数 $\phi_j(x) = \sqrt{(2j+1)/2} P_j(x), j=0,1,\cdots$ 构成 $L_2(-1,1)$ 的一组规范正交基. 前几个 Legendre 多项式为

$$\begin{aligned} P_0(x) &= 1, \\ P_1(x) &= x, \\ P_2(x) &= \frac{1}{2}(3x^2-1), 且 \\ P_3(x) &= \frac{1}{2}(5x^2-3x). \end{aligned}$$

这些多项式可以用下面的递归关系式解析地构造出来:

$$P_{j+1} = \frac{(2j+1)xP_j(x) - jP_{j-1}(x)}{j+1}. \tag{21.10}$$

系数 $\beta_1, \beta_2, \cdots$ 是与函数 f 的光滑性有关的. 为了明白这一点, 注意到若 f 是光滑的, 则其导数将是有限的. 因此期望对于某个 k, $\int_0^1 (f^{(k)}(x))^2 dx < \infty$, 其中 $f^{(k)}$ 为 f 的 k 阶导数. 现在考虑余弦基 (21.7) 且令 $f(x) = \sum_{j=0}^{\infty} \beta_j \phi_j(x)$, 则

$$\int_0^1 (f^{(k)}(x))^2 dx = 2 \sum_{j=1}^{\infty} \beta_j^2 (\pi j)^{2k}.$$

唯一使得 $\sum_{j=1}^{\infty} \beta_j^2 (\pi j)^{2k}$ 为有限的条件是若当 j 变大时 β_j 变小. 总结如下:

若函数 f 是光滑的, 则当 j 变大时系数 β_j 将变小.

对于本章的余下部分, 除非特别声明, 否则假定用的是余弦基.

21.2 密度估计

令 $X_1, \cdots, X_2$ 为来自定义在 $[0,1]$ 上密度为 f 的分布的IID观测. 假设 $f \in L_2$ 可以记

$$f(x) = \sum_{j=0}^{\infty} \beta_j \phi_j(x),$$

其中, $\phi_1, \phi_2, \cdots$ 是一组规范正交基. 定义

$$\widehat{\beta}_j = \frac{1}{n} \sum_{i=1}^{n} \phi_j(X_i). \tag{21.11}$$

21.4 定理　$\widehat{\beta}_j$ 均值与方差为

$$\mathbb{E}(\widehat{\beta}_j) = \beta_j, \quad \mathbb{V}(\widehat{\beta}_j) = \frac{\sigma_j^2}{n}, \tag{21.12}$$

其中,

$$\sigma_j^2 = \mathbb{V}(\phi_j(X_i)) = \int (\phi_j(x) - \beta_j)^2 f(x) \mathrm{d}x. \tag{21.13}$$

证明　均值为

$$\begin{aligned}\mathbb{E}(\widehat{\beta}_j) &= \frac{1}{n} \sum_{i=1}^{n} \mathbb{E}(\phi_j(X_i)) \\ &= \mathbb{E}(\phi_j(X_1)) \\ &= \int \phi_j(x) f(x) \mathrm{d}x = \beta_j.\end{aligned}$$

方差的计算是类似的.

因此, $\widehat{\beta}_j$ 是 β_j 的一个无偏估计. 试图用 $\sum_{j=1}^{\infty} \widehat{\beta}_j \phi_j(x)$ 估计 f 但是这将导致一个非常大的方差. 替代地, 考虑估计量

$$\widehat{f}_n(x) = \sum_{j=1}^{J} \widehat{\beta}_j \phi_j(x). \tag{21.14}$$

项数 J 是一个光滑参数. 增加 J 将减小偏差但将增大方差. 出于技术原因, 将 J 限制在如下范围内:

$$1 \leqslant J \leqslant p,$$

其中, $p = p(n) = \sqrt{n}$. 为了强调风险函数对于 J 的依赖, 把风险函数记为 $R(J)$.

21.5 定理　$\widehat{f}_n$ 的风险为

$$R(J) = \sum_{j=1}^{J} \frac{\sigma_j^2}{n} + \sum_{j=J+1}^{\infty} \beta_j^2. \tag{21.15}$$

风险的一个估计为

$$\widehat{R}(J) = \sum_{j=1}^{J} \frac{\widehat{\sigma}_j^2}{n} + \sum_{j=J+1}^{p} \left(\widehat{\beta}_j^2 - \frac{\widehat{\sigma}_j^2}{n} \right)_+, \tag{21.16}$$

其中, $a_+ = \max\{a, 0\}$ 且

$$\widehat{\sigma}_j^2 = \frac{1}{n-1} \sum_{i=1}^{n} \left(\phi_j(X_i) - \widehat{\beta}_j\right)^2. \tag{21.17}$$

为了促动该估计, 注意到 $\widehat{\sigma}_j^2$ 是 σ_j^2 的无偏估计, 且 $\widehat{\beta}_j^2 - \widehat{\sigma}_j^2$ 是 β_j^2 的一个无偏估计. 取后者正的部分, 因为 β_j^2 不能为负. 现在选择 $1 \leqslant \widehat{J} \leqslant p$ 来最小化 $\widehat{R}(\widehat{f}, f)$. 这里给出一个概要:

正交函数密度估计概要

1. 令

$$\widehat{\beta}_j = \frac{1}{n} \sum_{i=1}^{n} \phi_j(X_i).$$

2. 在 $1 \leqslant J \leqslant p = \sqrt{n}$ 上选择 $\widehat{J}$ 来最小化 $\widehat{R}(J)$, 其中, $\widehat{R}$ 已在方程 (21.16) 中给出.

3. 令

$$\widehat{f}(x) = \sum_{j=1}^{\widehat{J}} \widehat{\beta}_j \phi_j(x).$$

估计量 $\widehat{f}_n$ 可以为负. 若对探索 f 的形状感兴趣, 这并不是一个问题. 但是, 若需要估计为一个概率密度函数, 可以修改该估计使其正规化. 也就是, 取 $\widehat{f}^* = \max\{\widehat{f}_n(x), 0\} / \int_0^1 \max\{\widehat{f}_n(u), 0\} \mathrm{d}u$.

现在对 f 构造一个置信带. 假设用 J 个正交函数来估计 f. 本质上是估计 $f_J(x) = \sum_{j=1}^{J} \beta_j \phi_j(x)$ 而不是真正的密度 $f(x) = \sum_{j=1}^{\infty} \beta_j \phi_j(x)$. 因此, 置信带应该被视为对 $f_J(x)$ 构造的.

21.6 定理　f_J 的一个近似 $1 - \alpha$ 置信带为 $(\ell(x), u(x))$, 其中,

$$\ell(x) = \widehat{f}_n(x) - c, \quad u(x) = \widehat{f}_n(x) + c, \tag{21.18}$$

其中,

$$c = K^2 \sqrt{\frac{J \chi_{J,\alpha}^2}{n}}, \tag{21.19}$$

且

$$K = \max_{1 \leqslant j \leqslant J} \max_{x} |\phi_j(x)|.$$

对于余弦基来说, $K = \sqrt{2}$.

证明 这里给出证明的概要. 令 $L = \sum_{j=1}^{J}(\widehat{\beta}_j - \beta_j)^2$. 由中心极限定理, $\widehat{\beta}_j \approx N(\beta_j, \sigma_j^2/n)$. 因此, $\widehat{\beta}_j \approx \beta_j + \sigma_j \epsilon_j/\sqrt{n}$, 其中, $\epsilon_j \sim N(0,1)$, 且因此有

$$L \approx \frac{1}{n} \sum_{j=1}^{J} \sigma_j^2 \epsilon_j^2 \leqslant \frac{K^2}{n} \sum_{j=1}^{J} \epsilon_j^2 \stackrel{d}{=} \frac{K^2}{n} \chi_J^2. \tag{21.20}$$

因此, 近似地有

$$\mathbb{P}\left(L > \frac{K^2}{n} \chi_{J,\alpha}^2\right) \leqslant \mathbb{P}\left(\frac{K^2}{n} \chi_J^2 > \frac{K^2}{n} \chi_{J,\alpha}^2\right) = \alpha.$$

且有

$$\max_x |\widehat{f}_J(x) - f_J(x)| \leqslant \max_x \sum_{j=1}^{J} |\phi_j(x)||\widehat{\beta}_j - \beta_j|$$

$$\leqslant K \sum_{j=1}^{J} |\widehat{\beta}_j - \beta_j|$$

$$\leqslant \sqrt{J} K \sqrt{\sum_{j=1}^{J}(\widehat{\beta}_j - \beta_j)^2}$$

$$= \sqrt{J} K \sqrt{L},$$

其中, 第三个不等式来自于 Cauchy–Schwartz 不等式 (见定理 4.8). 因此,

$$\mathbb{P}\left(\max_x |\widehat{f}_J(x) - f_J(x)| > K^2 \sqrt{\frac{J\chi_{J,\alpha}^2}{n}}\right) \leqslant \mathbb{P}\left(\sqrt{J} K \sqrt{L} > K^2 \sqrt{\frac{J\chi_{J,\alpha}^2}{n}}\right)$$

$$= \mathbb{P}\left(\sqrt{L} > K \sqrt{\frac{\chi_{J,\alpha}^2}{n}}\right)$$

$$= \mathbb{P}\left(L > \frac{K^2 \chi_{J,\alpha}^2}{n}\right)$$

$$\leqslant \alpha.$$

21.7 例 令

$$f(x) = \frac{5}{6}\phi(x; 0, 1) + \frac{1}{6}\sum_{j=1}^{5} \phi(x; \mu_j, 0.1),$$

其中, $\phi(x; \mu, \sigma)$ 表示正态 $N(\mu, \sigma)$ 的密度函数, 且 $(\mu_1, \cdots, \mu_5) = (-1, -1/2, 0, 1/2, 1)$. Marron 和 Wand(1992) 称这个函数为 "爪子" 虽然 "Bart Simpson" 也许更贴切些. 图 21.3 给出了真正的密度和基于 $n = 5000$ 个观测值的密度估计以及 95% 的置信带. 可以通过变换 $y = (x+3)/6$ 使密度函数绝大部分质量都在 0 和 1 之间.

21.3 回归

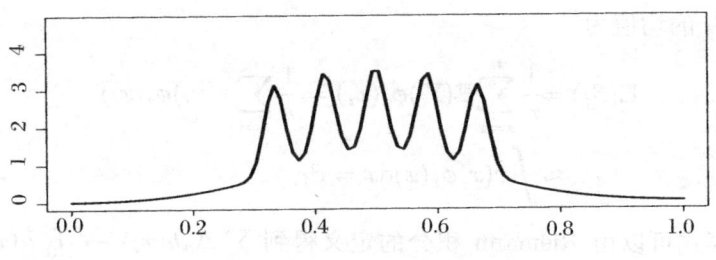

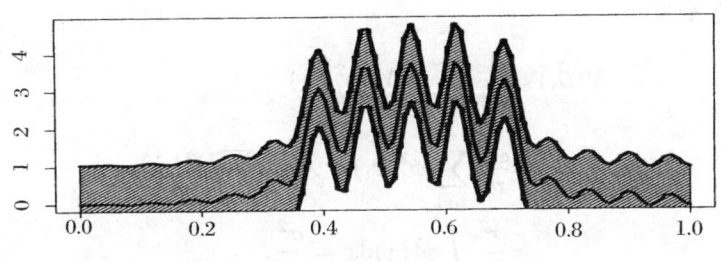

图 21.3

上图是 Bart Simpson 分布 (变换为其绝大部分质量都处于 0 和 1 之间) 的真实密度. 下图为正交函数密度估计及其 95% 置信带

21.3 回归

考虑回归模型

$$Y_i = r(x_i) + \epsilon_i, \quad i = 1, \cdots, n, \tag{21.21}$$

其中, ϵ_i 是独立的, 均值为 0 且方差为 σ^2. 先关注特殊情形, 其中, $x_i = i/n$. 假设 $r \in L_2(0,1)$ 且因此可以写

$$r(x) = \sum_{j=1}^{\infty} \beta_j \phi_j(x), \tag{21.22}$$

其中, $\beta_j = \int_0^1 r(x) \phi_j(x) \mathrm{d}x$, $\phi_1, \phi_2, \cdots$ 为 $[0,1]$ 上的一组规范正交基.

定义

$$\widehat{\beta}_j = \frac{1}{n} \sum_{i=1}^{n} Y_i \phi_j(x_i), \quad j = 1, 2, \cdots. \tag{21.23}$$

因为 $\widehat{\beta}_j$ 是一个平均值, 中心极限定理表明 $\widehat{\beta}_j$ 将近似服从正态分布.

21.8 定理

$$\widehat{\beta}_j \approx N\left(\beta_j, \frac{\sigma^2}{n}\right). \tag{21.24}$$

证明 $\widehat{\beta}_j$ 的均值为

$$\mathbb{E}(\widehat{\beta}_j) = \frac{1}{n}\sum_{i=1}^{n}\mathbb{E}(Y_i)\phi_j(x_i) = \frac{1}{n}\sum_{i=1}^{n}r(x_i)\phi_j(x_i)$$
$$\approx \int r(x)\phi_j(x)\mathrm{d}x = \beta_j,$$

其中, 近似等式可以由 Riemann 积分的定义得到 $\sum_i \Delta_n h(x_i) \to \int_0^1 h(x)\mathrm{d}x$, 其中, $\Delta_n = 1/n$. 方差为

$$\mathbb{V}(\widehat{\beta}_j) = \frac{1}{n^2}\sum_{i=1}^{n}\mathbb{V}(Y_i)\phi_j^2(x_i)$$
$$= \frac{\sigma^2}{n^2}\sum_{i=1}^{n}\phi_j^2(x_i) = \frac{\sigma^2}{n}\frac{1}{n}\sum_{i=1}^{n}\phi_j^2(x_i)$$
$$\approx \frac{\sigma^2}{n}\int \phi_j^2(x)\mathrm{d}x = \frac{\sigma^2}{n}.$$

上面最后等式因为 $\int \phi_j^2(x)\mathrm{d}x = 1$.

令

$$\widehat{r}(x) = \sum_{j=1}^{J}\widehat{\beta}_j\phi_j(x),$$

且令

$$R(J) = \mathbb{E}\int (r(x) - \widehat{r}(x))^2 \mathrm{d}x$$

为估计的风险.

21.9 定理 估计 $\widehat{r}_n(x) = \sum_{j=1}^{J}\widehat{\beta}_j\phi_j(x)$ 的风险 $R(J)$ 为

$$R(J) = \frac{J\sigma^2}{n} + \sum_{j=J+1}^{\infty}\beta_j^2. \tag{21.25}$$

为了估计 $\sigma^2 = \mathbb{V}(\epsilon_i)$, 用

$$\widehat{\sigma}^2 = \frac{n}{k}\sum_{i=n-k+1}^{n}\widehat{\beta}_j^2, \tag{21.26}$$

其中, $k = n/4$. 为了促动该估计, 回忆若 f 为光滑的, 则对于大的 j 有 $\beta_j \approx 0$. 因此, 对于 $j \geqslant k$, $\widehat{\beta}_j \approx N(0, \sigma^2/n)$, 因此, $\widehat{\beta}_j \approx \sigma Z_j/\sqrt{n}$, 其中, $Z_j \sim N(0,1)$. 因此,

$$\widehat{\sigma}^2 = \frac{n}{k}\sum_{i=n-k+1}^{n}\widehat{\beta}_j^2 \approx \frac{n}{k}\sum_{i=n-k+1}^{n}\left(\frac{\sigma}{\sqrt{n}}\widehat{\beta}_j\right)^2$$
$$= \frac{\sigma^2}{k}\sum_{i=n-k+1}^{n}\widehat{\beta}_j^2 = \frac{\sigma^2}{k}\chi_k^2.$$

21.3 回归

因为 k 个正态分布平方和具有 χ_k^2 分布. 现在 $\mathbb{E}(\chi_k^2) = k$ 且 $\mathbb{E}(\widehat{\sigma}^2) \approx \sigma^2$. 而且, $\mathbb{V}(\chi_k^2) = 2k$ 因此当 $n \to \infty$ 时有 $\mathbb{V}(\widehat{\sigma}^2) \approx (\sigma^4/k^2)(2k) = (2\sigma^4/k) \to 0$. 因此期望 $\widehat{\sigma}^2$ 为 σ^2 的一个相合估计. 选择 $k = n/4$ 并没有什么特别. 任何一个随着 n 以合适的速度递增的 k 就满足了.

用下式估计风险:

$$\widehat{R}(J) = J\frac{\widehat{\sigma}^2}{n} + \sum_{j=J+1}^{n} \left(\widehat{\beta}_j^2 - \frac{\widehat{\sigma}^2}{n} \right)_+. \tag{21.27}$$

21.10 例 图 21.4 给出了多普勒函数 f 的图像且 $n = 2048$ 个来自下面模型的观测:

$$Y_i = r(x_i) + \epsilon_i,$$

其中 $x_i = i/n, \epsilon_i \sim N(0, 0.1^2)$. 该图给出了数据和函数估计的图像. 该估计基于 $\widehat{J} = 234$ 个项.

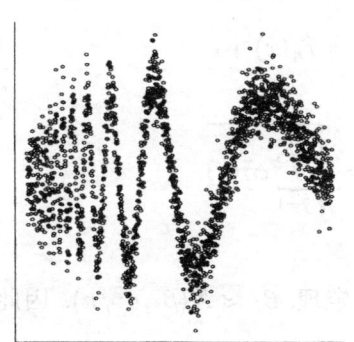 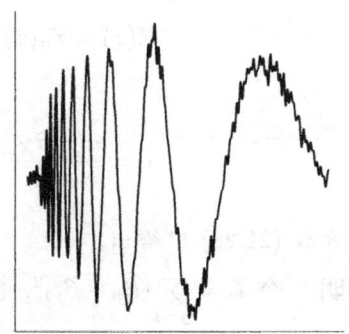

图 21.4 来自于多普勒检验函数及其估计函数的数据（见例 21.10）

现在准备给出该方法一个完整的描述.

正交序列回归估计

1. 令

$$\widehat{\beta}_j = \frac{1}{n}\sum_{i=1}^{n} Y_i \phi_j(x_i), \quad j = 1, \cdots, n.$$

2. 令

$$\widehat{\sigma}^2 = \frac{n}{k} \sum_{i=n-k+1}^{n} \widehat{\beta}_j^2, \tag{21.28}$$

其中, $k \approx n/4$.

> 3. 对于 $1 \leqslant J \leqslant n$, 计算风险估计
> $$\widehat{R}(J) = J\frac{\widehat{\sigma}^2}{n} + \sum_{j=J+1}^{n}\left(\widehat{\beta}_j^2 - \frac{\widehat{\sigma}^2}{n}\right)_+.$$
>
> 4. 选择 $\widehat{J} \in \{1,\cdots,n\}$ 来极小化 $\widehat{R}(J)$.
> 5. 令
> $$\widehat{r}(x) = \sum_{j=1}^{\widehat{J}} \widehat{\beta}_j \phi_j(x).$$

最后, 转向置信带. 如前面所说, 这些置信带并不是为真正的函数 $r(x)$ 构造的, 而是对函数 $r_J(x) = \sum\limits_{j=1}^{J} \beta_j \phi_j(x)$ 的构造的.

21.11 定理 假设估计 $\widehat{r}$ 是基于 J 个项的, $\widehat{\sigma}$ 是如同方程 (21.28) 一样定义的. 假设 $J < n-k+1$. r_J 的一个近似 $1-\alpha$ 置信带为 (ℓ, u), 其中,

$$\ell(x) = \widehat{r}_n(x) - c, \quad u(x) = \widehat{r}_n(x) + c, \tag{21.29}$$

且

$$c = \frac{a(x)\widehat{\sigma}\chi_{J,\alpha}}{\sqrt{n}}, \quad a(x) = \sqrt{\sum_{j=1}^{J}\phi_j^2(x)},$$

$\widehat{\sigma}$ 已在方程 (21.28) 中给出.

证明 令 $L = \sum\limits_{j=1}^{J}(\widehat{\beta}_j - \beta_j)^2$. 由中心极限定理, $\widehat{\beta}_j \approx N(\beta_j, \sigma^2/n)$. 因此, $\widehat{\beta}_j \approx \beta_j + \sigma\epsilon_j/\sqrt{n}$, 其中, $\epsilon_j \sim N(0,1)$ 且

$$L \approx \frac{\sigma^2}{n}\sum_{j=1}^{J}\epsilon_j^2 \stackrel{d}{=} \frac{\sigma^2}{n}\chi_J^2.$$

因此

$$\mathbb{P}\left(L > \frac{\sigma^2}{n}\chi_{J,\alpha}^2\right) = \mathbb{P}\left(\frac{\sigma^2}{n}\chi_J^2 > \frac{\sigma^2}{n}\chi_{J,\alpha}^2\right) = \alpha.$$

并且

$$|\widehat{r}(x) - r_J(x)| \leqslant \sum_{j=1}^{J}|\phi_j(x)||\widehat{\beta}_j - \beta_j|$$

$$\leqslant \sqrt{\sum_{j=1}^{J}\phi_j^2(x)}\sqrt{\sum_{j=1}^{J}(\widehat{\beta}_j - \beta_j^2)}$$

$$\leqslant a(x)\sqrt{L}$$

由 Cauchy–Schwartz 不等式 (见定理 4.8), 所以

$$\mathbb{P}\left(\max_{x}\frac{|\widehat{f}_J(x)-\bar{f}(x)|}{a(x)}>\frac{\widehat{\sigma}\chi_{J,\alpha}}{\sqrt{n}}\right)\leqslant \mathbb{P}\left(\sqrt{L}>\frac{\widehat{\sigma}\chi_{J,\alpha}}{\sqrt{n}}\right)=\alpha,$$

其结果自然得证.

21.12 例 图 21.5 给出了多普勒信号的置信包络. 第一个图是基于 $J=234$(极小化风险估计的 J 值). 第二个图是基于 $J=45\approx\sqrt{n}$. 较大的 J 将产生一个高分辨率的估计, 但是以较宽的置信带为代价. 小的 J 产生一个低分辨率的估计, 但是具有较窄的置信带.

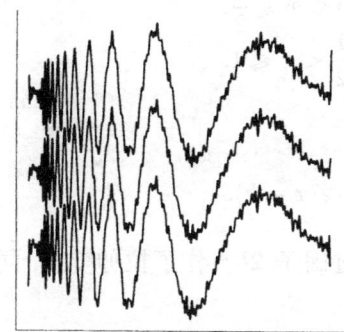 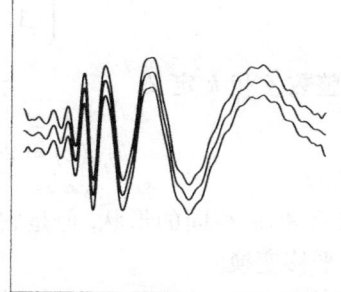

图 21.5 多普勒检验函数的估计和置信带

$n=2048$. 第一个图: $J=234$ 项. 第二个图: $J=45$ 项.

目前为止, 已经假设 x_i 具有 $\{1/n,2/n,\cdots,1\}$ 的形式. 若 x_i 在区间 $[a,b]$ 上, 则可以对其作变换使其在区间 $[0,1]$ 上. 若 x_i 不是等间隔的, 前面已经讨论的方法依然适用, 只要 x_i 填满区间 $[0,1]$ 并且没有过多地堆积在一起. 若想要把 x_i 当作随机变量而不是看作固定的, 则该方法需要较大的调整, 在这里不予讨论.

21.4 小　　波

假设回归函数 f 在某点 x 有一个急剧的跳跃, 但是 f 在其他点是非常光滑的. 这样的函数被称作**空间非齐性的**. 多普勒函数就是空间非齐性函数的一个例子; 它关于大的 x 是光滑的而关于小的 x 是不光滑的.

用迄今为止讨论过的方法来估计这样的 f 是非常困难的. 若用余弦基且只保留低阶项, 将失去峰值; 若允许高阶项发现峰值, 但是使得曲线的其余部分波动剧烈. 核回归亦是如此. 若用一个大的带宽, 把峰值光滑掉; 若用一个小的带宽, 将发现峰值, 但是使得曲线的其余部分波动剧烈.

估计非齐性函数的一个方法是用一个更加细致的基,这个基允许在某个小区域内放置一个"尖头信号"而不在别处添加波动. 在本部分,将描述一类特殊的被称作**小波**的基,旨在解决这个问题. 用小波作统计推断是一个广大而且活跃的领域. 将只讨论它的一些主要思想来领略该方法的意味.

首先讨论一类特殊的小波,即所谓 **Harr 小波**. **Harr 父小波**或 **Harr 尺度函数**定义为

$$\phi(x) = \begin{cases} 1, & 0 \leqslant x < 1, \\ 0, & \text{其他}. \end{cases} \tag{21.30}$$

Harr 母小波定义为

$$\psi(x) = \begin{cases} -1, & 0 \leqslant x \leqslant \frac{1}{2}, \\ 1, & \frac{1}{2} < x \leqslant 1. \end{cases} \tag{21.31}$$

对于任意的整数 j 和 k 定义

$$\psi_{j,k}(x) = 2^{j/2} \psi(2^j x - k). \tag{21.32}$$

函数 $\psi_{j,k}$ 具有和 ψ 相同的形状,但是它通过因子 $2^{j/2}$ 作了拉伸变换,同时又通过因子 k 作了平移变换.

图 21.6 中给出了一些 Haar 小波的例子. 注意到对于大的 j, $\psi_{j,k}$ 是一个非常局部化的函数. 这就有可能在一个地方向函数添加一个尖头信号而不在别处添加波动. 增加 j 就像在显微镜中增加分辨率来观察一样. 用专业术语来说,就是小波为 $L_2(0,1)$ 提供了一个**多分辨分析**.

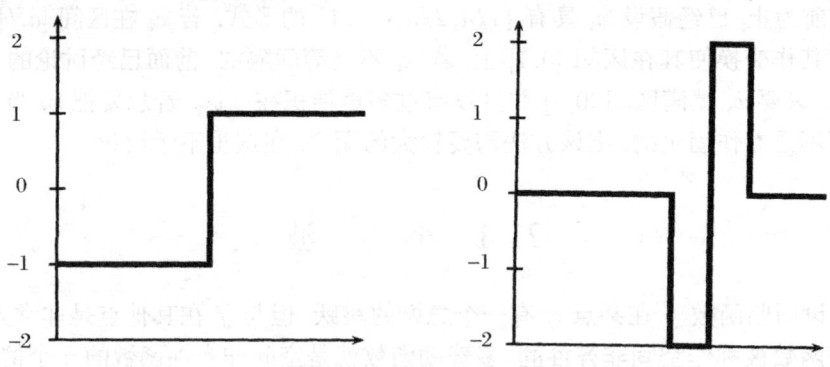

图 21.6 一些 Haar 小波
左:母小波 $\psi(x)$;右: $\psi_{2,2}(x)$

令

$$W_j = \{\psi_{jk}, \ k = 0, 1, \cdots, 2^j - 1\}$$

为经过拉伸变换和平移变换后的分辨率为 j 的母小波集.

21.13 定理 函数集

$$\left\{\phi, W_0, W_1, W_2 \cdots, \right\}$$

为 $L_2(0,1)$ 的一组规范正交基.

由该定理可以用这组基展开任何函数 $f \in L_2(0,1)$. 因为每个 W_j 本身也是一个函数集, 将展式写为如下的一个双重求和:

$$f(x) = \alpha\phi(x) + \sum_{j=0}^{\infty}\sum_{k=0}^{2^j-1}\beta_{j,k}\psi_{j,k}(x), \tag{21.33}$$

其中,

$$\alpha = \int_0^1 f(x)\phi(x)\mathrm{d}x, \quad \beta_{j,k} = \int_0^1 f(x)\psi_{j,k}(x)\mathrm{d}x.$$

称 α 为**尺度系数**, $\beta_{j,k}$ 被称作**清晰度系数**. 称有限和

$$f_J(x) = \alpha\phi(x) + \sum_{j=0}^{J-1}\sum_{k=0}^{2^j-1}\beta_{j,k}\psi_{j,k}(x) \tag{21.34}$$

是**分辨率**为 J 的 f 的近似函数. 该和的所有项数为

$$1 + \sum_{j=0}^{J-1} 2^j = 1 + 2^J - 1 = 2^J.$$

21.14 例 图 21.7 给出了多普勒信号的图像以及用 $J=3,5$ 和 $J=8$ 的重新构造.

Harr 小波是局部化的, 也就是说在一个区间之外它们都为 0. 但它们是不光滑的. 自然要问是否存在从一个正交基产生的光滑的、局部化的小波. 1988 年, Ingrid Daubechies 证明了这样的小波的确存在的. 这些光滑的小波是难以刻画的. 它们可以由数值方法构造出来但是没有光滑小波的表示公式. 为了简单起见, 将继续使用 Harr 小波.

考虑回归模型 $Y_i = r(x_i) + \sigma\epsilon_i$, 其中 $\epsilon_i \sim N(0,1)$ 且 $x_i = i/n$. 为了简化讨论, 对于某个 J 假设 $n = 2^J$.

用小波作估计与用余弦基 (或多项式) 作估计之间有一个显著的差别. 用余弦基的话, 对于某个 J 用了所有的项 $1 \leqslant j \leqslant J$. 项数 J 为一个光滑化参数. 用小波的话, 用一个所谓**阀值**的方法来控制光滑程度, 其中若某项的系数大则保留函数近

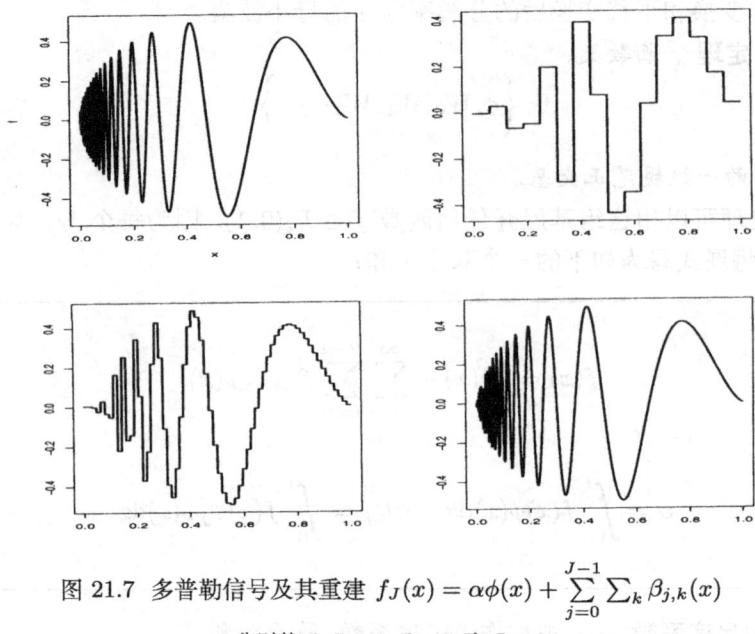

图 21.7 多普勒信号及其重建 $f_J(x) = \alpha\phi(x) + \sum_{j=0}^{J-1}\sum_k \beta_{j,k}(x)$

分别基于 $J=3, J=5$ 及 $J=8$

似中的该项, 否则, 就丢掉该项. 存在许多形式的阀值. 最简单的被称作严格通用阀值. 令 $J = \text{lb}(n)$ 并定义

$$\widehat{\alpha} = \frac{1}{n}\sum_i \phi(x_i)Y_i \quad 且 \quad D_{j,k} = \frac{1}{n}\sum_i \psi_{j,k}(x_i)Y_i \tag{21.35}$$

对于 $0 \leqslant j \leqslant J-1$.

Harr 小波回归

1. 按照 (21.35) 中的方法计算 $\widehat{\alpha}$ 和 $D_{j,k}$, 对于 $0 \leqslant j \leqslant J-1$.
2. 估计 σ, 见 (21.37).
3. 应用通用阀值

$$\widehat{\beta}_{j,k} = \left\{\begin{array}{ll} D_{j,k}, & |D_{j,k}| > \widehat{\sigma}\sqrt{\dfrac{2\log n}{n}}, \\ 0, & \text{其他} \end{array}\right\}. \tag{21.36}$$

4. 令 $\widehat{f}(x) = \widehat{\alpha}\phi(x) + \sum_{j=0}^{J-1}\sum_{k=0}^{2^j-1}\widehat{\beta}_{j,k}\psi_{j,k}(x)$.

21.4 小波

实际上,并不用 (21.35) 计算 S_k 和 $D_{j,k}$. 相反,用速度很快的**离散小波变换(DWT)**. Harr 小波的 DWT 在附录中给出了其相关描述. σ 的估计为

$$\widehat{\sigma} = \sqrt{n} \times \frac{\text{median}(D_{J-1,k}|:\ k=0,\cdots,2^{J-1}-1)}{0.6745}. \tag{21.37}$$

σ 的估计可能看起来比较奇怪. 它与用余弦基作出的估计是相似的, 但是它对于剧烈的峰值变化是不敏感的.

为了理解通用阀值背后的直观意义, 考虑没有信号的情况, 也就是, 当 $\beta_{j,k} = 0$(对于所有的 j 和 k) 时.

21.15 定理 假设对于所有的 j 和 k 有 $\beta_{j,k} = 0$, 并且令 $\widehat{\beta}_{j,k}$ 为通用阀值估计. 则当 $n \to \infty$ 时,

$$\mathbb{P}(\text{对于所有的} j \cdot k \cdot \widehat{\beta}_{j,k} = 0) \to 1.$$

证明 为了简化证明, 假设 σ 是已知的. 现在 $D_{j,k} \approx N(0, \sigma^2/n)$. 将用 Mill 不等式 (定理 4.7): 若 $Z \sim N(0,1)$ 则 $\mathbb{P}(|Z| > t) \leq (c/t)e^{-t^2/2}$, 其中, $c = \sqrt{2/\pi}$ 为一个常数. 因此,

$$\mathbb{P}(\max|D_{j,k}| > \lambda) \leq \sum_{j,k} \mathbb{P}(|D_{j,k}| > \lambda) = \sum_{j,k} \mathbb{P}\left(\frac{\sqrt{n}|D_{j,k}|}{\sigma} > \frac{\sqrt{n}\lambda}{\sigma}\right)$$

$$\leq \sum_{j,k} \frac{c\sigma}{\lambda\sqrt{n}} \exp\left\{-\frac{1}{2}\frac{n\lambda^2}{\sigma^2}\right\}$$

$$= \frac{c}{\sqrt{2\log n}} \to 0.$$

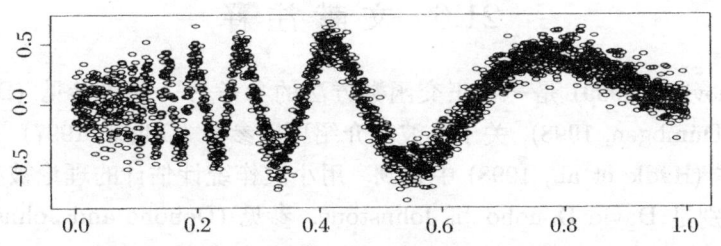

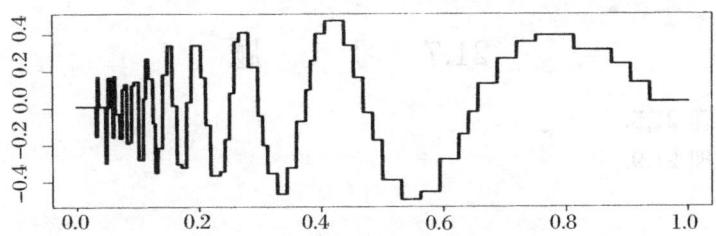

图 21.8 用 Harr 小波和通用阀值作出的多普勒函数估计

21.16 例 考虑 $Y_i = r(x_i) + \sigma\epsilon_i$,其中, f 为多普勒信号, $\sigma = 0.1$ 且 $n = 2048$. 图 21.8 给出了数据的图像与用通用阀值作出的估计函数. 当然, 既然 Harr 小波不是光滑的, 该估计也不光滑. 但是, 该估计是非常精确的.

21.5 附录

Harr 小波的 DWT. 令 y 为 Y_i 的长度为 n 的向量且令 $J = \text{lb}_2(n)$. 产生具有下列元素的一列 D

$$D[[0]], \cdots, D[[J-1]].$$

将 $y/\sqrt{n}$ 赋值给 temp:

$$\text{temp} \leftarrow y/\sqrt{n}.$$

然后作下面的循环:

$$\begin{aligned}
&\text{for}(j \quad in \quad (J-1):0)\{ \\
&\quad m \leftarrow 2^j \\
&\quad I \leftarrow (1;m) \\
&\quad D[[j]] \leftarrow \left(\text{temp}[2*I] - \text{temp}[(2*I)-1]\right)/\sqrt{2} \\
&\quad \text{temp} \leftarrow \left([2*I] + \text{temp}[(2*I)-1]\right)/\sqrt{2} \\
&\}
\end{aligned}$$

21.6 文献注释

(Efromovich, 1999) 是一本正交函数方法的参考书. 还可参见 (Beran, 2000; Beran and Dümbgen, 1998). 关于小波的介绍可以参考 (Odgen, 1997). 更加理论的论述可以在 (Hädle et al., 1998) 中找到. 用小波作统计估计的理论被很多作者发展起来, 特别是 David Donoho 和 Johnstone. 参见 (Donoho and Johnstone, 1994; Donoho and Johnstone, 1995; Donoho et al., 1995; Donoho and Johnstone, 1998).

21.7 习题

1. 证明定理 21.5.
2. 证明定理 21.9.
3. 令

$$\psi_1 = \left(\frac{1}{\sqrt{3}}, \frac{1}{\sqrt{3}}, \frac{1}{\sqrt{3}}\right), \quad \psi_2 = \left(\frac{1}{\sqrt{2}}, -\frac{1}{\sqrt{2}}, 0\right), \quad \psi_3 = \left(\frac{1}{\sqrt{6}}, \frac{1}{\sqrt{6}}, -\frac{2}{\sqrt{6}}\right).$$

21.7 习题

证明这些向量具有范数 1 且是正交的.

4. 证明 Parseval 等式方程 (21.6).
5. 画出前 5 个 Legendre 多项式的图像. 用数值方法验证它们是正交的.
6. 用余弦基在区间 [0,1] 上展开下面的函数. 对于 (a) 和 (b), 解析地求出系数 β_j. 对于 (c) 和 (d), 用数值方法求出系数 β_j, 即

$$\beta_j = \int_0^1 f(x)\phi_j(x)\mathrm{d}x \approx \frac{1}{N}\sum_{r=1}^{N} f\left(\frac{r}{N}\right)\phi_j\left(\frac{r}{N}\right)$$

对于某个大的整数 N. 然后再画出部分和 $\sum_{j=1}^{n}\beta_j\phi_j(x)$ 随 n 值变大的图像.

(a) $f(x) = \sqrt{2}\cos(3\pi x)$.

(b) $f(x) = \sin(\pi x)$.

(c) $f(x) = \sum_{j=1}^{11} h_j K(x-t_j)$, 其中, $K(t) = (1+\mathrm{sign}(t))/2$. 若 $x < 0$, $\mathrm{sign}(x) = -1$. 若 $x = 0$, $\mathrm{sign}(x) = 0$. 若 $x > 0$, $\mathrm{sign}(x) = 1$.
$(t_j) = (0.1, 0.13, 0.15, 0.23, 0.25, 0.40, 0.44, 0.65, 0.76, 0.78, 0.81)$,
$(h_j) = (4, -5, 3, -4, 5, -4.2, 2.1, 4.3, -3.1, 2.1, -4.2)$.

(d) $f = \sqrt{x(1-x)}\sin\left(\dfrac{2.1\pi}{(x+0.05)}\right)$.

7. 考虑本书网站上的玻璃碎片数据. 令 Y 为反射率, 并令 X 为铝含量 (第 4 个变量).

(a) 用余弦基方法作一个非参数回归来拟合模型 $Y = f(x) + \epsilon$. 这些数据并不是在一个正规的坐标方格上. 在估计函数时忽略这点 (但是要根据 x 来筛选数据). 给出一个函数估计, 一个风险估计和一个置信带.

(b) 用小波方法来估计 f.

8. 证明 Harr 小波是正交的.
9. 再考虑多普勒信号:

$$f(x) = \sqrt{x(1-x)}\sin\left(\frac{2.1\pi}{x+0.05}\right).$$

令 $n = 1024, \sigma = 0.1$, 并令 $(x_1, \cdots, x_n) = (1/n, \cdots, 1)$. 产生数据

$$Y_i = f(x_i) + \sigma\epsilon_i,$$

其中, $\epsilon_i \sim N(0,1)$.

(a) 用余弦基方法拟合曲线. 对于 $J = 10, 20, \cdots, 100$ 画出函数估计与置信带.

(b) 用 Harr 小波来拟合曲线.

10. (Harr 密度估计) 对于区间 $[0,1]$ 上的某个密度 f, 令 $X_1, \cdots, X_n \sim f$. 来考虑构造一个小波直方图. 令 ϕ 与 ψ 为 Harr 父小波与母小波. 记

$$f(x) \approx \phi(x) + \sum_{j=0}^{J-1} \sum_{k=0}^{2^j-1} \beta_{j,k} \psi_{j,k}(x),$$

其中, $J \approx \text{lb}(n)$. 令

$$\widehat{\beta}_{j,k} = \frac{1}{n} \sum_{i=1}^{n} \psi_{j,k}(X_i).$$

(a) 证明 $\widehat{\beta}_{j,k}$ 为 $\beta_{j,k}$ 的一个无偏估计.

(b) 定义 Harr 直方图

$$\widehat{f}(x) = \phi(x) + \sum_{j=0}^{B} \sum_{k=0}^{2^j-1} \widehat{\beta}_{j,k} \psi_{j,k}(x),$$

对于 $0 \leqslant B \leqslant J-1$.

(c) 求出一个以 B 为函数的 MSE 的近似表达式.

(d) 从密度 Beta(15,4) 中产生 $n=1000$ 个观测. 用 Harr 直方图估计密度. 用丢掉一个的交叉验证选择 B.

11. 在本题中, 将探索方程 (21.37) 的基本想法. 令 $X_1, \cdots, X_n \sim N(0, \sigma^2)$. 令

$$\widehat{\sigma} = \sqrt{n} \frac{\text{median}(|X_1|, \cdots, |X_n|)}{0.6745}.$$

(a) 证明 $\mathbb{E}(\widehat{\sigma}) = \sigma$.

(b) 模拟来自分布 $N(0,1)$ 的 $n=100$ 个观测. 计算 $\widehat{\sigma}$ 和 σ 的估计. 重复 1000 次并比较其 MSE.

(c) 重复 (b) 但是向数据中添加一些奇异点. 模拟每个来自分布 $N(0,1)$ 的概率为 0.95 的观测, 再模拟每个来自分布 $N(0,10)$ 的概率为 0.95 的观测.

12. 用 Harr 小波基来重做第 6 题.

第 22 章 分 类

22.1 引 言

从一个随机变量 X 来预测另一个离散的随机变量 Y 的问题被称作是**分类**, 或**有指导的学习**, 或判别, 或者称为**模式识别**.

考虑 IID 数据 $(X_1, Y_1), \cdots, (X_n, Y_n)$, 其中,
$$X_i = (X_{i1}, \cdots, X_{id}) \in \mathcal{X} \subset \mathbb{R}^d$$
为一个 d 维向量且 Y_i 在某个有限集 $\mathcal{Y}$ 中取值. 一个**分类规则**就是一个函数 $h: \mathcal{X} \to \mathcal{Y}$. 当观测到一个新的 X, 预测 Y 为 $h(X)$.

22.1 例 这里给出了一个例子, 数据是自己构造的. 图 22.1 画出了 100 个数据的散点图. 协变量 $X = (X_1, X_2)$ 是 2 维的, 而输出变量 $Y \in \mathcal{Y} = \{0, 1\}$. Y 的值在图中被标示出来, 其中, 三角形表示 $Y = 1$ 而正方形表示 $Y = 0$. 图中还给出了用实线表示的一条线性分类规则. 该规则的形式为

$$h(x) = \begin{cases} 1, & a + b_1 x_1 + b_2 x_2 > 0, \\ 0, & \text{其他}. \end{cases}$$

在直线上面的被分类为 0, 而在直线下方的被分类为 1.

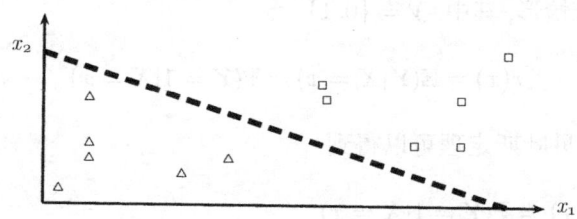

图 22.1 两个协变量和一个线性决策界

△ 表示 $Y = 1$, □ 表示 $Y = 0$. 这两个组被线性决策界很好地分离. 或许看不到像这样的真实数据.

22.2 例 回忆例 13.17 中的冠心病风险因子研究 (CORIS) 数据. 其中含有 462 个来自南非的 3 个农村地区且年龄为 15~64 岁的男性. 输出变量 Y 表示出现冠心病 ($Y = 1$) 和没有出现冠心病 ($Y = 0$). 还含有 9 个协变量: 收缩压, 累积烟草量 (kg), ldl(低密度脂蛋白), 肥胖症, famhist(家族心脏病史), typeA(A 型行为), 多指, 酒精 (当前酒精消耗量) 及年龄. 用基于两个协变量收缩压和烟草消耗量的 LDA 方法计算了一个线性决策界. 稍后再解释 LDA 方法. 在这个例子中, 分组是非常困难的. 事实上, 用这个分类规则的话, 462 个对象中有 141 个被错误分类.

在这里,值得重温统计学/数据挖掘词典如下:

统计学	计算机科学	含义
分类	有指导学习	从 X 预测一个离散变量 Y
数据	训练样本	$(X_1, Y_1), \cdots, (X_n, Y_n)$
协变量	特征	X_i
分类器	假设	映射 $h: \mathcal{X} \to \mathcal{Y}$
估计	学习	找到一个好的分类器

22.2 错误率与贝叶斯分类器

目标是要找到一个能够得到精确预测的分类规则 h. 首先有下面的定义.

22.3 定义 一个分类器 h 的**真实误差率**[①] 为

$$L(h) = \mathbb{P}(\{h(X) \neq Y\}), \tag{22.1}$$

而**经验误差率**或**训练误差率**为

$$\widehat{L}_n(h) = \frac{1}{n}\sum_{i=1}^n I(h(X_i) \neq Y_i). \tag{22.2}$$

首先考虑特殊情形,其中,$\mathcal{Y} = \{0, 1\}$. 令

$$r(x) = \mathbb{E}(Y|X = x) = \mathbb{P}(Y = 1|X = x)$$

表示**回归函数**. 由贝叶斯定理可以得到

$$\begin{aligned} r(x) &= \mathbb{P}(Y = 1|X = x) \\ &= \frac{f(x|Y=1)\mathbb{P}(Y=1)}{f(x|Y=1)\mathbb{P}(Y=1) + f(x|Y=0)\mathbb{P}(Y=0)} \\ &= \frac{\pi f_1(x)}{\pi f_1(x) + (1-\pi)f_0(x)}, \end{aligned} \tag{22.3}$$

其中,

$$\begin{aligned} f_0(x) &= f(x|Y=0), \\ f_1(x) &= f(x|Y=1), \\ \pi &= \mathbb{P}(Y=1). \end{aligned}$$

[①] 也可以采用其他的损失函数. 为简单起见这里将用误差率作为损失函数.

22.2 错误率与贝叶斯分类器

22.4 定义 贝叶斯分类规则 h^* 为

$$h^*(x) = \begin{cases} 1, & r(x) > \frac{1}{2}, \\ 0, & \text{其他}. \end{cases} \tag{22.4}$$

集合 $\mathcal{D}(h) = \{x : \mathbb{P}(Y=1|X=x) = \mathbb{P}(Y=0|X=x)\}$ 称为**决策边界**.

注意! 贝叶斯规则与贝叶斯推断是无关的. 既可以用频率学派的方法, 也可以用贝叶斯方法来估计贝叶斯规则.

贝叶斯规则可以写成一些等价的形式:

$$h^*(x) = \begin{cases} 1, & \mathbb{P}(Y=1|X=x) > \mathbb{P}(Y=0|X=x), \\ 0, & \text{其他} \end{cases} \tag{22.5}$$

和

$$h^*(x) = \begin{cases} 1, & \pi f_1(x) > (1-\pi) f_0(x), \\ 0, & \text{其他}. \end{cases} \tag{22.6}$$

22.5 定理 贝叶斯规则是最优的, 即若 h 是任何其他分类规则, 则 $L(h^*) \leqslant L(h)$.

因为贝叶斯规则依赖于某些未知的量, 所以需要用数据来估计贝叶斯规则. 冒过于简单化之风险, 仅给出 3 种主要的方法:

1. 经验风险极小化: 选择一组分类器集 $\mathcal{H}$ 并且找到 $\widehat{h} \in \mathcal{H}$ 使得能够极小化 $L(h)$ 的某个估计.

2. 回归: 找到回归函数 r 的一个估计 $\widehat{r}$ 并定义

$$\widehat{h}(x) = \begin{cases} 1, & \widehat{r}(x) > \frac{1}{2}, \\ 0, & \text{其他}. \end{cases}$$

3. 密度估计: 对于 $Y_i = 0$ 从 X_i 来估计 f_0, 对于 $Y_i = 1$ 从 X_i 来估计 f_1, 并且令 $\widehat{\pi} = n^{-1} \sum_{i=1}^{n} Y_i$. 定义

$$\widehat{r}(x) = \widehat{\mathbb{P}}(Y=1|X=x) = \frac{\widehat{\pi} \widehat{f_1}(x)}{\widehat{\pi} \widehat{f_1}(x) + (1-\widehat{\pi}) \widehat{f_0}(x)},$$

以及

$$\widehat{h}(x) = \begin{cases} 1, & \widehat{r}(x) > \frac{1}{2}, \\ 0, & \text{其他}. \end{cases}$$

现在来推广到 Y 取值超过两个的情形如下:

22.6 定理 假设 $Y \in \mathcal{Y} = \{1, \cdots, K\}$. 最优规则为

$$h(x) = \arg\max_k \mathbb{P}(Y = k | X = x) \tag{22.7}$$

$$= \arg\max_k \pi_k f_k(x), \tag{22.8}$$

其中,

$$\mathbb{P}(Y = k | X = x) = \frac{f_k(x)\pi_k}{\sum_r f_r(x)\pi_r}, \tag{22.9}$$

$\pi_r = P(Y = r), f_r(x) = f(x|Y = r)$ 且 $\arg\max_k$ 表示"使表达式极大化的 k 值."

22.3 高斯分类器与线性分类器

也许分类问题最简单的方法就是采用密度估计的思路并且假设密度是一个参数模型. 假设 $\mathcal{Y} = \{0, 1\}$ 并且 $f_0(x) = f(x|Y = 0)$ 与 $f_1(x) = f(x|Y = 1)$ 都是多元高斯分布,

$$f_k(x) = \frac{1}{(2\pi)^{d/2}|\Sigma_k|^{1/2}} \exp\left\{-\frac{1}{2}(x - \mu_k)^\mathrm{T} \Sigma_k^{-1}(x - \mu_k)\right\}, \quad k = 0, 1.$$

因此, $X|Y = 0 \sim N(\mu_0, \Sigma_0)$ 且 $X|Y = 1 \sim N(\mu_1, \Sigma_1)$.

22.7 定理 若 $X|Y = 0 \sim N(\mu_0, \Sigma_0)$ 且 $X|Y = 1 \sim N(\mu_1, \Sigma_1)$, 则贝叶斯规则为

$$h^*(x) = \begin{cases} 1, & r_1^2 < r_0^2 + 2\log\left(\frac{\pi_1}{\pi_0}\right) + \log\left(\frac{|\Sigma_0|}{|\Sigma_1|}\right), \\ 0, & \text{其他}, \end{cases} \tag{22.10}$$

其中,

$$r_i^2(x) = (x - \mu_i)^\mathrm{T} \Sigma_i^{-1}(x - \mu_i), \quad i = 1, 2 \tag{22.11}$$

为 **Mahalanobis 距离**. 表达贝叶斯规则的一个等价途径是

$$h^*(x) = \arg\max_k \delta_k(x),$$

其中,

$$\delta_k(x) = -\frac{1}{2}\log|\Sigma_k| - \frac{1}{2}(x - \mu_k)^\mathrm{T} \Sigma_k^{-1}(x - \mu_k) + \log \pi_k, \tag{22.12}$$

并且 $|A|$ 表示矩阵 A 的行列式.

上面的分类器的决策界是二次的, 所以该方法被称作**二次判别分析 (QDA)**. 在实际中, 用 $\pi, \mu_1, \mu_2, \Sigma_0, \Sigma_1$ 的样本估计来代替真值, 即

22.3 高斯分类器与线性分类器

$$\widehat{\pi}_0 = \frac{1}{n}\sum_{i=1}^{n}(1-Y_i), \quad \widehat{\pi}_1 = \frac{1}{n}\sum_{i=1}^{n}Y_i,$$

$$\widehat{\mu}_0 = \frac{1}{n_0}\sum_{i:Y_i=0} X_i, \quad \widehat{\mu}_1 = \frac{1}{n_1}\sum_{i:Y_i=1} X_i,$$

$$S_0 = \frac{1}{n_0}\sum_{i:Y_i=0}(X_i-\widehat{\mu}_0)(X_i-\widehat{\mu}_0)^\mathrm{T}, \quad S_1 = \frac{1}{n_1}\sum_{i:Y_i=1}(X_i-\widehat{\mu}_1)(X_i-\widehat{\mu}_1)^\mathrm{T}.$$

其中,$n_0 = \sum_i(1-Y_i)$ 且 $n_1 = \sum_i Y_i$.

若假设 $\Sigma_0 = \Sigma_1 = \Sigma$,则问题可以简化. 在这种情况下, 贝叶斯规则为

$$h^*(x) = \arg\max_k \delta_k(x), \tag{22.13}$$

其中,

$$\delta_k(x) = x^\mathrm{T}\Sigma^{-1}\mu_k - \frac{1}{2}\mu_k^\mathrm{T}\Sigma^{-1} + \log\pi_k. \tag{22.14}$$

参数的估计如前文所述, 而 Σ 的 MLE 估计为

$$S = \frac{n_0 S_0 + n_1 S_1}{n_0 + n_1}.$$

分类规则为

$$h^*(x) = \begin{cases} 1, & \delta_1(x) > \delta_0(x), \\ 0, & \text{其他}, \end{cases} \tag{22.15}$$

其中,

$$\delta_j(x) = x^\mathrm{T} S^{-1}\widehat{\mu}_j - \frac{1}{2}\widehat{\mu}_j^T S^{-1}\widehat{\mu}_j + \log\widehat{\pi}_j.$$

称作**判别函数**. 决策界 $\{x : \delta_0(x) = \delta_1(x)\}$ 是线性的, 所以这种方法被称作**线性判别分析(LDA)**.

22.8 例 下面回到南非心脏病数据. 例 22.2 中的决策界是由线性判别得到的. 输出结果为

	分为 0 类	分为 1 类
$y=0$	277	25
$y=1$	116	44

观测到的错误分类率为 $141/462 = 0.31$. 如果包含所有的协变量则误差率降至 0.27. 由二次判别得到的结果为

	分为 0 类	分为 1 类
$y=0$	272	30
$y=1$	113	47

该判别具有相同的误差率 $143/462 = 0.31$. 如果包含所有的协变量则误差率降至 0.26. 在这个例子中, QDA 相比 LDA 来讲几乎没有什么优势.

现在将其推广到 Y 取值超过两个的情况.

22.9 定理 假设 $Y \in \mathcal{Y} = \{1, \cdots, K\}$. 若 $f_k(x) = f(x|Y=k)$ 为正态的, 贝叶斯规则为
$$h(x) = \arg\max_k \delta_k(x),$$
其中,
$$\delta_k(x) = -\frac{1}{2}\log|\Sigma_k| - \frac{1}{2}(x-\mu_k)^\mathrm{T} \Sigma_k^{-1}(x-\mu_k) + \log \pi_k. \tag{22.16}$$

若正态分布的方差是相等的, 则
$$\delta_k(x) = x^\mathrm{T}\Sigma^{-1}\mu_k - \frac{1}{2}\mu_k^\mathrm{T}\Sigma^{-1} + \log \pi_k. \tag{22.17}$$

通过代入 μ_k, Σ_k, π_k 的估计来估计 $\delta_k(x)$. 还有另外一个属于 Fisher 的线性判别分析的版方法本. 其思想是首先将数据投影到一条直线上, 其目的是将协变量的维数降至一维. 从代数角度讲, 这意味着将协变量 $X = (X_1, \cdots, X_d)$ 替换为一个线性组合 $U = w^\mathrm{T}X = \sum_{j=1}^{d} w_j X_j$. 其目标是选择能够"最佳分离数据"的向量 $w = (w_1, \cdots, w_d)$. 然后用一维的协变量 U 而不是 X 来对数据进行分类.

需要给出一个组间分离的定义. 并且希望这两个组相对于它们的均值相差较远. 令 μ_j 表示在 $Y=j$ 的情况下 X 的均值. 并且令 Σ 表示 X 的方差矩阵. 则 $\mathbb{E}(U|Y=j) = \mathbb{E}(w^\mathrm{T}X|Y=j) = w^\mathrm{T}\mu_j$ 且 $\mathbb{V}(U) = w^\mathrm{T}\Sigma w$[①]. 定义分离为

$$\begin{aligned} J(w) &= \frac{(\mathbb{E}(U|Y=0) - \mathbb{E}(U|Y=1))^2}{w^\mathrm{T}\Sigma w} \\ &= \frac{(w^\mathrm{T}\mu_0 - w^\mathrm{T}\mu_1)^2}{w^\mathrm{T}\Sigma w} \\ &= \frac{w^\mathrm{T}(\mu_0 - \mu_1)(\mu_0 - \mu_1)^\mathrm{T} w}{w^\mathrm{T}\Sigma w}. \end{aligned}$$

估计 J 如下: 令 $n_j = \sum_{i=1}^{n} I(Y_i = j)$ 为第 j 组的观测数量, 令 $\overline{X_j}$ 为第 j 组的样本均

[①] 量 J 起源于物理学, 且被称作瑞利 (Rayleigh) 系数.

值向量, 且令 S_j 为第 j 组的样本协方差矩阵. 定义

$$\widehat{J}(w) = \frac{w^{\mathrm{T}} S_B w}{w^{\mathrm{T}} S_W w}, \tag{22.18}$$

其中,

$$S_B = (\bar{X}_0 - \bar{X}_1)(\bar{X}_0 - \bar{X}_1)^{\mathrm{T}},$$
$$S_W = \frac{(n_0 - 1)S_0 + (n_1 - 1)S_1}{(n_0 - 1) + (n_1 - 1)}.$$

22.10 定理 向量

$$w = S_W^{-1}(\bar{X}_0 - \bar{X}_1) \tag{22.19}$$

为 $\widehat{J}(w)$ 的极小值点. 称

$$U = w^{\mathrm{T}} X = (\bar{X}_0 - \bar{X}_1)^{\mathrm{T}} S_W^{-1} X \tag{22.20}$$

为**Fisher 线性判别函数**. $\bar{X}_0$ 与 $\bar{X}_1$ 之间的中点为

$$m = \frac{1}{2}(\bar{X}_0 + \bar{X}_1) = \frac{1}{2}(\bar{X}_0 - \bar{X}_1)^{\mathrm{T}} S_B^{-1}(\bar{X}_0 + \bar{X}_1). \tag{22.21}$$

Fisher 分类规则为

$$h(x) = \begin{cases} 0, & w^{\mathrm{T}} X \geqslant m, \\ 1, & w^{\mathrm{T}} X < m. \end{cases}$$

当 $\widehat{\pi} = 1/2$ 时, Fisher 规则与方程(22.14)中的贝叶斯线性分类器是相同的.

22.4 线性回归与 Logistic 回归

一个更加直接的分类方法是估计回归函数 $r(x) = \mathbb{E}(Y|X=x)$ 而不需要估计密度 f_k. 在本节的余下部分, 将只考虑 $\mathcal{Y} = \{0,1\}$ 的情况. 因此, $r(x) = \mathbb{P}(Y=1|X=x)$ 并且只要有一个估计 $\widehat{r}$, 将用分类规则

$$\widehat{h}(x) = \begin{cases} 1, & \widehat{r}(x) > \frac{1}{2}, \\ 0, & \text{其他}. \end{cases} \tag{22.22}$$

最简单的回归模型是线性回归模型

$$Y = r(x) + \epsilon = \beta_0 + \sum_{j=1}^{d} \beta_j X_j + \epsilon, \tag{22.23}$$

其中, $\mathbb{E}(\epsilon) = 0$. 这个模型不可能是正确的因为它没有强制规定 $Y = 0$ 或者 1. 然而, 它有时可能成为一个还不错的分类器.

回忆 $\beta = (\beta_0, \beta_1, \cdots, \beta_d)^\mathrm{T}$ 的最小二乘估计, 它是极小化残差平方和

$$\mathrm{RSS}(\beta) = \sum_{i=1}^{n} \left(Y_i - \beta_0 - \sum_{j=1}^{d} X_{ij}\beta_j \right)^2.$$

令 X 表示如下形式的 $N \times (d+1)$ 矩阵:

$$X = \begin{pmatrix} 1 & X_{11} & \cdots & X_{1d} \\ 1 & X_{21} & \cdots & X_{2d} \\ \vdots & \vdots & & \vdots \\ 1 & X_{n1} & \cdots & X_{nd} \end{pmatrix}.$$

还令 $Y = (Y_1, \cdots, Y_n)^\mathrm{T}$, 则

$$\mathrm{RSS}(\beta) = (Y - X\beta)^\mathrm{T}(Y - X\beta),$$

且该模型可以记作

$$Y = X\beta + \epsilon,$$

其中, $\epsilon = (\epsilon_1, \cdots, \epsilon_n)^\mathrm{T}$. 由定理 13.13,

$$\widehat{\beta} = (X^\mathrm{T} X)^{-1} X^\mathrm{T} Y.$$

预测值为

$$\widehat{Y} = X\widehat{\beta}.$$

现在用式 (22.22) 来分类, 其中 $\widehat{r}(x) = \widehat{\beta}_0 + \sum_j \widehat{\beta}_j x_j$.

另一种方法是用第 13 章讨论过的 Logistic 回归. 模型为

$$r(x) = \mathbb{P}(Y = 1 | X = x) = \frac{e^{\beta_0 + \sum_j \beta_j x_j}}{1 + e^{\beta_0 + \sum_j \beta_j x_j}}, \tag{22.24}$$

并且 MLE $\widehat{\beta}$ 可以由数值方法得到.

22.11 例　回到心脏病数据. 其 MLE 在例 13.17 中给出. 用该模型来分类的错误率为 0.27. 由线性回归得到的错误率为 0.26.

可以通过拟合一个更加复杂的模型来得到一个更好的分类器. 例如, 可以拟合

$$\mathrm{logit}\mathbb{P}(Y = 1 | X = x) = \beta_0 + \sum_j \beta_j x_j + \sum_{j,k} \beta_{jk} x_j x_k. \tag{22.25}$$

更一般地, 可以对于某个整数 r, 在模型中不断添加项数直到最高阶数为 r. 较大的 r 值给出一个较复杂的模型, 它应该对数据有较好的拟合. 但是存在一个偏差-方差平衡问题, 这将在后文中讨论.

22.12 例 若对于心脏病数据用 $r = 2$ 的模型 (22.25) 来拟合, 错误率将降至 0.22.

22.5 Logistic 回归与 LDA 之间的关系

LDA 与 Logistic 回归几乎是相同的. 若假设每个组是正态的且具有相同的协方差矩阵, 则已知

$$\log\left(\frac{\mathbb{P}(Y=1|X=x)}{\mathbb{P}(Y=0|X=x)}\right) = \log\left(\frac{\pi_0}{\pi_1}\right) - \frac{1}{2}(\mu_0+\mu_1)^{\mathrm{T}}\Sigma^{-1}(\mu_1-\mu_0)$$
$$+ x^{\mathrm{T}}\Sigma^{-1}(\mu_1-\mu_0)$$
$$\equiv \alpha_0 + \alpha^{\mathrm{T}}x.$$

另一方面, 由假设知道 Logistic 模型为

$$\log\left(\frac{\mathbb{P}(Y=1|X=x)}{\mathbb{P}(Y=0|X=x)}\right) = \beta_0 + \beta^{\mathrm{T}}x.$$

它们是相同的模型, 因为两者都是关于 x 为线性的分类规则. 其区别在于如何估计参数.

单个观测的联合密度为 $f(x,y) = f(x|y)f(y) = f(y|x)f(x)$. 在 LDA 中通过极大化似然函数的方法来估计整个的联合分布

$$\prod_i f(x_i, y_i) = \underbrace{\prod_i f(x_i|y_i)}_{\text{Gauss}} \underbrace{\prod_i f(y_i)}_{\text{Bernoulli}} \tag{22.26}$$

在 Logistic 回归中, 极大化条件似然 $\prod_i f(y_i|x_i)$ 但是却忽视了第二项 $f(x_i)$,

$$\prod_i f(x_i, y_i) = \underbrace{\prod_i f(y_i|x_i)}_{\text{logistic}} \underbrace{\prod_i f(x_i)}_{\text{ignored}}. \tag{22.27}$$

既然分类只要求知道 $f(y|x)$, 其实没有必要去估计整个的联合分布. Logistic 回归不指定边际分布 $f(x)$, 所以它比 LDA 更加非参数化. 这是 Logistic 回归方法相比于 LDA 的一个优势.

总结: LDA 与 Logistic 回归都是一个线性分类规则. 在 LDA 中, 估计整个的联合分布 $f(x,y) = f(x|y)f(y)$. 而在 Logistic 回归中只估计 $f(y|x)$ 而且并不需要估计 $f(x)$.

22.6 密度估计与朴素贝叶斯

贝叶斯规则为 $h(x) = \arg\max_k \pi_k f_k(x)$. 若可以估计 π_k 和 f_k, 则可以估计贝叶斯分类规则. 估计 π_k 是容易的, 但是估计 f_k 呢? 先前通过假设 f_k 是高斯的而估计过 f_k. 另一种方法是用非参数密度估计 $\widehat{f}_k$, 如核估计来估计 f_k. 但是若 $x = (x_1, \cdots, x_d)$ 是高维的, 则非参数密度估计不是太可靠. 若假设 $X_1, \cdots, X_d$ 是独立的, 则该问题的情况得以改善, 因为这时 $f_k(x_1, \cdots, x_d) = \prod_{j=1}^{d} f_{kj}(x_j)$. 这将问题简化为 d 个一维密度估计问题. 相应的分类器被称作**朴素贝叶斯分类器**. X 的分量是独立的假设往往是错误的, 然而由此得到的分类器可能依然是精确的. 这里给出朴素贝叶斯分类器的步骤概要.

朴素贝叶斯分类器

1. 对于每个组 k, 计算对于 X_j 的密度 f_{kj} 的一个估计 $\widehat{f}_{kj}$, 用 $Y_i = k$ 的数据.

2. 令
$$\widehat{f}_k(x) = \widehat{f}_k(x_1, \cdots, x_d) = \prod_{j=1}^{d} \widehat{f}_{kj}(x_j).$$

3. 令
$$\widehat{\pi}_k = \frac{1}{n}\sum_{i=1}^{n} I(Y_i = k),$$
其中, 若 $Y_i = k$, $I(Y_i = k) = 1$ 且若 $Y_i \neq k$, $I(Y_i = k) = 0$.

4. 令
$$h(x) = \arg\max_k \widehat{\pi}_k \widehat{f}_k(x).$$

当 x 是高维且离散时, 朴素贝叶斯分类器较流行. 在那种情况下, $\widehat{f}_{kj}(x_j)$ 尤其简单.

22.7 树

树的分类方法是将协变量空间 $\mathcal{X}$ 分成互不相交的部分, 然后根据观测落入的分割单元将其分类. 顾名思义, 该分类器可以表示为一个树.

例如, 假设有两个协变量, $X_1 = $ 年龄 且 $X_2 = $ 血压. 图 22.2 给出了用这两个变量做出的一个分类树.

树的用法如下: 若一个个体具有 年龄 $\geqslant 50$, 则将其分类为 $Y = 1$. 若一个个体

22.7 树

具有 年龄 < 50, 则测量其血压. 若其收缩压 < 100, 则将其分类为 $Y = 0$, 否则将其分类为 $Y = 1$. 图 22.3 给出了与协变量空间的分割相同的分类器.

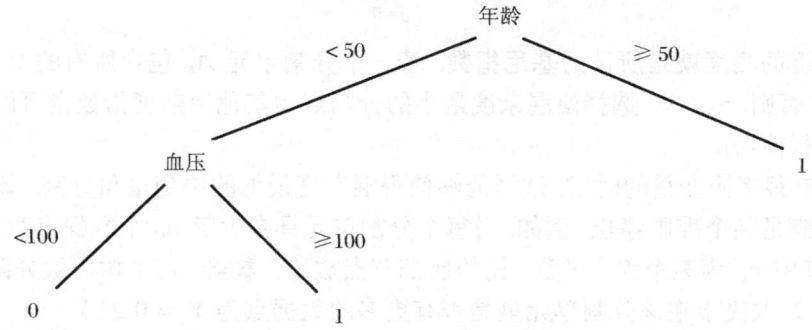

图 22.2 一个简单分类树

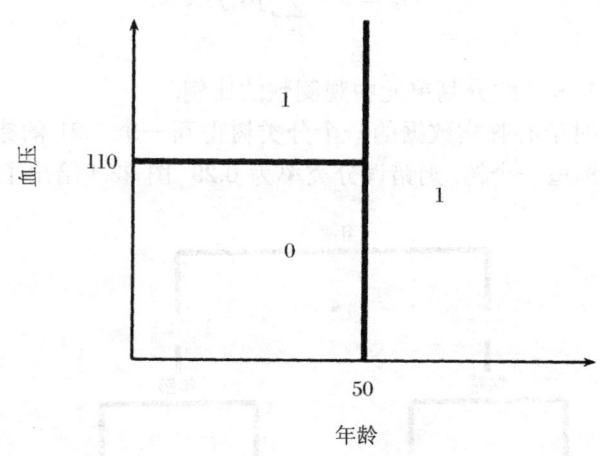

图 22.3 分类树的分割表示

此处给出树的构建方法. 首先, 假设 $y \in \mathcal{Y} = \{0, 1\}$ 并且只有一个协变量 X. 选择一个分割点 t, 使得该点将实数轴分成两个集合 $A_1 = (-\infty, t]$ 和 $A_2 = (t, \infty)$. 令 $\widehat{p}_s(j)$ 表示观测落入 A_s 且 $Y_i = j$ 的比例为

$$\widehat{p}_s(j) = \frac{\sum_{i=1}^{n} I(Y_i = j, X_i \in A_s)}{\sum_{i=1}^{n} I(X_i \in A_s)}, \tag{22.28}$$

其中, $s = 1, 2$ 且 $j = 0, 1$. 分割点 t 的**混杂度**定义为

$$I(t) = \sum_{s=1}^{2} \gamma_s, \tag{22.29}$$

其中,
$$\gamma_s = 1 - \sum_{j=0}^{1} \widehat{p}_s(j)^2. \tag{22.30}$$

该混杂度的测度就是所谓的**基尼指数**. 若一个分割单元 A_s 包含所有的 0 或 1, 则 $\gamma_s = 0$. 否则, $\gamma_s > 0$. 选择使混杂度最小的分割点 t(其他混杂度指数也可以与基尼指数并行使用).

当有很多协变量的时候, 选择能够使得混杂度最低的协变量和分割. 该过程持续直到满足某个准则停止. 例如, 当每个分割单元具有少于 n_0 个数据点时, 就可以停止, 其中 n_0 为某个固定的数. 树的底部节点被称作**树叶**. 每个树叶被分配一个 0 或者 1, 这取决于在该分割单元里是否有更多的数据点为 $Y = 0$ 或 $Y = 1$.

该方法可以容易地推广到 $Y \in \{1, \cdots, K\}$ 的情形. 简单地定义混杂度为
$$\gamma_s = 1 - \sum_{j=1}^{k} \widehat{p}_s(j)^2, \tag{22.31}$$

其中, $\widehat{p}_i(j)$ 为在 $Y = j$ 的分割单元中观测数的比例.

22.13 例 对于心脏病数据的一个分类树得到一个 0.21 的错误分类率. 若只用烟草与年龄来构造一个树, 则错误分类率为 0.29. 图 22.4 给出了该树的图像.

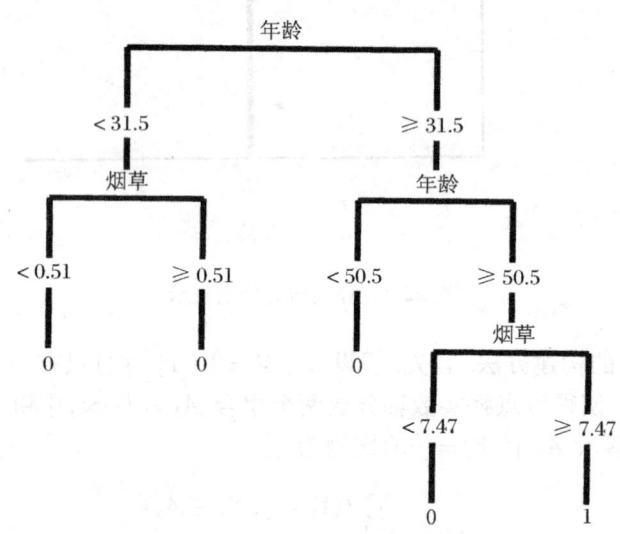

图 22.4 用两个协变量作出的心脏病数据分类树

关于如何构造树的叙述是不完全的. 若持续分割直到每棵树的树叶上只有少数个案时, 有可能对数据过拟合. 应该选择树的适当复杂程度以使得估计出的真实错误率比较低. 在下一节中, 将讨论错误率的估计.

22.8 误差率评估与选择好的分类器

如何选择一个好的分类器？倾向于选择一个具有低真实误差率 $L(h)$ 的分类器 h. 通常, 不能用训练误差率 $\widehat{L}_n(h)$ 当作一个真实误差率的估计, 因为它是向下偏差的.

22.14 例 再次考虑心脏病数据. 假设拟合一系列 Logistic 回归模型. 在第 1 个模型中包含 1 个协变量. 在第 2 个模型中包含两个协变量, 如此下去. 第 9 个模型包含所有的协变量. 可以更进一步, 再拟合第 10 个模型, 它包含所有的 9 个协变量加上第 1 个协变量的平方. 再拟合第 11 个模型, 它包含所有的 9 个协变量加上第 1 个协变量的平方和第 2 个协变量的平方. 如此下去, 将会得到一系列 18 个分类器并且其复杂度在递增. 图 22.5 中的实线表示观测到的分类误差, 当令模型更加复杂时, 它稳定下降. 若继续做下去, 则可以得到一个 0 观测分类误差的模型. 虚线表示 **10 重交叉验证估计** 的误差率 (后文将马上给出解释), 它是一个比观测分类误差更好的真实误差率的估计. 该估计误差先递减然后又递增. 这本质上是在第 20 章中见过的偏差 – 方差平衡现象.

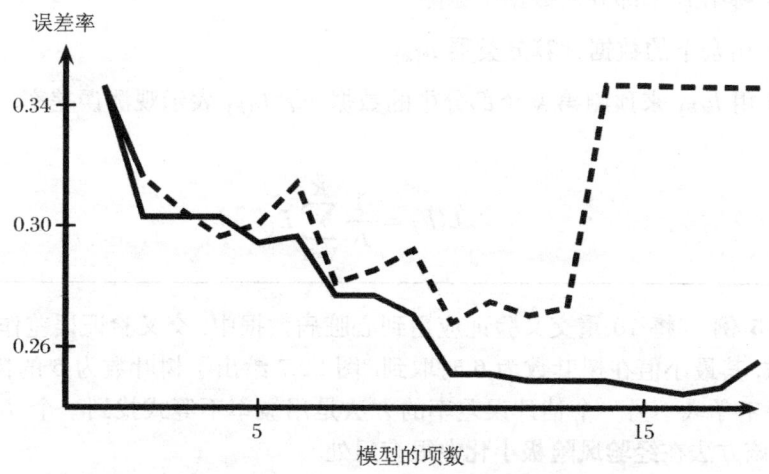

图 22.5 实线是观测误差率, 虚线是真实误差率的交叉验证估计

有很多估计误差率的途径. 将考虑其中两个: **交叉验证**和**概率不等式**.

交叉验证 交叉验证的基本思想, 在曲线估计中已经遇到过, 就是排除一部分数据来拟合一个模型. 最简单的交叉验证将数据随机分割成两个部分: **训练集** $\mathcal{T}$ 和**验证集** $\mathcal{V}$. 经常地, 大约 10% 的数据被取出来当作验证集. 分类器 h 是从训练集中构建的. 通过下式来估计误差:

$$\widehat{L}(h) = \frac{1}{m} \sum_{X_i \in \mathcal{V}} I(h(X_i) \neq Y_i). \tag{22.32}$$

其中, m 为验证集的大小, 见图 22.6.

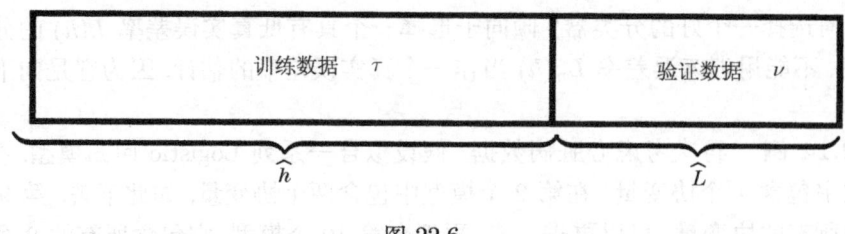

图 22.6

交叉验证的另一个方法是 **K 重交叉验证**, 它可以由下面的算法得到.

K 重交叉验证

1. 将数据随机分成 K 个大小近似相等的部分. 通常的选择为 $K = 10$.

2. 对于 $k = 1$ 到 K, 执行下列步骤:

   (a) 将第 k 个部分从数据中删除.

   (b) 由余下的数据计算分类器 $\widehat{h}_{(k)}$.

   (c) 用 $\widehat{h}_{(k)}$ 来预测第 k 个部分中的数据. 令 $\widehat{L}_{(k)}$ 表示观测误差率.

3. 令
$$\widehat{L}(h) = \frac{1}{K} \sum_{k=1}^{K} \widehat{L}_{(k)}. \tag{22.33}$$

22.15 例 将 10 重交叉验证应用到心脏病数据中. 交叉验证误差作为树叶数目的函数, 其最小值在树叶数为 6 时取到. 图 22.7 给出了树叶数为 6 的树图.

概率不等式 另一个估计误差率的方法是用概率不等式找到一个 $\widehat{L}_n(h)$ 的置信区间. 该方法在**经验风险极小化**中很有用处.

令 $\mathcal{H}$ 表示一个分类器的集合, 例如, 所有的线性分类器. 经验风险极小化意味着选择分类器 $\widehat{h} \in \mathcal{H}$ 来极小化训练误差 $\widehat{L}_n(h)$, 也称作经验风险. 因此,

$$\widehat{h} = \arg\min_{h \in \mathcal{H}} \widehat{L}_n(h) = \arg\min_{h \in \mathcal{H}} \left(\frac{1}{n} \sum_i I(h(X_i) \neq Y_i) \right). \tag{22.34}$$

典型地, $\widehat{L}_n(h)$ 低估了真实误差率 $L(\widehat{h})$, 因为 $\widehat{h}$ 是使得 $\widehat{L}_n(\widehat{h})$ 最小的分类器. 目标是评估产生了多大的低估. 分析该问题的主要工具是 **Hoeffding 不等式**(见定理 4.5). 回忆若 $X_1, \cdots, X_n \sim \text{Bernoulli}(p)$, 则对于任何 $\epsilon > 0$,

$$\mathbb{P}(|\widehat{p} - p| > \epsilon) \leqslant 2e^{-2n\epsilon^2}, \tag{22.35}$$

其中 $\widehat{p} = n^{-1} \sum_{i=1}^{n} X_i$.

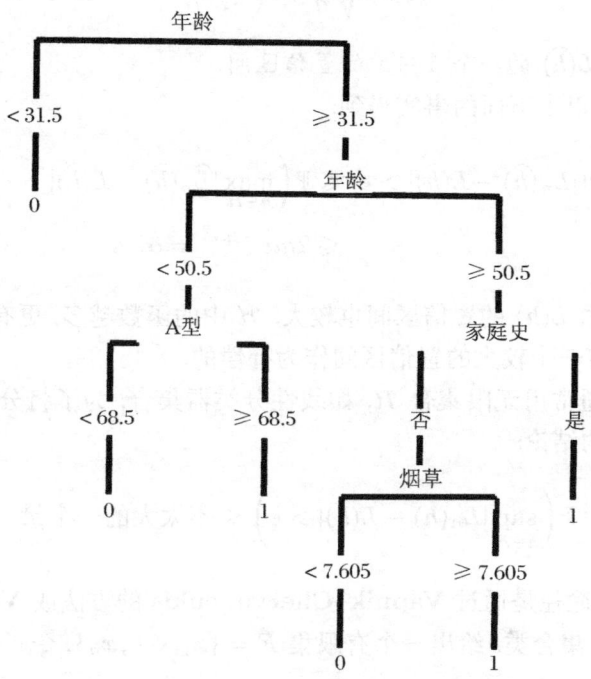

图 22.7　由交叉验证选出的较小的分类树

首先，假设 $\mathcal{H} = \{h_1, \cdots, h_m\}$ 包含有限多个分类器．对于任意固定的 h，由大数定律，$\widehat{L}_n(h)$ 几乎必然收敛到 $L(h)$．现在将建立一个更强的结果．

22.16 定理 (一致收敛性)　假设 $\mathcal{H}$ 是有限的且具有 m 个元素，则

$$\mathbb{P}\left(\max_{h \in \mathcal{H}} |\widehat{L}_n(h) - L(h)| > \epsilon\right) \leqslant 2me^{-2n\epsilon^2}.$$

证明　用 Hoeffding 不等式，并且用到事实：若 $A_1, \cdots, A_m$ 为一个事件集，则 $\mathbb{P}(\bigcup_{i=1}^{m} A_i) \leqslant \sum_{i=1}^{m} \mathbb{P}(A_i)$．现在有

$$\mathbb{P}\left(\max_{h \in \mathcal{H}} |\widehat{L}_n(h) - L(h)| > \epsilon\right) = \mathbb{P}\left(\bigcup_{h \in \mathcal{H}} |\widehat{L}_n(h) - L(h)| > \epsilon\right)$$

$$\leqslant \sum_{H \in \mathcal{H}} \mathbb{P}(|\widehat{L}_n(h) - L(h)| > \epsilon)$$

$$\leqslant \sum_{H \in \mathcal{H}} 2e^{-2n\epsilon^2} = 2me^{-2n\epsilon^2}.$$

22.17 定理 令

$$\epsilon = \sqrt{\frac{2}{n}\log\left(\frac{2m}{\alpha}\right)},$$

则 $\widehat{L}_n(\widehat{h}) \pm \epsilon$ 是 $L(\widehat{h})$ 的一个 $1-\alpha$ 的置信区间.

证明 这可以由下面的事实得到:

$$\mathbb{P}(|\widehat{L}_n(\widehat{h}) - L(\widehat{h})| > \epsilon) \leqslant \mathbb{P}\left(\max_{h\in\mathcal{H}}|\widehat{L}_n(\widehat{h}) - L(\widehat{h})| > \epsilon\right)$$
$$\leqslant 2me^{-2n\epsilon^2} = \alpha.$$

当 $\mathcal{H}$ 较大时, $L(\widehat{h})$ 的置信区间也较大. $\mathcal{H}$ 中的函数越多, 更有可能出现 "过拟合", 这是以具有一个较大的置信区间作为补偿的.

在实际中, 通常用无限集合 $\mathcal{H}$, 如线性分类器集合. 为了将分析推广到这些情形, 想要说如下的结论:

$$\mathbb{P}\left(\sup_{h\in\mathcal{H}}|\widehat{L}_n(h) - L(h)| > \epsilon\right) \leqslant 不太大的一个量.$$

推广到此的一个途径是通过 **Vapnik–Chervonenkis** 的方法或 **VC 维数**法.

令 $\mathcal{A}$ 为一个集合类. 给出一个有限集 $F = \{x_1, \cdots, x_n\}$, 令

$$N_{\mathcal{A}}(F) = \#\left\{F\bigcap A : A\in\mathcal{A}\right\} \tag{22.36}$$

为由 $\mathcal{A}$ "挑选" 出的 F 的子集数. 这里 $\#(B)$ 表示一个集合 B 的元素个数. **粉碎系数**定义为

$$s(\mathcal{A}, n) = \max_{F\in\mathcal{F}_n} N_{\mathcal{A}}(F), \tag{22.37}$$

其中 $\mathcal{F}_n$ 包含所有的大小为 n 的有限集. 现在令 $X_1, \cdots, X_n \sim \mathbb{P}$ 且令

$$\mathbb{P}_n(A) = \frac{1}{n}\sum_{i=1}^n I(X_i \in A)$$

表示**经验概率测度**. 下面著名的定理界定了 $\mathbb{P}$ 与 $\mathbb{P}_n$ 之间的距离.

22.18 定理 (Vapnik and Chervonenkis, 1971)   对于任意的 $\mathbb{P}, n$ 和 $\epsilon > 0$,

$$\mathbb{P}\left\{\sup_{A\in\mathcal{A}}|\mathbb{P}_n(A) - \mathbb{P}(A)| > \epsilon\right\} \leqslant 8s(\mathcal{A}, n)e^{-n\epsilon^2/32}. \tag{22.38}$$

其证明虽然很优美但也很长, 此处省略. 若 $\mathcal{H}$ 是一个分类器集, 定义 $\mathcal{A}$ 为具有形式 $\{x : h(x) = 1\}$ 的集合类. 定义 $s(\mathcal{H}, n) = s(\mathcal{A}, n)$.

22.19 定理

$$\mathbb{P}\left\{\sup_{h\in\mathcal{H}}|\widehat{L}_n(h)-L(h)|>\epsilon\right\}\leqslant 8s(\mathcal{H},n)\mathrm{e}^{-n\epsilon^2/32}.$$

$L(\widehat{h})$ 的一个 $1-\alpha$ 置信区间为 $\widehat{L}_n(\widehat{h})\pm\epsilon_n$，其中，$\epsilon_n^2=(32/n)\log((8s(\mathcal{H},n))/\alpha)$.

这些定理只有在随着 n 的增长粉碎系数却增长不太快的时候才有用处. 下面是 VC 维数概念的引入.

22.20 定义 一个集合类 $\mathcal{A}$ 的 *VC*(Vapnik–Chervonenkis) 维数定义如下: 对于所有的 n, 若 $s(\mathcal{A},n)=2^n$, 令 $\mathrm{VC}(\mathcal{A})=\infty$. 否则, 定义 $\mathrm{VC}(\mathcal{A})$ 为 $s(\mathcal{A},n)=2^k$ 中最大的 k.

因此, VC 维数是最大有限集合 F 的大小, 该集合可以被 $\mathcal{A}$ 粉碎意味着 $\mathcal{A}$ 挑选出了 F 的每个子集. 若 $\mathcal{H}$ 为一个分类器集合, 其中, h 在 $\mathcal{H}$ 中变化, 定义 $\mathrm{VC}(\mathcal{H})=\mathrm{VC}(\mathcal{A})$, 其中, $\mathcal{A}$ 为形式为 $\{x:h(x)=1\}$ 的集合类. 下面的定理表明若 $\mathcal{A}$ 具有有限 VC 维数, 则粉碎系数随着多项式次数 n 的增长而增长.

22.21 定理 若 $\mathcal{A}$ 具有有限 VC 维 v, 则

$$s(\mathcal{A},n)\leqslant n^v+1.$$

22.22 例 令 $\mathcal{A}=\{(-\infty,a];a\in\mathcal{R}\}$. $\mathcal{A}$ 粉碎每个单点集 $\{x\}$, 但是它没粉碎形式为 $\{x,y\}$ 的集合. 因此, $\mathrm{VC}(\mathcal{A})=1$.

22.23 例 令 $\mathcal{A}$ 为实数轴上闭区间集, 则 $\mathcal{A}$ 粉碎 $S=\{x,y\}$, 但是它不能粉碎具有三个点的集合. 考虑 $S=\{x,y,z\}$, 其中, $x<y<z$. 不能找到一个区间 A 使得 $A\bigcap S=\{x,z\}$. 所以, $\mathrm{VC}(\mathcal{A})=2$.

22.24 例 令 $\mathcal{A}$ 为平面上所有的线性半空间. 任意的 3 点集 (未必都在一条线上) 可以被粉碎. 4 点集不能被粉碎. 考虑一个例子, 4 个点构成一个钻石形状. 令 T 表示左边和最右边的点. 这不能被挑选出来. 其他的配置同样可以看到是不能被粉碎的. 所以 $\mathrm{VC}(\mathcal{A})=3$. 一般, $\mathcal{R}^d$ 中的半空间具有 VC 维数 $d+1$.

22.25 例 令 $\mathcal{A}$ 为平面上所有的矩形, 其边平行于坐标轴. 任意一个 4 点集可以被粉碎. 令 S 为一个 5 点集. 有一个不是最左边, 也不是最右边, 不是最上边, 也不是最下边的点. 令 T 表示 S 中除了该点的所有点, 则 T 不能被挑选出来, 所以 $\mathrm{VC}(\mathcal{A})=4$.

22.26 定理 令 x 具有维数 d 且令 $\mathcal{H}$ 为线性分类器的集合. $\mathcal{H}$ 的 VC 维数为 $d+1$. 因此, 真实误差率的一个 $1-\alpha$ 置信区间为 $\widehat{L}(\widehat{h})\pm\epsilon$, 其中,

$$\epsilon_n^2=\frac{32}{n}\log\left(\frac{8(n^{d+1}+1)}{\alpha}\right).$$

22.9　支持向量机

本节考虑被称作**支持向量机**的一类线性分类器. 假设 Y 是二元变量. 为方便起见, 将输出标记为 -1 和 $+1$ 而不是 0 和 1 将会方便些. 那么一个线性分类器可以写作

$$h(x) = \text{sign}\Big(H(x)\Big),$$

其中, $x = (x_1, \cdots, x_d)$,

$$H(x) = a_0 + \sum_{i=1}^{d} a_i x_i$$

和

$$\text{sign}(z) = \begin{cases} -1, & z < 0, \\ 0, & z = 0, \\ 1, & z > 0. \end{cases}$$

首先, 假设数据是**线性可分的**, 即存在一个超平面可以将两个类完全地分离.

22.27 引理　数据可以被某个超平面分离当且仅当存在一个超平面 $H(x) = a_0 + \sum_{i=1}^{d} a_i x_i$ 使得

$$Y_i H(x_i) \geqslant 1, \qquad i = 1, \cdots, n. \tag{22.39}$$

证明　假设数据可以被一个超平面 $W(x) = b_0 + \sum_{i=1}^{d} b_i x_i$ 分离. 可知存在某常数 c 使得 $Y_i = 1$ 意味着 $W(X_i) \geqslant c$, 并且 $Y_i = -1$ 意味着 $W(X_i) \leqslant -c$. 因此, 对于所有的 i, $Y_i W(X_i) \geqslant c$. 令 $H(x) = a_0 + \sum_{i=1}^{d} a_i x_i$, 其中, $a_j = b_j/c$. 则对于所有的 i, $Y_i H(X_i) \geqslant 1$. 反方向推导也是直接的.

在可分情形, 将会有很多分离超平面. 如何选择一个呢? 直观地讲, 选择一个离数据"最远"的超平面看起来是合理的, 这是在它分离许多 $+1$ 和 -1 这两类点并极大化到它最近点的距离的意义下产生的. 该超平面被称作**边际极大值超平面**. 边际就是超平面到最近点的距离. 边际边界上的点被称作**支持向量**, 见图 22.8.

22.28 定理　分离数据且极大化边际的超平面 $\widehat{H}(x) = \widehat{a}_0 + \sum_{i=1}^{d} \widehat{a}_i x_i$ 是在约束 (22.39) 下极小化 $(1/2) \sum_{j=1}^{d} a_j^2$ 得到.

该问题可以看作一个二次规划问题. 令 $\langle X_i, X_k \rangle = X_i^{\mathrm{T}} X_k$ 表示 X_i 和 X_k 的内积.

22.9 支持向量机

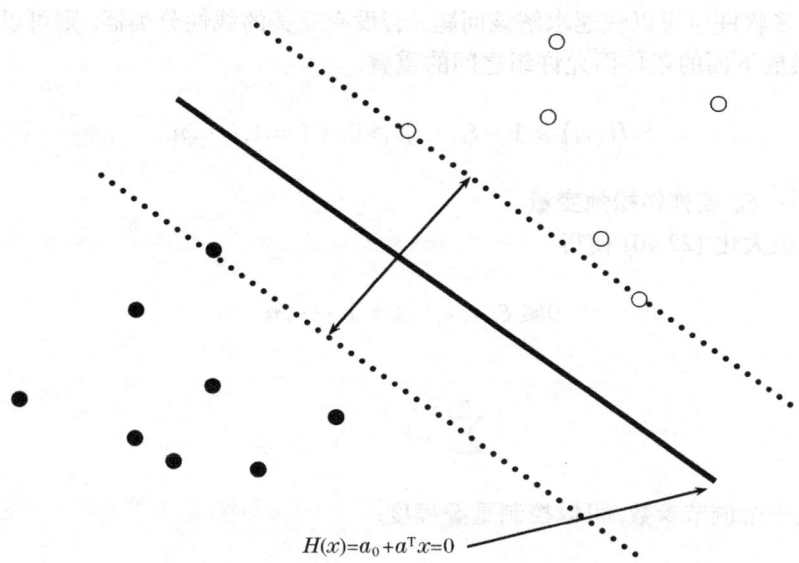

图 22.8 在所有能够分离这两类点的超平面中, $H(x)$ 具有最大边际

22.29 定理 令 $\widehat{H}(x) = \widehat{a}_0 + \sum_{i=1}^{d} \widehat{a}_i x_i$ 表示最优超平面 (最大边际), 则对于 $j = 1, \cdots, d$,

$$\widehat{a}_j = \sum_{i=1}^{n} \widehat{a}_i Y_i X_j(i),$$

其中, $X_j(i)$ 为协变量 X_j 在第 i 个数据点的值, 且 $\widehat{\alpha} = (\widehat{\alpha}_1, \cdots, \widehat{\alpha}_n)$ 是极大化下式得到的向量:

$$\sum_{i=1}^{n} \alpha_i - \frac{1}{2} \sum_{i=1}^{n} \sum_{k=1}^{n} \alpha_i \alpha_k Y_i Y_k \langle X_i, X_k \rangle, \tag{22.40}$$

且

$$\alpha_i \leqslant 0$$

和

$$0 = \sum_i \alpha_i Y_i.$$

对于 $\widehat{\alpha} \neq 0$ 的点 X_i 称作**支持向量**. $\widehat{a}_0$ 可以通过求解下式而得到:

$$\widehat{\alpha}_i \left(Y_i (X_i^T \widehat{a} + \widehat{\beta}_0) \right) = 0,$$

对于任何支持点 X_i. $\widehat{H}$ 可以写为

$$\widehat{H}(x) = \widehat{\alpha}_0 + \sum_{i=1}^{n} \widehat{\alpha}_i Y_i \langle x, X_i \rangle.$$

有很多软件包可以快速求解该问题. 若没有完美的线性分类器, 则可以通过将 (22.39) 换成下面的条件而允许组之间的重叠:

$$Y_i H(x_i) \geqslant 1 - \xi_i, \quad \xi_i \geqslant 0, \quad i = 1, \cdots, n. \tag{22.41}$$

变量 $\xi_i, \cdots, \xi_n$ 被称作**松弛变量**.

现在极大化 (22.40) 使得

$$0 \leqslant \xi_i \leqslant c, \quad i = 1, \cdots, n,$$

且

$$\sum_{i=1}^{n} \alpha_i Y_i = 0,$$

常数 c 是一个调节参数, 可以控制重叠程度.

22.10 核 方 法

有种所谓**核方法**的技巧, 它可以改善一个计算简单的分类器 h. 其想法是将在 $\mathcal{X}$ 内取值的协变量 X 映射到一个较高维的空间 $\mathcal{Z}$ 中, 并且将分类器应用到较大的空间 $\mathcal{Z}$ 中. 这可以得到一个更加灵活适用的分类器且保留了计算简易性.

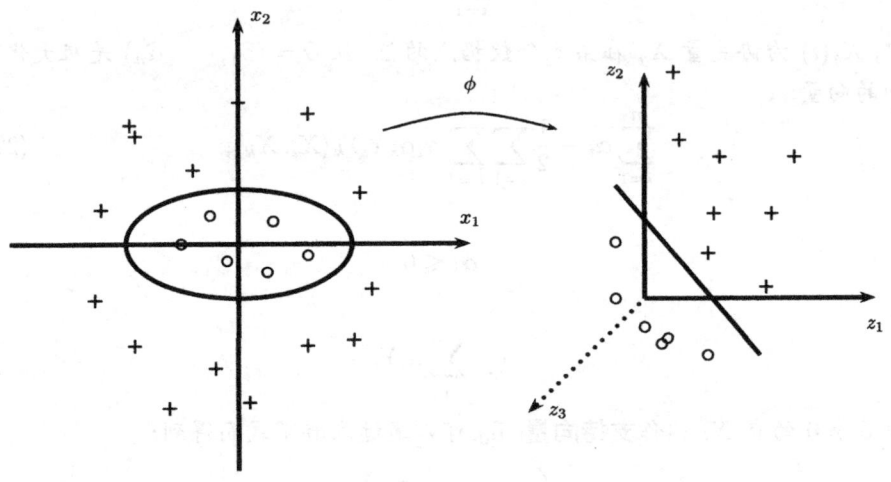

图 22.9 核方法

将协变量映射到一个较高维的空间可以使得一个复杂的决策界成为一个较简单的决策界

该思想的一个标准的例子可参见图 22.9. 协变量为 $x = (x_1, x_2)$. Y_i 可以被一个椭圆分离成两个组. 定义一个映射 ϕ 为

22.10 核方法

$$z = (z_1, z_2, z_3) = \phi(x) = (x_1^2, \sqrt{2}x_1x_2, x_2^2).$$

因此, ϕ 将 $\mathcal{X} = \mathbb{R}^2$ 映射到 $\mathcal{Z} = \mathcal{R}^3$. 在高维空间 $\mathcal{Z}$ 中, Y_i 是可以被一个线性决策界分开的. 换句话说,

较高维空间的一个线性分类器对应于原空间的一个非线性分类器.

这个方法的要点是为了得到一个更丰富的分类器集合, 无需放弃线性分类器的便捷性. 简单地将协变量映射到一个更高维的空间. 这好比通过多项式使得线性回归更加灵活.

此方法潜在的缺点也是存在的. 若显著地扩张数据的维数, 可能会增加计算的负担. 例如, 若 x 具有维数 $d = 256$ 并且想要用所有的四阶项, 则 $z = \phi(x)$ 具有维数 $183,181,376$. 可以通过以下两个事实而幸免于该计算的噩梦. 首先, 许多分类器不要求知道每个点的值, 而只要知道点对之间的内积. 其次, 注意在例子中 $\mathcal{Z}$ 中的内积可以写作

$$\begin{aligned} \langle z, \tilde{z} \rangle &= \langle \phi(x), \phi(\tilde{x}) \rangle \\ &= x_1^2 \tilde{x}_1^2 + 2x_1\tilde{x}_1 x_2 \tilde{x}_2 + x_2^2 \tilde{x}_2^2 \\ &= (\langle x, \tilde{x} \rangle)^2 \equiv K(x, \tilde{x}). \end{aligned}$$

因此, 可以计算 $\langle z, \tilde{z} \rangle$ 而不用计算 $Z_i = \phi(X_i)$.

综上所述, 核方法涉及找到一个映射 $\phi : \mathcal{X} \to \mathcal{Z}$ 和一个分类器使得

1. $\mathcal{Z}$ 具有比 $\mathcal{X}$ 更高的维数且因此产生一个更加丰富的分类器集.
2. 分类器只要求计算内积.
3. 存在一个函数 K, 称之为核, 使得 $\langle \phi(x), \phi(\tilde{x}) \rangle = K(x, \tilde{x})$.
4. 算法中出现 $\langle x, \tilde{x} \rangle$ 项的地方, 将其换成 $K(x, \tilde{x})$.

事实上, 并不需要构造映射 ϕ. 只需要对于某个 ϕ 去指定一个对应于 $\langle \phi(x), \phi(\tilde{x}) \rangle$ 的核 $K(x, \tilde{x})$. 这又导致一个有意思的问题: 给定一个含两个变量的函数 $K(x, y)$, 是否存在一个函数 $\phi(x)$ 使得 $K(x, y) = \langle \phi(x), \phi(y) \rangle$? **Mercer 定理**给出了答案, 粗略地讲, 若 K 是正定的, 即

$$\int\int K(x,y) f(x) f(y) \mathrm{d}x \mathrm{d}y \geqslant 0,$$

对于平方可积函数 f 而言, 这样的 ϕ 存在. 常用的核的例子有

$$\begin{aligned} \text{多项式} \quad K(x, \tilde{x}) &= \Big(\langle x, \tilde{x} \rangle + a\Big)^r, \\ \text{sigmoid} \quad K(x, \tilde{x}) &= \tanh(a\langle x, \tilde{x} \rangle + b), \\ \text{高斯} \quad K(x, \tilde{x}) &= \exp\Big(-\|x - \tilde{x}\|^2 / (2\sigma^2)\Big). \end{aligned}$$

下面来看看如何将这一技巧应用到 LDA 和支持向量机中的.

回忆 Fisher 线性判别方法, 它将 X 换成 $U = w^{\mathrm{T}} X$, 其中, w 极大化瑞利系数,

$$J(w) = \frac{w^{\mathrm{T}} S_B w}{w^{\mathrm{T}} S_W w},$$

$$S_B = (\bar{X}_0 - \bar{X}_1)(\bar{X}_0 - \bar{X}_1)^{\mathrm{T}},$$

且

$$S_w = \frac{(n_0 - 1) S_0}{(n_0 - 1) + (n_1 - 1)} + \frac{(n_1 - 1) S_1}{(n_0 - 1) + (n_1 - 1)}.$$

在核方法的版本里, 将 X_i 换成 $Z_i = \phi(X_i)$, 并且寻找 w 来极大化

$$J(w) = \frac{w^{\mathrm{T}} \tilde{S}_B w}{w^{\mathrm{T}} \tilde{S}_W w}, \tag{22.42}$$

其中,

$$\tilde{S}_B = (\bar{Z}_0 - \bar{Z}_1)(\bar{Z}_0 - \bar{Z}_1)^{\mathrm{T}},$$

且

$$S_W = \frac{(n_0 - 1) \tilde{S}_0}{(n_0 - 1) + (n_1 - 1)} + \frac{(n_1 - 1) \tilde{S}_1}{(n_0 - 1) + (n_1 - 1)}.$$

这里, $\tilde{S}_j$ 是对应于 $Y = j$ 的样本 Z_i 的协方差. 然而, 为了用到核方法的优点, 需要用内积来重新表述并且将内积换成核.

可以证明极大化向量 w 是 Z_i 的一个线性组合. 因此可以写

$$w = \sum_{i=1}^{n} \alpha_i Z_i$$

且

$$\bar{Z}_j = \frac{1}{n_j} \sum_{i=1}^{n} \phi(X_i) I(Y_i = j).$$

因此,

$$\begin{aligned} w^{\mathrm{T}} \bar{Z}_j &= \left(\sum_{i=1}^{n} \alpha_i Z_i \right)^{\mathrm{T}} \left(\frac{1}{n_j} \sum_{i=1}^{n} \phi(X_i) I(Y_i = j) \right) \\ &= \frac{1}{n_j} \sum_{i=1}^{n} \sum_{s=1}^{n} \alpha_i I(Y_s = j) Z_i^{\mathrm{T}} \phi(X_s) \\ &= \frac{1}{n_j} \sum_{i=1}^{n} \alpha_i \sum_{s=1}^{n} I(Y_s = j) \phi(X_i)^{\mathrm{T}} \phi(X_s) \\ &= \frac{1}{n_j} \sum_{i=1}^{n} \alpha_i \sum_{s=1}^{n} I(Y_s = j) K(X_i, X_s) \\ &= \alpha^{\mathrm{T}} M_j, \end{aligned}$$

其中，M_j 是一个向量且其第 i 个分量为

$$M_j(i) = \frac{1}{n_j} \sum_{s=1}^{n} K(X_i, X_s) I(Y_i = j).$$

可得

$$w^{\mathrm{T}} \tilde{S}_B w = \alpha^{\mathrm{T}} M \alpha,$$

其中，$M = (M_0 - M_1)(M_0 - M_1)^{\mathrm{T}}$. 通过相似的计算，可以得到

$$w^{\mathrm{T}} \tilde{S}_W w = \alpha^{\mathrm{T}} N \alpha,$$

其中，

$$N = K_0 \left(I - \frac{1}{n_0} \mathbf{1} \right) K_0^{\mathrm{T}} + K_1 \left(I - \frac{1}{n_1} \mathbf{1} \right) K_1^{\mathrm{T}},$$

I 是单位阵，$\mathbf{1}$ 是元素为全为 1 的矩阵，K_j 是一个 $n \times n_j$ 的矩阵，其元素 $(K_j)_{rs} = K(x_r, x_s)$，其中，x_s 在第 j 组内的观测值上变化. 因此，现在寻找 α 来极大化

$$J(\alpha) = \frac{\alpha^{\mathrm{T}} M \alpha}{\alpha^{\mathrm{T}} N \alpha}.$$

所有的量都用核来表达. 正式地，其解为 $\alpha = N^{-1}(M_0 - M_1)$. 然而，$N$ 可能是不可逆的. 在这种情况下，对于某个常数 b，可将 N 换成 $N + bI$. 最后，到新子空间上的投影可以写为

$$U = w^{\mathrm{T}} \phi(x) = \sum_{i=1}^{n} \alpha_i K(x_i, x).$$

支持向量机可以相似地被核化. 简单地将 $\langle X_i, X_j \rangle$ 换成 $K(X_i, X_j)$. 例如，不去极大化 (22.40)，现在极大化

$$\sum_{i=1}^{n} \alpha_i - \frac{1}{2} \sum_{i=1}^{n} \sum_{k=1}^{n} \alpha_i \alpha_k Y_i Y_k K(X_i, X_j). \tag{22.43}$$

超平面可以写作 $\widehat{H}(x) = \widehat{a}_0 + \sum_{i=1}^{n} \widehat{\alpha}_i Y_i K(X, X_i)$.

22.11 其他分类器

还有许多其他的分类器，限于篇幅不对它们作全面的讨论. 这里仅简要地提及一些.

k 最近邻分类器是非常简单的. 给定一个点 x，找到 k 个离 x 最近的数据点. 通过这些 k 个邻近的大多数投票原则将 x 分类. 配合可以被随机拆散. 参数 k 可以通过交叉验证的方法选取.

装袋法是一种用来降低一个分类器不稳定性的方法. 它对于高度非线性分类器如树尤为有用. 从数据中抽取 B 组样本. 第 b 组样本得到一个分类器 h_b. 最后的分类器为

$$\widehat{h}(x) = \begin{cases} 1, & \frac{1}{B}\sum_{b=1}^{B} h_b(x) \geq \frac{1}{2}, \\ 0, & \text{其他}. \end{cases}$$

提升法是一种先从一个简单的分类器开始, 然后通过对分类错误样本赋予更高的权重的办法来反复拟合数据, 继而逐步改善该分类器的方法. 假设 $\mathcal{H}$ 为一个分类器集合, 例如, 只有一个分割的树. 假设 $Y_i \in \{-1, 1\}$ 且每个 h 都满足 $h(x) \in \{-1, 1\}$. 在该方法中, 如同已经讨论的那样, 通常对于所有的数据点赋予相等的权重. 但是可以在大多数算法中考虑不相等的权重. 例如, 在构造一棵树的过程中, 可以将混杂度测度换成一个加权的混杂度测度. 提升法的原始版本被称作 AdaBoost, 如下所述:

1. 设定权重 $w_i = 1/n, \quad i = 1, \cdots, n$.
2. 对于 $j = 1, \cdots, J$, 执行以下步骤,
    (a) 用权重 $w_1, \cdots, w_n$ 从数据中构造一个分类器 h_j.
    (b) 计算加权误差估计,

    $$\widehat{L}_j = \frac{\sum_{i=1}^{n} w_i I(Y_i \neq h_j(X_i))}{\sum_{i=1}^{n} w_i}.$$

    (c) 令 $\alpha_j = \log((1 - \widehat{L}_j)/\widehat{L}_j)$.
    (d) 更新权重:

    $$w_i \leftarrow w_i e^{\alpha_j I(Y_i \neq h_j(X_i))}$$

3. 最后的分类器为

$$\widehat{h}(x) = \text{sign}\left(\sum_{j=1}^{J} \alpha_j h_j(x)\right).$$

现在有很多文献尽力在解释和改善提升法. 装袋法是一种方差降低技术, 提升法可以视为一种偏差降低技术. 从一个简单高度偏差的分类器开始, 然后逐步降低偏差. 提升法的缺点是其最后的分类器非常复杂.

神经网络是如下形式的回归模型[1]:

$$Y = \beta_0 + \sum_{j=1}^{p} \beta_j \sigma(\alpha_0 + \alpha^T X),$$

---

[1] 这是一个神经网络最简单的版本. 还有更加复杂的版本.

其中 σ 是一个光滑函数, 经常取为 $\sigma(v) = e^v/(1+e^v)$. 这其实只不过是一个非线性回归模型. 神经网络曾经一段时间非常流行, 但是它给计算带来很大困难. 特别的是, 在寻找参数的最小二乘估计时经常会遇到多重极小值问题. 而且, 项数 p 本质上是一个光滑参数, 要选择一个较好的 p 使得偏差和方差之间存在一个较好的平衡.

22.12 文献注释

关于分类的文献非常多而且增加迅速. 一个优秀的参考文献是 (Hastie et al., 2001). 想了解更多关于该理论的内容, 可见文献 (Devroye et al., 1996; Vapnik, 1998). 最近关于核的两本书是 (Scholkopf and Smola, 2002; Herbrich, 2002).

22.13 习 题

1. 证明定理 22.5.
2. 证明定理 22.7.
3. 从下面的网址下载垃圾邮件数据:

   http://www-stat.stanford.edu/ tibs/ElemStatlearn/index.html
   该数据还可以从课程网页上找到. 该数据含有与邮件信息有关的 57 个协变量. 每个邮件信息分为垃圾邮件 ($Y = 1$) 或者非垃圾邮件 ($Y = 0$). 输出变量 Y 在该文件的最后一列. 目标是预测一个邮件是否为垃圾邮件.

   (a) 分别用 (i)LDA, (ii)QDA, (iii)Logistic 回归和 (iv) 一个分类树来构造分类规则. 对于每种方法, 报告观测错误分类误差率和构造一个形如下表的 2×2 的表格:

	$\hat{h}(x) = 0$	$\hat{h}(x) = 0$
$Y=0$	??	??
$Y=1$	??	??

   (b) 用 5 重交叉验证来估计 LDA 和 Logistic 回归的预测精度.
   (c) 有时减少协变量的个数会有好处. 一种方法是对于垃圾邮件和邮件组来比较 X_i. 对于 57 个协变量中的每一个, 检验两组间的协变量的均值是否相等. 保留 10 个具有最小 p 值的协变量. 尝试只对这 10 个协变量用 LDA 和 Logistic 回归分析.

4. 令 $\mathcal{A}$ 为二维球面集. 即, $A \in \mathcal{A}$ 若 $A = \{(x, y) : (x-a)^2 + (y-b)^2 \leqslant c^2\}$, 对于某 a, b, c. 求 $\mathcal{A}$ 的 VC 维数.

5. 用支持向量机将垃圾邮件数据分类. 支持向量机的免费软件在网址 http://svmlight.joachims.org/.

6. 对于鸢尾花数据 (从本书网站可下载), 用 VC 理论得到 LDA 分类器真实误差率的一个置信区间.

7. 假设 $X_i \in \mathbb{R}$ 且只要 $|X_i| \leqslant 1$, 则 $Y_i = 1$, 而只要 $|X_i| > 1$, 则 $Y_i = 0$. 证明没有线性分类器可以完美地将这些数据分类. 证明核化数据 $Z_i = (X_i, X_i^2)$ 可以被线性分离.

8. 用核 $K(x, \tilde{x}) = (1 + x^T \tilde{x})^p$ 重做第 5 题. 通过交叉验证来选择 p.

9. 对 "鸢尾花数据" 应用 k 最近邻分类器. 用交叉验证来选择 k.

10. (维数灾难) 假设 X 在 d 维方体 $[-1/2, 1/2]^d$ 上具有均匀分布. 令 R 表示原点到最近邻的距离. 证明 R 的中位数为

$$\left(\frac{1 - (1/2)^{1/n}}{v_d(1)} \right)^{1/d},$$

其中,

$$v_d(r) = r^d \frac{\pi^{d/2}}{\Gamma((d/2) + 1)}$$

为半径为 r 的球面的体积. 当 $n = 100$, $n = 1000$, $n = 10000$ 时, 维数 d 为多少时使得 R 的中位数超出立方体的边 (Hastie et al., 2001, 22~27).

11. 对第 3 题中的数据拟合一个树模型. 应用装袋法并报告结果.

12. 对第 3 题只用关于一个变量的一个分割来拟合一个树模型. 应用提升法.

13. 令 $r(x) = \mathbb{P}(Y = 1 | X = x)$ 且令 $\hat{r}(x)$ 为 $r(x)$ 的一个估计. 考虑分类器

$$h(x) = \begin{cases} 1, & \hat{r}(x) \geqslant \frac{1}{2}, \\ 0, & \text{其他}. \end{cases}$$

假设 $\hat{r}(x) \approx N(\bar{r}(x), \sigma^2(x))$, 对于某函数 $\bar{r}(x)$ 和 $\sigma^2(x)$. 证明, 对于固定的 x,

$$\mathbb{P}(Y \neq h(x)) \approx \mathbb{P}(Y \neq h^*(x)) + \left| 2r(x) - 1 \right| \times \left[1 - \Phi\left(\frac{\text{sign}(r(x) - (1/2))(\bar{r}(x) - (1/2))}{\sigma(x)} \right) \right],$$

其中, Φ 为标准正态CDF且 h^* 为贝叶斯规则. 把 $\text{sign}(r(x) - (1/2))(\bar{r}(x) - (1/2))$ 看作偏差项的一种类型. 解释偏差 - 方差平衡在分类中的含义 (Friedman, 1997).

提示: 首先证明

$$\mathbb{P}(Y \neq h(x)) = |2r(x) - 1| \mathbb{P}(h(x) \neq h^*(x)) + \mathbb{P}(Y \neq h^*(x)).$$

第 23 章 重温概率：随机过程

23.1 引　言

本书的大部分篇幅关注于 IID 随机变量序列. 现在来考虑相依随机变量序列. 例如, 日气温将形成以时间为序的随机变量序列, 而且一天的气温明显地与前一天的气温不是独立的.

一个**随机过程**$\{X_t: t \in T\}$ 是一个随机变量集合. 时常写成 $X(t)$ 而不是 X_t. 变量 X_t 在一个被称作**状态空间**的集合 $\mathcal{X}$ 里取值. 集合 T 被称作**指标集**, 而且出于目的可以视为时间. 指标集可以为离散的 $T = \{0, 1, 2 \cdots\}$ 或者连续的 $T = [0, \infty)$, 这取决于应用需要.

23.1 例 (IID观测) 一个 IID 随机变量序列可以写作 $\{X_t: t \in T\}$, 其中 $T = \{1, 2, 3, \cdots\}$. 因此, 一个 IID 随机变量序列就是一个随机过程.

23.2 例 (天气) 令 $\mathcal{X} = \{$晴, 多云$\}$. 一个典型的序列 (依赖于你住哪里) 为

晴, 晴, 多云, 晴, 多云, 多云, $\cdots\cdots$

该过程具有一个离散的状态空间和一个离散的指标集.

23.3 例(股票价格) 图 23.1 给出一个虚拟股票关于时间的价格变化图. 价格是连续监测的所以指标集 T 是连续的. 价格是离散的, 但是出于实际目的, 可以将其当作连续变量来处理.

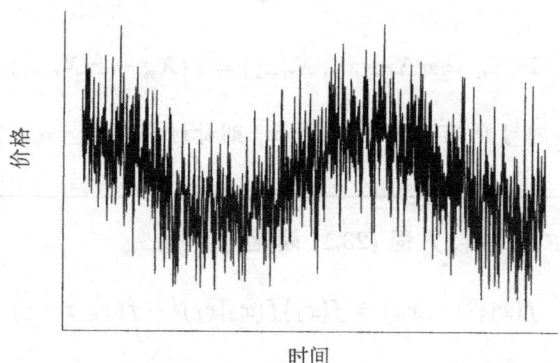

图 23.1 10 周内的股票价格

23.4 例 (经验分布函数) 令 $X_1, \cdots, X_n \sim F$, 其中, F 为 $[0, 1]$ 上的某个 CDF.

令
$$\widehat{F}_n(t) = \frac{1}{n}\sum_{i=1}^{n} I(X_i \leqslant t)$$

为经验 CDF. 对于任意固定值 t, $\widehat{F}_n(t)$ 是一个随机变量. 但是整个经验 CDF

$$\left\{\widehat{F}_n(t) : t \in [0,1]\right\}$$

为一个具有连续状态空间和连续指标集的随机过程.

通过回忆一个基本的事实来结束本节. 若 $X_1, \cdots, X_n$ 是随机变量, 则可以将联合密度写为

$$f(x_1, \cdots, x_n) = f(x_1)f(x_2|x_1)\cdots f(x_n|x_1, \cdots, x_{n-1})$$
$$= \prod_{i=1}^{n} f(x_i|\text{过去}_i), \tag{23.1}$$

其中, 过去$_i = (X_1, \cdots, X_{i-1})$.

23.2 马尔可夫链

一个马尔可夫链就是 X_t 的分布只依赖于 X_{t-1} 的随机过程. 本节假设状态空间是离散的, 或者为 $\mathcal{X} = \{1, \cdots, N\}$ 或者为 $\mathcal{X} = \{1, 2, \cdots\}$, 且其指标集为 $T = \{0, 1, 2, \cdots\}$. 典型地, 在讨论马尔可夫链时, 大多数作者写作 X_n 而不是 X_t, 本书同样如此.

23.5 定义 若

$$\mathbb{P}(X_n = x | X_0, \cdots, X_{n-1}) = \mathbb{P}(X_n = x | X_{n-1}) \tag{23.2}$$

对于所有的 n 和对于所有的 $x \in \mathcal{X}$ 成立, 则称过程 $\{X_n : n \in T\}$ 是一个**马尔可夫链**.

对于一个马尔可夫链, 方程 (23.1) 简化为

$$f(x_1, \cdots, x_n) = f(x_1)f(x_2|x_1)\cdots f(x_n|x_{n-1}).$$

一个马尔可夫链可以用下面的 DAG 来表示:

$$X_0 \longrightarrow X_1 \longrightarrow X_2 \longrightarrow \cdots \longrightarrow X_n \longrightarrow \cdots$$

每个变量具有单个母节点, 即前一个观测.

23.2 马尔可夫链

马尔可夫链理论是非常丰富和复杂的. 在能做任何有意思的事情之前, 必须先弄明白许多定义. 目标是回答下面的问题:

1. 一个马尔可夫链何时"安定"为某种平稳态?
2. 如何估计一个马尔可夫链的参数?
3. 如何构造一个收敛到既定平稳分布的马尔可夫链和为什么想要那样做?

在本章中将回答问题 1 和问题 2. 将在下一章回答问题 3. 为了理解问题 1, 可看图 23.2 中的两个链. 第一个链随处振荡且将永远持续下去. 第二个链最终将处于一个平稳态. 若构造了第一个过程的一个直方图, 当得到越来越多的观测时, 它将继续变化下去. 但是第二个链的直方图最终将收敛到某个固定的分布.

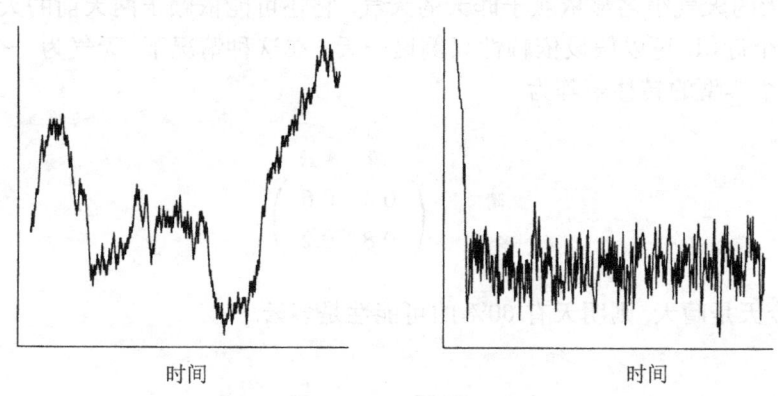

图 23.2 两个马尔可夫链

第一个没有最终处于一个平稳态, 第二个则最终处于平稳态

转移概率. 一个马尔可夫链的重要的量为从一个状态到另一个状态的概率. 一个马尔可夫链是**时齐的**若 $\mathbb{P}(X_{n+1} = j | X_n = i)$ 不随着时间而变化. 因此, 对于一个时齐马尔可夫链, $\mathbb{P}(X_{n+1} = j | X_n = i) = \mathbb{P}(X_1 = j | X_0 = i)$.

只讨论时齐马尔可夫链.

23.6 定义 称
$$p_{ij} \equiv \mathbb{P}(X_{n+1} = j | X_n = i) \tag{23.3}$$
为**转移概率**. 第 (i, j) 个元素为 p_{ij} 的矩阵 $\boldsymbol{P}$ 称作**转移矩阵**.

注意到 $\boldsymbol{P}$ 具有两个性质 (i)$p_{ij} \geqslant 0$ 且 (ii)$\sum_i p_{ij} = 1$. 每行可以看作一个概率密度函数.

23.7 例 (带吸收壁的随机游动) 令 $\mathcal{X} = \{1, \cdots, N\}$. 假设你正站在这些点中的一个点上. 以 $\mathbb{P}(\text{正面朝上}) = p$ 且 $\mathbb{P}(\text{反面朝上}) = q = 1 - p$ 的概率投掷一枚硬币. 若是正面朝上, 向右走一步. 若是反面朝上, 向左走一步. 若你碰上某个终点, 停止.

转移矩阵为

$$P = \begin{Bmatrix} 1 & 0 & 0 & 0 & \cdots & 0 & 0 \\ q & 0 & p & 0 & \cdots & 0 & 0 \\ 0 & q & 0 & p & \cdots & 0 & 0 \\ \vdots & \vdots & \vdots & \vdots & & \vdots & \vdots \\ 0 & 0 & 0 & 0 & \cdots & 0 & p \\ 0 & 0 & 0 & 0 & \cdots & 0 & 1 \end{Bmatrix}.$$

23.8 例 假设状态空间为 $\mathcal{X} = \{晴, 多云\}$. 则 $X_1, X_2, \cdots$ 表示一系列日子的天气. 今天的天气很名显依赖于昨天的天气. 它还可能依赖于两天前的天气, 但是作为第一个近似, 可以假设依赖性只倒退一天. 在这种情况下, 天气为一个马尔可夫链且一个典型的转移矩阵为

$$\begin{array}{c} \\ 晴 \\ 多云 \end{array} \begin{pmatrix} 晴 & 多云 \\ 0.4 & 0.6 \\ 0.8 & 0.2 \end{pmatrix}.$$

例如, 若今天是晴天, 则明天有 60% 的可能性是多云.

令

$$p_{ij}(n) = \mathbb{P}(X_{m+n} = j | X_m = i) \tag{23.4}$$

为在 n 步中从状态 i 转移到状态 j 的概率. 令 $\boldsymbol{P}_n$ 表示第 (i,j) 个元素为 $p_{ij}(n)$ 的元素. 这些被称作 **n 步转移概率**.

23.9 定理 (Chapman-Kolmogorov方程) n 步概率满足

$$p_{ij}(m+n) = \sum_k p_{ik}(m) p_{kj}(n). \tag{23.5}$$

证明 在通常情况下,

$$\mathbb{P}(X = x, Y = y) = \mathbb{P}(X = x)\mathbb{P}(Y = y | X = x).$$

在更一般的情形下, 该事实也是正确的,

$$\mathbb{P}(X = x, Y = y | Z = z) = \mathbb{P}(X = x | Z = z)\mathbb{P}(Y = y | X = x, Z = z).$$

回忆全概率公式,

$$\mathbb{P}(X = x) = \sum_y \mathbb{P}(X = x, Y = y).$$

23.2 马尔可夫链

由这些事实和马尔可夫性, 有

$$\begin{aligned} p_{ij}(m+n) &= \mathbb{P}(X_{m+n}=j|X_0=i) \\ &= \sum_k \mathbb{P}(X_{m+n}=j, X_m=l|X_0=i) \\ &= \sum_k \mathbb{P}(X_{m+n}=j|X_m=k, X_0=i)\mathbb{P}(X_m=k|X_0=i) \\ &= \sum_k \mathbb{P}(X_{m+n}=j|X_m=k)\mathbb{P}(X_m=k|X_0=i) \\ &= \sum_k p_{ik}(m)p_{kj}(n). \end{aligned}$$

仔细观察方程 (23.5). 这只不过是矩阵乘法公式. 因此证明了

$$\boldsymbol{P}_{m+n} = \boldsymbol{P}_m \boldsymbol{P}_n. \tag{23.6}$$

由定义, $\boldsymbol{P}_1 = \boldsymbol{P}$. 由上述定理, $\boldsymbol{P}_2 = \boldsymbol{P}_{1+1} = \boldsymbol{P}_1 \boldsymbol{P}_1 = \boldsymbol{P}\boldsymbol{P} = \boldsymbol{P}^2$. 按该方法继续下去, 可以看到

$$\boldsymbol{P}_n = \boldsymbol{P}^n \equiv \boldsymbol{P} \times \boldsymbol{P} \times \cdots \times \boldsymbol{P}. \tag{23.7}$$

令 $\mu_n = (\mu_n(1), \cdots, \mu_n(N))$ 为行向量, 其中,

$$\mu_n(i) = \mathbb{P}(X_n = i) \tag{23.8}$$

为该链在时刻 n 时处于状态 i 的边际概率. 特别地, μ_0 被称作**初始分布**. 为了模拟一个马尔可夫链, 所要知道的就是 μ_0 和 $\boldsymbol{P}$. 模拟步骤应如下:

第一步 产生 $X_0 \sim \mu_0$. 因此, $\mathbb{P}(X_0) = i = \mu_0(i)$.

第二步 用 i 表示第一步的输出. 产生 $X_1 \sim \boldsymbol{P}$. 换句话说, $\mathbb{P}(X_1 = j|X_0 = i) = p_{ij}$.

第三步 假设第二步的输出为 j. 产生 $X_2 \sim \boldsymbol{P}$. 换句话说, $\mathbb{P}(X_2 = k|X_1 = j) = p_{jk}$.

继续下去.

理解 μ_n 的含义可能比较困难. 想象模拟该链许多次. 将所有的链在时刻 n 的输出收集起来. 该直方图会近似于 μ_n. 23.9 定理的一个自然结果如下:

23.10 引理 边际概率可由下式给出:

$$\mu_n = \mu_0 \boldsymbol{P}^n.$$

证明

$$\mu_n(j) = \mathbb{P}(X_n = j)$$
$$= \sum_i \mathbb{P}(X_n = j | X_0 = i) P(X_0 = i)$$
$$= \sum_i \mu_0(i) p_{ij}(n) = \mu_0 \boldsymbol{P}^n.$$

术语概要

1. 转移概率：$\boldsymbol{P}(i,j) = \mathbb{P}(X_{n+1} = j | X_n = i) = p_{ij}$.

2. n 步矩阵：$\boldsymbol{P}_n(i,j) = \mathbb{P}(X_{n+m} = j | X_m = i)$.

3. $\boldsymbol{P}_n = \boldsymbol{P}^n$.

4. 边际：$\mu_n(i) = \mathbb{P}(X_n = i)$.

5. $\mu_n = \mu_0 \boldsymbol{P}^n$.

状态分类 一个马尔可夫链的状态可以根据各种性质来分类.

23.11 定义 i 到达 j (或 j 从 i 是**可达的**) 若对于某个 n 有 $p_{ij}(n) > 0$, 且记作 $i \to j$. 若 $i \to j$ 且 $j \to i$, 则记作 $i \leftrightarrow j$, 并且称 i 和 j **互通**.

23.12 定理 互通关系满足下面的性质：

1. $i \leftrightarrow i$.
2. 若 $i \leftrightarrow j$, 则 $j \leftrightarrow i$.
3. 若 $i \leftrightarrow j$ 且 $j \leftrightarrow k$, 则有 $i \leftrightarrow k$.
4. 状态集 $\mathcal{X}$ 可以写作不相交的**类**的并 $\mathcal{X} = \mathcal{X}_1 \bigcup \mathcal{X}_2 \bigcup \cdots$, 其中, 两个状态之间互通当且仅当它们在同一个类中.

若所有的状态之间是互通的, 则该链被称作**不可约的**. 一个状态集是**闭的**, 若一旦进入该状态集则永不出来. 只含有单个状态的闭集被称作一个**吸收态**.

23.13 例 令 $\mathcal{X} = \{1, 2, 3, 4\}$ 且

$$\boldsymbol{P} = \begin{pmatrix} \frac{1}{2} & \frac{2}{3} & 0 & 0 \\ \frac{2}{3} & \frac{1}{3} & 0 & 0 \\ \frac{1}{4} & \frac{1}{4} & \frac{1}{4} & \frac{1}{4} \\ 0 & 0 & 0 & 1 \end{pmatrix},$$

23.2 马尔可夫链

类为 $\{1,2\}, \{3\}$ 和 $\{4\}$. 状态 4 为一个吸收态.

假设从状态 i 开始一个链. 该链会返回状态 i 吗？若如此, 称状态 i 为持久的或常返的.

> **23.14 定义** 状态 i 为**常返的**或**持久的**若
> $$\mathbb{P}(X_n = i \text{ 对于某个 } n \geqslant 1 | X_0 = i) = 1.$$
> 否则, 状态 i 为瞬过的.

23.15 定理 一个状态 i 为常返的当且仅当

$$\sum_n p_{ii}(n) = \infty. \tag{23.9}$$

一个状态为瞬过的当且仅当

$$\sum_n p_{ii}(n) < \infty. \tag{23.10}$$

证明 定义

$$I_n = \begin{cases} 1, & X_n = i, \\ 0, & X_n \neq i. \end{cases}$$

该链在状态 i 的次数为 $Y = \sum_{n=0}^{\infty} I_n$. 在给定该链从状态 i 开始的条件下, Y 的期望为

$$\mathbb{E}(Y|X_0 = i) = \sum_{n=0}^{\infty} \mathbb{E}(I_n|X_0 = i) = \sum_{n=0}^{\infty} \mathbb{P}(X_n = i|X_0 = i) = \sum_{n=0}^{\infty} p_{ii}(n).$$

定义 $a_i = \mathbb{P}(X_n = i \text{ 对于某个 } n \geqslant 1 | X_0 = i)$. 若 i 为常返的, $a_i = 1$. 因此, 该链将最终返回 i. 一旦该链返回到状态 i, 就可以由 $a_i = 1$ 而再次论断该链还将返回状态 i. 重复该论断, 于是得到结论 $\mathbb{E}(Y|X_0 = i) = \infty$. 若 i 为暂留的, 则 $a_i < 1$. 当该链在状态 i, 则有一个 $1 - a_i > 0$ 的概率, 它将不再返回状态 i. 因此, 该链处于状态 i 有 n 次的概率恰为 $a_i^{n-1}(1-a_i)$. 这是一个具有有限均值的几何分布. ∎

23.16 定理 关于常返性的事实.
1. 若状态 i 为常返的且 $i \leftrightarrow j$, 则 j 是常返的.
2. 若状态 i 为瞬过的且 $i \leftrightarrow j$, 则 j 是瞬过的.
3. 一个有限马尔可夫链必然至少有一个常返态.
4. 一个有限的不可约马尔可夫链的状态都是常返的.

23.17 定理 (分解定理) 状态空间 $\mathcal{X}$ 可以写成不相交集的并

$$\mathcal{X} = \mathcal{X}_T \bigcup \mathcal{X}_1 \bigcup \mathcal{X}_2 \cdots$$

其中 $\mathcal{X}_T$ 为瞬过态且每个 $\mathcal{X}_i$ 为一个闭的, 不可约的常返态集.

23.18 例 (随机游动)　令 $\mathcal{X} = \{\cdots, -2, -1, 0, 1, 2, \cdots\}$ 且假设 $p_{i,i+1} = p, p_{i,i-1} = q = 1-p$. 所有的状态互通, 因此所有的状态为常返的或者全部为瞬过的. 为了弄清楚, 假设从 $X_0 = 0$ 开始. 注意到

$$p_{00}(2n) = \binom{2n}{n} p^n q^n. \tag{23.11}$$

因为回到 0 状态的唯一途径就是同时具有 n 项正面朝上的结果和 n 项反面的结果. 可以用 **Stirling 公式**来近似该表达式, 即

$$n! \sim n^n \sqrt{n} e^{-n} \sqrt{2\pi}.$$

将该近似代入式 (23.11) 得到

$$p_{00}(2n) \sim \frac{(4pq)^n}{\sqrt{n\pi}}.$$

容易验证 $\sum_n p_{00}(n) < \infty$ 当且仅当 $\sum_n p_{00}(2n) < \infty$. 而且, $\sum_n p_{00}(2n) = \infty$ 当且仅当 $p = q = 1/2$. 由 23.15 定理, 若 $p = 1/2$, 该链为常返的, 否则它是瞬过的.

马尔可夫链的收敛性　为了讨论马尔可夫链的收敛性, 需要一些定义. 假设 $X_0 = i$. 定义**常返时间**

$$T_{ij} = \min\{n > 0 : X_n = j\}. \tag{23.12}$$

假设 X_n 可返回状态 i, 否则定义 $T_{ij} = \infty$. 一个常返态 i 的**平均常返时间**为

$$m_i = \mathbb{E}(T_{ii}) = \sum_n n f_{ii}(n), \tag{23.13}$$

其中,

$$f_{ij}(n) = \mathbb{P}(X_1 \neq j, X_2 \neq j, \cdots, X_{n-1} \neq j, X_n = j | X_0 = i).$$

若 $m_i = \infty$, 称一个常返态是**零的**, 否则称之为**非零的**或**正的**.

23.19 引理　若一个状态是零的且是常返的, 则 $p_{ii}^n \to 0$.

23.20 引理　在一个有限状态马尔可夫链里, 所有的常返态都是正的.

考虑具有三个状态的马尔可夫链, 其转移矩阵为

$$\left\{ \begin{array}{ccc} 0 & 1 & 0 \\ 0 & 0 & 1 \\ 1 & 0 & 0 \end{array} \right\}.$$

假设该链的初始状态为 1, 那么将在时刻 $3, 6, 9, \cdots$ 到达状态 3. 这是一个周期链的例子. 正式地讲, 若 $p_{ii}(n) = 0$, 其中, n 不能被 d 整除且 d 是满足该性质的最大的整

23.2 马尔可夫链

数,则称状态 i 的**周期**为 d. 因此, $d = \gcd\{n : p_{ii}(n) > 0\}$, 其中, gcd 意思为 "最大公约数". 若 $d(i) > 1$, 称该链的状态 i 是**周期的**, 若 $d(i) = 1$, 是**非周期的**. 周期为 1 的一个状态被称作**非周期的**.

23.21 引理 若状态 i 具有周期 d 且 $i \leftrightarrow j$, 则 j 也具有周期 d.

23.22 定义 如果一个状态是常返的, 非零的且是周期的, 则称这个状态 i 是**遍历的**. 若其所有的状态是遍历的, 则称这一个链是遍历的.

令 $\pi = (\pi_i : i \in \mathcal{X})$ 为一个非负数向量, 且分量和为 1. 因此 π 可以视为一个概率密度函数.

23.23 定义 若 $\pi = \pi P$, 则称 π 是一个**平稳** (或**不变**) **分布**.

这里给出直观的思路. X_0 服从 π 分布并且假设 π 是一个平稳分布. 现在根据马尔可夫链的转移概率来抽取 X_1. 得到 X_1 的分布为 $\mu_1 = \mu_0 P = \pi P = \pi$. X_2 的分布为 $\pi P^2 = (\pi P) P = \pi P = \pi$. 如此继续下去, 会看到 X_n 的分布为 $\pi P^n = \pi$. 换句话说:

若该链在任何时候都具有分布 π, 则它将持续具有分布 π.

23.24 定义 称一个链具有**极限分布** π, 若

$$P^n \to \begin{pmatrix} \pi \\ \pi \\ \vdots \\ \pi \end{pmatrix}$$

对于某个 π, 即 $\pi_j = \lim_{n \to \infty} P_{ij}^n$ 存在且与 i 是独立的.

这里给出收敛性的主要定理. 该定理表明一个遍历链收敛到它的平稳分布. 而且, 样本均值收敛到它的平稳分布下的理论期望.

23.25 定理 一个不可约, 遍历的马尔可夫链具有唯一的平稳分布 π. 极限分布存在且等于 π. 若 g 是任意一个有界函数, 则以概率 1,

$$\lim_{N \to \infty} \frac{1}{N} \sum_{n=1}^{N} g(X_n) \to \mathbb{E}_\pi(g) \equiv \sum_j g(j) \pi_j. \tag{23.14}$$

最后, 还有另一个在后文中很多用处的定义. π 满足**细致平衡**若

$$\pi_i p_{ij} = p_{ji} \pi_j. \tag{23.15}$$

细致平衡保证了 π 是一个平稳分布.

23.26 定理 若 π 满足细致平衡, 则 π 是一个平稳分布.

证明 需要证明 $\pi \boldsymbol{P} = \pi$. $\pi \boldsymbol{P}$ 的第 j 个元素为 $\sum_i \pi_i p_{ij} = \sum_i \pi_j p_{ji} = \pi_j \sum_i p_{ji} = \pi_j$.

当讨论第 24 章中的马尔可夫链蒙特卡罗方法时, 细致平衡的重要性将显现出来.

注意! 仅仅因为一个链具有一个平稳分布并不意味着它收敛.

23.27 例 令

$$\boldsymbol{P} = \begin{pmatrix} 0 & 1 & 0 \\ 0 & 0 & 1 \\ 1 & 0 & 0 \end{pmatrix}.$$

令 $\pi = (1/3, 1/3, 1/3)$, 则 $\pi \boldsymbol{P} = \pi$, 所以 π 是一个平稳分布. 若该链是从分布 π 开始的, 它将停留在该分布里. 想象模拟许多链且在每个时刻 n 去验证其边际分布. 它将永远为均匀分布 π. 但是该链没有极限. 它将继续循环下去.

马尔可夫链的例子

23.28 例 令 $\mathcal{X} = \{1, 2, 3, 4, 5, 6\}$. 令

$$\boldsymbol{P} = \begin{pmatrix} \frac{1}{2} & \frac{1}{2} & 0 & 0 & 0 & 0 \\ \frac{1}{4} & \frac{3}{4} & 0 & 0 & 0 & 0 \\ \frac{1}{4} & \frac{1}{4} & \frac{1}{4} & \frac{1}{4} & 0 & 0 \\ \frac{1}{4} & 0 & \frac{1}{4} & \frac{1}{4} & 0 & \frac{1}{4} \\ 0 & 0 & 0 & 0 & \frac{1}{2} & \frac{1}{2} \\ 0 & 0 & 0 & 0 & \frac{1}{2} & \frac{1}{2} \end{pmatrix},$$

则 $C_1 = \{1, 2\}$ 且 $C_2 = \{5, 6\}$ 是不可约的闭集. 状态 3 和状态 4 是暂留的因为路径为 $3 \to 4 \to 6$ 且一旦到达状态 6 就不能返回 3 或 4. 因为 $p_{ii}(1) > 0$, 所有的状态都是非周期的. 总之, 3 和 4 是暂留的, 而 1, 2, 5 和 6 是遍历的.

23.29 例 (Hardy–Weinberg) 这里有一个著名的遗传学的例子. 假设一个基因可以为 A 型或 a 型. 有三种类型的人 (称作基因型): AA, Aa 和 aa. 令 (p, q, r) 表示每种基因型的人的比例. 假设每个人将其每个基因型的两个基因复本之一随机地传给其子女. 还假设配偶也是被随机选择的. 第二个假设在现实生活中是不实际的. 然而并不是基于 AA, Aa 或者 aa 来选择配偶又是合情理的. 想象若将每个人的基因汇聚起来. A 基因的比例为 $P = p + (q/2)$ 且 a 基因的比例为 $Q = r + (q/2)$. 一

个孩子有基因 AA 的概率为 P^2, 为 aA 的概率为 $2PQ$, 而且为 aa 的概率为 Q^2. 因此, A 基因在这一代的比例为

$$P^2 + PQ = \left(p + \frac{q}{2}\right)^2 + \left(p + \frac{q}{2}\right)\left(r + \frac{q}{2}\right).$$

然而, $r = 1 - p - q$. 将其代入上面的方程则会得到 $P^2 + PQ = P$. 相似的计算表明 "a" 基因的比例为 Q. 已经证明 A 型和 a 型的比例为 P 和 Q, 且这将在第一代后保持稳定. 从第二代开始, 类型为 AA, Aa, aa 的人的比例则为 $(P^2, 2PQ, Q^2)$, 如此下去. 这被称作 Hardy–Weinberg 定律.

假设每个人恰好有一个孩子. 现在考虑一个固定的人且令 X_n 为他们第 n 代的基因型. 这是一个马尔可夫链且其状态空间为 $\mathcal{X} = \{\text{AA}, \text{Aa}, \text{aa}\}$. 一些简单的计算将表明其转移矩阵为

$$\begin{pmatrix} P & Q & 0 \\ \dfrac{P}{2} & \dfrac{P+Q}{2} & \dfrac{Q}{2} \\ 0 & P & Q \end{pmatrix}.$$

平稳分布为 $\pi = (P^2, 2PQ, Q^2)$.

23.30 例 (马尔可夫链蒙特卡罗) 第 24 章将介绍一种被称作马尔可夫链蒙特卡罗 (MCMC) 的模拟方法. 这里是该思想的简要叙述. 令 $f(x)$ 为实数轴上的一个概率密度函数且假设 $f(x) = cg(x)$, 其中, $g(x)$ 是一个已知的函数且 $c > 0$ 是未知的. 原则上讲, 可以计算出 c, 因为 $\int f(x)\mathrm{d}x = 1$ 意味着 $c = 1/\int g(x)\mathrm{d}x$. 然而, 计算该积分可能行不通, 而且 c 对下面的计算也没有必要. 令 X_0 为一个任意的开始值. 给定 $X_0, \cdots, X_i$ 按下面方法产生 X_{i+1}. 首先, 选取 $W \sim N(X_i, b^2)$, 其中 $b > 0$ 是一个固定的常数. 令

$$r = \min\left\{\frac{g(W)}{g(X_i)}, 1\right\}.$$

选取 $U \sim \text{Uniform}(0,1)$ 且设定

$$X_{i+1} = \begin{cases} W, & U < r, \\ X_i, & U \geqslant r. \end{cases}$$

在第 24 章将看到, 在弱条件下, $X_0, X_1, \cdots$ 是以一个遍历的马尔可夫链且平稳分布为 f. 因此, 可以将选取出来的变量看作来自 f 的一个样本.

马尔可夫链的推断 考虑一个具有有限状态空间 $\mathcal{X} = \{1, 2, \cdots, N\}$ 的马尔可夫链. 假设从该链观测到 n 个观测 $X_1, \cdots, X_n$. 一个马尔可夫链的未知参数为其初始概率 $\mu_0 = (\mu_0(1), \mu_0(2), \cdots)$ 和转移矩阵 $\boldsymbol{P}$ 的元素. $\boldsymbol{P}$ 的每行是一个多项分布. 因

此, 本质上是估计 N 个分布 (加上初始概率). 令 n_{ij} 为从状态 i 到状态 j 的转移观测数. 似然函数为

$$\mathcal{L}(\mu_0, \boldsymbol{P}) = \mu_0(x_0) \prod_{r=1}^{n} p_{X_{r-1}, X_r} = \mu_0(x_0) \prod_{i=1}^{N} \prod_{j=1}^{N} p_{ij}^{n_{ij}}.$$

只有关于 μ_0 的一个观测, 所以不能对它做出估计. 然而, 可以集中估计 $\boldsymbol{P}$. 它的 MLE 可以通过在所有元素为非负的且行和为 1 的约束条件下极大化 $\mathcal{L}(\mu_0, \boldsymbol{P})$ 而得到. 其解为

$$\widehat{p}_{ij} = \frac{n_{ij}}{n_i},$$

其中, $n_i = \sum_{j=1}^{N} n_{ij}$. 这里假设 $n_i > 0$. 若不成立, 则按惯例设定 $\widehat{p}_{ij} = 0$.

23.31 定理 (MLE 的相合性和渐进正态性) 假设该链为遍历的. 令 $\widehat{p}_{ij}(n)$ 表示 n 次观测之后的MLE, 则 $\widehat{p}_{ij}(n) \xrightarrow{P} p_{ij}$. 且

$$\left[\sqrt{N_i(n)}(\widehat{p}_{ij} - p_{ij})\right] \rightsquigarrow N(0, \Sigma),$$

其中, 左边为一个矩阵, $N_i(n) = \sum_{r=1}^{n} I(X_r = i)$ 且

$$\Sigma_{ij,k\ell} = \begin{cases} p_{ij}(1-p_{ij}), & (i,j) = (k,\ell), \\ -p_{ij}p_{i\ell}, & i = k, j \neq \ell, \\ 0, & \text{其他}. \end{cases}$$

23.3 泊松过程

泊松过程是对事件发生进行计数中产生的, 并且发生的次数随时间发生变化. 例如, 交通事故, 放射性衰变, 邮件信息的到达等. 顾名思义, 泊松过程是与泊松分布紧密联系在一起的. 首先来回顾一下泊松分布.

回忆 X 具有参数为 λ 的泊松分布, 记作 $X \sim \text{Poisson}(\lambda)$, 若

$$\mathbb{P}(X = x) \equiv p(x; \lambda) = \frac{e^{-\lambda} \lambda^x}{x!}, \quad x = 0, 1, 2, \cdots$$

还回忆 $\mathbb{E}(X) = \lambda$ 和 $\mathbb{V}(X) = \lambda$. 若 $X \sim \text{Poisson}(\lambda)$, $Y \sim \text{Poisson}(v)$ 和 $X \amalg Y$, 则 $X + Y \sim \text{Poisson}(\lambda + v)$. 最后, 若 $N \sim \text{Poisson}(\lambda)$ 且 $Y|N = n \sim \text{Binomial}(n, p)$, 则 Y 的边际分布为 $Y \sim \text{Poisson}(\lambda p)$.

现在来叙述泊松过程. 想象你正在电脑前. 每当收到一封新邮件, 就记录该时刻. 令 X_t 表示到时刻 t 为止你所收到的邮件数, 则 $\{X_t, t \in [0, \infty)\}$ 是一个状态空

23.3 泊松过程

间为 $\mathcal{X} = \{0, 1, 2, \cdots\}$ 的随机过程. 此种形式的随机过程称作**计数过程**. 一个泊松过程是一个满足特定条件的计数过程. 在下文中, 时常会写 $X(t)$ 以替代 X_t. 而且, 需要下面的记号. 若当 $h \to 0$ 时有 $f(h)/h \to 0$, 记作 $f(h) = o(h)$. 这意味着当 h 趋于 0 时, $f(h)$ 比 h 要小. 例如, $h^2 = o(h)$.

> **23.32 定义** 一个**泊松过程**是一个状态空间为 $\mathcal{X} = \{0, 1, 2, \cdots\}$ 的随机过程 $\{X_t : t \in [0, \infty]\}$. 它要满足
> 1. $X(0) = 0$.
> 2. 对于任意的 $0 = t_0 < t_1 < t_2 < \cdots < t_n$, 增量
> $$X(t_1) - X(t_0), \quad X(t_2) - X(t_1), \quad \cdots, \quad X(t_n) - X(t_{n-1})$$
> 是独立的.
> 3. 存在一个函数 $\lambda(t)$ 使得
> $$\mathbb{P}(X(t+h) - X(t) = 1) = \lambda(t)h + o(h), \tag{23.16}$$
> $$\mathbb{P}(X(t+h) - X(t) \geq 2) = o(h). \tag{23.17}$$
>
> 那么称 $\lambda(t)$ 为**强度函数**.

最后一个条件意味着在 $[t, t+h]$ 内一个事件发生的概率近似为 $h\lambda(t)$, 而超过一个事件的概率非常小.

23.33 定理 若 X_t 是一个强度函数为 $\lambda(t)$ 的泊松过程, 则

$$X(s+t) - X(s) \sim \text{Poisson}(m(s+t) - m(s)),$$

其中,

$$m(t) = \int_0^t \lambda(s)\mathrm{d}s.$$

特别地, $X(t) \sim \text{Poisson}(m(t))$. 因此, $\mathbb{E}(X(t)) = m(t)$ 且 $\mathbb{V}(X(t)) = m(t)$

> **23.34 定义** 一个强度函数为 $\lambda(t) \equiv \lambda$ (对于某个 $\lambda > 0$) 的泊松过程被称作一个速率为 λ 的**时齐泊松过程**. 在这种情况下,
> $$X(t) \sim \text{Poisson}(\lambda t).$$

令 $X(t)$ 为一个速率为 λ 的时齐泊松过程. 令 W_n 为第 n 个事件发生的时刻且令 $W_0 = 0$. 随机变量 $W_0, W_1, \cdots$ 称作**等待时间**. 令 $S_n = W_{n+1} - W_n$, 则 $S_0, S_1, \cdots$ 称为**逗留时间**或**间隔时间**.

23.35 定理 逗留时 $S_0, S_1, \cdots$ 为IID随机变量. 它们的分布是均值为 $1/\lambda$ 的指数分布, 即它们有密度

$$f(s) = \lambda e^{-\lambda s}, \quad s \geqslant 0.$$

等待时间 $W_n \sim \text{Gamma}(n, 1/\lambda)$, 即它具有密度

$$f(w) = \frac{1}{\Gamma(n)} \lambda^n w^{n-1} e^{-\lambda t}.$$

因此, $\mathbb{E}(W_n) = n/\lambda$ 且 $\mathbb{V}(W_n) = n/\lambda^2$.

证明 首先, 有

$$\mathbb{P}(S_1 > t) = \mathbb{P}(X(t) = 0) = e^{-\lambda t}.$$

继而可知 S_1 的 CDF 为 $1 - e^{-\lambda t}$. 这就得到了 S_1 的结果. 现在,

$$\begin{aligned}\mathbb{P}(S_2 > t | S_1 = s) &= \mathbb{P}((s, s+t]\text{时间内没有事件发生}|S_1 = s) \\ &= \mathbb{P}((s, s+t]\text{内没有事件发生})(\text{增量独立性}) \\ &= e^{-\lambda t}.\end{aligned}$$

因此, S_2 服从一个指数分布且与 S_1 是独立的. 结果可由重复该推导而得到. W_n 的结果可以由指数分布变量的和具有 Gamma 分布而得到.

23.36 例 图 23.3 表示位于 Calgary 地区客户对一个 WWW 服务器的请求图.① 假设这是一个时齐泊松过程, $N \equiv X(T) \sim \text{Poisson}(\lambda T)$. 似然函数为

$$\mathcal{L}(\lambda) \propto e^{-\lambda T} (\lambda T)^N.$$

上式可以被下式极大化, 它是以每分钟作为单位的结果

$$\widehat{\lambda} = \frac{N}{T} = 48.0077.$$

图 23.3 到网络服务器的请求. 每条竖线表示一个事件

---

① 更多的信息可见 http://ita.ee.lbl.gov/html/contrib/Galgary-HTTP.html.

现在让用拟合优度检验来检验数据服从一个时齐泊松过程的假设. 将区间 $[0, T]$ 分割成 4 个相等长度的区间 I_1, I_2, I_3, I_4. 若该过程是一个时齐泊松过程, 则在给定事件总数的情况下, 一个事件落入这些区间中任意一个的概率应该是相等的. 令 p_i 为一个点在 I_i 中的概率. 原假设为 $p_1 = p_2 = p_3 = p_4 = 1/4$. 既可以用似然比检验, 也可以用 χ^2 检验来检验该假设. 后者为

$$\sum_{i=1}^{4} \frac{(O_i - E_i)^2}{E_i},$$

其中, O_i 为 I_i 中的观测数, 且 $E_i = n/4$ 为在原假设下的期望数. 这就得到 $\chi^2 = 252$ 且 p 值接近于 0. 这是反对原假设的一个很强的证据, 所以拒绝数据来自于一个时齐泊松过程的假设. 这也不足为奇, 因为本期望强度函数是随时间变化的一个函数.

23.4 文献注释

有很多标准的材料且还有许多很好的参考文献包括 (Grimmett and Stirzaker, 1982; Taylor and Karlin, 1994; Guttorp, 1995; Ross, 2002). 下面的习题来自这些书.

23.5 习　题

1. 令 $X_0, X_1, \cdots$ 为一个状态为 $\{0, 1, 2\}$ 的马尔可夫链且转移矩阵为

$$\boldsymbol{P} = \begin{pmatrix} 0.1 & 0.2 & 0.7 \\ 0.9 & 0.1 & 0.0 \\ 0.1 & 0.8 & 0.1 \end{pmatrix}.$$

   假设 $\mu_0 = (0.3, 0.4, 0.3)$. 求 $\mathbb{P}(X_0 = 0, X_1 = 1, X_2)$ 和 $\mathbb{P}(X_0 = 0, X_1 = 1, X_2 = 1)$.

2. 令 $Y_1, Y_2, \cdots$ 为一个 IID 观测序列使得 $\mathbb{P}(Y = 0) = 0.1$, $\mathbb{P}(Y = 1) = 0.3$, $\mathbb{P}(Y = 2) = 0.2$, $\mathbb{P}(Y = 3) = 0.4$. 令 $X_0 = 0$ 且

$$X_n = \max\{Y_1, \cdots, Y_n\}.$$

   证明 $X_0, X_1, \cdots$ 为一个马尔可夫链并求其转移矩阵.

3. 考虑状态为 $\mathcal{X} = \{1, 2\}$ 的两状态马尔可夫链, 其转移矩阵为

$$\boldsymbol{P} = \begin{pmatrix} 1-a & a \\ b & 1-b \end{pmatrix},$$

其中, $0 < a < 1$ 且 $0 < b < 1$. 证明

$$\lim_{n \to \infty} P^n = \begin{pmatrix} \dfrac{b}{a+b} & \dfrac{a}{a+b} \\ \dfrac{b}{a+b} & \dfrac{a}{a+b} \end{pmatrix}.$$

4. 考虑第 3 题中的马尔可夫链且令 $a = 0.1$ 和 $b = 0.3$. 模拟该链. 令

$$\widehat{p}_n(1) = \frac{1}{n} \sum_{i=1}^{n} I(X_i = 1),$$

$$\widehat{p}_n(2) = \frac{1}{n} \sum_{i=1}^{n} I(X_i = 2)$$

分别表示该链在状态 1 和状态 2 的次数比例. 画出 $\widehat{p}_n(1)$ 和 $\widehat{p}_n(2)$ 关于 n 的图像, 并且验证它们收敛到上一个问题中预测的值.

5. 另一个重要的马尔可夫链就是**分支过程**, 它在生物学、基因学和核物理及其他领域中很有用处. 假设一个动物有 Y 个后代. 令 $p_k = \mathbb{P}(Y = k)$. 因此, 对于所有的 k, 有 $p_k \geqslant 0$ 且 $\sum_{k=0}^{\infty} p_k = 1$. 假设每个动物具有相同的寿命且它们根据分布 p_k 来繁衍后代. 令 X_n 为第 n 代的动物数. 令 $Y_1^{(n)}, \cdots, Y_{X_n}^{(n)}$ 为第 n 代产生的后代. 注意到

$$X_{n+1} = Y_1^{(n)} + \cdots + Y_{X_n}^{(n)}.$$

令 $\mu = \mathbb{E}(Y)$ 且 $\sigma^2 = \mathbb{V}(Y)$. 在这个问题中, 始终假设 $X_0 = 1$. 令 $M(n) = \mathbb{E}(X_n)$ 且 $V(n) = \mathbb{V}(X_n)$.

(a) 证明 $M(n+1) = \mu M(n)$ 且 $V(n+1) = \sigma^2 M(n) + \mu^2 V(n)$.

(b) 证明 $M(n) = \mu^n$ 且 $V(n) = \sigma^2 \mu^{n-1}(1 + \mu + \cdots + \mu^{n-1})$.

(c) 若 $\mu > 1$ 则方差会如何呢? 若 $\mu = 1$ 则方差如何呢? 若 $\mu < 1$ 则方差又如何呢?

(d) 对于某个 n, 若 $X_n = 0$ 则该种群将灭绝. 因此定义灭绝时间 N

$$N = \min\{n : X_n = 0\}.$$

令 $F(n) = \mathbb{P}(N \leqslant n)$ 为随机变量 N 的 CDF. 证明

$$F(n) = \sum_{k=0}^{\infty} p_k (F(n-1))^k, \quad n = 1, 2, \cdots$$

提示: 注意到事件 $\{N \leqslant n\}$ 与事件 $\{X_n = 0\}$ 是相同的. 因此, $\mathbb{P}(\{N \leqslant n\}) = \mathbb{P}(\{X_n = 0\})$. 令 k 为原始父母的后代数目. 种群在时刻 n 时灭绝的充要条件是产生于 k 个后代的 k 个子种群在第 $n-1$ 代将灭绝.

(e) 假设 $p_0 = 1/4$, $p_1 = 1/2$, $p_2 = 1/4$. 用 (d) 中的公式来计算 $\text{CDF} F(n)$.

6. 令
$$P = \begin{pmatrix} 0.40 & 0.50 & 0.10 \\ 0.05 & 0.70 & 0.25 \\ 0.05 & 0.50 & 0.45 \end{pmatrix}.$$

求平稳分布 π.

7. 证明若 i 为一个常返态且 $i \leftrightarrow j$, 则 j 是一个常返态.

8. 令
$$P = \begin{pmatrix} \frac{1}{3} & 0 & \frac{1}{3} & 0 & 0 & \frac{1}{3} \\ \frac{1}{2} & \frac{1}{4} & \frac{1}{4} & 0 & 0 & 0 \\ 0 & 0 & 0 & 0 & 1 & 0 \\ \frac{1}{4} & \frac{1}{4} & \frac{1}{4} & 0 & 0 & \frac{1}{4} \\ 0 & 0 & 1 & 0 & 0 & 0 \\ 0 & 0 & 0 & 0 & 0 & 1 \end{pmatrix}.$$

哪些状态是暂留的? 哪些状态是常返的?

9. 令
$$P = \begin{pmatrix} 0 & 1 \\ 1 & 0 \end{pmatrix}.$$

证明 $\pi = (1/2, 1/2)$ 是一个平稳分布. 该链收敛吗? 为什么?

10. 令 $0 < p < 1$ 且 $q = 1 - p$. 令
$$P = \begin{pmatrix} q & p & 0 & 0 & 0 \\ q & 0 & p & 0 & 0 \\ q & 0 & 0 & p & 0 \\ q & 0 & 0 & 0 & p \\ 1 & 0 & 0 & 0 & 0 \end{pmatrix}.$$

求该链的极限分布.

11. 令 $X(t)$ 为一个非时齐的强度函数为 $\lambda(t) > 0$ 的泊松过程. 令 $\Lambda(t) = \int_0^t \lambda(u) du$. 定义 $Y(s) = X(t)$, 其中 $s = \Lambda(t)$. 证明 $Y(s)$ 为一个时齐的强度为 $\lambda = 1$ 的泊松过程.

12. 令 $X(t)$ 为一个强度为 λ 的泊松过程. 求在给定 $X(t+s) = n$ 时 $X(t)$ 的条件分布.

13. 令 $X(t)$ 为一个强度为 λ 的泊松过程. 求 $X(t)$ 为奇数时的概率, 即 $\mathbb{P}(X(t) = 1, 3, 5, \cdots)$.

14. 假设人们登陆到大学计算机系统可以被强度为 λ 的一个泊松过程 $X(t)$ 所刻画. 假设一个人以一个CDF为 G 的随机时间处于登陆状态. 假设这些时间都是独立的. 令 $Y(t)$ 为时刻 t 处于系统中的人数. 求出 $Y(t)$ 的分布.

15. 令 $X(t)$ 为一个强度为 λ 的泊松过程. 令 $W_1, W_2, \cdots$ 为等待时间. 令 f 为一个任意的函数. 证明

$$\mathbb{E}\left(\sum_{i=1}^{X(t)} f(W_i)\right) = \lambda \int_0^t f(w) \mathrm{d}w.$$

16. 一个二维的泊松点过程是一个平面上的随机点过程满足 (i) 对于任意集合 A, 落入 A 中的点数服从一个均值为 $\lambda \mu(A)$ 的泊松过程, 其中, $\mu(A)$ 是 A 的面积. (ii) 发生在不重叠区域中的事件数是各自独立的. 考虑平面上的任意一点 x_0, 用 X 记录 x_0 到最近的随机点的距离. 证明

$$\mathbb{P}(X > t) = \mathrm{e}^{-\lambda \pi t^2}, \quad \mathbb{E}(X) = \frac{1}{2\sqrt{\lambda}}.$$

第 24 章 模 拟 方 法

本章将说明如何用模拟来近似积分. 最重要的一个例子是贝叶斯推断中的积分计算问题, 但是该技术可广泛应用. 将关注三个积分方法: (i) 基本蒙特卡罗积分, (ii) 重要抽样, (iii) 马尔可夫链蒙特卡罗 (MCMC).

24.1 贝叶斯推断回顾

模拟方法在贝叶斯推断中尤其有用, 所以来简要回顾一下贝叶斯推断的主要思想. 更多细节请看第 11 章.

给定一个枢轴量 $f(\beta)$ 和数据 $X^n = (X_1, \cdots, X_n)$, 后验密度为

$$f(\theta|X^n) = \frac{\mathcal{L}(\theta)f(\theta)}{c},$$

其中, $\mathcal{L}(\theta)$ 为似然函数且

$$c = \int \mathcal{L}(\theta)f(\theta)\mathrm{d}\theta$$

为**归一化系数**. 后验均值为

$$\bar{\theta} = \int \theta f(\theta|X^n)\mathrm{d}\theta = \frac{\int \theta \mathcal{L}(\theta)f(\theta)\mathrm{d}\theta}{c}.$$

若 $\theta = (\theta_1, \cdots, \theta_k)$ 是多维的, 则可能对其中的一个分量感兴趣, 如 θ_1. 该边际后验密度为

$$f(\theta_1|X^n) = \int \int \cdots \int f(\theta_1, \cdots, \theta_k|X^n)\mathrm{d}\theta_2\cdots\mathrm{d}\theta_k,$$

这包含高维积分.

当 θ 是高维的, 将这些积分解析地计算出来是不可行的. 模拟方法往往会很有帮助.

24.2 基本蒙特卡罗积分

假设想要对某个函数计算积分

$$I = \int_a^b h(x)\mathrm{d}x.$$

若 h 是一个 "简单" 函数, 如多项式或三角函数, 则可以得到积分的解析表达. 若 h 是复杂的, 可能没有已知的 I 的解析表达. 有很多数值技术来计算 I, 如 Simpson 法

则, 梯形法则和高斯求积公式. 蒙特卡罗积分是另外一种近似 I 的方法, 它以其简单性、普遍性和可扩展性而著名.

以下式开始

$$I = \int_a^b h(x)\mathrm{d}x = \int_a^b w(x)f(x)\mathrm{d}x, \tag{24.1}$$

其中, $w(x) = h(x)(b-a)$ 且 $f(x) = 1/(b-a)$. 注意到 f 是 (a,b) 上的一个均匀分布随机变量的概率密度. 因此,

$$I = \mathbb{E}_f(w(X)),$$

其中, $X \sim \mathrm{Uniform}(a,b)$. 若产生 $X_1, \cdots, X_N \sim \mathrm{Uniform}(a,b)$, 则由大数定律

$$\widehat{I} \equiv \frac{1}{N}\sum_{i=1}^N w(X_i) \xrightarrow{P} \mathbb{E}(w(X)) = I. \tag{24.2}$$

这就是基本**蒙特卡罗积分方法**index蒙特卡罗积分方法. 可以计算估计的标准误差

$$\widehat{\mathrm{se}} = \frac{s}{\sqrt{N}},$$

其中,

$$s^2 = \frac{\sum_{i=1}^N (Y_i - \widehat{I})^2}{N-1},$$

其中, $Y_i = w(X_i)$. I 的一个 $1-\alpha$ 置信区间为 $\widehat{I} \pm z_{\alpha/2}\widehat{\mathrm{se}}$. 可以将 N 取得任意大且因此使得置信区间的长度非常小.

24.1 例 令 $h(x) = x^3$. 则, $I = \int_0^1 x^3 \mathrm{d}x = 1/4$. 基于来自一个 $(0,1)$ 上的均匀分布的 $N = 10000$ 个观测, 得到 $\widehat{I} = 0.248$ 且标准误差为 0.0028.

基本方法的一个推广是考虑如下形式的积分:

$$I = \int h(x)f(x)\mathrm{d}x, \tag{24.3}$$

其中, $f(x)$ 是一个概率密度函数. 取 f 为一个 (a,b) 上的均匀分布密度, 这是上面的一个特殊情况. 现在选取 $X_1, \cdots, X_N \sim f$ 且如前面一样取

$$\widehat{I} \equiv \frac{1}{N}\sum_{i=1}^N h(X_i).$$

24.2 例 令

$$f(x) = \frac{1}{\sqrt{2\pi}}\mathrm{e}^{-x^2/2}$$

为标准正态 PDF. 假设想要计算在某点 x 的 CDF,

$$I = \int_{-\infty}^x f(s)\mathrm{d}s = \Phi(x).$$

记
$$I = \int h(s)f(s)\mathrm{d}s,$$

其中,
$$h(s) = \begin{cases} 1, & s < x, \\ 0, & s \geqslant x. \end{cases}$$

现在产生 $X_1, \cdots, X_N \sim N(0,1)$ 并设定
$$\widehat{I} = \frac{1}{N}\sum_i h(X_i) = \frac{\text{观测数} \leqslant x}{N}.$$

例如, 对于 $x = 2$, 真实答案为 $\Phi(2) = 0.9772$ 而 $N = 10\,000$ 的蒙特卡罗估计得到 0.9751. 而用 $N = 100\,000$ 则得到 0.9771.

24.3 例 (两二项分布的贝叶斯推断)　令 $X \sim \text{/Binomial}(n, p_1)$ 且 $Y \sim \text{Binomial}(m, p_2)$. 想要估计 $\delta = p_2 - p_1$. MLE为 $\widehat{\delta} = \widehat{p}_2 - \widehat{p}_1 = (Y/m) - (X/n)$. 可以由 Delta 方法得到标准误差 $\widehat{\text{se}}$, 结果为
$$\widehat{\text{se}} = \sqrt{\frac{\widehat{p}_1(1-\widehat{p}_1)}{n} + \frac{\widehat{p}_2(1-\widehat{p}_2)}{m}}.$$

并且构造一个 95% 的置信区间 $\widehat{\delta} \pm 2\widehat{\text{se}}$. 现在考虑一个贝叶斯分析. 假设用先验 $f(p_1, p_2) = f(p_1)f(p_2) = 1$, 即这是一个在 (p_1, p_2) 上的扁平先验. 后验分布密度为
$$f(p_1, p_2|X, Y) \propto p_1^X(1-p_1)^{n-X}p_2^Y(1-p_2)^{m-Y}.$$

δ 的后验均值为
$$\bar{\delta} = \int_0^1\int_0^1 \delta(p_1, p_2)f(p_1, p_2|X, Y)\mathrm{d}p_1\mathrm{d}p_2 = \int_0^1\int_0^1 (p_2 - p_1)f(p_1, p_2|X, Y)\mathrm{d}p_1\mathrm{d}p_2.$$

若想要 δ 的后验密度, 可以先得到后验CDF
$$F(c|X, Y) = P(\delta \leqslant c|X, Y) = \int_A f(p_1, p_2|X, Y)\mathrm{d}p_1\mathrm{d}p_2,$$

其中, $A = \{(p_1, p_2) : p_2 - p_1 \leqslant c\}$. 其密度可以通过对 F 微分得到.

　　为了避开这些积分计算, 用模拟方法. 注意到 $f(p_1, p_2|X, Y) = f(p_1|X)f(p_2|Y)$, 这意味着 p_1 和 p_2 在后验分布下是独立的. 而且, 可以看到 $p_1|X \sim \text{Beta}(X+1, n-X+1)$ 且 $p_2|Y \sim \text{Beta}(Y+1, m-Y+1)$. 因此, 可以从后验分布来模拟 $(P_1^{(1)}, P_2^{(1)}), \cdots, (P_1^{(N)}, P_2^{(N)})$, 通过抽取
$$P_1^{(i)} \sim \text{Beta}(X+1, n-Y+1),$$
$$P_2^{(i)} \sim \text{Beta}(X+1, m-Y+1),$$

对于 $i=1,\cdots,N$. 现在令 $\delta^{(i)} = P_2^{(i)} - P_1^{(i)}$, 则

$$\bar{\delta} \approx \frac{1}{N}\sum_i \delta^{(i)}.$$

还可以通过选取模拟值而得到 δ 的一个 95% 的后验区间, 而且得到其 0.025 和 0.975 的分位点. 后验密度 $f(\delta|X,Y)$ 可以通过对 $\delta^{(1)},\cdots,\delta^{(N)}$ 用密度估计技术而得到, 或者, 简单地通过画一个直方图而得到. 例如, 假设 $n=m=10$, $X=8$ 和 $Y=6$. 从一个大小为 1000 的后验样本得到一个 95% 的后验区间 $(-0.52, 0.20)$. 后验密度可以从模拟值的直方图估出, 见图 24.1.

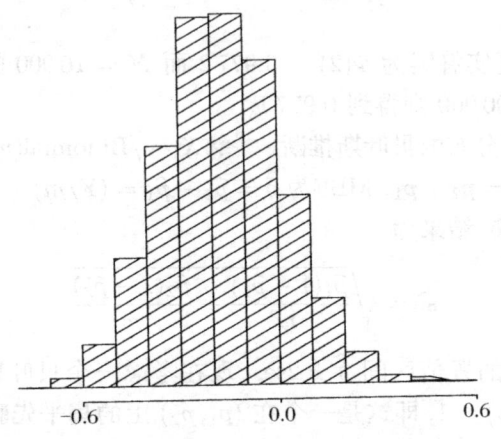

图 24.1   由模拟得到的 δ 的后验密度

24.4 例 (剂量反应的贝叶斯推断)   假设进行一个实验, 给老鼠们一种药物的 10 种剂量中的一种, 记作 $x_1 < x_2 < \cdots < x_{10}$. 对于每个剂量水平 x_i, 用 n 只老鼠做实验, 并且用 Y_i 记这 n 只老鼠的生存数目. 因此, 有 10 个独立的二项分布变量 $Y_i \sim \text{Binomial}(n, p_i)$. 假设从生物学的角度考虑知道越高的剂量导致死亡的概率越高. 因此, $p_1 \leqslant p_2 \leqslant \cdots \leqslant p_{10}$. 想要估计这些动物死亡率为 50% 时对应的剂量. 这被称作 LD50. 正式地, $\delta = x_j$, 其中,

$$j = \min\{i : p_i \geqslant 0.50\}.$$

注意到 δ 是 $p_1,\cdots,p_{10}$ 一个 (复杂的) 隐函数, 所以对于某个 g, 记 $\delta = g(p_1,\cdots,p_{10})$. 这就意味着若知道 $(p_1,\cdots,p_{10})$, 则可以求出 δ. δ 的后验均值为

$$\iint \cdots \int_A g(p_1,\cdots,p_{10}) f(p_1,\cdots,p_{10}|Y_1,\cdots,Y_{10}) \mathrm{d}p_1 \mathrm{d}p_2 \cdots \mathrm{d}p_{10}.$$

积分区域为

$$A = \{(p_1,\cdots,p_{10}) : p_1 \leqslant \cdots \leqslant p_{10}\}.$$

δ 的后验CDF为

$$F(c|Y_1,\cdots,Y_{10}) = \mathbb{P}(\delta \leqslant c|Y_1,\cdots,Y_{10})$$
$$= \int\int\cdots\int_B f(p_1,\cdots,p_{10}|Y_1,\cdots,Y_{10})\mathrm{d}p_1\mathrm{d}p_2\cdots\mathrm{d}p_{10},$$

其中,

$$B = A \bigcap \Big\{(p_1,\cdots,p_{10}) : g(p_1,\cdots,p_{10}) \leqslant c\Big\}.$$

需要在一个有限制的区域 A 上作一个 10 维的积分. 然而, 可以采用模拟方法. 让取一个在 A 上的扁平先验. 除了截断, 每个 P_i 再次具有一个 Beta 分布. 为了从后验分布中抽取样本, 采取下列步骤:

(1) 抽取 $P_i \sim \text{Beta}(Y_i + 1, n - Y_i + 1), \quad i = 1,\cdots,10.$

(2) 若 $P_1 \leqslant P_2 \leqslant \cdots \leqslant P_{10}$, 继续抽取下去. 否则, 丢掉这批数据并再次抽取直到得到一个可以保持的样本.

(3) 令 $\delta = x_j$, 其中,

$$j = \min\{i : P_i > 0.50\}.$$

重复 N 次而得到 $\delta^{(1)},\cdots,\delta^{(N)}$ 且取

$$\mathbb{E}(\delta|Y_1,\cdots,Y_{10}) \approx \frac{1}{N}\sum_i \delta^{(i)}.$$

δ 是一个离散变量. 可以估计其概率密度函数

$$\mathbb{P}(\delta = x_j|Y_1,\cdots,Y_{10}) \approx \frac{1}{N}\sum_{i=1}^{N} I(\delta^{(i)} = j).$$

例如, 考虑下面的数据:

剂量	1	2	3	4	5	6	7	8	9	10
动物数 n_i	15	15	15	15	15	15	15	15	15	15
生存者数 Y_i	0	0	2	2	8	10	12	14	15	14

从后验抽取 $p_1,\cdots,p_{10}$, 得到 $\bar{\delta} = 4.04$, 和一个 95% 的置信区间 (3,5).

24.3 重 要 抽 样

再次考虑积分 $I = \int h(x)f(x)\mathrm{d}x$, 其中 f 是一个概率密度. 基本蒙特卡罗方法涉及从 f 中抽样. 然而, 有很多可能不知道如何从 f 中抽样的情况. 例如, 在贝叶斯推断中, 后验密度是似然函数 $\mathcal{L}(\theta)$ 与枢轴量 $f(\theta)$ 的乘积. 没有任何保证 $f(\theta|x)$ 会是一个已知的分布比如正态或 Gamma 或任何其他的.

重要抽样是一个基本蒙特卡罗积分的推广,它将解决该问题. 令 g 为一个知道如何从中模拟的概率密度, 则

$$I = \int h(x)f(x)\mathrm{d}x = \int \frac{h(x)f(x)}{g(x)} g(x)\mathrm{d}x = \mathbb{E}_g(Y), \tag{24.4}$$

其中, $Y = h(X)f(X)/g(X)$, 且期望 $\mathbb{E}_g(Y)$ 是关于 g 取的. 可以模拟 $X_1, \cdots, X_N \sim g$ 并可由下式估计 I:

$$\widehat{I} = \frac{1}{N} \sum_i Y_i = \frac{1}{N} \sum_i \frac{h(X_i)f(X_i)}{g(X_i)}. \tag{24.5}$$

这称作**重要抽样**. 由大数定律, $\widehat{I} \xrightarrow{P} I$. 然而, 忽然意识到一个问题. $\widehat{I}$ 具有无限标准差是完全有可能的. 为了弄明白原因, 回忆 I 为 $w(x) = h(x)f(x)/g(x)$ 的均值. 该量的二阶矩为

$$\mathbb{E}_g(w^2(X)) = \int \left(\frac{h(x)f(x)}{g(x)}\right)^2 g(x)\mathrm{d}x = \int \frac{h^2(x)f^2(x)}{g(x)}\mathrm{d}x. \tag{24.6}$$

若 g 比 f 有更轻的尾部, 则该积分可能是无限的. 为了避免这种情况, 重要抽样中一个基本的规则就是从一个比 f 有较重尾部的密度 g 中抽取样本. 而且, 假设 $g(x)$ 在某个集 A 上较小而 $f(x)$ 较大. 并且, 比例 f/g 可能比较大以至于导致一个大的方差. 这意味着应该选择与 f 形状相似的 g. 总之, 重要抽样密度 g 的一个较好的选择应该要求与与 f 相似, 但是尾部要重些. 事实上, 可以说 g 的最优选择是什么.

24.5 定理 极小化 $\widehat{I}$ 的方差的 g 的选择为

$$g^*(x) = \frac{|h(x)|f(x)}{\int |h(s)|f(s)\mathrm{d}s}.$$

证明 $w = fh/g$ 的方差为

$$\begin{aligned}\mathbb{E}_g(w^2) - (\mathbb{E}_g(w))^2 &= \int w^2(x)g(x)\mathrm{d}x - \left(\int w(x)g(x)\mathrm{d}x\right)^2 \\ &= \int \frac{h^2(x)f^2(x)}{g^2(x)} g(x)\mathrm{d}x - \left(\int \frac{h(x)f(x)}{g(x)} g(x)\mathrm{d}x\right)^2 \\ &= \int \frac{h^2(x)f^2(x)}{g^2(x)} g(x)\mathrm{d}x - \left(\int h(x)f(x)\mathrm{d}x\right)^2.\end{aligned}$$

第二个积分并不依赖于 g, 所以只需要极小化第一个积分. 由 Jensen 不等式 (见定理 4.9) 有

$$\mathbb{E}_g(W^2) \geqslant (\mathbb{E}_g(|W|))^2 = \left(\int |h(x)|f(x)\mathrm{d}x\right)^2.$$

这就建立了 $\mathbb{E}_g(W^2)$ 的一个下界. 然而, $\mathbb{E}_{g^*}(W^2)$ 等于该下界即完成了证明.

24.3 重要抽样

该定理很有意思但只是理论上的兴趣. 若不知道如何从 f 中抽样, 则不可能从 $|h(x)|f(x)/\int|h(s)|f(s)\mathrm{d}s$ 中抽样. 在实际中, 简单地去寻找一个与 $f|h|$ 相似的有较重尾部的分布 g.

24.6 例 (尾概率) 来估计 $I = \mathbb{P}(Z > 3) = 0.0013$, 其中, $Z \sim N(0,1)$. 记 $I = \int h(x)f(x)\mathrm{d}x$, 其中, $f(x)$ 为标准正态密度且若 $x > 3$, $h(x) = 1$, 其他情况为 0. 基本蒙特卡罗估计为 $\widehat{I} = N^{-1}\sum_i h(X_i)$ 其中 $X_1,\cdots,X_N \sim N(0,1)$. 用 $N = 100$ 时, (从模拟很多次中) 求出 $\mathbb{E}(\widehat{I}) = 0.0015$ 且 $\mathbb{V}(\widehat{I}) = 0.0039$. 注意到大多数观测是废弃的, 这是在大多数观测都不在右边尾部附近的意义下而言的. 现在将要用重要抽样来估计 I, 其中 g 是标准正态分布的密度函数. 从 g 中抽取数值并且估计为 $\widehat{I} = N^{-1}\sum_i f(X_i)h(X_i)/g(X_i)$. 在这种情况下, 求出 $\mathbb{E}(\widehat{I}) = 0.0011$ 且 $\mathbb{V}(\widehat{I}) = 0.0002$. 已将标准差降低了 20 倍.

24.7 例 (带离群点的测量模型) 假设有某个物理量 θ 的测量 $X_1,\cdots,X_n$. 一个合理的模型为

$$X_i = \theta + \epsilon_i.$$

若假设 $\epsilon \sim N(0,1)$, 则 $X_i \sim N(\theta_i, 1)$. 然而, 开始测量时, 得到一些偶然的失控的点, 或离群点的情况是常常出现的. 这意味着一个正态假设模型可能是一个不适当的模型, 因为正态分布具有薄尾, 这就意味着极端观测是罕见的. 改善该模型的一个方法就是用一个有较重尾部的密度函数取代 ϵ, 例如, 一个自由度为 v 的 t 分布, 形式为

$$t(x) = \frac{\Gamma((v+1)/2)}{\Gamma(v/2)} \frac{1}{v\pi}\left(1 + \frac{x^2}{v}\right)^{-(v+1)/2}.$$

v 的较小的值对应着较重的尾部. 为了说明该问题, 取 $v = 3$. 假设观测 n 个 $X_i = \theta + \epsilon_i, i = 1,\cdots$ 其中, ϵ_i 具有一个 $v = 3$ 的 t 分布. 将对 θ 取一个平枢轴. 似然函数为 $\mathcal{L}(\theta) = \prod_{i=1}^{n} t(X_i - \theta)$ 且 θ 的后验均值为

$$\bar{\theta} = \frac{\int \theta \mathcal{L}(\theta)\mathrm{d}\theta}{\int \mathcal{L}(\theta)\mathrm{d}\theta}.$$

可以通过重要抽样来估计上面和下面的积分. 抽取 $\theta_1,\cdots,\theta_N \sim g$, 则

$$\bar{\theta} \approx \frac{\frac{1}{N}\sum_{j=1}^{N} \frac{\theta_j \mathcal{L}(\theta_j)}{g(\theta_j)}}{\frac{1}{N}\sum_{j=1}^{N} \frac{\mathcal{L}(\theta_j)}{g(\theta_j)}}.$$

为了说明思想, 抽取 $n = 2$ 个观测. 后验均值 (数值计算) 为 -0.54. 用一个正态重要抽样 g 得到一个估计 -0.74. 用一个柯西 (具有 1 个自由度的 t 分布) 重要抽样得到一个估计 -0.53.

24.4 MCMC 第一部分：Metropolis-Hastings 算法

再次考虑估计积分 $I = \int h(x)f(x)\mathrm{d}x$ 问题．现在介绍马尔可夫链蒙特卡罗 (MCMC) 方法．思路是构造一个马尔可夫链 $X_1, X_2, \cdots$，其平稳分布为 f．在一定的条件下，有

$$\frac{1}{N}\sum_{i=1}^{N} h(X_i) \xrightarrow{P} \mathbb{E}_f(h(X)) = I.$$

这是成立的，根据马尔可夫链的大数定律上式成立，见定理 23.25.

Metropolis-Hastings 算法是一种特殊的 MCMC 方法，其步骤如下：令 $q(y|x)$ 为任意一个友好的分布 (即知道如何从 $q(y|x)$ 中抽样)．条件密度 $q(y|x)$ 被称作**建议分布**．Metropolis-Hastings 算法产生如下的一系列观测 $X_0, X_1, \cdots$．

Metropolis-Hastings 算法

任意地选择 X_0．假设已经产生 $X_0, X_1, \cdots, X_i$．为了产生 X_{i+1}，做以下步骤：
(1) 产生一个**建议**或**备选值** $Y \sim q(y|X_i)$．
(2) 计算 $r \equiv r(X_i, Y)$，其中

$$r(x,y) = \min\left\{\frac{f(y)}{f(x)}\frac{q(x|y)}{q(y|x)}, 1\right\}.$$

(3) 设定

$$X_{i+1} = \begin{cases} Y, & \text{以概率}\, r, \\ X_i, & \text{以概率}\, 1-r. \end{cases}$$

24.8 注 执行步骤 (3) 的一个简单方法是产生 $U \sim (0,1)$．若 $U < r$，则令 $X_{i+1} = Y$，否则 $X_{i+1} = X_i$．

24.9 注 对于某个 $b > 0$，$N(x, b^2)$ 是 $q(y|x)$ 的一个常用的选择．这意味着建议是从一个正态分布中抽取的，中心在当前值．在这种情况下，建议密度 q 是对称的，$q(y|x) = q(x|y)$，而且 r 简化为

$$r = \min\left\{\frac{f(Y)}{f(X_i)}, 1\right\}.$$

由构造，$X_0, X_1, \cdots$，是一个马尔可夫链．但是为什么该马尔可夫链的平稳分布为 f？在解释原因之前，先来做一个例子．

24.10 例 柯西分布具有密度

$$f(x) = \frac{1}{\pi}\frac{1}{1+x^2}.$$

24.4 MCMC 第一部分：Metropolis-Hastings 算法

目标是模拟一个平稳分布为 f 的马尔可夫链. 如上述注所建议的那样, $q(y|x)$ 为一个正态分布 $N(x, b^2)$. 在这种情况下,

$$r(x, y) = \min\left\{\frac{f(y)}{f(x)}, 1\right\} = \min\left\{\frac{1+x^2}{1+y^2}, 1\right\}.$$

所以算法是抽取 $Y \sim N(X_i, b^2)$ 并且设定

$$X_{i+1} = \begin{cases} Y, & \text{以概率 } r(X_i, Y), \\ X_i, & \text{以概率 } 1 - r(X_i, Y). \end{cases}$$

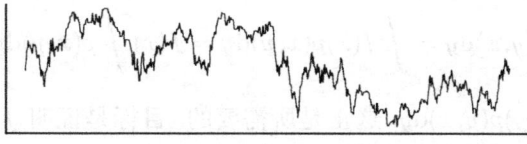
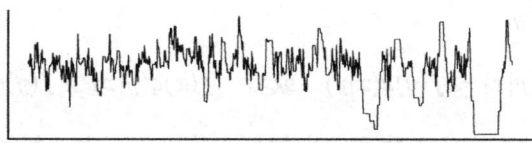
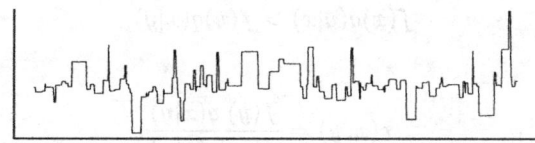

图 24.2 对应于 $b = 0.1$, $b = 1$, $b = 10$ 的三个 Metropolis 链

该模拟需要对 b 作出一个选择. 图 24.2 给出长度 $N = 1000$ 的三个链, 分别用 $b = 0.1, b = 1$ 和 $b = 10$. 令 $b = 0.1$ 使得该链选取较小的步长. 结果该链没有"探索"到太多的样本空间信息. 从样本得到的直方图也没能很好地估计真实的密度函数. 令 $b = 10$, 这样导致由样本数据得到的直方图有较长的尾部且 r 较小, 因此拒绝 $b = 10$ 这个建议, 让该链保持在当前的位置. 这再次意味着从样本得到的直方图对真实密度近似的结果不太好. 中间的选择则避免了这些极端情况而且得到一个能更好描述真实密度的马尔可夫链样本. 总之, 有很多调节参数且马尔可夫链的效率是依赖于这些参数的. 这将在后面详细讨论.

若从马尔可夫链得到的样本开始"看起来像"目标分布 f, 则说该链是"混合良好的". 构造一个混合良好的链在某种程度上是种艺术.

为什么它可以凑效 回忆第 23 章,一个分布 π 满足一个马尔可夫链的**细致平衡**, 若

$$p_{ij}\pi_i = p_{ji}\pi_j.$$

已经证明若 π 满足细致平衡, 则它是该链的一个平稳分布.

因为现在处理连续状态马尔可夫链, 将稍微改变一下记号并记 $p(x,y)$ 是从 x 到 y 的一个转移概率. 而且, 用 $f(x)$ 而不是 π 来表示一个分布. 在这个新记号规定下, 若 $f(x) = \int f(y)p(y,x)\mathrm{d}y$, f 是一个平稳分布, 且若

$$f(x)p(x,y) = f(y)p(y,x). \tag{24.7}$$

f 是细致平衡的. 细致平衡意味着 f 是一个平稳分布, 因为若细致平衡成立, 则

$$\int f(y)p(y,x)\mathrm{d}y = \int f(x)p(x,y)\mathrm{d}y = f(x)\int p(x,y)\mathrm{d}y = f(x).$$

这表明 $f(x) = \int f(y)p(y,x)\mathrm{d}y$, 这正是所需要的. 目标是证明 f 满足细致平衡将意味着 f 是马尔可夫链的一个平稳分布.

考虑两点 x 和 y.

$$f(x)q(y|x) < f(y)q(x|y) \quad \text{或者} \quad f(x)q(y|x) > f(y)q(x|y).$$

将忽略相等情况 (对连续分布情形发生的概率为 0). 不失一般性, 假设

$$f(x)q(y|x) > f(y)q(x|y),$$

这意味着

$$r(x,y) = \frac{f(y)}{f(x)}\frac{q(x|y)}{q(y|x)}$$

及 $r(y,x) = 1$. 现在 $p(x,y)$ 为从 x 跳到 y 的概率. 这需要两个条件: (i) 建议分布必须产生 y, 且 (ii) 必须接受 y. 因此,

$$p(x,y) = q(y|x)r(x,y) = q(y|x)\frac{f(y)}{f(x)}\frac{q(x|y)}{q(y|x)} = \frac{f(y)}{f(x)}q(x|y).$$

因此,

$$f(x)p(x,y) = f(y)q(x|y). \tag{24.8}$$

另一方面, $p(y,x)$ 为从 y 跳到 x 的概率. 这需要两个条件: (i) 建议分布必须产生 x, 且 (ii) 必须接受 x. 这发生的概率为 $p(y,x) = q(x|y)r(y,x) = q(x|y)$. 因此,

$$f(y)p(y,x) = f(y)q(x|y). \tag{24.9}$$

比较式 (24.8) 和式 (24.9), 已经证明细致平衡成立.

24.5 MCMC 第二部分：其他算法

还有些不同类型的 MCMC 算法. 这里将考虑一些最流行的版本.

随机游动 -Metropolis-Hastings　在上一节中, 考虑抽取

$$Y = X_i + \epsilon_i,$$

其中, ϵ_i 来自某个密度为 g 的分布. 换句话说, $q(y|x) = g(y-x)$. 看到在这种情况下,

$$r(x,y) = \min\left\{1, \frac{f(y)}{f(x)}\right\}.$$

这被称作**随机游动 -Metropolis-Hastings** 方法. 起这个名字的原因是若不执行接受 – 拒绝的步骤, 将模拟一个随机游动. 常用的 g 的选择是 $N(0,b^2)$. 困难的地方是选择 b 以使得该链混合良好. 一个好的经验法则是: 选择 b 以使得接受建议大约 50% 的时间.

注意! 该方法没有意义除非 X 在实数轴上取值. 若 X 被限制在某个区间上, 则最好对 X 做个变换. 例如, 若 $X \in (0,\infty)$ 则可以取 $Y = \log X$ 并且再模拟 Y 的分布而不是 X.

独立 -Metropolis-Hastings　这是 MCMC 的一个重要抽样版本. 从一个固定的分布 g 中抽取建议. 一般地, g 是被选择来作为 f 的一个近似. 接受概率变为

$$r(x,y) = \min\left\{1, \frac{f(y)}{f(x)}\frac{g(x)}{g(y)}\right\}.$$

Gibbs 抽样　前两种方法在原则上比较适用于高维情况. 在实际中, 调节马尔可夫链使得它们混合良好是困难的. Gibbs 抽样是一种将一个高维问题转化为一些一维问题的方法.

这里给出其对于二元变量问题的工作原理. 假设 (X,Y) 具有密度 $f_{X,Y}(x,y)$. 首先, 假设从条件分布 $f_{X|Y}(x|y)$ 和 $f_{Y|X}(y|x)$ 模拟是可能的. 令 (X_0,Y_0) 为起始值. 假设已经抽取 $(X_0,Y_0), \cdots, (X_n,Y_n)$, 则得到 (X_{n+1},Y_{n+1}) 的 Gibbs 抽样算法为:

Gibbs 抽样

$X_{n+1} \sim f_{X|Y}(x|Y_n),$
$Y_{n+1} \sim f_{Y|X}(y|X_{n+1}),$
重复.

这很容易推广到高维情形.

24.11 例 (正态分层模型)　　Gibbs 抽样对于一类所谓**分层模型**来说非常有用. 这里给出一个简单的情况. 假设抽取 k 个城市的样本. 从每个城市中抽取 n_i 个人并观测有多少人 Y_i 患病. 因此, $Y_i \sim \text{Binomial}(n_i, p_i)$. 允许在不同的城市有不同的患病率. 还可以把 p_i 看作来自某个分布 F 的随机抽样. 可以按下面的方式写这个模型:

$$P_i \sim F,$$
$$Y_i | P_i = p_i \sim \text{Binomial}(n_i, p_i).$$

这里对估计 p_i 和总的患病率 $\int p \, dF(p)$ 感兴趣.

为了进行下去, 是否做些变换以允许其用某种正态近似作某种变化能简化问题. 令 $\widehat{p}_i = Y_i / n_i$. 回忆 $\widehat{p}_i \approx N(p_i, s_i)$, 其中 $s_i = \sqrt{\widehat{p}_i(1-\widehat{p}_i)/n_i}$. 令 $\psi_i = \log(p_i/(1-p_i))$ 且定义 $Z_i \equiv \widehat{\psi}_i = \log(\widehat{p}_i/(1-\widehat{p}_i))$. 由 Delta 方法,

$$\widehat{\psi}_i \approx N(\psi_i, \sigma_i^2)$$

其中 $\sigma_i^2 = 1/(n\widehat{p}_i(1-\widehat{p}_i))$. 经验表明对于 ψ 的正态近似要比对于 p 的正态近似精确些, 所以应该选择用 ψ. 应该将 σ_i 看作已知. 进一步, 应取 ψ_i 的分布为正态的. 现在分层模型为

$$\psi_i \sim N(\mu, \tau^2),$$
$$Z_i | \psi \sim N(\psi_i, \sigma_i^2).$$

至于另一种简单情形是取 $\tau = 1$. 未知参数为 $\theta = (\mu, \psi_1, \cdots, \psi_k)$. 似然函数为

$$\mathcal{L}(\theta) \propto \prod_i f(\psi_i | \mu) \prod_i f(Z_i | \psi)$$
$$\propto \prod_i \exp\left\{-\frac{1}{2}(\psi_i - \mu)^2\right\} \exp\left\{-\frac{1}{2\sigma_i^2}(Z_i - \psi_i)^2\right\}.$$

若使先验 $f(\mu) \propto 1$, 则后验密度是与似然函数成比例的. 为了用 Gibbs 抽样, 需要求出每个参数的条件分布, 这些参数依赖于所有其他的参数. 这里以寻找 $f(\mu | 其他)$ 开始, "其他" 表示所有其他变量. 可以丢掉任何不包含 μ 的项. 因此,

$$f(\mu | 其他) \propto \prod_i \exp\left\{-\frac{1}{2}(\psi_i - \mu)^2\right\}$$
$$\propto \exp\left\{-\frac{k}{2}(\mu - b)^2\right\},$$

其中,

$$b = \frac{1}{k} \sum_i \psi_i.$$

因此看到 $\mu|$其他 $\sim N(b, 1/k)$. 接下来将求出 $f(\mu|$其他$)$. 再一次, 可以丢掉任何不包含 ψ_i 的项, 这就有

$$f(\psi_i|\text{其他}) \propto \exp\left\{-\frac{1}{2}(\psi_i - \mu)^2\right\}\exp\left\{-\frac{1}{2\sigma_i^2}(Z_i - \psi_i)^2\right\}$$
$$\propto \exp\left\{-\frac{1}{2d_i^2}(\psi_i - e_i)^2\right\},$$

其中,

$$e_i = \frac{Z_i/\sigma_i^2 + \mu}{1 + 1/\sigma_i^2} \quad \text{且} \quad d_i^2 = \frac{1}{1 + 1/\sigma_i^2}.$$

所以 $\psi|$其他 $\sim N(e_i, d_i^2)$. Gibbs 抽样算法包含如下的 N 次迭代步骤:

$$\text{抽取}\mu \sim N(b, v^2),$$
$$\text{抽取 }\psi_1 \sim N(e_1, d_1^2),$$
$$\cdots\cdots$$
$$\text{抽取}\psi_k \sim N(e_k, d_k^2).$$

于是可以理解在每一步过程中, 最近抽取的每个变量版本是被用过的.

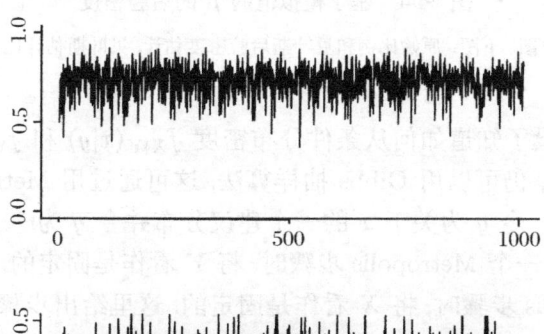
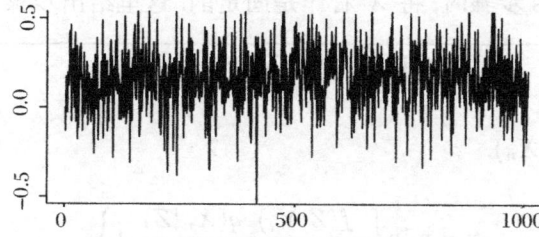

图 24.3　例 24.11 的后验密度模拟

上图给出了 p_1 的模拟值. 下图给出了 μ 的模拟值

产生一个 $k = 20$ 个城市且每个城市为 $n = 20$ 个人的数值例子. 在运行马尔可夫链之后, 可以将每个 ψ_i 通过 $p_i = e^{\psi_i}/(1 + e^{\psi_i})$ 转换回 p_i. 原始比例可参见图

24.4. 图 24.3 给出了对于 p_1 和 μ 的马尔可夫链的 "迹点". 图 24.4 给出了基于模拟值的 μ 的后验密度. 图 24.4 中的第二个图给出了原始比例和贝叶斯估计. 注意到贝叶斯估计 "收缩" 到一起了. 参数 τ 控制了收缩量. 令 $\tau = 1$, 但是在实际中, 应该将 τ 看作是另一个未知参数且让数据决定需要多少收缩量.

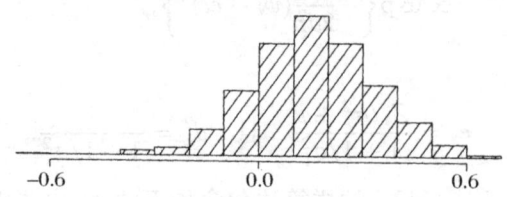

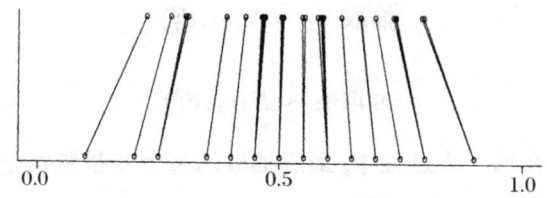

图 24.4 基于模拟值的 μ 的后验密度

上图: μ 的后验密度直方图. 下图: 原始比例和贝叶斯后验密度估计. 贝叶斯估计比原始比例收缩得更紧凑.

迄今为止, 假设了知道如何从条件分布密度 $f_{X|Y}(x|y)$ 和 $f_{Y|X}(y|x)$ 抽取样本. 若不知道如何抽取, 仍可以用 Gibbs 抽样算法, 这可通过用 Metropolis-Hastings 步骤来抽取每个观测. 令 q 为关于 x 的一个建议分布并令 $\tilde{q}$ 为一个关于 y 的建议分布. 当对于 X 进行一个 Metropolis 步骤时, 将 Y 看作是固定的. 相似地, 当对于 Y 进行一个 Metropolis 步骤时, 将 X 看作是固定的. 这里给出步骤:

Gibbs 中的 Metropolis

(1a) 制定 $Z \sim q(z|X_n)$.

(1b) 计算

$$r = \min\left\{\frac{f(Z, Y_n)}{f(X_n, Y_n)} \frac{q(X_n|Z)}{q(Z|X_n)}, 1\right\}.$$

(1c) 令

$$X_{n+1} = \begin{cases} Z, & \text{以概率 } r, \\ X_n, & \text{以概率} 1 - r. \end{cases}$$

(2a) 抽取一个方案 $Z \sim \tilde{q}(z|Y_n)$.

(2b) 计算
$$r = \min\left\{\frac{f(X_{n+1}, Z)}{f(X_{n+1}, Y_n)} \frac{\tilde{q}(Y_n|Z)}{\tilde{q}(Z|Y_n)}, 1\right\}.$$

(2c) 令
$$Y_{n+1} = \begin{cases} Z, & \text{以概率 } r, \\ Y_n, & \text{以概率 } 1 - r. \end{cases}$$

同样地, 这可推广到二维以上的情形.

24.6 文献注释

MCMC 方法可追溯到第二次世界大战期间建造原子弹的工作. 后来它们被应用到许多地方, 特别是在空间统计学中. 在 20 世纪 90 年代又有兴起一股新的研究热潮, 并仍在继续. 本章的主要参考文献为 (Robert and Casella, 1990). 还可参考 (Gelman et al., 1995; Gilks et al., 1998).

24.7 习 题

1. 令
$$I = \int_1^2 \frac{e^{-x^2/2}}{\sqrt{2\pi}} dx.$$

   (a) 用基本蒙特卡罗方法估计 I. 用 $N = 100000$. 而且, 求出标准误差估计.
   (b) 求出 (a) 中你的估计的标准误差的一个解析表达式. 与标准误差估计进行比较.
   (c) 用重要抽样估计 I. 取 g 为 $N(1.5, v^2)$, 其中 $v = 0.1, v = 1$ 和 $v = 10$. 在每种情形计算 (真实) 标准误差. 而且, 依据正在计算的平均值画一个直方图来观察是否有极端值.
   (d) 求出最优重要抽样函数 g^*. 选择用 g^* 时其标准误差是多少?

2. 这里有一种用重要抽样来估计一个边际密度的方法. 令 $f_{X,Y}(x, y)$ 为一个二元变量密度且令 $(X_1, X_2), \cdots, (X_N, Y_N) \sim f_{X,Y}$.
   (a) 令 $w(x)$ 为一个任意的概率密度函数. 令
$$\widehat{f}_X(x) = \frac{1}{N} \sum_{i=1}^N \frac{f_{X,Y}(x, Y_i) w(X_i)}{f_{X,Y}(X_i, Y_i)}.$$

   证明对于每个 x,
$$\widehat{f}_X(x) \xrightarrow{p} f_X(x).$$

求该估计的方差的一个表达式.

(b) 令 $Y \sim N(0,1)$ 且 $X|Y=y \sim N(y, 1+y^2)$. 用 (a) 中的方法来估计 $f_X(x)$.

3. 这里有种称为**接受 – 拒绝抽样**的方法, 它是用来从一个分布中抽取观测.

   (a) 假设 f 为某种概率密度函数. 令 g 为任何其他的密度并假设对于所有的 x, $f(x) \leqslant Mg(x)$, 其中 M 是一个已知的常数. 考虑下面的算法:(第一步): 抽取 $X \sim g$ 且 $U \sim \text{Uniform}(0,1)$; (第二步): 若 $U \leqslant f(X)/(Mg(X))$, 则令 $Y = X$, 否则返回第一步. (继续这样下去直到你最后得到一个观测.) 证明 Y 的分布为 f.

   (b) 令 f 为一个标准正态密度且令 $g(x) = 1/(1+x^2)$ 为柯西密度. 应用 (a) 中的方法从正态分布中抽取 1000 个观测. 对样本画一个直方图来验证样本看起来是正态的.

4. 一个随机变量 Z 具有**逆高斯分布**若它具有密度
$$f(z) \propto z^{-3/2} \exp\left\{-\theta_1 z - \frac{\theta_2}{z} + 2\sqrt{\theta_1 \theta_2} + \log(\sqrt{2\theta_2})\right\}, \quad z > 0,$$

其中, $\theta_1 > 0$ 和 $\theta_2 > 0$ 为参数. 可以证明
$$\mathbb{E}(Z) = \sqrt{\frac{\theta_2}{\theta_1}} \quad 且 \quad \mathbb{E}\left(\frac{1}{Z}\right) = \sqrt{\frac{\theta_1}{\theta_2}} + \frac{1}{2\theta_2}.$$

   (a) 令 $\theta_1 = 1.5$ 且 $\theta_2 = 2$. 用独立 –Metropolis-Hastings 方法抽取一个大小为 1000 的样本. 用一个 Gamma 分布当作建议密度. 为了评价精确度, 将 Z 和 $1/Z$ 的样本均值与理论均值进行比较. 尝试不同的 Gamma 分布以看看是否可以得到一个精确的样本.

   (b) 用随机游动 -Metropolis-Hastings 方法抽取一个大小为 1000 的样本. 因为 $z > 0$, 不能仅用一个正态密度. 另一种方法是这样的. 令 $W = \log Z$. 求出 W 的密度. 用随机游动 –Metropolis-Hastings 方法来得到一个样本 $W_1, \cdots, W_N$ 并令 $Z_i = e^{W_i}$. 与 (a) 部分一样评价模拟的精确度.

5. 从本书网站上获得心脏病数据. 考虑 Logistic 回归模型的一个贝叶斯分析
$$\mathbb{P}(Y=1|X=x) = \frac{e^{\beta_0 + \sum_{j=1}^{k} \beta_j x_j}}{1 + e^{\beta_0 + \sum_{j=1}^{k} \beta_j x_j}}.$$

   (a) 用扁平先验 $f(\beta_0, \cdots, \beta_k) \propto 1$. 用 Gibbs-Metropolis 算法从后验密度 $f(\beta_0, \beta_1|\text{数据})$ 来抽取一个大小为 10000 的样本. 对于 β_j 画出后验密度的直方图. 求后验均值和对于每个 β_j 的一个 95% 的后验区间.

   (b) 将所得分析与用极大似然的频率学派的方法比较.

参考文献

AGRESTI,A.(1990). *Categorical Data Analysis*. Wiley.

AKAIKE, H.(1973). Information theory and an extension of the maximum likelihood principle. *Second International Symposium on Information Theory* 267–281.

ANDERSON, T. W.(1984). *An Introduction to Multivariate Statistical Analysis(Second Edition)*. Wiley.

BARRON,A., SCHERVISH, M. J. and WASSERMAN, L. (1999). The consistency of posterior distributions in nonparametric problems. *The Annals of Statistics* **27** 536–561.

BEECHER, H.(1959). *Measurement of Subjective Responses*. Oxford university Press.

BENJAMINI,Y. and HOCHBERG, Y. (1995). Controlling the false discovervrate: A practical and powerful approach to multiple testing. *Journal of the Royal Statistical Society, Series B, Methodological* **57** 289–300.

BERAN, R.(2000). REACT scatterplot smoothers: Superefficiency through basis economy. *Journal of the American Statistical Association* **95** 155–171.

BREAN,R. and DÜMBGEN, L. (1998). Modulation of estimators and confidence sets. *The Annals of Statistics* **26** 1826–1856.

BERGER, J. and Wolpert, R. (1984). *The Likelihood Principle*. Institute of Mathematical Statistics.

BERGER, J. O. (1985). *Statistical Decision Theory and Bayesian Analysis (Second Edition)*. Springer–Verlag.

BERGER, J. O. and DELAMPADY, M. (1987). Testing precise hypotheses (c / r: P335–352). *Statistical Science* **2** 317 335.

BERLINER, L. M. (1983). Improving on inadmissible estimators in the control problem. *The Annals of Statistics* **11** 814–826.

BICKEL, P. J. and DOKSUM, K. A. (2000). *Mathematical Statistics: Basic Ideas and Selected Topics, Vol. I(Second Edition)*. Prentice Hall.

BILLINGSLEY, P. (1979). *Probability and Measure*. Wiley.

BISHOP, Y. M. M., FIENBERG, S. E. and HOLLAND, P. W. (1975). *Discrete Multivariate Analyses: Theory and Practice*. MIT Press.

BERLIMAN, L. (1992). *Probability*. Society for Industrial and Applied Mathematics.

BRINEGAR, C. S. (1963). Mark Twain and the Quintus Curtius Snodgrass letters: A statistical test of authorship. *Journal of the American Statistical Association* **58** 85–96.

CARLIN, B. P. and LOUIS, T. A. (1996). *Bayes and Empirical Bayes Methods or Data Analysis*. Chapman & Hall.

CASELLA, G. and BERGER, R. L. (2002). *Statistical Inference*. Duxbury Press.

CHAUDHURI, P. and MARRON, J. S. (1999). Sizer for exploration of structures in curves. *Journal of the American Statistical Association* **94** 807–823.

COX, D. and LEWIS, P. (1966). *The Statistical Analysis of Series of Events*. Chapman & Hall.

COX, D. D. (1993). An analysis of Bayesian inference for nonparametric regression. *The Annals of Statistics* **21** 903–923.

COX, D. R. and HINKELEY, D. V. (2000). *Theoretical statistics*. Chapman& Hall.

DAVISON, A. C. and Hinkley, D. V.(1997). *Bootstrap Methods and Their Application*. Cambridge University Press.

DEGROOT, M. and Schervish, M. (2002). *Probability and Statistics(Third Edition)*. Addison-Wesley.

DERVOYE, L., GYÖRFI, L. and LUGOSI, G.(1996). *A Probabilistic Theory of Pattern Recognition*. Springer–Verlag.

DIACONIS, P. and FREEDMAN, D. (1986). On inconsistent Bayes estimates of location. *The Annals of Statistics* **14** 68–87.

DOBSON, A. J.(2001). *An introduction to generalized linear models*. Chapman & Hall.
DONOHO, D. L. and JOHNSTONE, I. M. (1994). Ideal spatial adaptation wavelet shrinkage. *Biometrika* **81** 425–455.
DONOHO, D. L. and JOHNSTONE, I. M.(1995). Adapting to unknown smoothness via wavelet shrinkage, *Journal of the American Statistical Association* **90** 1200–1224.
DONOHO, D. L. and JOHNSTONE, I. M.(1998). Minimax estimation via wavelet shrinkage. *The Annals of Statistics* **26** 879–921.
DONOHO, D. L. and JOHNSTONE, I. M., Kerkyacharian, G. and Picard, D. (1995). Wavelet shrinkage: Asymptopia?(Disc: p 337–369). *Journal of the Royal Statistical Society, Series B, Methodological* **57** 301–337.
DUNSMORE, I., DALY, F. ET AL. (1987). *M345 Statistical Methods, Unit 9: Categorical Data*. The Open University.
EDWARDS, D.(1995). *Introduction to graphical modelling*. Springer-verlag.
EFROMOCICH, S.(1999). *Nonparametric Curve Estimation: Methods, Theory and Applications*. Springer–Verlag.
EFRON, B.(1979). Bootstrap methods: Another look at the jackknife. *The Annals of Statistics* **7** 1–26.
EFRON, B., TISBSHIRANI, R., STOREY, J. D. and TUSHER, V. (2001). Empirical Bayes analysis of a microarray experiment. *Journal of the American Statistical Association* **96** 1151–1160.
EFRON, B., TISBSHIRANI, R. J. (1993). *An Introduction to the Bootstrap*. Chapman & Hall.
FERGUSON, T. (1967). *Mathematical Statistics: a Decision Theoretic Approach*. Academic Press.
FISHER, R. (1921). On the probable error of a coefficient of correlation dedued from a small sample. *Metron* **1** 1–32.
FREEDMAN, D. (1999). Wald lecture: On the Bernstein–von Mises theorem with infinite-dimensional parameters. *The Annals of Statistics* **27** 1119–1141.
FREEDMAN, J. H. (1997). On bias, variaxlce, 0 / 1-loss, and the curse-of-dimensionality. *Data Mining and Knowledge Discovery* **1** 55–77.
GELMAN, A., CARLIN, J. B., STERN, H. S. and RUBIN, D. B. (1995). *Bayesian Data Analysis*. Chapman & Hall.
GHOSAL, S., GHOSH, J. K. and VAN DER VAART, A. W. (2000). Convergence rates of posterior distributions. *The Annals of Statistics* **28** 500–531.
GILIS, W. R., RICHARDSON, S. and SPIEGELHALTER, D. J. (1998). *Markov Chain Monte Carlo in Practice*. Chapman& Hall.
GRIMMETT, G. and STIRZAKER, D. (1982). *Probability and Random Processes*. Oxford University Press.
GUTTORP, P. (1995). *Stochastic Modeling of Scientific Data*. chalDman & Hall.
HALL, P. (1992). *The Bootstrap and Edgeworth Expansion*. Springer–Verlag.
HALVERSON, N., LEITCH, E., PRYKE, C., KOVAC, J., CARLSTROM, J., HOLZAPFEL, W., DRAGOVAN, M., CARTWRIGHT, J., MASON, B., PADIN, S., PEARSON, T., SHEPHERD, M. and RRADHEAD, A. (2002). DASI first results: A measurement of the cosmic microwave background angular power spectrum. *Astrophysics Journal* **568** 38–45.
HÄRDLE, W. (1990). *Applied nonparametric regression*. Cambridge University Press.
HARDLE, W., KERKYACHARIAN, G., PICARD, D. and TSYBAKOV, A. (1998). *Wavelets, Approximation, and Statistical Applications*. Springer-Verlag.
HASTIE, T., TIBSHIRANI, R. and FRIDMAN, J. H. (2001). *The Elements of Statistical Learning Data Mining, Inference, and Prediction*. Springer-Verlag.
HERBRICH, R.(2002). *Learning Kernel Classifiers: Theory and Algorithms*. MIT Press.
JOHNSON, R. A. and WICHERN, D. W. (1982). *Applied Multivariate Statistical Analysis*. Prentice-Hall.
JOHNSON, S. and JOHNSON, R. (1972). *New England Journal of Medicine* **287** 1122–1125.
JORDAN, M. (2004). *Graphical models*. In Preparation.

KARR, A. (1993). *Probability*. Springer–verlag.

KASS, R. E. and RAFTERY, A. E. (1995). Bayes factors. *Journal of American Statistical Association* **90** 773–795.

KASS, R. E. and WASSERMAN, L. (1996). The selection of prior distributions by formal rules (corr: 1998 v93 P 412). *Journal of American Statistical Association* **91** 1343–1370.

LARSEN, R. J. and MARX, M. L. (1986). *An Introduction to Mathematical Statistics and Its Applications(Second Edition)*. Prentiee Hall.

LAURITZEN, S. L. (1996). *Graphical Models*. Oxford University Press.

LEE, A. T. ET AL. (2001). A high spatial resolution analysis of the maxima-1 cosmic microwave background anisotropy data. *Astrophys J.* **561** L1–L6.

LEE, P. M.(1997). *Bayesian Statistics: An Introduction*. Edward Arnold.

LEHMANN, E. L.(1986). *Testing Statistical Hypotheses Second Edition*. Wiley.

LEHMANN, E. L. and CASELLA, G. (1998). *Theory of Point Estimation*. Springer–Verlag.

LOADER, C.(1999). *Local regression and likelihood*. Springer-Verlag.

MARRON, J. S. and WAND, M. P. (1992). Exact mean integrated squared error. *The Annals of Statistics* **20** 712–736.

MORRISON, A., BLACK, M., LOWE, C., MACMAHON, B. and YUSA, S. (1973). Some international differences in histology and survival in breast cancer. *International Journal of Cancer* **11** 261–267.

NETTERFIELD, C. B. ET AL. (2002). A measurement by boomerang of multiple peaks in the angular power spectrum of the cosmic microwave background. *Astrophys. J.* **571** 604–614.

OGDEN, R. T. (1997). *Essential Wavelets for Statistical Applicotions and Data Analysis*. Birkhguser.

PEARL, J. (2000). *Casuality: models, reasoning, and inference*. Cambridge University Press.

PHILLIPS, D. and KING, E. (1988). Death takes a holiday: Mortalitv Surrounding major social occasions. *Lancet* **2** 728–732.

PHILLIPS, D. and SMITH, D. (1990). Postponement of death until symbolically meaningful occasions. *Journal of the American Medical Association* **263** 1947–1961.

QUENOUILIE, M. (1949). Approximate tests of correlation in time series. *Journal of the Royal Statistical Society B* **11** 18–84.

RICE, J. A. (1995). *Mathematical Statistics and Data Analysis(Second Edition)*. Duxbury Press.

ROBERT, C. P. (1994). *The Bayesian Choice: A Decision-theoretic AMotivation*. Springer-Verlag.

ROBERT, C. P. and CASELLA, G. (1999). *Monte Carlo Statistical Methods*. Springer-Verlag.

ROBINS, J., SCHEINES, R., SPIRTES, P. and WASSERMAN, L. (2003). Uniform convergence in causal inference. *Biometrika*(to appear).

ROBINS, J. M. and RITOV, Y. (1997). Toward a curse of dimensionality appropriate(CODA) asymptotic theory for semi–parametric models. *Statistics in Medicine* **16** 285–319.

ROSENBAUM, P. (2002). *Observational Studies*. Springer–Verlag.

ROSS, S. (2002). *Probability Models for Computer Science*. Academic Press.

ROUSSEAUW, J., DU Plessis, J., BENADE, A., JORDAAN, P., KOTZE, J., JOOSTE, P. and FERREIRA, J. (1983). Coronary risk factor screening in three rural communities. *South African Medical Journal* **64** 430–436.

SCHERVISH, M. J. (1995). *Theory of Statistics*. Springer-Verlag.

SCHOLKOPF, B. and SMOLA, A. (2002). *Learning with Kernels: Suppor Vector Machines, Regulations, Optimization, and Beyond*. MIT Press.

SCHWARZ. G. (1978). Estimating the dimension of a model. *The Annals of Statistics* **6** 461–464.

SCOTT, D., GOTTO, A., COLE, J. and GORRY, G. (1978). Plasma lipids as collateral risk factors in coronary artery disease: a study of 371 males with chest pain. *Journal of Chronic Diseases* **31** 337–345.

SCOTT, D. W. (1992). *Multivariate Density Estimation: Theory, Practice, and Visualization*. Wiley.

SHAO, J. and TU, D. (1995). *The Jackknife and Bootstrap(German)*. Springer–Verlag.

SHEN. X. and WASSERMAN, L. (2001). Rates of convergence of posterior distributions. *The Annals of Statistics* **29** 687–714.

SHORACK, G. R. and WELLNER, J. A. (1986). *Empirical Processes With Applications to Statistics.* Wiley.

SILVERMAN, B. W. (1986). *Density Estimation for Statistics and Data Analysis.* Chapman & Hall.

SPIRTES, P., GLYMOUR, C. N. and SCHINES, R. (2000). *Causation, predictioin, and search.* MIT Press.

TAYLOR. H. M. and KARLIN, S. (1994). *An Introduction to Stochastic Modeling.* Academic Press.

VAN, M. and ROBINS, J. (2003). *Unified Methods for Censored Longitudinal Data and Causality.* Springer-Verlag.

VAN DER VAART, A. W. (1998). *Asymptotic Statistics.* Cambridge University Press.

VAN DER VAART, A. W. and WELLNER, J. A. (1996). *Weak Convergence and empirical Processes: With Applications to Statistics.* Springer-Verlag.

VAPNIK. V. N. (1998). *Statistical Learning Theory.* Wiley.

Weisberg, S. (1985). *Applied Linear Regression.* Wiley.

WHITTAKER, J. (1990). *Graphical Models in Applied Multivariate Statistics.* Wiley.

WRIGHT, S. (1934). The method of path coefficients. *The Annals of Mathematical Statistics* **5** 161–215.

ZHAO, L. H. (2000). Bayesian aspects of some nonparametric problems. *The Annals of Statistics* **28** 532–552.

ZHENG, X. and LOH, W. Y. (1995). Consistent variable selection in linear models. *Journal of the American Statistical Association* **90** 151–156.

符号列表

	一般符号
$\mathbb{R}$	实数
$\inf_{x\in A} f(x)$	下确界：对于所有的 $x \in A$，使得 $y \leqslant f(x)$ 的最大 y 值
	把这看作是 f 的最小值
$\sup_{x\in A} f(x)$	上确界：对于所有的 $x \in A$，使得 $y \geqslant f(x)$ 的最小 y 值
	把这看作是 f 的最大值
$n!$	$n \times (n-1) \times (n-2) \times \cdots \times 3 \times 2 \times 1$
$\binom{n}{k}$	$\dfrac{n!}{k!(n-k)!}$
$\Gamma(\alpha)$	Gamma 函数 $\int_0^\infty y^{\alpha-1} e^{-y} dy$
Ω	样本空间 (结果集)
ω	结果、元素，点
A	事件 (Ω 的子集)
$I_A(\omega)$	指示函数，如果 $\omega \in A$ 为 1，否则为 0
$|A|$	集合 A 中的点数
	概率符号
$\mathbb{P}(A)$	事件 A 的概率
$A \amalg B$	A 和 B 独立
$A \not\amalg B$	A 和 B 不独立
F_X	累积分布函数 $F_X(x) = \mathbb{P}(X \leqslant x)$
f_X	概率密度函数
$X \sim F$	X 服从分布 F
$X \sim f$	X 的密度函数为 f
$X^d = Y$	X 和 Y 服从相同的分布
IID	独立同分布
$X_1, \cdots, X_n \sim F$	从 F 抽取的样本量为 n 的独立同分布样本
ϕ	标准正态概率密度
Φ	标准正态分布函数
z_α	$N(0,1)$ 的上 α 分位数：$z_\alpha = \Phi^{-1}(1-\alpha)$
$\mathbb{E}(X) = \int x dF(x)$	随机变量 X 的期望 (均值)
$\mathbb{E}(r(X)) = \int r(x) dF(x)$	随机变量 $r(X)$ 的期望 (均值)
$\mathbb{V}(X)$	随机变量 X 的方差
$\text{Cov}(X, Y)$	X, Y 的协方差
$X_1, \cdots, X_n$	数据
n	样本量
	收敛符号
$\xrightarrow{P}$	依概率收敛
$\rightsquigarrow$	依分布收敛
$\xrightarrow{qm}$	依均方值收敛

	收敛符号
$X_n \approx N(\mu, \sigma_n^2)$	$(X_n - \mu)/\sigma_n^2 \rightsquigarrow N(0,1)$
$x_n = o(a_n)$	$x_n/a_n \to 0$
$x_n = O(a_n)$	当 n 足够大时 $|x_n/a_n|$ 有界
$x_n = o_P(a_n)$	$x_n/a_n \xrightarrow{P} 0$
$x_n = O_P(a_n)$	当 n 足够大时 $|x_n/a_n|$ 依概率有界
	统计模型
$\mathfrak{F}$	统计模型；分布函数、密度函数或回归函数的集合
θ	参数
$\widehat{\theta}$	参数估计
$T(F)$	统计泛函 (如均值)
$\mathcal{L}_n(\theta)$	似然函数

有用的数学公式

$$e^x = \sum_{k=0}^{\infty} \frac{x^k}{k!} = 1 + x + \frac{x^2}{2!} + \cdots.$$

$$\sum_{j=k}^{\infty} r^j = \frac{r^k}{1-r}, \text{对} 0 < r < 1.$$

$$\lim_{n \to \infty} \left(1 + \frac{a}{n}\right)^n = e^a.$$

Stirling 近似：$n! \approx n^n e^{-n} \sqrt{2\pi n}$.

Gamma 函数. Gamma 函数定义为：对 $\alpha \geqslant 0$, 有

$$\Gamma(\alpha) = \int_0^{\infty} y^{\alpha-1} e^{-y} dy,$$

如果 $\alpha > 1$, 则 $\Gamma(\alpha) = (\alpha - 1)\Gamma(\alpha - 1)$. 如果 n 是正整数，则 $\Gamma(n) = (n-1)!$. 一些特例为：$\Gamma(1) = 1$ 和 $\Gamma(1/2) = \sqrt{\pi}$.

符号列表

分布表

分布	概率密度函数 PDF	均值	方差	矩母函数
重心在 a 点	$I(x=a)$	a	0	e^{at}
Bernoulli(p)	$p^x(1-p)^{1-x}$	p	$p(1-p)$	$pe^t+(1-p)$
Binomial(n,p)	$\binom{n}{x}p^x(1-p)^{n-x}$	np	$np(1-p)$	$(pe^t+(1-p))^n$
Geometric(p)	$p(1-p)^{x-1}I(x\geq 1)$	$1/p$	$\dfrac{1-p}{p^2}$	$\dfrac{pe^t}{1-(1-p)e^t}(t<-\ln(1-p))$
Poisson(λ)	$\dfrac{\lambda^x e^{-\lambda}}{x!}$	λ	λ	$e^{\lambda(e^t-1)}$
Uniform(a,b)	$\dfrac{I(a<x<b)}{(b-a)}$	$\dfrac{a+b}{2}$	$\dfrac{(b-a)^2}{12}$	$\dfrac{e^{bt}-e^{at}}{(b-a)t}$
Normal(μ,σ^2)	$\dfrac{1}{\sigma\sqrt{2\pi}}e^{-(x-\mu)^2/(2\sigma^2)}$	μ	σ^2	$\exp\{\mu t+\dfrac{\sigma^2 t^2}{2}\}$
Exponential(β)	$\dfrac{e^{-x/\beta}}{\beta}$	β	β^2	$\dfrac{1}{1-\beta t}(t<1/\beta)$
Gamma(α,β)	$\dfrac{\beta}{\Gamma(\alpha)\beta^\alpha}x^{\alpha-1}e^{-x/\beta}$	$\alpha\beta$	$\alpha\beta^2$	$\left(\dfrac{1}{1-\beta t}\right)^\alpha (t<1/\beta)$
Beta(α,β)	$\dfrac{\Gamma(\alpha+\beta)}{\Gamma(\alpha)\Gamma(\beta)}x^{\alpha-1}(1-x)^{\beta-1}$	$\dfrac{\alpha}{\alpha+\beta}$	$\dfrac{\alpha\beta}{(\alpha+\beta)^2(\alpha+\beta+1)}$	$1+\sum_{k=1}^{\infty}\left(\prod_{r=0}^{k-1}\dfrac{\alpha+r}{\alpha+\beta+r}\right)\dfrac{t^k}{k!}$
t_ν	$\dfrac{\Gamma\left(\dfrac{\nu+1}{2}\right)}{\Gamma\left(\dfrac{\nu}{2}\right)}\dfrac{1}{(1+x^2/\nu)^{(\nu+1)/2}}$	$0\ (\nu>1)$	$\dfrac{\nu}{\nu-1}\ (\nu>2)$	不存在
χ_p^2	$\dfrac{1}{\Gamma(p/2)2^{p/2}}x^{(p/2)-1}e^{-x/2}$	p	$2p$	$\left(\dfrac{1}{1-2t}\right)^{p/2}(t<1/2)$

名词索引

B

饱和模型, 231
贝塔分布, 22
贝叶斯定理, 8
贝叶斯分类规则, 275
贝叶斯风险, 155
贝叶斯估计, 155
贝叶斯规则, 156
贝叶斯检验, 145
贝叶斯理论体系, 138
贝叶斯推断, 138
贝叶斯推断, 68
贝叶斯网络, 205
贝叶斯信息准则, 173
贝叶斯信息准则, 176
备选, 324
备择假设, 72, 117
比较风险函数, 152
闭的, 304
边际分布, 25
遍历的, 307
标准差, 40
标准正态分布, 20
表示, 207
伯努利分布, 19
泊松分布, 19
泊松过程, 311
不等式, 50, 51
不可约的, 304
不相遇, 206

C

参数, 19
参数 Bootstrap 方法, 104
参数空间, 67
参数模型, 67
常返的, 305
常返时间, 306
成对马尔可夫图, 219

持久的, 305
尺度系数, 267
充分统计量, 107
充分性, 106
抽样分布, 69
窗格, 234, 236
窗宽, 236
错误发现比例, 131

D

大数定律, 55
大样本理论, 55
带宽, 242
单参数指数族, 109
单点分布, 18
刀切法, 88
等待时间, 311
第二类错误, 117
第三分位数, 18
第一分位数, 18
第一类错误, 117
点估计, 69
逗留时间, 311
独立的, 5, 26, 161
对数似然函数, 183, 184
对数线性模型, 222, 225
对数线性展开, 225
多参数模型, 102
多项分布, 30
多元 Delta 方法, 62
多元回归, 250
多元正态分布, 30, 183
多元中心极限定理, 61

E

二次判别分析, 276
二项式分布, 19

F

阀值, 267

名词索引

范数, 254
方差, 42
方差－协方差矩阵, 42
非参数回归, 247
　　核方法, 292
非参数模型, 67
非零的, 306
非循环的, 206
非周期的, 307
分布
　　χ^2 分布, 125
　　t 分布, 22
　　贝塔分布, 22
　　伯努利分布, 19
　　泊松分布, 19
　　单点分布, 18
　　多项分布, 30
　　多元正态分布, 183
　　多元正态分布, 30
　　二项式分布, 19
　　高斯分布, 20
　　几何分布, 19
　　均匀分布, 20
　　离散均匀分布, 18
　　正态分布, 20
分层对数线性模型, 229
分层模型, 45, 328
分解定理, 305
分类, 68, 273
分类规则, 273
分类器, 误差率评估, 285
分位数, 78
分位数函数, 18
分支过程, 314
粉碎, 289
粉碎系数, 288
风险, 160, 234, 247
风险的交叉验证估计, 239
覆盖, 70

G

概率, 3
概率不等式, 50, 285

概率测度, 3
概率分布, 3
概率函数, 15
概率密度函数名, 15
干预, 212, 213
高斯分布, 20
公理 1, 3
公理 2, 3
公理 3, 3
古典的频率统计推断, 68
关联不是因果, 197
关注参数, 91
光滑方法, 234
归一化系数, 317
规范正交的, 255
规范正交基, 254

H

核, 242
　　核方法, 292
核方法, 292
核密度估计, 241, 242
后向拟合, 251
弧, 218
互斥, 7
划分, 2
回归, 68, 275
回归变量, 68
回归函数, 68, 274
混合正态, 112
混淆变量, 214
混杂度, 283
霍夫丁不等式, 51

J

基尼指数, 284
基于正态的置信区间, 71, 76
极大似然估计, 93
　　相合性, 167
极大团, 221
　　计算极大似然估计, 111
极限分布, 307
极限理论, 55

极小的, 222
几何分布, 19
计数过程, 311
假设, 5
假设检验, 72
检验假设条件, 104
检验统计量, 137
简单线性回归, 163
建议, 324
渐近理论, 55
渐近一致可积的, 64
渐近正态性, 98
渐近最优的, 101
交叉验证, 285
接受－拒绝抽样, 332
节点, 218
经验分布函数, 74
经验风险极小化, 275, 286
经验概率测度, 288
经验误差率, 274
矩, 39
矩估计, 92
矩母函数, 45
拒绝域, 117
决策理论, 58
均匀分布, 20
均值, 37

K

柯西分布, 22
柯西－施瓦茨不等式, 52
可测的, 9
可达的, 304
空间非齐性的, 265

L

拉普拉斯变换, 45
懒惰, 38
懒惰统计学家法则, 38
类, 304
累积分布函数, 14
离散的, 15
离散均匀分布, 18

离散小波变换, 269
联合密度函数, 23
两两不相交, 4
邻接的, 206, 218
零的, 306
路, 218

M

马尔可夫不等式, 50
马尔可夫等价的, 211
马尔可夫链, 300
密度估计, 272, 275
　　核方法, 292
模型生成元, 230
模型选择, 176
母节点, 206

N

拟合不足, 171
拟合优度检验, 132
逆高斯分布, 332

P

判别, 273
判别函数, 277
偏差－方差平衡, 234, 235
平方积分误差 (ISE), 234
平均常返时间, 306
朴素贝叶斯分类器, 282

Q

期望, 43
　　条件, 175
期望平方积分误差 (MISE), 234
期望值, 37
嵌入式估计量, 76
强不容许的, 161
强大数定律, 64
强度函数, 311
切比雪夫不等式, 50
清晰度系数, 267
曲线估计, 68, 234

名词索引

全概率法则, 8

R

容度, 118
冗余参数, 67
弱大数定律, 59

S

神经网络, 296
时齐泊松过程, 311
时齐的, 301
实现, 1
事件, 1
势, 221
势函数, 118
输出变量, 68
树叶, 284
水平, 118
似然比检验, 129
似然函数, 338
松弛变量, 292
随机变量, 13
随机变量的变换, 31
随机过程, 299
随机模拟, 104
随机模拟, 82, 136
随机向量, 29, 61, 66, 180
随机游动-Metropolis-Hastings, 327
随机游走, 47

T

特征, 274
提升法, 296
条件, 175
条件独立性, 205
条件分布, 109
条件概率密度函数, 27, 28
条件期望, 43
通过干预的调节, 213
统计泛函, 68, 76
统计量, 107, 108, 172, 189
统计模型, 67
图性, 227

图性对数线性模型, 227
团, 221

W

外星人, 211
完备的, 255
完全的, 218
维数灾难, 247
无偏的, 69
无向图, 218

X

习题, 9
细致平衡, 307, 326
先验分布, 140
线性可分的, 290
相关系数, 41
相合的, 69
相依的, 26
相应变量, 68
相遇, 206
响应变量, 68
小波, 266
协变量, 171
协方差, 41
协方差矩阵, 42
信息偏差, 231
训练集, 285
训练误差率, 274

Y

验证集, 285
样本点, 1
样本方差, 40
样本分位数, 78
样本均值, 40
样本空间, 1
样本相关系数, 78
一阶矩, 37
依分布收敛, 55
依概率收敛, 55
引言, 1
有关集合的术语, 2

有限样本空间上的概率, 4
有向非循环图, 206
有向分离的, 209, 210
有向分离准则, 209
有向连通的, 206, 209
有向图, 206
有指导学习, 274
余弦基, 255
预测, 68, 273
预测变量, 68
预测区间, 168
元素, 1
原假设, 72, 117

Z

詹森不等式, 52
真实误差率, 274
正规的, 254
正交函数, 254
  正交函数法, 254
正态分布, 20
证据, 123
支持向量, 290, 291
支持向量机, 290
直方图, 234
直方图估计, 236
指标集, 299
指数族, 109
置换分布, 127
置换检验的算法, 128
置信带, 240
置信集, 70
置信区间, 51, 70
中位数, 18
  Bootstrap, 104
中心极限定理 (CLT), 60
重要抽样, 322
周期, 307
周期的, 307
装袋法, 296
状态空间, 299
子节点, 206
自变量, 68

自然充分统计量, 109
最小二乘估计, 165
最小最大规则, 156

其他

k 重交叉验证, 286
k 最近邻, 295
p 值, 122
t 检验, 134
AIC(Akaike 信息准则), 172
Benjamini-Hochberg(BH) 方法, 131
BIC, 173
Bonferroni 方法, 130
Bootstrap 方差估计, 82
Bootstrap 置信区间, 83
Chapman-Kolmogorov 方程, 302
CLT, 60
DAG, 206
Delta 方法, 62, 101
EM 算法, 112
Epanechnikov 核, 242
FDP, 131
FDR, 131
Fisher 线性判别函数, 279
Fisher 信息矩阵, 115
Fisher 信息量, 115
Gibbs 抽样, 327
Gibbs 中的 Metropolis, 330
Glivenko-Cantelli 定理, 74
Harr 尺度函数, 266
Harr 父小波, 266
Harr 母小波, 266
Harr 小波回归, 268
Horwitz-Thompson, 149
James-Stein 估计, 162
Jeffreys-Lindley 悖论, 151
Kolmogorov-Smirnov 检验, 192
Kullback-Leibler 距离, 97, 113, 177, 178
Legendre 多项式, 257
logistic 回归, 175
Mahalanobis 距离, 276
Mercer 定理, 293
Metropolis-Hastings 算法, 324

名词索引

MSE, 69
Nadaraya–Watson 核估计, 247
Newton-Raphson, 111
Neyman-Pearson, 134
Pearson 卡方检验, 188
se, 69

Simpson 悖论, 202
Stein 悖论, 161
Stirling 公式, 306
Stone 定理, 245
Wald 检验, 119
Zheng-Loh 方法, 174